農業市場論の継承

Mishima Tokuzo
三島德三

日本経済評論社

まえがき―自分史からの解題―

1

　「農業市場論」と呼ぶ学問が，農業経済関連学科のひとつの教育研究分野として誕生したのは，わが国では北海道大学農学部農業経済学科が最初である．中興の祖は，1969年に北大に日本で初めて設置された農業市場論講座の教授であり，私の恩師でもある川村琢先生である．

　北大農業市場論講座は，アメリカで隆盛をきわめた農業マーケティングの影響をつよく受けて誕生した．1958年4月から2年半，米国・マサチューセッツ大学から交換教授として来学したジョージ・W・ウエストコット博士によって，北大農学部でAgricultural Marketingの講義がなされた．これは本邦初の農業マーケティングの講義であった．マサチューセッツ大学は，札幌農学校の初代教頭であったクラーク博士がかつて農科大学の学長を務め，北大との関係は深い．ウエストコット博士は北大に多数の農業経済学関係の図書を寄贈してくれた．北大の農業経済学科の図書室には，博士への感謝を込めて，ウエストコット・ライブラリーの別名がつけられている．

　ウエストコット博士が北大で行ったAgricultural Marketingの講義は博士の帰国後も継続し，当時，農業団体から母校・北大に招かれた川村先生が担当した．しかし，マルクス経済学者であった川村先生は米国流の農業マーケティングに与することなく，「農業市場論」という講義名で，マルクス，レーニン，ヒルファーディング，日本では宇野弘蔵，森下二次也の市場論，商業資本論などを理論的基礎とする講義を行った．私が北大の農業経済学科に学科移行したのは1963年秋のことだが，川村先生の講義の中で宇野弘蔵の恐慌論の話しを聞いた記憶がある．

私が大学院修士課程に進学したころ，川村先生は，すでに主著『農産物の商品化構造』（三笠書房）によって，農産物市場論の礎石を固め，あらたに「農業市場論」の大系化に学問的情熱を燃やしていた．大学院のゼミ（シンポジウムと呼んでいた）では，レーニン「いわゆる『市場問題』について」をはじめとして，「市場論」に関する古典を次から次へと取り上げていった．私にはローザ・ルクセンブルクの『資本蓄積論』が割り当てられ，剰余価値実現のためには非資本主義的外囲の存在が不可欠とする彼女の主張を紹介した．同時に農業経済学の泰斗・近藤康男が，ローザ理論につよく影響されていることも知った．

　川村先生は農業市場論の先駆者であると同時に，人間的にも魅力のある方であり，そのドラマティックな一生はひとつの物語でもある．本書の**第1章**は，私たちが川村先生の古希記念に出版した冊子から転載したものだが，農業市場論の番外編として読んでいただければ幸いである．

　ところで，川村先生が指導する農業市場論講座には，川端俊一郎，太田原高昭，宇佐美繁（故人），池田均，増田洋（故人）らの錚々たる先輩がいた．いずれも後に大学教員になったが，川端は商業学，太田原は協同組合学，宇佐美は農業生産力・農民層分解論，池田は地域経済学，増田は漁業経済学というように，農業市場論講座出身でありながら，教育研究者としては少し違った専門を進んでいった．私も市場論には染まりきれず，修士論文では「19世紀末プロイセンの内国植民論」を研究課題とした．もともと私は学部では高倉新一郎先生の指導する農政学講座に属し，卒論では「北海道戦後開拓史」の一齣を取りあげた．その延長線上で，「比較土地制度史」に関心をもち，大塚久雄や高橋幸八郎，松田智雄らの比較経済史の文献を乱読し，修論ではかつて高岡熊雄ら北大農経の先達によって紹介されたプロイセンの内国植民論を取りあげた．

2

　だが，世の中には偶然が作用する．1968年3月，北海道農業経済学会の

例会で私が修論の一部を報告したところ，いちばん前の席で聞いていた酪農学園大学の桜井豊先生が報告に注目し，博士課程に進学したばかりの私を同大学農業経済学科の助手として招いてくれたのである．当時は私立大学の拡充期で，院生の就職先が比較的恵まれていたという事情もあった．ともあれ私は印刷論文ゼロで大学教員になり，採用の翌年に講師に昇格し，教鞭を執ることになった．担当を命じられた講義は農業経済史であった．それは院生時代から関心をもっていた分野であり，私は張り切って講義準備を進めた．

ところが，農業経済史の講義開始から1年ぐらい経過したころであったと思うが，大幅なカリキュラム改正があり，北大に倣って授業科目に農業市場論が設けられた．そして，その担当者に私が命じられたのである．学科長として酪農学園大学の農業経済学科をリードしていた桜井先生のつよい意向でもあった．

その桜井先生が，1970年度の北海道農業経済学会の会長に就任し，同年12月に北大農学部講堂で「農業経済学の現位置」を統一テーマにシンポジウムが開催された．シンポジウムの座長は会長自身が務められ，田辺良則，佐々木康三，矢島武の大家に混じって，当時27歳で研究者としては駆け出しの私に，「農業市場論の方法と課題」と題する報告の機会を与えてくれた．桜井先生の私に対する配慮であった．私はこの機会を生かし，それまでの私の知識を総動員して報告をまとめ上げ，恥を承知で三島流「農業市場論」の骨格を提示した．コメンターはなんと恩師の川村先生が務められた．私の報告はレーニンの「市場問題」の理論や大塚史学の市場構造論にかなり依拠したものであり，流通における商業資本の機能や形態にはあまり目配りできていなかった．案の定，川村先生の批判は鋭く，「おまえの研究は，資本主義分析にはなるかもしれないが，農業の市場問題そのものを対象としたものではない．農業市場論は，独占段階における商業資本が，小農という遅れた生産様式と結びあう独特の形態を研究対象とするものだ」と諭された．

このシンポジウム内容は，翌年（1971年）矢島武・桜井豊共編『農業経済学の現状と展望』の書名で明文書房から出版された．加筆修正した私の報告

が同書の末席を汚しているが,これは私にとっては印刷公刊された最初の論文である.本書**第2章I**がこれである.

川村先生の三島報告に対するコメントを軽視したわけではないが,私はその後も「資本主義の市場問題」の視角から農業市場論の研究を続けていった.確かに川村先生の指摘は重要だが,商業資本の形態論的視角からの農業市場研究は,先生自身が自著(『主産地形成と商業資本』北大図書刊行会,1971年)で完成させ,これ以上の発展はないように愚考したからである.

農業市場論が農産物市場,農家購買品市場,農村労働市場,農村金融市場,土地市場の,5つの農業を取り巻く市場を分析する学問であることについては,川村先生を含めわれわれ農業市場論研究者の共通の理解であった.だが,これら5つの市場は資本主義の再生産構造に深く組み込まれており,究極的には資本主義の市場問題に規定されている,というのが私の解釈であった.しかし,解釈だけでは何も明らかにならない.そこで,私は,戦後日本資本主義における国内市場の形成過程を対象とした実証分析にのめり込んでいった.

これは川村先生の言うように資本主義分析そのものであったのだが,私にとっては大いに勉強になった.講座派,労農派,宇野派,構造改革派など,それまでの資本主義分析を通読し,自分なりの視座を確定したうえで,政府統計を加工・分析し,市場形成の諸画期を整理した.この作業は,酪農学園大学在職当時から始め,同大学の紀要にも掲載してもらったが,自分なりに満足できる形で発表できたのは,川村琢・湯沢誠編の『現代農業と市場問題』(1976年)の第1章としてであった(本書**第3章I**).この論文は,市場論研究者としての私の事実上のデビュー作であるが,自分としてはかなりの力作と自己評価している.とくに戦後改革の到達点を踏まえた民主的改革の課題,市場形成の基本方向については,論文発表後30年を経過した現在でも通底する内容があると思うが,どうであろうか.

3

　この間，私には身分上の変化があった．1974年7月に6年間勤務した酪農学園大学を去り，母校である北大農学部農業経済学科に助手として赴任した．講師から助手への降格について私はまったく気にせず，むしろ自由な研究時間が増えることに感謝した．配置された農業市場論講座では川村先生がすでに退官し，農林省農業総合研究所において農民層分解論・北海道農業論で勇名をはせた湯沢誠先生が同講座の衣鉢を継いでいた．

　だが，私が助手としての自由を味わったのはほんの一瞬のことで，まもなく私は2つの重荷を負わされることになった．1つは1974年4月に北大農業市場論講座を事務局に全国組織として発足した農産物市場研究会の実務責任者（事務局長）としての仕事である．もう1つは川村・湯沢両先生によって進められていた共同研究『現代農業と市場問題』（前掲）の編集実務であった．

　後者の仕事は，参加したメンバーがいずれも北大農業経済学科に関係する中堅研究者であり，先輩たちに"鬼軍曹"と揶揄されながら，比較的楽しく遂行できた．しかし，前者の仕事は緊張のし通しで，何回か"どうして自分が"と苦悶したこともある．その時，「なんじらつぶやかず，疑わずしてすべての事をおこなえ」という聖書（ピリピ人への手紙）の言葉が励ましとなった．これは川村先生の賢夫人・斗巳さんから伝え聞いた言葉である．

　農産物市場研究会は研究会と名乗っていても実質は学会であり，のちに学術会議の登録学術団体にもなった．年2回の研究例会の企画・開催とこれも年2回の研究会誌の発行，これを一度も休むことなく遂行できた体力と精神力は，いま振り返っても驚いている．同研究会は1992年4月に日本農業市場学会に改組されたが，北大には引き続き事務局がおかれ，私は庶務担当理事として学会全体を統括する立場についた．この仕事は2000年4月に岩手大学の玉真之介研究室に学会事務局が移転するまで続いた．農産物市場研究会が発足した1974年以来，実に26年にわたり，私は研究会・学会と苦楽を

共にしたことになる．この長い苦難に満ちた「学会事務局」活動については，本書**第2章Ⅲ**を参照願いたい．

　私は1993年4月に北海道大学農学部の教授に昇任したが，その前年4月に，農業市場論講座は学部改組によって農業市場学講座に名称変更された．「論」から「学」に変わったからと言って，たいして意味のないように私には思われるのだが，名称変更を機にあらためて「農業市場学」の視座と研究課題を整理してみたのが，本書**第2章Ⅱ**である．

　ところで，日本農業市場学会は現在では会員数300名をはるかに超える学会に発展し，私は2004年7月から会長を務めているが，前身の農産物市場研究会時代の方が，私には思い出が多い．とくに計22名の執筆によって1977年11月に同時刊行された川村琢・湯沢誠・美土路達雄編『農産物市場論大系』全3巻（農山漁村文化協会発行）の編集実務に携わったことは，自分自身を鍛えるまたとない機会となった．農産物市場研究会・日本農業市場学会の事務局を長く担当できたのも，『大系』に参加した先輩研究者の暖かい励ましがあってのことである．

　新興の学問分野である農産物市場論の研究者を糾合して，マルクス経済学による農産物市場論の体系化を図ろうとする企画は，私が北大に赴任する前から，川村・湯沢の両先生と三國英実氏（私の前任の北大助手）らによって進められていた．文部省の科学研究費の助成を得，北大出身の市場論関係者に加え，美土路達雄，御園喜博，宮崎宏，吉田忠，宮村光重，その他研究者の参加によって研究会を積み重ねてきた（詳しくは本書第2章Ⅲ参照）．それが一挙に花開いたのが，前述の『大系』全3巻の刊行であった．

　私も『大系』の第3巻『農産物市場問題の展望』に，「『農民的商品化』論の形成と展望」と題する論文を書かせていただいた（本書**第1章Ⅳ**）．これは，川村琢・美土路達雄の両先達の業績を，「主産地形成と共同販売」論という共通の問題意識から検討し，その到達点と継承・発展すべき内実を整理したもので，読者から一定の反響があった．とくに私が「農民的商品化」という場合の「農民」を，「零細農家，兼業農家を含め，『中農化』をめざす諸

階層,および現に中農として自立している専業的農民層」としたことが評価されたようである.

その当時から農政や農協では,産地化と共同販売の担い手を事実上,専業的農民層のみに置いており,零細農家や兼業農家は切り捨てられてきた.規模が零細で副業的であっても,また高齢者であっても女性であっても,彼らは立派な日本農業の担い手である.だが,共同販売では商品の等質性が要求され,小規模農家では対応しがたい面があるのは事実である.そのため,今日では農産物直売所の設置や量販店における農協のインショップ,インターネット販売など多様な販売方法が模索されている.販売主体も農協だけでなく,農業生産法人,NPO,個人など多様化の傾向にある.これは一面では,農協が大型化・企業化しすぎて農民的性格を失ったことの結果でもある.いずれにしても,「主産地形成と共同販売」という川村・美土路両氏の視角だけでは,多様化する今日の農民的商品化の実態を捉えきれないことは確かである.

4

以上に関わって,ここではまだ触れていない美土路達雄先生の業績について,ひとこと述べておきたい.本書第1章IIにも書いたが,先生は北大グループよりも早く,農産物市場の実証分析と理論化に取り組み,その成果は『戦後の農産物市場』上・下 (1958,1959) として刊行された.この内容は1950年代の農産物市場と共販の現実の展開に裏付けられたものであり,当時の実証分析としては非常に価値あるものだが,理論面の貢献となると,少し突き放してみた方がよいように私には思われる.

美土路市場論は,「市場体系」「市場連関」「市場編制」などの独自の概念で組み立てられているが,こうした切り口は,現象を静態的に捉える場合には非常にきれいである.しかし,事物はつねに発展しているのであり,そうした動態過程についてはリアルかつパースペクティヴ(展望的)に捉える必要がある.わが国の農産物市場や共販をめぐっても,1950年代から大きく

変貌している．そうしたダイナミックな変貌について，美土路市場論では十分に捉えきれないだけでなく，さまざまな欠陥がある．かつて私は自著『規制緩和と農業・食料市場』(2001)の中で，「結局のところ，『市場編制論』およびその延長線上にある『国家独占資本主義的市場編制論』は，自らが作り上げた無意味で一面的な規定の泥沼にはまり込み，次々と無意味さを上塗りしていった『壮大な観念論』といえる」(4頁)と論断した．この批判は直接には御園喜博氏の農産物市場論を対象としたものだが，同氏が継承した美土路理論の問題でもあることは言うまでもない．

もちろん美土路先生がわれわれ市場論研究者の導き手であり，つねに斬新な問題提起をしてこられた先達であることは自明のことである．また，私事にわたることだが，美土路家のみなさんとは北海道で家族ぐるみの付き合いをさせていただき，ご子息の代になってもその関係は続いている．しかし，社会アナリストとしては情感に溺れてはならず，つねにクールでなければならない．21世紀初頭の世界の中で，何が求められる理論なのか，終わりなき模索を続けることが研究者の使命であろう．

農業市場論の先達としては，もう1人，湯沢誠先生について触れなければならない(本書**第1章III**)．前述のように湯沢先生は私が北大に助手として赴任した時の教授であり，先生が1983年に北大を定年退官するまでの9年間，先生から研究指導を受けながら，農業市場論講座の学生・院生の教育に関わらせていただいた．湯沢先生は学問的には厳しく，とくにマルクス経済学の原典にはうるさい先生であったが，人間的には優しく包容力のある方であった．教育指導においては，あれこれ指示を与えるのではなく，自主性を重んじながら研究者としての成長をじっと待つタイプであった．

私は，そうした湯沢先生の寛容さに甘えながら，1979～80年の約1年間，九州大学農学部農政経済学科に文部省内地研究員として留学の機会を得た．ひさしを借りたのは農産物流通学講座で，同講座は高橋伊一郎教授，梅木利巳助教授の体制であった．学科には田代隆，花田仁伍，土屋圭三，川波剛など錚々たる教授陣がいた．内地留学といっても，私は研究室やアパートで座

まえがき

学をした記憶がほとんどない．たまたま農政調査委員会から「たまねぎの主産地形成」に関する委託研究費をいただいていたので，私は機会をみつけては農村調査に出かけ，「府県農業」の実態を垣間見た．また，九大留学中は単身の気楽さもあって，よく歓楽街の中州や箱崎界隈を徘徊した．院生たちともよく付き合った．彼らは現在，各大学で一線に立っているが，「九大人脈」は私にとって宝物のひとつになっている．

受託研究である「たまねぎの主産地形成」については，九大留学中に行った佐賀県白石町などの調査に，北大に戻った後の北海道の北見・富良野の調査結果を加え，報告書としてまとめた．そして，この報告書を基に学位論文作成に取りかかり，『たまねぎ経済論―青果物の市場構造と需給調整―』の題名で湯沢先生に提出し，1982年3月北大から農学博士の学位が授与された．その後，学位論文は『青果物の市場構造と需給調整』の書名で明文書房から刊行された．同書は自信作ではないが，はしがきに冗談半分で書いた「商人＝ホステス論」は，どういうわけか有名になり，のちに院生の必読文献（文章）にされた．農協共販のみが進歩的にみられていた当時にあって，私は同書であえて産地商人の役割を評価したのだが，「商人は水商売におけるホステスのようなもので，ともに社会の潤滑油，今日正当な位置付けがなされなければならない」と書いたのが，うけたらしい．

なお，九大から戻った私は，院生諸君と農畜産物の品目別市場分析に取り組み，その成果は1982年に湯沢・三島編『農畜産物市場の統計的分析』（農林統計協会発行）として刊行された．これは，"悪しき品目別研究" と揶揄されることもあったが，ともかくこれによって，その後の北大農業市場論講座のひとつの研究スタイルを確立したことは確かである．

5

先述のように私は，農業市場論の品目別研究を，たまねぎを素材に青果物からスタートさせたわけだが，この実証研究に並行して農産物需給調整と価格政策への関心を強めていった．これは，当時，たまねぎと馬鈴薯が，全農

（全国農業協同組合連合会）によって全国需給調整の対象品目になったことも影響している．農産物需給調整については，1970年代末から系統農協の組織活動を通じてその強化が言われるようになった．組織決定になったのは1979年11月第15回全国農協大会における決議「1980年代日本農業の課題と農協の対策」においてである．系統農協が需給調整の強化を運動目標に取りあげた背景には，70年代を通じて進展した農産物過剰の存在があるが，同時に無視できないことは，農協中央がこの頃から政策追随的傾向を強めてきたという事実である．政府（農林水産省）の側では，1980年10月に農政審議会答申「80年代の農政の基本方向」を公表し，農産物価格政策の機能縮小を提起するようになった．系統農協による需給調整機能の強化は，政府による価格政策縮小への対応と言えなくもない．

しかし，日本農業の実態は，価格政策なしに，生産者団体の需給調整のみで適正価格の実現と価格安定ができるとは，とうてい思えない．そこで私は学位論文提出後，農産物需給調整と価格政策の研究を精力的にすすめ，1983年7月に美土路達雄監修『現代農産物市場論』（あゆみ出版）の第10章「農産物需給調整の展開」，第11章「農産物価格政策の再編成と対抗論理」として発表した．本書**第4章I**，**第4章II**に収録したものがこれである．

この『現代農産物市場論』は美土路達雄先生の還暦記念として企画されたものであった．当初は美土路先生の業績内容に即して，「協同組合論」「農産物市場論」「農民教育論」の三部作で計画し，私は御園喜博，宮村光重，宮崎宏の大先生の末席で「農産物市場論」の編集実務を担った．執筆陣営には常磐政治，川上則道など著名な研究者を配し，『農産物市場論大系』刊行（1977年）後の情勢変化を受けた，当時としてはかなりレベルの高い内容となっている．自分の執筆論文をいま読み返してみても，正鵠を射ているように思う．現状分析の論文はその時代の制約を受けるのは当然で，執筆者があとで読み返すのはつらいものだが，この2論文はそうではない．これらの論文発表後，規制緩和，市場原理導入が政策の全体基調になり，貿易自由化も加わって，日本農業の縮小再編が進行していった．とくに80年代末から行

政価格の引き下げが相次ぎ，WTO 体制に入った 90 年代中頃からは価格政策自体の撤廃が政策課題になってきた．また，JA グループと名を変えた系統農協は，農産物需給調整からも手を引き，農協経営の維持に汲々としている．そうした事態の進行をくい止めるにはどうすればよいか．先の 2 論文から示唆されるものは多いはずである．

　ところで前述の「農産物価格政策の再編成と対抗論理」は，当時，系統農協による農産物価格運動にも少なからぬ影響を与えていた梶井功氏の政策価格論の批判を中心としたものだが，その梶井氏の推薦によって，私は 1986 年度版『日本農業年報』（御茶の水書房発行）に執筆する機会を与えられた．本書収録の**第 5 章 I**「農産物自由化論議の系譜」がそれである．この論文は，農産物自由化要求の先駆けとなった政策構想フォーラムによる「牛肉自由化案」（1978 年）以降の自由化論議を批判的に紹介したものである．いま読み返してみて驚くのは，当時輸入自由化をめぐって対立していた論点が現在まで継続し，依然として賛否の論拠とされていることである．その点では，同論文はまだ生命力を失っていないように思われる．

　この農産物自由化論議の批判的紹介を含め，私は 2～3 の論争史を書いてきた．その一つは，マルクス経済学に依拠した農業経済論において戦後の一時期，かなりのエネルギーを費やしていた「農産物価格と価格政策」をめぐる論争の紹介である．これは日本農業経済学会創立 70 周年企画でもある『農業経済学の動向と展望』（富民協会，1996 年）に収録されている（本書では**第 5 章 II**）．今日では市場原理農政に押されて，マルクス経済学の中でも農産物価格論に関心をもつ者がほとんどいなくなったが，私はこれは間違っていると思う．農業現場に下りてみれば明らかだが，再生産できる農産物価格の実現は，商業的農業においては依然として最大の課題で，意欲ある農業者ほどこれを望んでいる．しかし，近代経済学者はもとより，マルクス経済学に依拠して農業問題研究をやっているハズの者でも，最近では財政支出削減のための構造改革論に屈服し，コスト引き下げの方策や生き残り戦略をあれこれ論じている始末である．この点では，私が前述の「農産物価格と価格

政策」で紹介した先輩たちの意気込みを，いま一度回顧してみることはけっして無駄にはならないと思う．

6

さて，研究者としての代表作をひとつ挙げよと言われれば，私は1988年に「食糧・農業問題全集」の14巻Bとして農山漁村文化協会から刊行された『流通「自由化」と食管制度』を挙げる．同書は食管制度の歴史と実態を流通面から叙述したもので，類書が少なかったこともあって，刊行時には専門家から一定の評価を受けた．

私の米流通研究は，1983年の『現代農産物市場論』（前述）出版前後からスタートしている．直接の契機は，川村琢監修で進めていた共著書『現代資本主義と市場』（ミネルヴァ書房，1984年）において，私が「米流通と食管制度」を分担執筆することになったことにある．私は市場論研究に関しては，自由市場の代表である青果物市場から始めたが，国家管理市場の代表である米市場を研究することによって，農産物市場問題の本質に迫ることができると考えた．わが国の米市場は藩政期から「自由と統制の歴史」そのものであり，こうした歴史的視野をもって米流通制度の現状をとらえることに，私はたいへん興味を引かれた．そのような折に，畏敬する河相一成氏から『食糧・農業問題全集』の一部として「米流通」について書いてみないかと勧められ，喜んで引き受けることになった．河相氏は14巻Aで『食糧政策と食管制度』を執筆した．

これらの書物が出版された1980年代末から90年代前半にかけて，食管制度をめぐる議論が沸騰した．1986年にはガット・ウルグァイ・ラウンドの輸入自由化交渉がスタートし，1987年には戦後初めて政府買入米価が引き下げられ，順ザヤ米価の下で自由米（不正規流通米）が一気に増加した．米生産調整が強化される一方で，流通面では「統制から自由へ」の動きが急進し，1990年には東京と大阪に自主流通米価格形成機構の取引市場が開設された．こうした事態の進行は，「制度と実態の乖離」を顕在化させ，食管制

度をめぐる論争の焦点は，食管制度を改廃して流通「自由化」を追認するか，制度を建て直して米の国家管理を再構築するかにあった．私や河相氏は後者の立場であった．これに対して佐伯尚美氏や吉田俊幸氏は前者の立場から論陣を張った．92年には『現代農業』（農文協刊）の臨時増刊号で「論争・日本の農政」が特集され，食管制度については私や河相氏の主張がヤリ玉に上げられた．前掲の拙著に対しては，吉田氏から「制度史観」「食管形骸化論」などの批判がなされた．私は即座に反論したかったのだが，『現代農業』誌はその機会をつくってくれず，1995年刊行の阿部真也ほか編『流通研究の現状と課題』（ミネルヴァ書房）の分担執筆「米流通と食管問題」の中で，ようやく反批判を行うことができた（本書**第5章Ⅲ**参照）．同論文は単なる文献紹介ではなく，かなり論争的な書き方になっているが，実はこうした背景があったのである．

　われわれの「食管制度建て直し論」は，少なくても90年代初めまでは農協組織を含めかなりの支持を得ていた．私も農林水産省の労働組合である全農林や単協・連合会などの学習会・講演会にかなり引っ張り出され，雑誌への寄稿の機会も多かった．だが，94年春のいわゆる平成コメ騒動を契機に主要マスコミが一斉に食管制度批判キャンペーンを開始し，様相は一変した．政府もこうした世論に押される形で食糧管理法廃止・新食糧法制定に舵を切り換え，同年12月に「主要食糧の需給及び価格の安定に関する法律」が制定され，半世紀にわたる食管制度の歴史に幕が下ろされた（新食糧法の完全施行は95年11月）．

　食管制度の廃止をターニング・ポイントに，政府は農産物価格政策の改変と市場原理の全面的導入のピッチを上げ，JAグループもあれこれ注文をつけながらも，大勢としては政府に追随した．多くの研究者も同断である．時勢の動きに真っ向から対峙しようとする研究者は，ジャーナリズムから干され，審議会などからも排除されていった．

　しかし，食糧管理法が廃止され，自由化の時代を迎えたからといって，私の食管制度研究が"過去の遺物"になったとはけっして思っていない．私は

今でも，主要食糧は，政府が直接売買に関与するかどうかは別にして，国家が需給及び価格を管理または規制するのがいちばんよいと思っている．日本の食管制度は，その点では世界史的な意義を有している．社会主義から市場経済に移行した国の多くは，食料の安定供給に苦労しているが，これらの国で日本の食管制度のようなものが導入されたならば，民主主義体制の確立はもっとスムースに進んだのではなかろうか．

7

　私は前掲の『流通「自由化」と食管制度』の刊行後，食管制度に関わって2つの大きな研究を進めてきた．1つは文部省の国際学術研究助成を受け，臼井晋教授を研究代表者にして行った「米流通・管理制度の国際比較研究」である．91年には「自由流通」の国といわれるタイを1カ月間，92年には「部分管理」の国といわれる韓国を3週間にわたって，それぞれ10名前後の研究協力者の参加の下に現地調査を行った．これらの両国の調査結果に日本の現状を加え，1994年に臼井・三島編著『米流通・管理制度の比較研究──韓国・タイ・日本』(北海道大学図書刊行会）を出版した．

　当時，論壇の主流は食管改廃論に占められ，あるべき姿として「自由流通」や「部分管理」が主張されていたが，それは観念的・感覚的なものにとどまり，それらの典型国であるタイや韓国の実態については，彼らは何も調べていなかった．われわれは，これら両国の実態をつぶさに調査したうえで，そこに多くの問題点があることを明らかにし，日本の食管制度の再評価を行った．彼我の攻防の結果は明らかだと思うが，残念なのは，われわれの共著書の流通が狭い範囲にとどまり，世論にほとんど影響を与えなかったことである．

　もう1つの研究は，本書の**補論**に収録した「正米市場に関する歴史的研究」である．この研究は，北海道農産物協会から委託され1999年に刊行したが，非売品ということもあって，これも一般にはまったくと言ってよいほど知られていない．北海道農産物協会は北海道の米穀卸売業者の団体がバッ

クとなった社団法人である．

　1995年11月の新食糧法の施行によって米流通は自由化の方向で大きく動き出し，「自主流通米価格形成センター」の役割が大きくなった．しかし，同センターは「国営市場」であるがゆえに規制もつよく，需給関係を正しく反映した価格形成が行われているとは言えない実態が続いている．売り手が農協県連（全農県本部），買い手も農協県連（パールライス）という常識では考えられない事態が放置され，それが不正取引の温床になっている（最近では全農秋田県本部の例）．他方，商系卸売業者の団体によって1997年に日本コメ市場株式会社が設立され，民間による入札取引が開始された．だが，自主流通米価格形成センターという「国営市場」の存在が重石となって，上場数量の確保に苦労している．いずれにしても，食管法は廃止されたが，それに替わる民間米流通と価格形成の仕組みは依然不透明で，政府は小手先の対策を繰り返すのみである．

　だが，明治期以降の歴史を振り返れば，1939年（昭和14年）の米穀配給統制法の施行まで，米は基本的に民間流通であったのであり，その中では現物市場である正米市場と，先物市場である米穀取引所が大きな役割を果たしていた．また，正米市場，米穀取引所が廃止された39年には，政府半額出資の日本米穀株式会社（日米）が設立された．これは今日の自主流通米価格形成センターに類似した「国営市場」である．だが，日米は39年産米の不作に伴うヤミ価格の高騰と公定米価との乖離の中で，たちどころに矛盾を露呈し，「国営市場」は機能停止に陥る．

　こうした歴史的事実と教訓をほとんど学ぶことなく，"自由市場にすればすべてうまくいく"といった安易な発想で米流通の自由化が説かれ，食管法廃止のレールが敷かれていったのではないか．その結果が，先に瞥見したような混乱と米価の乱高下の発生である．

　前述の「正米市場における歴史的研究」は，戦前の正米市場の歴史的経緯と取引の実態，および政策的措置について，原資料に基づき可能な限り客観的に叙述したものである．私自身としては既存研究の空白をある程度埋める

と同時に，国の政策形成にとっても重要な参考資料を提供できたのではないかと自負している．本書では全体の流れから若干外れるので「補論」としたが，その仕事の重みは理解願えるかと思う．

8

　自分史も終わりに近づき，世紀の交代期の仕事に触れる段階になった．この時期の私の仕事でもっとも力を集中したのは，『講座　今日の食料・農業市場』全5巻の出版である．同シリーズは三國英実元会長の発案によって日本農業市場学会が企画し，巻ごとにそれぞれ2名の編集者を配置し，私が統括事務を担当した．このような大型企画は1977年の『農産物市場論大系』全3巻以来のもので，すでにスタートしていた『フードシステム学全集』全8巻（高橋正郎監修）の逐次刊行を横目で見ながらの着手であった．

　講座が世紀の交替期に相次いで発行できたのは，各巻の編集者と執筆者の努力の賜物である．講座と銘打つ以上，講座としてのまとまりがなくてはならないが，『講座　今日の食料・農業市場』は，問題意識と実態認識を共有したうえでの，21世紀を展望した食料・農業市場の現状分析であり，起承転結がクリアで重厚な内容になっていると考えている．私は村田武氏（当時・九州大学）と第2巻『農政転換と価格・所得政策』の編集を担当し，自分自身では第5章「農政転換と農産物価格政策」，および第7章「食糧法下の稲作大経営の危機と政策対応」を分担執筆した．後者は九州大学の佐藤加寿子氏との共著で，私は食糧法下の政策動向と北海道の稲作大規模経営の実態をリポートした．前者の論文は，私が1983年刊行の『現代農産物市場論』において，農産物価格政策について書いて以来温めてきたもので，多国籍企業化と新自由主義的改革という1990年代以降の日本資本主義の段階を踏まえて執筆したものである（本書**第4章** III）．

　同上論文では，1999年の食料・農業・農村基本法の制定以降，本格化した農政転換，その重要な側面である農産物価格政策の縮小再編の背景として次の3つのことを指摘した．その第1は国内的要因であり，上述したように

日本資本主義が1990年代初めまでに到達した多国籍企業化に対応した新自由主義的改革からの促迫である．第2は国際的要因であり，95年のWTO協定スタートに象徴される農業グローバリゼーションの進展である．

以上は一般に言われていることだが，同論文で私がもっとも強調したのは政治的要因であり，これを第3に指摘した．具体的には政府，自民党，農協中央による農協コーポラティズム（団体協調主義）の進展であり，これは1980年代初めから開始され，98年12月にWTO次期交渉への対応協議の場としてつくられた「三者合意」体制によって完成した．これによって国家独占資本主義は政治的には安定性を獲得し，「独占資本の譲歩としての価格政策」の必要性を低めることになった．しかしながら，農産物価格政策の縮小再編，市場原理農政の展開によって，農業者の経営と生活が悪化し，これは新自由主義的改革が進める零細小売業・サービス業など「低生産性部門」の切捨て，および大企業労働者にまで及ぶリストラ，賃金カット，労働強化と相俟って体制危機を醸成している．その結果，国民の間に必然的に対抗軸が形成され，政治変革の条件が熟していく．農産物価格政策の再構築と所得政策の充実は，こうした政治変革の一環としてなされるだろう，と結論した．

この論文を発表した翌年（2001年）6月，私はそれまでに書いた諸論稿をまとめ，『規制緩和と農業・食料市場』の書名をつけた自著を日本経済評論社から上梓した．同書は新自由主義による規制緩和政策の展開と農業・食料市場へのその現われ，および今後の公的規制の方向についてまとめたものである．同書の出版は，偶然にも「聖域なき構造改革」を掲げて登場した小泉純一郎首相の内閣発足と時を同じくしている．いまでは周知のことになっているが，自民党政府による「構造改革」の基調は，「小さな政府」「民営化」の名による市場・競争原理の全面的貫徹であり，その政策過程では国民生活と関連の深い部門・産業における公的規制の緩和・撤廃が強力に推し進められる．前述した農産物価格政策の縮小再編もそうした規制緩和政策の一部である．

こうした「構造改革」政策の本質をさらに抉り出し，同時にバブル経済崩

壊後の長期不況の性格を論じたのが，本書**第3章II**である．これは2001年10月，札幌学院大学を会場に行われた日本流通学会第15回全国大会シンポジウム（共通論題「消費不況下の商業再編」）における，私の報告が下敷きになっている．「平成不況」とも呼ばれ10数年に及ぶ長期の不況局面について，マルクス経済学の中では構造不況と呼ぶものもいるが，私はこれを循環的恐慌と規定した．ということは，いずれ「景気の好転」があることを含意しているが，その過程では国民各層は多大な犠牲（痛み）を負わされることになる．小泉首相の客観的役割は，この痛みを国民に耐えさせることにあり，竹中平蔵（元慶応大学教授）に「理論的」装いをさせつつ，さまざまなパフォーマンスを行ってきた（第3章IIの**補遺**「小泉流『構造改革』の本質―痛みに耐えた結果はどうなるか―」参照）．そのことが功を奏し，小泉内閣は4年を超える長期政権となった．だが，小泉「改革」のねらいが，アメリカと大企業の利益拡大，および海外派兵と武力行使を可能にする憲法改悪にあることは，次第に明らかになりつつあり，それに反対する多数派の形成が進行しつつある．こうみてくると，本書第3章IIの論文は，今日の事態を透視する内容を有していると自己評価しているが，どうであろうか．

　以上，自分史とからめながら，研究者としての陶冶の過程を振り返ってきた．私のこうした整理に，独断と牽強付会な面があることは否定しない．本書はあくまでも三島流の「農業市場論」であり，科学史に名を残すような客観性があるとは少しも思っていない．本書（第2章II）の中でも書いたが，私は，農業市場学は現状分析（関連する歴史分析を含む）を任務とした学問と考えている．研究対象となる農業市場問題は当然ながら時代とともに変化する．私について言うと，農産物市場論という学問が一応確立し，これが農業市場学へと発展していく時期に，たまたま北海道大学の農業市場論講座に教員として在籍し，学界の最前線で苦闘しことが研究内容にも反映している．とくに川村琢，美土路達雄，湯沢誠らの諸先達が築いた「農業市場論」という学問を，私の代で潰すことだけは絶対に避けよう，できればこれを発展させ，次代の研究者に継承しようという一念のもとに30数年間を過ごした．

書名の『農業市場論の継承』には，こうした私の思いが込められている．

　私の「農業市場論」は，農業経済学の一部というよりは，むしろ経済学の一部に位置づけた方がよいかも知れない．私の学問的関心は，いま糸の切れた風船のように飛翔している．その一端は，最近，刊行した拙著『地産地消と循環的農業』（コモンズ発行）の中で触れた．来春（2006年3月31日），私は31年9カ月勤めた北海道大学を定年で辞するが，退職後は農業市場の研究者というこれまでの制約された立場から一定の距離を置き，より多様な視角と自由なスタンスで社会分析と啓蒙を行っていきたいと思っている．社会アナリストとしての私の再出発である．

　食料・農業市場の問題を対象にしようと，広く社会問題を対象にしようと，重要なことは現象をただ解釈するだけでなく，これを社会進歩（平和と民主主義の実現）の方向で解決することである．本書は長年の研究成果としてはあまりにもお粗末なものだが，このことを明瞭に意識している．

　最後に，社会研究を指向する若い人たちに一言．酪農学園大学勤務時の恩師である桜井豊先生は，よく"重箱の隅を突っつく"ような，細か過ぎてあまり意味のない研究を戒めた．最近の若い研究者の発表論文を見ると，先生の戒めは現在でも通じるものがある．また，現状に対してはつねに批判的な立場を堅持し，政策追認的な研究は避けるべきであろう．そのようなことは研究者がやらなくても，優秀な官僚がやっている．社会科学は自然科学と違って即効力はない．当面する社会的課題の解決は，時の政治経済体制に制約されるからである．政策当局に現在は受け入れられなくても，10年後，20年後，あるいは100年後に評価されるような研究こそが，真の研究である．つねに研究課題の社会的意義を考え，歴史を透徹する社会科学的視点をもって，自己研鑽していただきたいと思う．

　2005年8月15日　終戦後60年の日に

三島徳三

目　次

まえがき―自分史からの解題―　iii

第1章　農業市場論の先達たち ……………………………………… 1
　I.　先駆者・川村琢の軌跡と学問　1
　II.　「農産物市場論」揺籃期の美土路達雄　17
　　補遺　美土路達雄先生を偲ぶ　25
　III.　北大「農業市場論」の展開と湯沢誠の仕事　32
　IV.　「農民的商品化」論の形成と展望　36

第2章　農業市場論から農業市場学へ ……………………………… 75
　I.　農業市場論の方法と課題　75
　II.　農業市場学の視座と課題　94
　III.　農産物市場研究会から日本農業市場学会へ　101

第3章　日本資本主義の市場問題 …………………………………… 127
　I.　戦後市場形成の基本的性格　127
　II.　日本資本主義の構造変化と長期不況・規制「改革」　176
　　補遺　小泉流「構造改革」の本質　193

第4章　農産物需給調整と価格政策 ………………………………… 197
　I.　農産物需給調整の展開　197
　II.　農産物価格政策の再編成と対抗論理　240
　III.　農政転換と農産物価格政策　280

第 5 章　学説批判 ……………………………………………………… 309
　　Ⅰ. 農産物自由化論議の系譜　309
　　Ⅱ. 農産物価格と価格政策　323
　　Ⅲ. 米流通と食管問題　339

補論　正米市場に関する歴史的研究 ……………………………………… 359

　　初出一覧　413

第1章
農業市場論の先達たち

I. 先駆者・川村琢の軌跡と学問

1. 夢多きロマンチスト

　川村 琢(みがく)——第三者がこの人のことを語る時，多くはそのたぐい稀な人間性に注目する．事実，彼の暖かく慈愛に満ちた人柄は，その社会理想と民主主義へのあくなき追求姿勢と相まって，"学者川村"に先立つ"人間川村"への関心を呼び起こす．

　明治41年，医者の息子として生まれた川村は，医学を通じて欧米の近代合理主義・自由主義を吸収していた父の影響を受けて，その少年期を送った．川村の人格形成期である中学時代（大正末期）は，「天窓を明け放って爽やかな空気を入れた」（芥川龍之介）と評される白樺派の全盛期であり，彼も同時代の中流階級の青少年と同じように，トルストイに傾倒し，武者小路実篤，志賀直哉，倉田百三，さらにはクリスチャンの秀れた社会活動家である賀川豊彦らの人道主義，理想主義に憧れをもった．クリスチャンの友達の影響を受けて，聖書を通読したのもこの頃である．

　だが"夢多きロマンチスト"としての川村が弘前高等学校に進んだ頃，時代はすでに大正デモクラシーの高揚も収まり，治安維持法の公布（大正14年）の下で暗い世相に覆われつつあった．高校では政府の取締りを押して社

会科学研究会の活動が盛んであった．そこで川村は，友人の強い影響を受けて社研に近づくようになる．医者を志し高校も理科乙（医進）に入った彼にとって，社研での勉強は新鮮であり，社会科学（マルクス主義）への大きな興味を駆り立てていった．

大学では川村は躊躇なく経済学を専攻した．しかし彼が大学へ進学し当時，すでに3.15事件後の弾圧によって，社研は解散させられていた．そうした状況の中で正義派の学生達は，内攻化する社会問題への関心を学問へと向けていった．川村もその一人であったのはもちろんだが，その当時社会科学の分野では，昭和恐慌を通じて重大化した農村問題への関心が高まっていた．後に川村が農業経済学を専攻し，農業問題の解決に努力するようになった背景のひとつである．

2. 宇野弘蔵と高岡熊雄との出会い

川村は，その大学生活を送った東北帝国大学で，同じく後の彼の学問形成に大きな影響を与えたひとりの師に出会うことになる．その人こそ，少壮の経済学者・宇野弘蔵教授である．教授のはっきりと資本論を題材にした講義は，川村に鮮烈な印象を与えた．その上，彼は宇野ゼミでスミス，リカード，リスト，ヒルファーディングらの学説を学ぶ機会を得た．この時期，宇野はまだ明白に三段階論（原理論・段階論・現状分析）を打ち出していなかったが，理論をこよなく重視する宇野の姿勢に，川村は大きな感銘を受けた．

状況が理論を押し流し，理論なき展望の軽快さに溺れる時，そこには学問の独自性も発展もない．のちに川村が研究者として現状分析に没頭していく中においても，彼は理論を瞳のごとく守り，現状との格闘の中で理論を深化させていった．そうした研究者・川村の基本姿勢は，実に東北帝国大学時代の恩師・宇野弘蔵の薫陶によるところ大である．

さて，川村が1年半の東北帝国大学での副手生活を終え，昭和9年，北海道帝国大学で時の農政学の大御所高岡熊雄の研究室に所属するようになった

ことは，研究者としての彼の性格にもうひとつの刻印を与えている．

いうまでもなく高岡は，ドイツ歴史学派の農政学や植民学をはじめてわが国に移植し，ゴルツやシュモラーの影響を強く受けたその実証的学風は，明治32年の『北海道農論』，明治45年の『北海道産業調査報告書』などを通じて，北海道の開拓植民に大きな理論的・政策的寄与を行なった．同時に高野岩三郎や福田徳三らとともに社会政策学会を創設し，その独自の小農保護論と内国植民論とをもって斯学に新風を送りつつあったが，川村が北大赴任当時，高岡はその行政的手腕を買われてすでに第3代北大総長の重責についていた．しかし，昭和8年，日本学術振興会は満州農業移民問題を取り上げ，高岡に特別委員として土地問題・移民問題の調査研究を委嘱した．この要請に答えるため，高岡は総長職の傍ら上原轍三郎教授と矢島武氏（当時副手）の参加を得て毎月2回の研究会を行なっていた．川村も昭和11年頃からこの研究会に参加し，北支の労働力・移民問題の研究に従事するようになったが，そこでの高岡の指導は峻厳であり，川村に可能な限りの文献にあたらせ，あらゆる角度から克明に現実認識をはかる態度を植えつけた．約2年余に及ぶ研究会の総決算として，川村が高岡の秘書兼調査員として北支・満州の農村調査に出向いたのは昭和14年の秋のことであった．その調査を通じ，川村が高岡から実態把握のための多くの方法を学んだことはいうまでもない．

ともあれ，川村が一方で経済学の原論に対して忠実であると同時に，現実の正確・克明な把握に努力を惜しまず，事実の厳粛さの前に頭をひれ伏そうとする，その研究者としての姿勢が，ドイツ歴史学派の日本での忠実な継承者・高岡熊雄の影響によることは明らかである．

3. 研究の出発点：「チウネン地代論の一考察」

さて，北大赴任以来，高岡の強い影響の下でドイツの農業経済学の吸収に努めてきた川村が，研究者として最初に発表した論文は，昭和15年3月，北大法経会の学術機関誌『法経会論叢』第8輯に掲載された「チウネン地代

論の一考察」である．この処女論文は，東北大でマルクス経済学を学び，同時に日本の農業問題への関心を深めつつあった川村が，北大赴任以降直面した研究環境の厳しさ——当時の北大ではマルクス経済学の公然たる研究は制限されていた——の中で，原論に忠実であろうとするものの苦悶の産物である．川村は，この論文でその当時わが国の農業経営学に大きな影響を与えていたチウネンの『孤立国』からとくに地代論にあたる部分を取り上げ，アダム・スミスおよびリカードの地代論と対比しつつ，批判的検討を加えた．川村がこの研究で意図したものは2つある．第1に，マルクス地代論の公然たる研究が制約されていた状況下で，同分野に科学的考察を加えようとする時，通常リカードの地代論が素材となるが，これについては多くの研究があり，彼の興味は，後進国ドイツ農業の近代化・合理化に努力したチウネンが，スミスの無批判な導入を避け，リカードともちがう独自な地代論の展開に進んだ意味の吟味にあったことである．第2に，『チウネン孤立国の研究』（昭和3年）をもってすでにチウネン研究の第一人者となっていた近藤康男が，ことその地代論に関する限り，十分な科学的批判を成し得ていないことに対する疑問である．

いま川村の同論文を詳しく紹介する余裕はないが，彼は，この中で，チウネンによって19世紀前半のドイツの農業状態を念頭に展開された，地主経営者，農業労働者，および貸付資本家が相互にくりなす分配諸関係を，地代論・価格論を軸に考察し，その地代概念のあいまいさと「利子」・「労賃」の不明瞭さをつくことによって，間接的にマルクスを擁護しようとした．この論文は，戦前の川村の著作の中で，唯一の原論的研究であり，その発展が期待されていた．しかし，彼が参加を要請された満州・北支の農業移民調査と，のちに述べる北海道農会への下野によって，この研究は中途で終了せざるを得なかったのである．だが私の理解では，川村のチウネン研究はのちの川村に少なからぬ影響を与えている．その1つは，チウネンがドイツ的土壌の中で明らかにした農業の経営形態が，その後川村が道農会で行なう日本農業，北海道農業のあり方をめぐる調査研究にとって，大いに参考になっているこ

とである．2つはチウネンの「距離による地代」が，川村の中でも立地論として継承され，戦後，彼の主産地形成論に結実していったことである．3つは，のちに彼が「適正経営規模論」を展開し，戦後になって有名な中農層を軸とした「農産物商品化構造論」を構築していく理論的原点に，まさにチウネン批判を通じて深められた「労賃部分の自立化」の主張が存在していると，私には推察されるからである．

4．「北海道農業研究会」事件との遭遇

昭和15年1月，川村は複雑な感慨をもって北大を退職し，北海道農会に技師として着任した．その背景について詮索することは避けるが，当時の北大には川村のようにマルクス経済学を志すものに必ずしも十分な研究環境が与えられていなかったことは事実のようだ．しかし，川村が進んで道農会に就職した背景として無視し得ぬことは，その当時の道農会幹事東隆が，農会活動を，それまでの中央農政の下請機関的性格から脱皮させ，日支事変下で変転する北海道農業の実態に即応する調査研究・政策立案機関として再編成しようとの意図をもち，そのオルガナイザーとして川村に白羽の矢を立てたことである．

川村は道農会技師としては農業労賃・農産物価格を担当し，その職務上の実績は，道農会の機関誌『北海道農会報』を通じ断片的に知ることができる．しかし，川村が真骨頂を発揮したのは，昭和15年5月，道農会を事務局に発足した「北海道農業研究会」での活動である．

この会の発足前後の事情，具体的活動，および官憲による弾圧の実態と背景については，すでに渡辺惣蔵『北海道社会運動史』による概説があり，『北海道農民組合運動五十年史』の中での三田保正による精緻な記述がある．また古稀記念誌『川村琢―その人と学問―』には，研究会の直接の関係者による証言，および川村自身による体験談が収録されている．詳しくはこれらを参照してもらうことにして，ここでは同研究会の基本的性格，および研究

会での川村の役割,業績について略記するにとどめたい.

　まず「北海道農業研究会」(以下,農研と略)の基本的性格であるが,これには相反する2つの見解が存在する.ひとつは三田保正のそれであるが,三田は先の『五十年史』の中で農研を「ファシズムに対する最低限の抵抗戦としての制限された合法的活動」,「良心的知識人ともと農民運動家,農業関係者の連帯・協力のもとに進められたこの活動は,内容的には,農民組合の解散,農民運動後退の状況における北海道農業関係者のいわゆる反ファッショ統一戦線運動のゆるやかな(政治スローガンをもたない)形態ともいうべきものであり,本道農民運動の歴史につながる民主的大衆運動として注目される」としている.

　これに対し,近年明らかにされた旧内務省警保局の「特高資料」(明石博隆・松浦総三編『昭和特高弾圧史2』太平出版社,に収録)は,「農研の主要活動と階級性」と題して次のような驚くべき記述を与えている.「農研の前記中心的左翼分子(「特高資料」によれば,川村琢,笠島彊一,矢島武,中川一男,東隆,大川信夫,渡辺誠毅,前田金治,等々となっている:引用者注)の意図せる処は北海道農会内に本部を置きて発展的合法性を確保し前記の如く合法的組織形態を以て大衆性を獲得しつつ(道庁,北大その他諸団体の首脳者ないし幹部を,顧問,評議員に登用したことを指す:引用者注)戦時下労力役畜力等の不足を克服し食糧増産の国家的要請を果たすべく,農政諸機関により実施せられある農業共同経営或は適正小作料等々の国策に便乗し之等の政策を其の矛盾暴露を前提として批判的に支持する表面的態度を持しつつ其の本質的活動は前記中心的左翼メンバーが分担し,北海道農業の地帯別実体調査を実施してマルクス主義農業理論建設の基礎的資料を収集し或は封建的生産諸関係其他の暴露的実証資料を収集し幹事会,例会二次会等を六十回余に亘り頻繁に開催して前記左翼中心人物により之等資料に基く発表研究討論を展開してマルクス主義農業理論建設並出席一般メンバーに対するマルクス主義農業理論教育を実践して革命意欲の啓蒙高揚に努め,之等マルクス主義的論文其他を『北海道農会報』其他に発表掲載する等によりて北海道農業に於ける半封

建的諸関係就中寄生地主的土地所有関係が農業生産の桎梏と化し生産発展を阻害しある事実等を暴露宣伝し，農民大衆に現在政府の執りつつある共同経営其他の諸政策は徹底的生産拡充方策に非ずして之が徹底化は半封建的生産関係止揚による寄生地主的土地所有関係の廃絶にあるべき暴露的宣伝により農民大衆の革命意欲の啓蒙高揚を図り自主的農民運動を誘発促進すると共に革命の主体的条件の進出に努め，其の戦術は飽迄所謂『人民戦線』的合法利用に擬装し革命の基底を所謂『三十二年テーゼ』におきプロレタリア革命の前提条件たるブルジョア民主主義革命の遂行を目標として闘争し来れるものなり.」

この冗長な記述は，マルクス主義と講座派農業理論の生半可な理解に，反共的憎悪が加われば，事態はかくも歪められて描かれることの見本のようなものであるが，その歪みを取り払い，農研の活動実態そのものに即して忠実にフォローしていけば，農研の基本的性格にある程度接近することができる．そのために，農研の中心メンバーが，その当時の日本農業とくに北海道農業の実態をいかに認識していたかについて述べる必要がある．

川村の起草による「北海道農業研究会」設立趣意書（「北海道農業研究機関設立の急務を論ず」）によれば，いわゆる支那事変の進展とともに，農村には資材，肥料，飼料の割当配給の減少，および農業労働力の絶えざる減少が起こり，一般に農業生産力の発展が大きな困難の下におかれていたが，にもかかわらず戦時体制は，国内農業に食糧増産と軍需作物（および軍馬），輸出作物の増産を要求していた．とくに北海道の場合，経営面積が大きく，したがって農具使用においても家畜の飼育・使用においても規模の大きさが必要とされ，それだけ資材等の不足が強く感ぜられる．肥料が不足し，合理的作物間の配合が行なわれない場合は，地力減退を招来する．また，北海道は労働の浮動性が高く，それだけに労賃の騰貴，労働力の不足を著しくしている．「然るに国策の要求する生産力の拡充は本道に於て，その生産物の特殊性の故に其の責務や増々大なるにも拘らずその生産の困難は前述せる如く更に増々大である．……我国に於て独特の進歩を示せる農業として自他共に許し

た本道農業が，又それ故にこそ東亜の農業の指導と云う使命を与えられた本道農業が，かかる苦難に打ち勝つ方策，高度の技術と，高度の経営組織の活用，これこそは府県と異って本道独自のものであるはずである.」（旧字，旧仮名づかいを改めた.）

　こうした実態認識の下に農研は，主として労働力不足に対応した労働様式の再編成，具体的には共同作業・共同経営の普及を主張し，それを通しての農業の機械化を要求したのであった．かかる方向は，先の「特高資料」も述べているように，時の農政もとり上げざるを得ない，いわば「客観的に可能な」農業生産力拡充の道であり，戦時体制といえども合理性をもつものである．これを"マルクス主義的"，"共産主義的"と見るのは，共同化の主張をソビエトのコルホーズ・ソホーズの実践とする笑止千万な議論を別にすれば，偏見と狂気のレンズを通してしか物事を見ることが出来ないファシスト＝特高警察のみである．その何よりの証拠に，農研は，体制に協力的なものを含め，研究者，農業団体職員，道庁職員，ジャーナリスト等あらゆる農業関係者の参加した一大組織であったのである．

　こうみてくると，三田のごとく，農研を「北海道農業関係者のいわゆる反ファッショ統一戦線運動のゆるやかな形態」とみる見方も必ずしも農研全体の正しい評価につながらない．『北海道農会報』に掲載された農研研究員，会員の論稿を注意深く読めば明らかになるが，戦時下の"奴隷の言葉"という事情を斟酌しても，掲載論稿のすべてが，ゆるやかにしろ「反ファッショ」の立場に立っていたとはいえない．むしろ表面的には，国策に沿った生産力拡充とそのための実態把握という目的をもって，真面目な農業関係者・研究者がその立場を超えて自主的に組織化をはかったところに，農研活動の特徴を見ることが出来るのである（なお，反ファッショ統一戦線には前衛党の存在と指導を不可欠とするが，戦時下の弾圧の中でそうした条件が全く失われていたことも考慮する必要がある）．

　それでは官憲は，何故に中川一男，村上由（以上第1次検挙），川村，矢島，渡辺ら（第2次検挙）を逮捕し，3年から4年にわたる下獄を余儀なく

第1章　農業市場論の先達たち

させたか．それは，「特高資料」の言うように彼らが"左翼分子"——これをマルクス主義者と解するならば，逮捕者の大半は当てはまらない——であったからでは決してない．そうではなく，彼らが関係機関を代表する農研の中心メンバーであり，「適確なる農政は農業の実態の正確なる認識の上に樹立せられる」（農研設立趣意書）とする農研の活動自体に，ファシズム体制が恐れをもったからに他ならない．なぜならば，ファシズムは，「実態の正確なる認識」からもたらせられる真理への恐怖，したがって非合理主義と反理性（＝狂気）とを，ひとつの思想的特徴としているからである．

5. 戦前期の川村農業論の特徴

限られた紙面の中で，私は農研活動の性格に紙数を費やしすぎたようである．ここで再び川村個人に戻り，農研の中での彼の役割，業績について述べておかなくてはならない．

農研活動全般に対する前述の私の評価は，これが地方レベルで農業発展の方向を追求した研究者・農業関係者共同の幅広い合意形成運動であり，戦時体制という，一方で翼賛組織が支配をほしいままにしていた状況の中で存在した，全国でも稀有な自主的研究組織であることを，決して否定するものではない．それは，今日，地域農業の破壊が進む中で，自覚的勢力によって取り組まれつつある，農業問題研究会，労農大学など，地域の農業を学習し農業を守る運動の嚆矢としてオリジナルな性格をもつものである．

そうした秀れた実践である農研において，川村が常任幹事——事実上の事務局長——として会の組織化をはかり，研究と調査の企画・推進の中心的・指導的存在であったことは，衆目の認めるところである．同時に彼は，研究員として自ら調査研究を行ない，いくつかの業績を残している．その中で代表的なものは，これから述べる「北海道に於ける農業経営規模論の進展」である．

『北海道農会報』昭和16年12月号に発表された同論文（のちに一部改筆・

改題して『帝国農会報』昭和17年8月号にも収録）は，川村の北大における師・高岡熊雄の『北海道農論』，同じく高岡の指導の下に実施された道庁の『産業調査報告書』（大正3年）を素材に，北海道という特殊な農業条件の下で，経営の規模論がいかに展開され，進展してきたかを明らかにしようとしたものである．全体としてこの論文は，前記両書の経営規模論の紹介という面が強いが，同時に川村がその紹介と検討を通じて，大経営一般の有利性と農業の地帯に応じた経営規模の多様性に注意を払いつつ，日支事変後の労働力と資材の不足の状況下においては，部落的な労働力の組織化（協業化！）と高度技術の採用（機械化！）こそが大経営の有利性（労働生産力の拡大）を享受することを可能にし，かつまた小経営の有利性たる土地生産力の増大にもつながることを明らかにしている．

　これをみると川村は，他の農研メンバーの多くがそうであるように，農業近代化論に立っているかのようである．しかし，その当時体制側から主張された農業論が，農本主義的小農保護論，あるいは満蒙開拓・分村計画と結びついた民族主義的中農化論であったことからみると，農業近代化論は明らかに農業進歩の方向を示すものであった．

　だが，戦前川村の農業論を単純な農業近代化論一般に解消し去るのは正しくない．川村が農業近代化を主張しつつ，同時にその担い手を家族労働力に依存した小農に求めていたことは，例えば，先の改筆・改題後の論文「北海道農業経営規模の成立と発展」の中で，北海道の開拓がアメリカ農法を導入した企業的経営からデンマーク農法に依拠した中農を対象としたものに変えられて初めて軌道に乗ったことに触れ，「開拓の中心を為す農家はかくして云う迄もなく家族労作型の農家であった．これ等の農家に於て一定の生活の費用が与えられるとすれば，家族の労働力に応じ，一定の技術の下に耕地面積が定まって来るわけである」と述べていることからも，明らかである．こうした見解は，ひとつには，農研が集団的・組織的に取り組んだ，開拓地・根室原野の農家調査から得られた結論でもある．なぜならば，開拓地においては，植民の最初から農業は家族労働力を唯一の労働力として計画が樹立さ

れていたからである（川村「根室原野『農業指針』の実現過程」,『北海道農会報』昭和17年4月号, 参照）.

このように川村は, 高岡農業論の検討と実態調査を通じ, 家族経営（小農）を担い手とした農業近代化の方向を追求していた. ただ, それが農業近代化論としての性格を強く帯び, 農業近代化を阻害する地主制への批判が見られないのは, 戦時体制の進展の中で, 良心的研究者が, 生産力論・技術論の隠れ蓑をまとわざるを得なかったことの帰結であり, 単純な批判を加えるわけにはいかない. そのことを問題とするよりも, むしろ川村が, 北海道や満州で家族労働力にのみ依存する高度の技術採用を等しく提唱する「民族主義的中農化論」——川村はこうした呼称を用いていないが——を批判し,「併乍ら一面高度の技術を採用する為めには一定の家族労働力の大きさ及び耕地の広さが前提せられるのであって, あらゆる農家に対し等しく可能なわけではない」(「北海道に於ける農業技術」,『帝国農会報』昭和16年6月号) と主張することの中に, 彼の生産力論的・技術論的立場からの農政批判を読み取るべきである.

かくして戦前川村の農業論は, 小農ないし小農の条件に達しない農家を対象とした農業近代化, 具体的には協業化, 機械化, 土地の合理的使用の主張であり, その根拠に地主制の制約の少ない北海道で進展していた中農層前進の実態を暗黙のうちに認めていたのであった. こうした認識は, はからずも川村の親友栗原百寿が, 同じ戦時体制下で精緻な統計分析を通じ「小農標準化論」として理論化をはかりつつあったものであった. だが, 栗原がその成果を名著『日本農業の基礎構造』(昭和18年1月) として発表したその時, 川村はすでに昭和17年10月1日の弾圧によって拘禁の身にあったのである.

6. 農業団体幹部としての活動

治安維持法違反として3年もの下獄を余儀なくされた川村が, GHQ 指令によって釈放されたのは, 昭和20年10月, 彼の37歳の時であった. 以後

昭和28年11月北大農学部に講師として復帰するまでの8年間は，川村の農業団体での活動期である．この時期，彼は研究者としてではなく，農業団体の幹部として農村民主化と農業団体の発展に尽くすことになる．

　昭和20年12月，GHQから発せられた農民解放・農村民主化の指令を背に受け，北海道農業会に農業経営調査課長として帰復した川村は，手はじめに農村民主化・農業近代化のための指導者の養成に力を入れることになる．当時の調査課には，足羽進三郎，石井城夫の両係長をはじめ，荒田善之，外崎正次などの逸材を揃え，官製農業団体の鬼子として道農政担当者に恐れられていた．このブレイン集団のトップとして川村が農業進化の科学的認識に努め，その素材として，レーニン『ロシアにおける資本主義の発展』の学習会を課員で行なっていたことについては，荒田善之の証言がある（前掲，『川村琢―その人と学問―』）．当時の課員の多くが，今日，社会科学，農業経済学の第一線で活躍しているのは，実に川村の薫陶によるものである．

　さらに川村は，農業会が抱えていた技術員（現在の改良普及員）の統括者として，彼らの教育・啓蒙に努め，「技術員連盟」を創設して自ら会長になった．農業変革・近代化の現場での推進力として，彼ら技術員に対する川村の期待は大であったのである．しかしGHQの指令を受けた農業団体の再編成が進み，昭和23年7月には農業改良助長法が公布・施行されて，技術員は農業会の手を離れ，改良普及員として農林省・道庁の管轄に入っていった．こうした経過の中で川村は，技術員が農政の下請機関に堕することを恐れ，何とか農業団体の下につなぎとめておこうと努力したが，時勢には勝てなかった．

　もう1つ農業会での川村の活動として無視し得ないことは，昭和21年8月，農地改革推進のため道庁，農業団体，農民組合を中心に結成された北海道農地制度改革推進委員会の幹事（非常任）として，主として農業経営の合理化の立場から，本道における農地改革の推進に寄与していることである．これが，戦時下における経営規模論研究に支えられたものであることは，いうまでもない．

時代は移り昭和22年12月農業協同組合法が施行されて農業会は解散，川村は新たに設立された北海道指導農協連を経て，23年8月北海道厚生農協連の参事に就任する．この時期川村は，農村医療に対する政府・道の理解と助成が不十分な中で，実務者のトップとして大変な苦労が強いられた．その働きについて詳しい説明を行なうのは省略するが，道や各農協連と交渉しつつ補助金・分担金を獲得し，農村医療設備の充実に努めたこと，国保病院との連係・調整をはかったこと，さらに厚生連ルートで家庭医薬品の販売に努め同会の財源の基礎にしたことなど，枚挙にいとまがない．

　一方，昭和28年10月まで続く厚生連時代の末期，川村の身体は激務によって次第に困ぱいしていった．他方で戦争をはさみ10年余にわたって中断されていた研究者川村の復帰に対する期待が，彼のかつての同僚矢島武ら一部の人達によって高まっていた．昭和25年4月，川村は北大法文学部の臨時講師として協同組合論を講義するようになるが，これも矢島の力によっている．また進んで28年4月に川村は新たに設立された道農業研究所の特別研究員（嘱託）になるが，これは当時の道の農業改良課長石井城夫の画策の結果である（石井は川村を農研の所長に担ぎ出そうとしたが，この顛末については，前掲『川村琢―その人と学問―』で石井自身が書いている）．

　農研特別研究員としての川村の研究は，北大復帰ののち，「農村における国民健康保険について」（『北海道農業研究』第4号，昭和29年3月），「種子用馬鈴薯生産の分析―商品作物形態の一事例―」（同第8号，昭和30年3月）として発表されているが，この両論文は厚生連参事として農村医療の第一線で働いていた彼が，北大農学部講師として農産物市場論の研究に従事するようになる，歴史のめぐり合わせをはからずも示している．

7. マルクス経済学による「農業市場論」の構築

　昭和28年11月，川村は北大農学部に講師として復帰する．本来は協同組合論を担当するはずであったが，その前年講師として迎えられていた足羽進

三郎がこれを担当するようになり,川村は新興の学問である農産物市場論の担任者となった.しかし,昭和15年北大を去って以来,研究を職業とする生活に実に13年余も遠のき,すでに齢45歳に達していた川村にとって,新興の学問農産物市場論で業績を上げることは大変な重荷であった.なぜならば,市場論といえばその当時,戦前来の商業機構論か,戦後アメリカより導入されたマーケティング論しか存在しなかったからである.

　こうした状況の中で川村は,マルクス経済学の方法で農産物市場論を構築するために,多くの文献を読みあさった.彼は農産物市場論を現状分析の対象と考えていた.その原論的基礎に商業資本論や再生産論がおかれるが,川村の場合,現状に対する原論のストレートな適用が,現状の正しい解釈につながらないことに行き悩んでいた.そのことは,戦前の農業研究において,半封建制を重視する講座派の理論を感覚的に正しいと見つつも,他方で経済原論が明らかにすることから,日本の現状がかけ離れていることに問題を感じて以来,彼の脳裏を離れなかった点である.そこに,彼の東北大での師・宇野弘蔵の「段階論」が強烈なインパクトを与えて飛び込んできた.

　周知のごとく,川村は農産物市場論の研究を,とりあえず現実の農民による農産物の商品化構造の研究から始めるが,そこには「帝国主義段階での小農の商品化対応」という視角が色濃く反映している.それは,宇野に原論の重視を教えられ,高岡熊雄に現状の重視を教えられてきた川村が,農産物市場論研究で与えたひとつの解答であったのである.

　ここで川村の主著のひとつ『農産物の商品化構造』(三笠書房,昭和35年1月)を取り上げる時期に来たが,同書については,本章Ⅳの「『農民的商品化』論の形成と展開」を参照願いたい.この論文は,1950年代後半に形成された川村の「農産物商品化構造論」の形成過程を追い,これを現段階に継承・発展さすべき「農民の市場対応論」として総括したものである.

　しかし,前述の「商品化構造論」は,川村の市場論研究にとってひとつの段階であり分野にすぎない.その後,彼は『主産地形成と商業資本』(北大図書刊行会,昭和46年9月)において,農産物の商品的特性を基にした「農

産物市場の形態論」を打ち出し，その問題視角は，再生産論的視角と商業資本の類型論的視角を軸に，「市場形態論」というあらゆる市場機構を射程においた壮大な理論体系としてまとめられた（川村琢監修『現代資本主義と市場』ミネルヴァ書房，昭和59年，第1編第3章）．

また他方で，単に農産物市場にとどまらず農村購買品市場，農村労働市場などを包括した農業市場論という研究課題を設定し，その成果を川村は，共同研究『現代農業と市場問題』（北大図書刊行会，昭和51年3月），として発表した．現代の複雑な諸過程の科学的認識に，共同研究が不可欠と考える川村の姿勢は，前述の共同著作以降も，地域農政史研究に先鞭をつけたとされる『戦後北海道農政史』（農文協，昭和51年11月），マルクス経済学によるわが国最初の農産物市場論の体系化をはかろうとした『農産物市場論大系・全3巻』（農文協，昭和52年11月）など，意欲的な共同研究を組織しその成果を次々と世に送り出している．

同時に，共同研究を通じ，研究者の組織化をはかり，自らの研究の後継者を生み出していっていることは，川村の秀でた一面であるが，それは戦前の「北海道農業研究会」常任幹事の経験によって裏打ちされた，現実に対する集団的・組織的研究，そのためのオルガナイザーに，研究者の1つのかつ重要な任務を課す，いわば"新しい型の研究者"をわれわれに示唆している．

激動する現代に生きるわれわれが，人間川村の実践と学問から学ぶものはあまりにも大きいのである．

[追記]　本稿は，北大時代の先生の大学民主化への貢献，とくに伝説的に語られている農学部長事務取扱，農学部長，および評議員としての卓越した行政手腕，北海学園大学教授としての活躍，さらに社会面での札幌市長選出馬とその後の地方政治革新のための組織的・政策的活動，ゆりかご保育園や共働学舎など，社会福祉事業への貢献等々，"人間川村"を知る上で述べるべき多くの素材を持ちながら，中途で筆をおかざるを得ない．

　なお，本稿は先生からの聴き取りと著作を基本にしつつも，随所で私なりの独自な解釈と説明を加えてある．したがって，中に事実誤認や謬見を含み，

先生および関係者に多大な御迷惑をかける結果を招くことを恐れるものであるが，その一切の責任は私にある．文中，先生を含め敬称は省略した．

II. 「農産物市場論」揺籃期の美土路達雄

1. 「戦後の農産物市場」

　美土路達雄選集第2巻『農産物市場論』(以下, 本巻と呼ぶ) の第1章となっている「戦後の農産物市場」は, 全国農業協同組合中央会発行の『農業協同組合』(以下, 農協誌と呼ぶ) に, 1957年2月号から13回にわたって連載された「共販をかちとるために」の総括部分として, 1958年4月, 6月, 7月の各号に掲載されたものである (このシリーズはその後, 同中央会から単行本『戦後の農産物市場』上巻 [1958年8月刊], 下巻 [1959年8月刊] として出版された). このシリーズは, 協同組合経営研究所の集団研究として取り組まれたものであるが, この研究を最初から最後までリードしたのは美土路達雄であり, 前述の総括部分の執筆とともに, 自身で繭, 大豆, 肉畜の分析を担当した. 品目別の分析は, まず需給構造, 流通構造の実態把握を行い, そのうえで共販の現状と課題に論及するというオーソドックスなものである. 農畜産物市場の具体的な分析が皆無といってよい状態にあった当時にあって, このシリーズは読者に新鮮で強烈な印象を与えた.
　同論文で美土路は,「商業論的市場論と経済学的市場論との結合」を重視する観点から,「米麦, 牛乳, 繭, 大豆等々という個別農産物市場をまず資本との関係から整理し, 小農と関係資本, 関係資本と資本一般という, 直接・間接の全体的諸関係においてみていく」という方法をとる. こうして, 当時のわが国の農産物市場を類型化する作業を行い, (A)小農と零細消費者間の市場, (B)小農と加工資本間の市場, (C)小農と国家独占間の市場, に大別する. (A)タイプの市場は, 青果, 肉畜, 木炭, 鶏卵, の各市場であり, 生産と消費の零細性を条件とする農産物市場の原基的形態であり, 不完全市

場を特徴とする．(B)タイプの市場は，その原料農産物が取引される加工資本の規模の大小によって，(1)対零細資本市場（大豆），(2)対中小資本市場（甘薯），(3)対大資本市場（繭，菜種），(4)対独占資本市場（牛乳，ビート，麻，木綿），に細分類される．さらに(C)タイプの市場は，専売市場（煙草）と統制市場（米）に分かれ，麦類については(B)と(C)との過渡市場とされる．

　こうした横断的な農産物市場の類型化のうえで，美土路は，戦後の農産物市場において拡大の一方にあり，その市場関係の変貌も激しい，(B)タイプの市場（小農と加工資本間の市場）に焦点を当て，そのタテの展開（発展段階）を分析する．ここで典型事例として分析の対象とされているのは繭である．詳細は本文を読んでいただきたいが，結論的には，繭の取引相手となっている製糸資本の成長拡大にともなって，その市場構造と取引形態が，「小営業マニュファクチュア資本にたいする問屋取引，産業資本段階の市場取引，独占段階の特約取引，国家独占資本主義段階の協定取引」，へと段階的に変化してきたことを明らかにしている．

　次いで最高の発展段階である国家独占資本主義段階の農産物市場編制の分析へと進む．その典型事例となっているのは米である．米については前述のように「統制市場」に分類されるが，そのテコになっているのは「流通過程に延長された生産過程の国家独占」，具体的には，①検査制度＝食糧事務所システム，②保管装置＝指定農業倉庫システム，③運搬における日通等の独占的支配，であり，さらに④需給把握のための統計システム，⑤需給調整のための貿易制度，⑥計算とくに決済機関としての食管会計＝日銀＝中金＝農協システムの国家独占ないし支配，が条件になっている．

　しかも，戦後の総合農協は，こうした国家独占資本主義的市場編制＝流通規制にスッポリ捕捉されており，「国の特約組合」とさえ言ってもよい状態にある．特殊農協（養蚕農協，酪農協など）による共販も「取引相手大資本の集買のための共販」になっている．かくて，こう主張される．「かつて熾烈な問屋資本の反産運動を排してひろがった産業組合運動は，戦後こうして

その組織網の完成とともに「反対物」へ転化したのである」と．

　こうした現状認識のうえで，美土路は，「農協共販の新しい方向」として，①国家独占資本主義的市場編制の諸条件をひとつひとつ農民的に改造していくこと，②総合農協，特殊農協，任意組合など各形態の協同組織の有機的連繋を強化すること，③農民的市場の安定のための自主調整の態勢を整えること，の3点を提起し，本論文を結んでいる．

　このように美土路の「戦後の農産物市場」は，経済学的に農産物市場論を確立しようとした先駆的業績であり，これにわずかに遅れて『農産物の商品化構造』（三笠書房，1960年）を上梓した川村琢の業績と比肩される．川村が主産地形成論と商業資本論を武器に個別農産物の商品化構造・流通構造の分析に業績を残したのに対し，美土路は，農産物市場を資本主義の国内市場の部分市場として位置付けた分析に力を入れている．だが，そうした美土路の方法は，日本資本主義論あるいは日本農業論と重なり合い，農産物市場論としての独自性が薄れるのではないかという批判が寄せられている．この点に関して，先の「戦後の農産物市場」において「農産物市場論として独自にふかめらるべき中心課題は，つまり農産物価格形成でなければならない」と明言している．また後に紹介する本巻第3章でも，従来の農産物価格論が，「常に抽象的な一本の価格として論じられ」ていることを批判し，「価格が一義的には需給に規定され，流通過程の態様が生産過程の態様に規定されつつも，農畜産物の場合はとくに，一定の市場構造における流通過程の如何がその形成価格（実現価値）に相当大きな，相対的に独自な作用を及ぼす」と，市場構造・流通過程の実態把握から価格問題に接近する必要性を強調している．これらの点については，農産物市場論の独自の課題として，後学の者も確認しておく必要があろう．

2.「市場＝流通問題」把握の方法：レーニン「市場理論」

　では，美土路は農産物市場・流通の研究を，どのような順序・方法によっ

て取り組んだのであろうか．この点を知る意味で，美土路自身によって書かれたひとつの興味深い論稿がある．それは，先の「戦後の農産物市場」とほぼ同じ時期（1958年6月）に発表された「『市場体系』という概念について」（協同組合経営研究所「研究月報」57号，収録）である．この論稿は「文献紹介」として書かれたものであるが，その冒頭に次のような注目すべき記述がみられる．

「最近，農業経済関係でも流通問題がひじょうな関心をよびだしているが，この分野の経済学的研究はまだ十分な体系化をみていないといわねばならない．われわれ農協の研究にあたっているものは，流通＝市場の問題をぬきに農協の正しい理解は不可能であるとの感を深くしているが，これに関連し，流通＝市場問題把握の方向としてわれわれはつぎのような体系を考えている．

　1　資本主義的国内市場論と商業論的市場論の結合
　2　農産物市場，生産資材市場，生活物資市場等，商品市場及び金融市場，労働市場との関係
　3　農産物市場における個別品目＝個別市場の構造とその相互関係
　4　原料農産物における各種企業の個別市場の相互関係
　5　消費用農産物市場の構造

　これらの相互関係を考える場合——問題意識はあくまで市場固有の現象の具体的実現にあるが，それを個別経済—商業論的視角からでなく資本主義発展＝国内市場論的立場から試みる点にある——とくに重要となるのは，その両者を媒介する『市場体系』という概念構成であると思う．」

この一節はいろいろな意味で興味深い．第1に，美土路はこの時期すでに「農協論から市場論へ」と視野の拡大をはかっていたことである．

よく知られているように，美土路はすでに1956年，農協誌に「農協の理論と現実」を書き，独自な理論体系をもった農協論研究者として華々しく学界にデヴューした．だが，「美土路農協論」は彼が精魂を傾けて追求してき

たテーマ（ライフ・ワーク）からみると，ひとつの柱に過ぎないように思われる．そのテーマとは第2次大戦後の日本の農業問題を市場論を武器に解明することである．このことを，美土路は例えば次のように述べる．

「戦前の農業経済学においては土地問題がその中心的地位をしめていた．半封建的高率小作制度のもとにあって，このことは決定的であった．しかし，農地改革による寄生地主制の消失にともなって，農業は地主的閉鎖体系から，いわば資本主義市場の開放体系のもとに裸で投げ出された．それとともに農業経済の分野でも市場理論が不可欠の柱となろうとしている．」（前掲「研究月報」58号，1958年7月）

この場合の「市場理論」とは，わが国では豊田四郎らによって紹介・導入されたレーニンの「市場形成論」および「再生産表式論」である．美土路は，後進の者の指導においてしばしばレーニンの「ロシアにおける資本主義の発展」（以下，『発展』と略）や「いわゆる市場問題について」を用いていた．美土路理論のもう1本の太い糸である「労働の社会化論」もレーニンの『発展』から学んだことは明らかである．その点では，美土路理論を全面的に理解しようとする場合，市場理論を軸としたレーニン初期の著作の与えた影響を無視することができない．そのことは，市場論的視角の重要性を指摘した，先の引用文からも窺い知ることができる．

第2に，この一文には「美土路市場論」の「プラン問題」と基本視角が示されていることである．

この点で注目されるのは，美土路が農産物の市場＝流通問題を，狭義の農産物市場論として展開しようとしていたのではなく，農村の購買品市場，金融市場，労働市場を含めた，いわば農業市場論として展開しようとしていたことである．こうした研究対象の設定からすると，各種の農業関連市場を全体として包摂するところの，国内市場論を基本視角において分析する必要がある．それが，言うところの「資本主義発展＝国内市場論的立場」であり，前述のレーニンの『発展』がとった立場でもある．

3. 「国内市場における小農的農業の地位」

　本巻第2章の「国内市場における小農的農業の地位」は，こうした立場でわが国の小農をめぐる市場機構を分析したものである．

　同論文で美土路は，山田盛太郎の『日本資本主義分析』を頂点とする戦前の研究が，マルクス再生産表式の図式的適用の誤りを犯していると批判し，方法論としての「国内市場形成理論」の正しき適用を主張する．だが，ここで言う「国内市場形成理論」とは，小生産者の分解を軸としたレーニンの「市場形成論」ではない．マルクス再生産表式における2部門分割（生産財市場，消費財市場）それぞれに小農的農業部門の設定を求め，いわば4部門・3範疇（C+V+M）構成で価値実現と素材補塡の過程を分析しようとするものである．

　修正再生産表式を手段とした以上の分析装置を横軸とするならば，縦軸（発展段階論）となっているのは国家独占資本主義的市場編制論である．後者は前述の「戦後の農産物市場」で深められた視点であるが，同時に当時の理論状況の中では「国家独占資本主義の農業収奪」を強調した栗原百寿の一連の業績から影響を受けていることが推察される．

　ともあれ，こうした複眼的な分析方法で，まず，戦前比較で戦後（1952年）における小農の農産物（農産生産財，農産消費財）販売過程，所得形成過程，購買過程を定量的に把握し，「農産物販売面での後退，農民購買面での拡大」を指摘する．それは，戦後における「低農産物政策価格形成，生計維持のための兼業労働所得によるその補充」を農業・農村市場の場面で示したものである．

　次いで「国家独占資本主義による農業・農村市場の捕捉」という視角から，農産物市場，農村購買市場，農村消費財市場それぞれの動向を分析する．そこでは，農地改革後の農民的農業では全体として国家独占資本による全国単一市場化が権力的に行われ，独占資本による農村市場を通じた農民収奪と原

料農産物の低収買価格形成，低労賃のための低食糧政策価格形成が，市場編制の装置化をともなって進展していることを指摘している．

　上述の論文では金融市場，労働市場，土地市場の分析はなされていないが，農産物市場と農村購買品市場を対象とした「農業市場」の定量的分析としては，同論文がわが国で最初の業績といってよい．今日では農林省によって「農業及び農家の社会勘定」や「農業・食料関連産業の経済計算」が発表されており，それだけ農業市場の分析も容易になったが，美土路の取り入れた分析視角は，現在でも有効性を失っていないように思われる．

4.「農畜産物の市場体系と流通政策」

　加えて美土路は，前述の引用論文（「『市場体系』という概念について」）にもあるように，これまで主として商業論的視角から分析されてきた農産物の個別市場（具体的市場）と，経済学の分析対象とされてきた国内市場（抽象市場）を媒介するものとして，「市場体系」なる概念装置を打ち出していく．そして，この「市場体系」概念によって，戦後の農畜産物流通問題を肉畜・食肉を中心に（補足的に青果物，牛乳も取り上げられる）分析したのが，本巻第3章の「農畜産物の市場体系と流通政策」である．

　これは「成長農産物の流通政策」をテーマとした日本農業経済学会の1963年度大会シンポジウム（座長：大谷省三）の報告を原稿化し，翌64年5月の学会誌に収録したものである．このシンポジウムでは他に，川村琢が牛乳を素材に「酪農における主産地形成」を報告し，若林秀泰がみかんを素材に「果実マーケティングの機能と組織」を報告している．これに，肉畜・食肉を素材とした前掲の美土路報告を加えると，当時の代表的な農産物市場論研究者が揃い踏みしていることになる．

　美土路の報告は，川村「主産地形成論」，若林「農業マーケティング論」に対して，前述のように「市場体系論」を前面に打ち出したものだが，キイ概念である「市場体系」については，本論文のなかでは「流通のフィールド

としての市場体系」と一般的に述べるのみで，明白な定義がなされているわけではない．

しかし，「市場体系」概念について美土路は，すでに1962年に出版された近藤康男編『農業構造の変化と農協』（東洋経済新報社）の中で，「そさいの市場体系と共販」と題する一節を分担し，次のように述べている．

「青果物の分野では，戦後において，いちじるしい主産地形成と市場体系の発展がみられた．この分野では，一つの主産地は多くの出荷先をもち，逆に一つの市場は多くの入荷先をもつ．多数の出荷圏と多数の入荷圏は相互に逐次関連せしめられ，個別市場の体系をかたちづくる．また，こうした市場体系のなかに位置づけられることによって，各個別市場は性格変化をとげ，他の市場との関連をもつにいたり，市場体系はさらに緊密化される．」（同書，99頁）

この一節から，「市場体系」の概念はほぼ明らかであろうが，付言すれば美土路は，市場体系と不可分な存在として流通機構を取り上げ，両者あいまった形態変化の過程を分析するのである．本巻収録の論文（第3章）では，そさいに加えて肉畜・食肉を取り上げ，市場体系と流通機構が，全国化と単純化をつよめていくプロセスが具体的に述べられている．

以上，美土路が1950年代後半から60年代前半にかけて執筆した農産物市場論の代表的3論文の解説を，その理論的背景にも触れながら行ってきた．そこには，第2次大戦後とくに1950年代の農業理論の混乱の中で，現実の発展と結び付いた理論形成に精魂を傾けた一学徒の苦闘が生々しく描かれていて，読む者の感動を呼ぶ．美土路が戦後の農業問題分析の方法として地代論から市場論への転換を迫ったこと自体，激しい反発と冷笑の中のことであった．だが，大海の中にひとり小舟で漕ぎ出した美土路の理論は，次第に多くの支持者を集め，農産物市場論は進展していく．とりわけ，美土路が先の学会報告などを通じて，北海道大学の川村琢の研究グループと交流を深めていったことは，わが国の農産物市場論の発展と体系化にとって大きな意味をもっている．

第1章　農業市場論の先達たち　　　　　　　　　　　　　　25

[付記]　本稿は，美土路達雄選集第2巻『農産物市場論』(筑波書房，1994年)
の解題の前半部分である．後半は故・宮崎宏が「農産物市場の体系化と農業
市場論」と題して執筆している．

補遺　美土路達雄先生を偲ぶ
―投げかけられた課題の継承と克服を求めて―

1

　1992年11月29日の未明，美土路達雄先生が突然，この世を去った．息
子の知之さん（現・東京農業大学生物生産学部講師）に言わせると，「父は，
肉体的にはいつも崖っぷちに立っていて，何度か崖から落ちかかったが，そ
のつどはい上がってきた．しかし，今度だけは落ちたきりだった」．若い時
に重い肺病を患い，文字どおり片肺で生をつないできた先生であったが，晩
年にはその残された片肺も侵され，酸素ボンベを傍らに置きながらの生活で
あった．そうしたギリギリの生存状況のなかでも，先生は，学会や講演に東
奔西走し，あの慈悲に満ちた顔で人を励まし，元気づけてきた．また，新築
後まもない江別市大麻の自宅で，膨大な資料に囲まれながら，日夜，自身の
研究のまとめに取り組まれていた．だが，先生の心臓は，そうした肉体的酷
使に耐えられなかったのであろう．書斎に敷いた布団のなかで，先生は安ら
かなデス・マスクを残して75年の生を終えた．

　美土路達雄先生がこの世に生を受けたのは，1917年5月1日のことであ
る．すなわち，地球上に最初の社会主義国を誕生させた十月革命に先立つ
メーデーの日に生まれたわけであるが，このことは偶然の一致とはいえ，生
涯を被抑圧者の解放のための学問と実践に捧げた美土路先生にふさわしい．

　先生が誕生した岡山県美作一の宮の実家は代々神官を司る旧家であった．
そう聞くと，総髪を結いあご髭を蓄えた先生後年の容貌は，そのまま神主に
してもピッタリである．

　だが，実家の没落から幼少の折に両親に連れられて上京，1935年に第一

高等学校理科乙類に入学した．戦時体制の下ではあったが，一高駒場寮では進歩的学生によって細々ながらセッツルメント活動や学習会が行われており，美土路青年も参加した．こうした活動が特高の目につけられ，ある日，美土路青年ほか何人かが検挙された事件が起きた．一高同窓の推理作家，高木彬光は，この「事件」を題材に，のちに「わが一高時代の犯罪」（角川文庫に収録）と題する短編推理小説を書いているが，そこで「時計台から突然，消失した学生」として主人公役を演じているのは，実は美土路先生がモデルという．

このように，先生は一高時代から社会問題への関心を強めていた．理科乙類に入学し，医学部に進むこともできた中で，農学部それも農業経済学科を選択したのは，農民への限りない愛情と正義感があったからであろう．

多くの同僚，学生，卒業生らとともに全精力を注ぎ込んだ協同組合短大廃校反対闘争，のちに東都生協の設立に発展した「10円牛乳を飲む会」の活動，信濃生産大学に始まる労農大学等の学習運動等々，先生の半生は闘いと社会運動の歴史でもある．先生が育てられた協同組合短大の卒業生は，全国の農協組織に散らばり，それぞれの地で農業振興と農村民主化に取り組んでいる．消費者運動や生協に正しい指針を与えてきたのも先生の大きな功績である．

学会における美土路先生の功績も絶大であった．協同組合研究会，農産物市場研究会の創設に尽くされた先生の尽力は筆舌につくしがたいものがある．1973年に請われて北海道大学教育学部社会教育学講座に教授として赴任されたが，ここでも先生は学会の重鎮として，多くの逸材を育てあげた．また晩年の先生は，1974年創設の農産物市場研究会を前身とし，1992年春に学会に発展改組した日本農業市場学会の将来に大きな期待をかけ，昨年（92年）10月に中央大学駿河台記念館で開催された第1回の研究例会に多忙をおして参加された．市場史研究会の会員歴もながく，一昨年（91年）10月に北海道大学農学部で開催された第16回研究会では，「市場論・市場史研究の回顧」と題する記念講演を行っている．その講演内容については先生ご自

身が手を入れられ，1992年10月発行の『市場史研究』第11号に発表されたが，これが結果的に先生の遺稿となってしまった．

2

　美土路先生の生涯の研究活動が，大きくは「協同組合論」「農産物市場論」「農民教育論」の3つの分野にまたがることについては大方の異論はあるまい．もっとも1981年に名寄女子短大学長に着任された以降の先生は，研究領域をさらに家政学にまで広げていったが，これは前記の3分野の延長線上にある研究として理解した方がよいように思われる．

　ところで，一見，多方面にわたる先生の研究を貫く視角を，私なりに3つのキー・ワードで示すとすると，それは「社会化」「貧困化」「協同」となるように思われる．簡単に言うならば，資本主義的生産力の発展の中で必然的に進展する労働の社会化は，一方で労働者・農民など働くものの人格の陶冶をおしすすめるが，他方で生産・流通・生活過程を通した社会化の進展は，働くものをして現代的貧困化へと導いて行く．これに対して，働くものは協同して立ち向かい，生産・流通過程では協同組合によって社会化に対応・対抗し，さらには公的な社会化を勝ち取って，自分たちの解放を進めて行く．そうした歴史の弁証法的捉え方が，先の3つのキー・ワードで表現できると私は考える．

　この視角は，1950年代中頃に体系化された農協論から，農民教育論にエポック・メーキングを画した1981年の編著『現代農民教育の基礎構造』（北大図書刊行会発行）まで一貫している．また，この視角は，レーニン初期の雄作『ロシアにおける資本主義の発展』から学んだものと，私は想像する．事実，同書は，先生の学生指導のテキストとして資本論とともに，もっとも頻繁に用いられたものだ．

　紙数の都合上，ここでは上述の3つの分野にまたがる美土路先生の研究の全容を紹介することはできないし，またその能力もないが，前述の『現代農民教育の基礎構造』の分析視角は，先生が長年にわたる理論的模索のうえで

到達したひとつの峰になっていると思われるので，以下，繁をいとわず紹介しておくことにしよう．

　農民の教育・学習論では，農民的農業の土台の変化が，農民の主体的性格にどのような変容を刻み込むかが決定的で，それら全体を把握する方法論の確立が求められる．これに対しては，少なくとも次の三側面とその関連の分析を必要とする，と先生は述べる．

　「第一に，農民的農業の中・大型機械化『一貫』体系段階は当然関連資本主義的ウクラードにおける機械的大工業の支配的存在を前提とするが，さらにその総体としての資本主義的社会構成の発展，成熟そのものが，農民的生産様式の土台と上部構造の双方にどのような変容を迫るか．この一般分析方法としては『ロシアにおける資本主義の発展』の総括に示された労働の社会化に関する定式を援用しうるだろう．

　第二は，農民の教育・学習論の観点から，その定式を現代資本主義下の農民的生産様式に適用する場合，両ウクラードの生産関係と生産力の構造的関連が，農民という労働＝生産主体に即して，つまり二重の構造的関係として整序されるよう吟味され，構成されねばならないであろう．そこにはいくつかの理論的な課題がある．

　第三に，労働の社会化論によって土台と上部構造との関係を連繋して把握するにせよ，それが現実的には資本主義的生産力の発展にともなう社会化である以上，その反面の貧困化，とりわけ現代的貧困化の解析が不可欠となる．農民の貧困化論と，その克服の主体形成のメカニズムの定式化が農民教育・学習論にはエッセンシャルな方法になると考える．」(11-12頁)

　以上の3つの観点は，単に農民教育論にとどまらず，協同組合論，市場論，教育論にまたがる，美土路先生の壮大な理論体系の枠組みにもなっている，と理解できよう．

　第1に，1950年代の中頃に体系化された美土路「農協論」の神髄は，周知のように資本主義的社会化への対応としての「組合的協業」である．これは，それまでの協同組合論の定説となっていた「商業利潤・流通費節約説」

の一面性を退け，農協の存立根拠を「組合という形の協同によって，農民の個別分散的な小生産ないし流通が一応社会化の方向へむき，労働生産力が高まることによって，生産ないし流通の諸費用が低下せしめられる点にある」(「農民と部落と農協と」,『農業協同組合』1955 年 8 月号) としたもので，そこには協同組合運動を土台の変化に対応した社会運動と捉える，後年の農民教育論に通じる基本観点がすでに確立している．

　第 2 に，1950 年代後半から開始される美土路先生の市場論研究は，これまた周知のように「市場体系論」「市場連関論」「市場編制論」「主産地形成論」などを軸とするものである．そうしたいくつかの分析視角は，現代資本主義のもとでの小農民の位置と市場対応の姿を具体的に探ろうとする試みから生まれたものである．だが，資本主義的生産様式（それも独占資本主義段階にある）と農民的生産様式の二重のウクラードに包摂された農民の労働と生産活動は，市場体系（需給両要素の結合）と市場連関（各種の生産物市場，要素市場同士の結合）の複雑な網の目に組み込まれており，それらのトータルな分析のためには，小農を包摂する両ウクラードを「二重の構造的関係」として緻密に整序する必要がある．私はこの整序を，生産物市場（農産物，農家購入品）と要素市場（労働力，土地，金融）を連関させた農業市場論の体系化を通じて行おうとしているが，こうした学問分野の重要性については，生前の美土路先生のつとに強調するところでもあった．

　第 3 に，1970 年代中頃から先生の理論のなかに意識的に取り入れられてきた農民の貧困化論は，被抑圧者の正確な現状把握なくしては，その克服の主体形成もあり得ないという意味では，美土路理論を貫く赤い糸になっている．もとより，その貧困化は，現代資本主義が高度蓄積と「繁栄」の一方で作り出した現代的なものである．先生は，すでに 1965 年の労作『出稼ぎ』(日本経済新聞社発行) のなかで，資本主義が作り出した生産手段と消費手段の社会的強制が，一方で年々百万人にも上る出稼ぎの契機にもなっていることを，深い憤りをこめて告発している．それから 10 年後の 1975 年 11 月，農産物市場研究会北海道部会において行った先生の報告は，「農産物市場論

の課題と方法についての試論」と題するものであったが，その副題は「農民の貧困化理論とのかかわりで」となっている．そこには，『出稼ぎ』で感性的に描きあげた現代農民の貧困化の一面を，資本主義の市場関係の中で必然なものとして捉えかえそうとする，理論的模索の一端が示されていて興味深い．その結論を私なりにまとめるならば，「農民的農産物の価値法則の資本主義的市場関係による制約と収奪」「農業生産財の独占価格形成の結果としての費用価格水準の押し上げ」を基本過程とした，過度労働，過小消費，さらには経営の不安定性と衰退，ということができる．

3

　こんにち農産物の政策価格は1970年代の水準に逆もどりし，これが決定的な契機となって，離農と兼業化が激増し，他面で日本農業の将来の担い手である新卒就農者の数が激減している．農業生産財の独占価格が支配し，他方で規模拡大や生産性の向上が制約された中での農産物価格の切り下げは，ストレートに農民の貧困化を導くが，こうした農民にとってのもっとも切実な問題に切り込んだ研究は，こんにちでは意外なほど少ない．中大型機械化「一貫」体系が一般化しているなかでの農産物価格論は，農民の貧困化の克服を展望したものでなくてはならないが，そうした面での科学的研究は，農民に運動の指針を与え，日本農業に大きな希望を与えるものとなろう．それゆえ，美土路先生が農民の教育・学習論の形で投げかけた課題は，残されたわれわれが正しく受け止め，継承・克服していかなければならないのである．

　美土路先生の学問は，徹頭徹尾，働くものの立場に立ってなされている．研究の成果を働くものに返し，また，働くものの実践の中から研究課題を見つけてくる．それは，現代のアカデミズムがもっとも嫌悪するものだが，先生は自身の学問を平易で大衆的な言葉で語ることを貫き通した．

　"ただ，出稼ぎ農民や留守のお母チャンでこの本を読む人があったら，それぞれ自分の立場と世の中の仕組みとの関係を考えてみるよすがとして読んでもらいたいとおもう．"（『出稼ぎ』のはしがきより）

このような言葉をさらりと書ける先生はやはり偉大である．これほど働くものに支持され，頼りにされていた学者はもう出ないかもしれない．少しでも働くもののためになる研究を行い，それを平易な言葉で語り，読者に指針と励ましを与えようとした美土路先生の姿勢に畏敬と共感をもちつつ，追悼の言葉のむすびとしたい．

(1993年2月28日記)

III. 北大「農業市場論」の展開と湯沢誠の仕事

　湯沢誠選集第2巻は『北海道農業論II・農業市場論』の書名で刊行されたが，同書第2部では「農業市場論」関係の主要論文を収録してある．

　湯沢が農業市場論の研究に本格的に着手するのは，1971年4月に農業総合研究所北海道支所長から北海道大学農学部農業経済学科農業市場論講座の担当教授として転任して以降である．北大の農業市場論講座は，わが国の大学ではもっとも早く1964年に設置された．その初代教授を務めたのが川村琢であり，湯沢は同講座の教授としては2代目で，1983年4月の定年退職まで，12年間にわたって農業市場論分野の教育と研究に尽くした．

　湯沢が北大に赴任した当時のわが国では，農業市場論・農産物市場論はまだ新興の学問で，研究蓄積も少なく，草創期の模索の粋を出ていなかった．湯沢自身，正直言って，斯学に研究業績があったわけではない．しかし，マルクス経済学を理論的基礎とした農産物市場論の研究は，1950年代の中葉以降，美土路達雄や川村琢らによって開始され，美土路ほか著『戦後の農産物市場』（1958年），川村『農産物の商品化構造』（1960年）などの成果が生み出され，1966年には『農産物市場論』と銘打つ本邦最初の書物である御園喜博の著作も刊行された．また，1969年から70年にかけては，主に近代経済学の手法を用いた『講座・現代農産物市場論』（全6巻）が桑原正信の監修で刊行された．

　こうした研究・出版状況の中で，北大農業市場論講座担当者としての湯沢に客観的に課せられた役割は，第1に，北大が看板として掲げる「農業市場論」のレーゾン・デートル（存立理由）を明示しうる研究業績をつくり出すこと，第2に，すでに川村，美土路，御園らによって研究集積がなされつつあったマルクス経済学による「農産物市場論」の体系化をはかること，の2

第1章　農業市場論の先達たち

点であった．

　前者については，数年の共同研究を経て，川村・湯沢編『現代農業と市場問題』（北大図書刊行会，1976年）として結実する．同書の編集過程で湯沢は中心的役割を果たし，自ら「はしがき」と終章「総括」を執筆している．そこでは，著作の意図と成果が，日頃冷静な湯沢にしては珍しく熱っぽく語られている．ともあれ，同書は学界で高く評価され，常盤政治をして「北大シェーレの形成」と言わしめた．

　後者については，川村，美土路との共編『農産物市場論大系』（全3巻）として1977年，農山漁村文化協会から刊行された．これは湯沢を研究代表者とする文部省科学研究費（総合A）による共同研究の成果を基礎にしたもので，刊行までに約5年の年月を要している．湯沢は，この編集においても中心的役割を果たすとともに，その第1巻で「資本主義の再生産構造と農産物市場」と題する章を執筆している（本選集では省略）．

　北大在職中の湯沢の仕事は以上に止まらない．1982年には三島徳三との共編で『農畜産物市場の統計的分析』（農林統計協会刊）をまとめ，さらに「昭和後期農業問題論集」シリーズとして『農産物市場論』（I, II）の編集と解題（本書，所収）を行うなど，その仕事は定年間際まで続けられた．いずれも地味で労多いわりには報いのない仕事である．だが，北大時代の湯沢の真摯な仕事によって，わが国の農業市場論・農産物市場論は，学界で市民権を得るようになり，今日，日本農業市場学会として大きく発展していることを忘れるわけにはいかない．

　北大時代の湯沢の仕事としてもうひとつ忘れることができないのは，米穀の市場流通に関する研究である．これは，1970年頃から着手したもので，その成果の一部は，北大の『農経論叢』等に発表されているが，矢島武編『日本稲作の基本問題』（北大図書刊行会，1981年）の中で，「米穀の地域間流通と卸売業者の動向」と題し，より整理された形でまとめられている．

　さて，限られた紙数の中で，湯沢の市場論研究を位置づけるのは至難の業である．非礼を顧みず言うならば，湯沢は，川村や美土路のように農産物市

場論研究でひとつの峰をつくったと言うよりは，後学の者が「市場論」といういくつかの峰を登るための地図を作製したと言えよう．それは，新しい学問の形成において誰かが担わなくてはならない課題であり，湯沢はそうした地味な仕事を黙々とこなしていった．湯沢が関わった市場論の「地図」の一部については前述したが，北大退官後，札幌学院大学教授時代に，川村や千葉燎郎らと共同編集した『現代資本主義と市場』（ミネルヴァ書房，1984年，改訂版1987年）は，農業市場論を志す者にとってはまたとない入門書（地図）になっている．同書の中で湯沢は，理論編に当たる「市場に関する一般理論」「資本主義の発展段階と市場」（本書，所収）を執筆しているが，これらはマルクス経済学による市場論のわかりやすい解説として好評を得ている．

　湯沢が農業市場論という学問分野の領域と視角，そこにおける課題をどのように考えていたかを知るには，川村の古希記念論文集『農業問題の市場論的研究』（御茶の水書房，1979年）に掲載された湯沢の「農業市場論研究の視角と方法についての二，三の問題」，および1985年の「農産物市場研究」第20号に投稿した「農産物市場論の課題」の2論文が参考になる．前者で湯沢は，「農業市場論という学問分野においては，理論は一般市場論に負うところが多く，独自の領域は歴史的（あるいは「段階論的」）研究と現状分析に求むべく」と述べている．また，後者では「市場論においては，基礎的範疇は一般理論からの援用・展開によるわけでこの次元での独自性は薄く，その独自性は歴史理論（または段階論次元）で強くうち出され，これに照射されることによって個々の現状分析も深められる」と言っている．私なりに敷衍して言えば，農業市場論の独自の研究領域は農業市場の現状分析にあることを認識した上で，湯沢は主に市場論に関わる一般理論と歴史理論の整理を行ったと言えるだろう．

　しかしながら，独自の学問領域である農業市場の現状分析について，湯沢はあまり仕事を残していない．それは，後学のわれわれが取り組むべき課題である．しかし，現状分析を行う際の基本視角については，湯沢は随所で述べている．それは，農業諸市場（農産物市場，農家購買品市場，農村労働市

場など）を通じた「資本の農業包摂」と「農民の順応・対抗」の関係を全構造的に捉える視角である．その視角は前述の『現代農業と市場問題』以来，一貫したものであった．すなわち，「資本の運動の貫徹を一方的にみるのでなく，それに包摂されつつ対抗しあう農民の対応を正しく位置づけ」ることを通じて展望に接近しようとする，言うならば「対抗論」的視角である．

　市場論については湯沢は寡作である．だが，いずれも珠玉の名編である．この学問を志す者には，湯沢の作品をじっくり味わい，作者とともにしばし沈吟の時間をもつことを奨めたい．

IV. 「農民的商品化」論の形成と展望
―「主産地形成＝共同販売」論の系譜を中心に―

1. 課題をめぐる問題状況

　農地改革後，独立自営の小農群によって高められてきた生産力を基礎に商業的農業の急速な成長がなされるが，そのひとつの側面は生産の集中と地域的分化として，いわゆる主産地の形成としてあらわれた．この主産地形成の過程は同時に，任意組合，専門農協，総合農協などのかたちをもった販売組合の発展過程でもあり，とりわけ統制撤廃後の1950年代は，主産地形成と販売組合の発展があたかも車の両輪のごとく連動しながら，商業的農業の成長をおし進めていた時期であった．もっとも，商業的農業の成長は戦後に始まるものではない．すでに戦前においても，第1次世界大戦を契機として，養蚕，果実，畜産の一部に商業的農業の萌芽と成長はみられた．しかし，それらの動きも，全体としては戦前の地主的土地所有・商人的市場関係の壁にさえぎられていたといってよく，地主制の緊縛の弱い近畿などに部分的にあらわれた傾向にすぎない．産業組合も，その根強い地主的性格に規定されて，商業的農業の成長を助ける販売活動を展開することはできなかった．さらに，戦時統制の時期は，はなはだしい生産力の疲弊をもたらし，農産物の自由作付けも農民の自由な販売活動も，すべて国家の手によって窒息させられた．

　かくして，戦後民主化の一環としての農地改革と農協法の制定，および1950年にかけ米麦を除き相次いで実現した統制撤廃，といった諸条件の変化は，商業的農業成長の格好の土壌となっていったのである．前述の1950年代は，農基法＝開放経済体制として，農民層分解の激化，農業生産力の停滞，商業的農業の歪みが露呈する1960年代の前史として，なお，農地改革

後, 自立・成長した小農群によって, 農民的生産力の形成がはかられ, 農民の販売活動も「農民的商品化」の質をもって展開していた一時期であった.

わが国において農産物市場問題研究の双璧をなしている川村琢と美土路達雄は, 偶然にも, この時期の後半, 相次いで主産地形成と共同販売に関する研究を行ない, 珠玉の成果をものにしている[1]. このことは, 両氏の市場論がいずれも農民の市場対応論としての「農民的商品化」論を内包しており, その理論形成を行なううえで, 1950年代に進展した戦後自営農民による主産地形成と共同販売が, まさに適合的現実となったことを意味している, と考えられる.

しかし, 両氏の理論土壌となった農業と流通をめぐる現実は, 1960年代以降とりわけ70年代になって, 急速な変貌をよぎなくされる. それは, 「主産地形成=共販」体制の危機ともいえる現実の進化である.

第1に, 「主産地形成」の名のもとに, 行政的に経営専門化・機械化・大型化, 農業生産の地域分担が進められてきた結果, 個別経営間・地域間の競争がつよまり, これに対応できない農民, 地域の脱落が進みつつある. また, この競争に耐え, なんとか経営と地域農業の維持を果たしている部分でも, 過剰投資に伴う負債累積, 単作化に伴う地力の疲弊, 労働過重などが, 経営不安を増しつつある.

第2に, 農民層の分解(兼業化と一部上層農への分化)が急速に進展した結果, 主産地形成=共販を支えていた地域農民の構成上の均等性が崩れ, 主産物における専業的農家と兼業農家とのあいだの品質格差の拡大, 一部上層農集団における個人出荷, グループ出荷(小印)への遊離, 一部兼業農家の非商品生産農家への転落など, 組合構成員の異質化, 組織離れ現象が顕在化しつつある[2]. また60年代に始まる農協の大型合併は, こうした現象を拡大しつつある.

第3に, 大産地と結合した大型系統共販の進展のなかで, 青果物にみられるように全国市場化がつよまり, 地方市場の統合・系列化がなされることによって, 複合的ないし副業的商品生産農家の出荷先が奪われつつある.

第4に，国家管理の米穀市場および対独占的加工農産物市場では，共販が市場再編，産地再編のてことして用いられており，共販本来の農民的性格が失われつつある．

　第5に，系統組織の官僚化，行政・商社との癒着のなかで，農協の「独占のエージェント化」の傾向もつよまり，組合員と単協・単協と連合会のあいだの矛盾を激成させることによって，共販に必要な組織的一体性も崩れつつある．

　第6に，選択的拡大，大型産地育成に伴う小産地・複合産地の切り捨てと，これを促進する農産物輸入政策の結果，過剰と不足の同時的存在，価格不安定など，国民食糧の基礎が動揺しつつある．

　だが，こうした危機の深化のなかで，一部に，生産・販売体制の近代化と組織機構の合理化をはかり，積極的にマーケティング戦略を展開しながら，産地間競争に勝ち抜いていった農協があらわれた．これらは，成長農産物のひとつの代表である果樹地帯に比較的みることができ，いずれも大規模農協であった．そして，これらの少数の先端農協の事例を手がかりに，60年代中頃から，「農産物マーケティング論」が華やかに登場し，農協の近代的脱皮，系統共販の検討・新方向を提唱しながら，しだいに「市民権」を得ていった[3]．農協の経済的機能の強化や農産物販売に企業的マーケティング手法の導入を唱えるこの理論は，一面では，資本との関係でのみ農協の位置づけを行なう既存の農協論の弱点をつくものであり，苦悩する農協マンの要望に答える実践的な理論であった．

　さて，このような一方における「主産地形成＝共販」体制の危機深化，他方における「農産物マーケティング論」の登場といった事態の進展は，一見，50年代の現実を基礎に理論形成をはかった川村・美土路両氏の主産地形成論・共販論を，もはや「過去の理論」として，その現代的意義を失わしめたかにみえる．しかしながら，70年代後半を迎えた今日，一方で農業の危機・解体が叫ばれながらも，なお農民は「生きて」おり，前述の「主産地形成＝共販」体制の危機深化に対しても，集団的・地域的に対応し，ときには

対抗しつつ，多様な農民的商品化をくり広げている．それは，一種の「中農化」運動であり，農民でありつづけるための死にものぐるいの対応でもある．

ところで，商品化にかかわる各階層農民のこうした多様な対応と要求に対し，先の「農産物マーケティング論」は，はたして十分答えうるものであろうか．結論からいえば，現実の「マーケティング論」は，たとえば，マーケティングの対象となる商品を「標準化・大量化された特定の成長農産物」にのみおき，したがって農協の正組合員を専業的商品生産農家に限定し，商品量本位に農協組織の大規模化を要求するなど，主産地化が進展しているとはいえ，なお零細分散性・複合性・地域性の根強い日本農業の現実に，必ずしも適合的ではない．今日要請されているのは，日本農業の圧倒的部分を占める零細農家，兼業農家を含めた「農民的商品化」の理論であり，その意味からすると，マーケティング手法の導入も，農協の経済的機能の強化も，小農の擁護と地域農業発展の裏付けをもって，検討されねばならない．

この場合，50年代末にその当時の農民的生産力発展の現実をふまえつつ，小農の市場対応という観点から「主産地形成＝共同販売」の理論を形成していった川村・美土路両氏の業績は，単に50年代の事情に適合的であったというばかりではなく，広く農民の自立化運動を展望した雄大な内実をもっており，70年代後半を迎え農業危機の深化が進む今日においてこそ，擁護・継承・発展されなければならない，とわれわれは考えている．そこで，以下，われわれは，第1に川村・美土路両氏の理論の位置を確認するために，既存の主産地形成論の系譜を代表的文献にそくしてフォローし，検討を加える．第2に両氏の「主産地形成＝共同販売」の理論をアレンジして紹介しながら，その理論構造を探ることにする．そして最後に，両氏の理論の現代的意義をふまえ，若干の課題を提起することによって本節のむすびとしたい．

2. 主産地形成論の系譜とその検討

(1) 栗原百寿『現代日本農業論』

　寡聞にして，われわれは，「主産地」なる言葉がいつ，誰によって使われ始めたかについて存知しないが[4]，少なくともこの概念を用い，戦後日本農業の1つの特徴的変化を分析しようとしたのは，栗原百寿が最初であったと思われる．すなわち，氏は戦後の代表作『現代日本農業論』(中央公論社，1951年)において，「主産地帯」ないし「主産地」という概念を用いて，農業再生産構造における戦後の変化を，地域的に分析しようとする．

　いま，詳しい分析結果は省略するとして，同氏が「主産地帯」(以下「主産地」として一括)という概念を用いる場合の特徴点を指摘すると，①さしあたりその概念は，特定作物の主要地帯への集中としてとらえられており，その指標に生産高をおいていることである．②主産地では，労働生産力，反収いずれも高位水準にあり，域外への移出力がある．③生産の主産地化傾向は，農業における商品生産の発展にもとづく，生産の専門化・高度化・集中化の結果である．④主産地形成にみられる生産の地域性の変化は，土地所有関係，階級構造，農家経済，それぞれにおける地域性の変化と対応し，むすびついている(青木文庫版，下，99-113頁)．

　とくに第4の指摘が注目されるが，同書では具体的に土地所有関係での地域性をとりあげ，戦前みられた「東北型と近畿型との対抗」といった地主的土地所有の相違を基柢とした地域性が，戦後，国家独占資本主義の直接の農業把握の結果うちこわされ，都市との交換関係での地域的偏差も平均化されることによって，それぞれ「特殊な主産地型の地域性に分化するにいたった」ことが，結論される(同上113頁)．しかしながら，階級構造(農民階層の状態)，農家経済の地域性との関連での主産地の実態分析はなされていない．それは，単に示唆されているにとどまっている．このことは，おそらくその当時の農民層分解の局面——全面落層化——を反映した，現実からくる

(2) 柏崎文男「農産物の主産地形成とその展開」

栗原の『現代日本農業論』以降，少なからぬ研究者によって主産地形成の実証がなされていったが，主産地の概念・指標については，たとえば生産高や作付面積の比重でみるもの，また主産物の商品化率の高低からみるもの，経営のなかで主産物収入が占める割合でみるもの，等々，不定見な姿をさらしていた．この点をするどく批判し，積極的に主産地の概念規定を試みようとしたのが，柏崎文男である．

農村市場問題研究会編『日本の農村市場』（東洋経済新報社，1957年）所収の標記論文で，氏は，①一定地帯で生産される農畜産物の商品化が高度に進むこと，②その販売量が量的にも質的にも国内市場で優位を確保し，支配すること，③生産者である経営組織が，重点化作物（家畜）を中心として組立てられ合理化されたものであり，同時にその重点化作物では高生産力の実現が志向されていること，④以上の条件を満たすための気象・土壌・市場への距離等の立地条件の優位性，⑤販売組織の合理化，以上5点を「主産地化にとり，1つとして欠くことのできない『前提』」とする．そのうえで，「主産地は自然的・経済的立地条件の優位な地帯において，商品化が進行し，販売量も多く，経営組織は重点化作物を通じて合理化され，そこでの生産は上向態勢を備え，流通組織の整備された高生産力地帯を意味する．主産地はその意味で競争を通じて実現される動的な概念である」とまとめ上げる（180頁）．

みられるとおり，氏の規定は多面的であるが，その基本視点は広い意味での生産力におかれている．確かに，主産地なる概念は，そのものとしては「地域的集中をともなった特定産物の高位生産力」をあらわしており，一般論としては，同氏の規定は正しいものといえる．しかし，いかなる生産力も生産関係との関連を抜きにして存在しないように，主産地なる一つの「地域生産力」も，その生産力を規定する生産関係[5]――さしあたっては，当該地域の主産物が誰によって，どのような経営組織・経営形態をもって生産され

ているか——と対応させて，とらえなければならない．

　そして，このような把握は，生産者の経営的性格が国によって異なることから，具体的になされなくてはならない．たとえば，アメリカの企業的経営と，日本の小農経営のあいだに共通の主産地概念・指標を示すことは，「便利」であっても本質的な分析にはほとんど役立たない．このように，同氏の主産地論には，生産関係視点，簡単にいうと「担い手」の問題が欠落している．

　氏は同論文のむすびとして，「農民の経済的諸要求を実現する諸行動，わけても再生産を確保する農産物価格の実現要求や農業の共同化に関する主産地農民と非主産地農民の主体的構え（自覚）の差異がどうであるか，その場合の行動組織単位と主産地の範囲（地帯）との関係等の究明も，実践上看過しえない今後の課題である」（210頁）と，のちにわれわれがみる「反独占農民運動」論者の主産地形成論の積極面と相通ずる貴重な課題を提起している．それだけに，氏の生産関係視点の欠落は惜しまれる．

(3) 菅沼正久「商業的農業と市場・農協」

　菅沼正久は，戦後の商業的農業の進展を扱った標記論文（東京農大『農村研究』第9号，1958年4月）で，柏崎と同じように主産地の概念規定（形成要因）を行ない，次の5点を指摘する．

　①相対的に高度に進んだ技術水準，反当収量の高位，商品化率の高水準，これらを指標とする生産力水準が高いこと．②農業経営の専門化がある程度の水準に到達していること，具体的には基幹農畜産物を中心とした合理的経営組織が編制されており，この基幹農畜産物が一定の地域内で集中的に各経営組織において生産されていること．③特定の基幹農畜産物が一定地域の農家の相当部分を占める農家において生産されること．具体的には基幹農畜産物の生産経営が各階層に普及し，各階層における当該作物経営の割合が高く，また当該産物の商品化率が各階層にわたって相当の水準を維持していること．④一定地域において生産される農畜産物が，全国市場もしくは特定の市場で，

量的にも質的にも，相対的もしくは絶対的な優位を保っていること．⑤流通組織が合理化されていること（20-21頁）．

みられるとおり，先の柏崎の整理と多くの点で共通性がある．したがって，その部分でわれわれが指摘した問題点は，菅沼の場合にもあてはまる．ただ，同氏が3番目にあげる担当農家の視点は，柏崎にはない視点であり，この点は評価してよい．しかしながら，その視点は，「一定地域の農家の相当部分」とか「各階層」といった表現から示されるように，階層規定を念頭においたものではない．要するに，氏にあっては，基幹農畜産物が多くの農家によって生産され，これらの農家における当該作物の商品化率が高ければ，主産地のひとつの条件は満たされるわけである．

主産地形成を担う農家階層は，明示的に指摘されていない．このことは，同氏が農民層分解をどのようなものとして把握しているかとかかわるわけであるが，同氏の場合，石渡貞雄にならって「小農は小農として停滞している」（9頁）との立場をとっている．もとより，この理解は，当時の農民層の動向を念頭においてのことである．一方で同氏は，その当時の主産地形成の動向に触れ，「今日の主産地はその形成過程にあり，それは準主産地と規定さるべきものであって，やがて本格的な主産地となるものと予想される」（21頁）としている．そうした評価の当否は別にして，それが「小農として停滞している」農家層に担われているとするならば，そこには分析上のギャップを感じざるをえない．

商業的農業の発展を農民層分解の進展と関連させてみることをしない分析方法は，生産力的偏向のそしりを免れえず，場合によっては「近代化」論へと走る危険性をもっているといえる．そのことは，たとえば氏が先の第5の指摘にある「流通組織の合理化」の内実に触れ，次のようにいうとき端的に示される．「主産地における流通組織には，生産者じしんが共同出荷する形態と，産地仲買人が取扱う形態とがあるが，ともに，大量の取扱が可能であり，市場にたいする産地の対応が機敏におこなわれるような資質をもった流通組織が確立していなければならない」（21頁）．このような認識が，流通担

当者の性格（農民的なものか，商人的なものか）を無視した「流通近代化」論であることは，明らかである．

(4) 「反独占農民運動」論者の主産地形成論

1952年反独占の農民運動を主張してその当時の日農統一派から脱退した茨城県常東地区の農民組合は，その後，常東農民組合総協議会なる統一戦線組織を結成し，翌年から澱粉製造業者を相手に強力な甘藷価格値上げ闘争を展開した[6]．そして，この常東農民組合の目標とした反独占農民運動の積極面を引き出し，第2次世界大戦後，独占資本の直接掌握下にはいった農民の解放運動の指針としようとする人々が，「農民運動研究会」を組織し，その成果を次々と出していった．いわゆる「反独占農民運動」論の展開である[7]．

彼らは，戦後の日本農業においては，戦前の対地主闘争に代わって，流通過程における独占資本の収奪に対する闘争，すなわち価格闘争が重視されねばならないとの立場に立つが，そうした価格闘争を規定する客観的条件として，主産地形成に特別の意義を見出そうとする．たとえば，一柳茂次はこう述べる．

>「商業的農業の発展は，作物ごとにそれぞれの主産地をかならずつくりだす．主産地では，酪農，果樹など『投下資本』のかさばるものはべつとして，一般的にはそれぞれの主産物の商品生産がその地域のほとんどすべての農民の重要な現金収入源になっている．主産地の形成と農民価格闘争との関係は，戦前の小作争議と小作地の比重の高い地帯との関係によくにている．主産地の形成をはじめとする農業商品生産の作物別地域別の具体的内容は，農産物価格闘争またひろく反独占農民運動の組織形態と戦術を規定する客観的条件として，農地改革前とはちがった重要性をもつようになっている．」（『反独占農民運動の構造』89頁）

また長谷川進は，農民運動を推進する観点から，さらに詳しく，主産地の地域規模，作付農家よりも販売農家の普及度に注目する必要性，専門化＝依存度（現金総収入中の主産地作物の割合）のちがいによる闘争参加条件，等

について検討する（『農民運動の基本問題』47-87頁）．

　このように彼らは，戦後，各地で形成されつつある主産地を，反独占農民運動（価格闘争）の基盤としようとするのであるが，具体的な闘争戦術と組織では，常東総協の闘いを例にとって，共同出荷組合やその他多種多様な要求別組織をつくり，それらさまざまな自然発生的組織の連絡・統一の機関として，町村に「組織協議会」を，全地域のうえに「総協議会」をつくる．とりわけ，共同出荷組合は，単なる経済組織ではなく，売止め，不売などの「農民ストライキ」を闘争手段として闘うための基礎組織としての意味をもつ，とされる．

　彼らの理論は，独占資本の流通支配と，これと闘う農民の闘争基盤という観点から，主産地を問題とする．それだけに，主産地については，単なる作物の地域的集中，生産力という視点からではなく，その地域に当該作物の販売に生活を依存している農家がどれだけ集中しているか，という視点から問題とされる．これらの点は，その限りでは全く正しい．そして，主産地を基礎とした価格闘争を重視していることも，理解されやすい．だが問題がないわけではない．

　第1に，主産地を存立基盤とする農民階層の問題である．周知のように，彼らは，戦後の日本の農民を，対独占資本との関係では「『勤労農民』という1つの階級をつくっている」[8]ととらえ，主産地においても「農民層内の差別をもちながらもむしろ独占にたいする統一性を具体的に追求する必要をわれわれに迫っている」[9]との見解に立っている．いうところの「勤労農民階級論」が，農民層内の分化・分解とそれを基礎とした支配―被支配の実態に目をおおい，農民全体を1つの「階級」にまつりあげることによって，「客観的には労働者階級のヘゲモニーと労農同盟の否定につながるあやまった『農民主義』の危険をもっている」[10]ことについては，常識化している．同様に，主産地の内部においても，当該作物の生産量や生産力に応じた階層差は，顕然と存在している．

　もとより，そうした階層差は，大農経営の支配するアメリカやフランスな

どの事情と比すべきもないが，問題なのは，そうした階層差を利用して主産地内に差別分断支配を持ち込もうとする意図を，独占側はつねにもっているし，げんに農協ボスや部落の有力者を通じて，そうした支配が行なわれていることである．にもかかわらず，上層を含めた「統一性」を追求する必要は否定しないが，それは，独占による支配構造の複雑性に対する過小評価につながるものであってはならない．生産力的にみれば上層は質的優位性をもっている．しかし，主産地においては，大量性こそ重視されなければならず，その基礎は中下層にある．したがって，価格闘争の基盤もそこにあるのである．

　第2は，戦術・組織形態上の問題である．これは，常東農民運動の評価にもかかわるわけであるが，彼らがいうように地域に多種多様な農民組織を糾合した協議会をつくり，「農民ストライキ」といった対抗的手段を用意して価格闘争を進めていくことは，地域によっては有効な方法になりうるだろう．しかし，そのような戦術・組織形態をとることが，有効でかつ可能なのは，当該地域の農業が特定品目に単純化しており，しかも販売の直接の相手が独占資本であって，その集荷範囲の大部分が当該地域であるような，きわめて限定した場合に限られる．

　しかしながら，現実の日本農業は，主産地化が進んでいるとしても，なお複合作物の比重は高く，これら多様な作物生産には多様な流通形態が対応する．販売の対象も，国家や独占資本から，中小資本，商人，零細消費者と多様である．さらに，国家独占資本主義の市場支配は複雑であり，直接，生産者と対峙して価格の抑制を行なうだけではなく，価格政策，輸入政策，財政金融政策などをとりまぜながら，間接的に農民収奪，差別分断をはかっている．

　したがって，このような全機構的な支配に対しては，農民とくに貧中農の共通の要求にもとづく単一の農民組合の結成と強化をはかり，地域および国政レベルの統一戦線をつくって，消費者でもある労働者・国民と結びついた闘いを組む必要がある．これからみると，常東の闘いは，「地域主義的」「一

撲主義的」「農民主義的」傾向がつよく，敵の存在，闘う側の主体的・客観的条件を正しくみたうえでの闘いではなかったといえる．また，農協の位置づけについても一面的であり，農民の協同組織としての面を，不当に過小評価していたようである[11]．

いずれにしても，常東農民組合の運動は，今日の系統農協の「季節的価格闘争」にのみ収斂させた農政運動に一脈通ずるものがあり，そのような運動基盤とも関連させて，「反独占農民運動」論者の主産地形成論も，再検討される必要があろう．

3.「主産地形成＝共同販売」の理論の形成（1）：川村琢

これまでみてきた主産地形成論は，主産地形成を商業的農業の地域的側面として正しく把握しながら，その視角が主に生産力におかれており，それはそれとして主産地把握の一要素になるが，同時に主産地という場面にあらわれる生産関係の被規定性に注目しないという欠陥をもっているように思われる．栗原が示唆した，主産地という生産構造の，土地所有関係，階級構造，農家経済等それぞれにおける地域性との対応，むすびつきについては，わずかに「反独占農民運動」論者が，その一部について接近しようとしただけで，概して検討のわく外におかれていた．

ところで主産地に対する生産関係の被規定性という場合，その意味するところはさしあたって二様にとらえられる．第1は，主産地の，農外資本主義，今日では国家独占資本主義の市場関係からの被規定性であり，第2は個々の主産地を構成する主体の側の生産関係，今日の日本では小農的生産関係からの被規定性である．前者の被規定性は，農業生産者が主産地を通ずる商品化にさいし，いやおうなく接触・対応をせまられる市場の存立態様，およびそれらの具体的市場・流通過程を包摂する国内市場からの接近を不可避とし，後者の被規定性は，商業的農業発展の主体的側面である農民層分解の局面からの接近を不可避とする．

そしてこれら両面からの被規定性は，主産地という場において統一的にとらえられないといけないが，こうした視角をもって主産地形成論に取り組み，生産力的主産地論を生き生きとした動態概念としてまとめ上げたのは，川村琢と美土路達雄であった．はじめに前者からとりあげよう．

(1) 中農層による主産地形成

川村が主産地形成に関する論文を発表したのは，柏崎文男や菅沼正久よりも早く，1955年，北海道大学『法経会論叢』第14集に掲載された論文「農産物商品化の地域性」を嚆矢とする．「さしあたり北海道を対象にして，商品生産の地域性を究明しようとした」同論文の冒頭部分で，早くも次のような注目すべき指摘がなされる．

> 「もとより商品生産の地域の形成はただ特定の農産物の生産の量が多いということや，さらに，これら農産物の商品化が高いということだけではない．特定の農産物の単位労働当及び単位面積当の生産力が高いこと，従って，これを生産する農家の経営規模や専兼業の如何，さらにこれら農産物の生産による農業所得や純収益の如何によって裏づけられるのでなければ，ここでいう意味の商品化の地域性――主産地の形成にはならない．いわゆる窮迫販売式のものだけであってはならないわけである．この意味からすれば商品化の地域性は多分にその主産地の農家の階層による商品化と，各階層の占める比重如何とに密接な関係にあることを推測することができる．」(172-173頁)

ここでは，①主産地は単なる生産力としてではなく，「商品化の地域性」としてとらえられている（商品化視点），②したがって，商品化による農業所得や純収益の向上の裏付けがないといけない（農家経済視点），③そのためには労働生産性や土地生産性が高いことが前提となる（生産力視点），④そのような生産力を担いうる一定の規模をもった階層が，その地域にどのような比重をもって存在しているかが，主産地の基準として重要である（階層視点），以上4つの視点がみごとな統一をもって展開されているのが特徴で

第1章　農業市場論の先達たち

ある.

　こうして，同氏は時期的には「戦後の諸統制廃止の激動の過程」（1950年代）を対象に，北海道農業における「商品化の地域性」（主産地形成）の実態をみていくのであるが，結論的に氏は，主要農産物はだいたいにおいて主要地域に生産が集中され，その商品化の程度も高いが，これらの生産は階層的にみれば，「上位の階層」によって集中的に生産，商品化されていること，および「商品性の高い農産物」は，戦後，しだいに各地域に増加しながらも，これまた地域的には中核地帯に集中し，しかも「およそ中農層以上の農家群」によって生産されていること，を指摘する.

　さらに，1957年，農林省によって刊行された共同研究『北海道農業生産力研究』のなかで，同氏は，「たとえ自然条件に恵まれていたとしても，一定の商品作物をとり入れるに必要な農業経営，資本家的な経営か，少なくとも自営農民的な経営かが存在しているのでなければ，原則的には主産地の形成はありえない. 辺境的性格をもつ北海道においても，日本資本主義のもとでは，せいぜい自営農民的経営しかゆるさなかったのだが，これらの農民経営が各地域にどのように分布しているかが，主産地の形成にとって決定的な意味をもつことになる」（131頁）としたうえで，北海道において，主産地となっている地域の主作物は「比較的経営規模の大きい中農的農家によって支配的に生産されている」（141頁）ことを強調する.

　ところで，この両論文で「上位の階層」「およそ中農層以上の農家群」，あるいは「中農的農家」と呼ばれている農家群は，湯沢誠によって「全体としては中農標準化傾向を示しつつ，そのなかで両極分解の方向が指向されはじめている」（段階としては中農化の段階）[12] とされた1950年以降の農民層分解の状況を反映して，地域的に集中をつよめつつある中農層（範疇としては「小農」）の存在によって裏付けられる. すなわち川村は，農地改革と統制撤廃を契機に，生産力を急速に高め，独立自営の商品生産農家として地域によって広く形成されている農家群（中農層）がくりなす主産物の地域的集中のなかに，戦後における主産地形成の構図をみたのであった.

(2) 主産地論の体系化

　昭和30年代初頭の諸論文で先駆的に追求された川村の主産地形成論は，のちに述べる共同販売の理論が加味されて，1960年，『農産物の商品化構造』（三笠書房）として世に問うことになる．同著のなかで，氏の主産地論はいっそう精緻化され，体系化されていくが，その概要は以下のとおりである．

　一般に主産地については，「特定商品農産物の地域的専門化・集中化と経営の専門化，単一化の程度を，地域的に相互に比較しあう相対的な概念」としてとらえられているが，氏の場合には，「もともと主産地というものは，農業の生産力の進展，農業の商業化，農民の分解という，いわば農業進化のすがたを，生産物にそくして，地域的にとらえたものにほかならない」とされる（20頁）．前者の規定は静態的であり，同氏の場合は動態的である．しかし，静態的な規定を無視するわけではない．まず自然条件による生産物の種類の規制である．しかも，その生産物は，地域の歴史的経済的条件のもとに成立する耕地面積，投下資本，労働力の量と質とによって，生産可能な何種類かの生産物に規制される．

　さらにそのうえで，それらの生産物が商品として市場にむすびつけられる可能性，たとえば，輸送，保管，その商品の取扱機関の如何によって，商品として価値実現の可能性をもった特定種類の生産物ができあがる．同氏は，主産地を説明するとき，しばしば「立地に則して」という表現を用いるが，その意味するところは以上のようなことである．

　ところで，以上述べたことは生産者の側からみると，特定生産物の生産のための適地の条件ということになるのだが，現実にはその地域が相対的に特定生産物を低コストで生産できるかどうかということ（「相対的有利性の原理」）によって決められる．そして，資本家的生産の場合は，生産は利潤を目的として相対的に最も低いコストで生産される農産物に専門化される．しかし，小農生産の場合は自給部分を多分に残しており，労働が家族で行なわれ，資本や土地の制限もあって，自然条件や社会条件への適応は概して不十

分にしかなされないが,小農でも一定水準の経営規模をもっている場合には,低コストを目標に,家族労働力を極度に駆使して商品生産にたち向かい,生産のくり返しのなかからその土地に適した生産物を選び出し,市場の変化に対応した商品生産を成立させる.このようにして,「一定の等しい自然条件の地域では,生産者は小農生産の範囲内で経営規模がほぼ相似ている場合においては,一定の生産物の生産に集中化した地域をつくりあげることになる」(20頁,傍点引用者)のである[13].

　主産地を生産力的にとらえる論者は,その前提に農業の資本主義化という事態をおいているように思われる.なぜならば,農業の専門化と地域分化は,資本主義的農業の重要な指標だからである.ところが川村にあっては,資本家的生産のもとにおける主産地から,進んで小農的生産のもとにおける主産地の把握にはいっていく.そして後者の把握を成功させているポイントは,小農を静態的・固定的にとらえるのではなく,すぐれて動態的に,小農という生きた主体の商品経済への対応の問題としてとらえているところにある[14].

　そのような問題視角においては,分析は単なる客観的過程の把握にとどまらず,進んで主体の条件および対応の具体的姿の追求を要求する.資本主義のきびしい作用のなかで,「小農自身の,自らを守るための願望」(15頁)は,生産過程における主産地形成という対応だけではなく,流通過程にも小農独自の対応を行なって,農業の商業化をおし進めていく具体的姿のなかに発揮されるからである.かくして,問題はこうたてられる.

　　「われわれは,小農が資本主義に対応してゆく実態を,小農の商品生産の進展のなかで,生産過程における対応と流通過程における対応とにおいて,とらえようとするのであるが,生産過程における対応を,個別的な経営の転換という視点からではなく,これら小農の経営の転換が集団的に立地に則して形成する,主産地の問題としてとらえ,流通過程の対応は商人資本との競合のもとで,発展してゆく協同組合の問題として,とらえようとするものである.」(15-16頁)

　主産地形成論は,「小農の市場対応」という統一した視角から,協同組合

による共販の理論へと発展していく．

(3) 小農の流通過程への対応：共販の契機と成立条件

　小農が資本主義的市場に対応し，主産地として生産の体制をととのえようとする場合，その商品化を可能にする流通過程は，いかなる規制のもとにおかれているのであろうか．ここでは，われわれが先に指摘した主産地に対する生産関係の第1の被規定性——農外資本主義からの被規定性——が問題となる．

　一般に生産が産業資本によってなされている場合には，流通過程における産業資本の機能は商業資本によって代行され，産業資本の利潤の低下を防ぐということによって，商業資本は産業資本の剰余価値の一部の配分をうける．このことは，商業資本の産業資本に対する従属的地位をあらわしている．しかし，生産が産業資本として確立しえない小農のもとでなされている場合には，商業資本の生産に対する優位が保たれ，その機能もちがったかたちであらわれる．

　生産過程と流通過程は相互に独立しあい，生産物の商品化は商人資本によって行なわれ，生産は商人資本に従属する[15]．「資本制社会の先行諸段階では商業が産業を支配する」[16]というマルクスの指摘は，前期的生産形態として存在している小農生産でも適用される．小農生産のもとでは，「安く買って高く売る」という商人資本の商業概念にもとづく不等価交換が一般的なのである．

　以上のように「資本主義下の小農生産」が，商品化にさいし商人資本と対立している現実をふまえたうえで，川村は，進んで「小農の流通過程への対応」の契機を見出そうとする．

　　「しかし小生産者であるとしても，徐々に商品生産者としての性格がつよまり，これに対応して生産力が高まると生産者は，少くとも，産業資本が流通過程においてその機能を産業資本に代用せしめたと同様な，流通過程に機能する商業機関を求め，流通過程を生産に従属せしめ，ある

いは生産と流通を統合しようと希望するのは当然である.」(『商品化構造』78頁)

「小生産者のままでの生産と流通との統合の方向,いいかえれば商人資本の排除の方向は一般に協同組合形式による販売組合の成立発展としてあらわれている.ここでは協同組合は各生産者の販売のための諸費用の節約,さらに商人資本による不等価交換を小農の正常価格の実現におきかえ,価格変動を平準化するということに,その成立の意義を見出す.」(81頁)

商人資本は生産から独立しているがゆえに,流通過程を支配することができた.これに対抗する小農の流通対応は,分断された生産と流通を統合し,零細な小農生産に従属する商業機関——協同組合形式による販売組合——を結成し,小農の正常価格の実現をはかることによって果たされる.したがって,「生産者の流通過程への進出を意味する協同組合は,当然商業資本として生産からの独立の存在は許されない」[17](81-82頁).小農の結成する協同組合は,個々の生産者の要求にしばられながら,商業上の機能を果たしていくという,独特の機能を果たすことになる.こうした販売組合の成立条件として,同氏は次の3点をあげる.

「第1に,少くとも協同組合の販売における経済的責任を,生産者がすべて等しく負うということである.このためには法律上,組合員は無限責任であることが必要になる.この関係を通して生産と流通とが結びつけられることになるわけだが,このことから,当然,第2の条件が生じる.それは生産者が生産額からみても,彼らの経営からみても,ほぼ同じ程度の経済的地位にあることが必要だ,ということである.そうでなければ,組合の責任をすべて等しく負うことにはならない.

第3にそれぞれの組合員は少くとも同一の生産物を生産し販売するということである.いうまでもなく,経済的地位が同一であっても生産物がちがっては,組合に対する組合員の等しい責任を求めることはむずかしい.そのうえ,協同組合が販売上の合理性をえるためにも,一定数量

の生産物の集荷が前提となるのだから，特定の地域で，生産者が特定の主要生産物を多量に生産しているということが必要である．このことは，技術上の進歩にも，生産物の規格の均一化をはかるためにも必要なことである．」(82頁)

　第1，第2の条件は，協同組合による生産と流通の統合を維持するために，生産者が同等の立場で組合への責任を負うこと（連帯責任），そのための組合構成員の経済的等質性の必要を述べたものである．このような条件があって，はじめて，one man one vote の協同組合の原則が実質化されうる（組合民主主義）．第3は，以上の条件をさらに販売上の合理性も加味しながら，生産物の種類およびその質と量にそくして述べたものである．すなわち，協同組合が販売上の連帯性をつらぬき，商業資本との競争に勝ち抜いていくためには，できるだけ特定農産物に専門化し，規格が統一された商品の大量供給体制をつくり上げることが必要である．

　そこで同氏はこう結論する．「こうみてくると，協同組合による小農のための販売事業は，当然，小農による主産地の形成と結びつかざるをえない」(82頁)と．

(4) 農産物販売組合の機能と性格

　主産地形成と共同販売を，ともに「小農の市場対応」をあらわすものとして，統一的にとらえようとする川村の理論体系は，以上でひとつの結論を得たかのようにみえる．しかし，一方での対応・対抗の進展は，他方で資本の運動の包摂にあい，これら「包摂・対応・対抗関係の展開」[18]のなかで事態は進展していく．

　販売組合による小農の市場対応が，独占段階における，資本の流通過程に対する合理化の方向と一致することによって，実現可能となるという点については，すでに『農産物の商品化構造』のなかでも示唆されていた．だが，これが本格的に展開されるのは，同氏の第2の著書『主産地形成と商業資本』のなかにおいてである．同著のなかで「農産物販売組合の性格」を論じ

第1章 農業市場論の先達たち

た一節[19]は，商業資本論の観点から販売組合の流通過程における機能およびその性格検討のためにあてられる．簡単にフォローしてみよう．

　農産物の販売組合は，資本主義の独占段階を画する19世紀末から主要資本主義国で顕著に発達してきたが，この段階では商業資本はその独自性を失い，独占の単なる販売代理人として，いわゆる手数料商人化が進み，社会的には資本の手によって流通過程の合理化が強力になされていく．ところで，この段階での小農の，流通過程への進出を意味する協同組合は，組合に対する組合員の信用と協力のもとで，具体的には商品資本にあたる農産物を無条件で組合に委託させ，本来ならば買取りのために必要な貨幣資本を節約し，集荷のための費用も縮小しながら，商業機関としての機能を果たす．

　また集荷販売のための手数料も最小限度に決められる．場合によっては，商人との競争上，買取り販売，即金による販売をよぎなくされるが，現実に協同組合のもう1つの中心となっている信用事業は，商品の買取り資本の準備を可能にしてくれる．このように，協同組合は，農産物の販売にとってまことに合理的な存在なのであるが，他面で協同組合は，独占段階で独占資本がつよく要求する流通機構の合理化，商業資本の節約・縮小と手数料商人化の方向と合致することになる．そこに，協同組合の社会的存在の根拠も与えられる．

　およそ以上が氏による協同組合の商業資本的機能とその社会的性格に関する説明であるが，一見，同氏の議論は，協同組合による小農の市場対応も，独占資本の存在によって実現の条件が出てくるかのような印象を与える．小農の対応・対抗と資本の包摂とのあいだには，なんら矛盾がないかのようである．しかし，このように氏の理論を評価するのは正しくない．われわれは，次の2点が，資本の包摂の結果，組合を構成する小農のなかに生まれてくる矛盾として，氏によって指摘されていると考えている．

　第1は，協同組合は小農の正常価格（費用価格）実現と価格変動の防止のためにさまざまな措置をとろうとするが，零細かつ多様な性格をもった生産者を構成員とする組合は，市場価格の維持・形成をはかるにはあまりにも弱

体である.そこで価格の設定を国家に頼るという事態に立ちいたる.他面で独占段階の国家は,安い農産物と労働力を同時に資本に提供させるために小農維持政策をとろうとするが,その集中的な表現は価格政策に示される.しかし,政府の政策価格は,その本来的なねらいからいっても組合に組織された一定水準以上の生産者を補償するにすぎない.そこでは,「政策価格と組合を通して結集した農民的価格の要求とは一致しないことになり,政府と組合,組合内部の矛盾が露呈する.」(『主産地形成と商業資本』272-273頁)

第2に,資本による流通機構の合理化・短縮の要求は,組合の系統組織の整備に向かうが,そうした系統の組織化が進めば進むほど,上部の組織(連合会)では,より独立した商業資本としての性格がつよめられ,終局的には独占資本の市場編制の一翼を担うものとなっていく.これは,系統の組織化と組合員のあいだの矛盾であり,「生産者と組合の一体化の困難さのあらわれ」(276頁)を示すものにほかならない.

以上から明らかなように,氏は小農の市場対応としての主産地形成とこれを基礎とした協同組合による共同販売が,他面で独占段階の資本主義に包摂されつつ,矛盾と対抗を生み出していく過程を,すぐれて全構造的にとらえていた.このような意味において,氏の理論を「小農の市場対応」論として総括することは,必ずしもひとりよがりとはいえないだろう[20].

4. 「主産地形成=共同販売」の理論の形成 (2):美土路達雄

(1) 農協の原理的把握:協同による社会化

よく知られているとおり,美土路達雄の研究は,農協問題からスタートし次第に市場問題へと視野を広げていく[21].われわれの対象とする「主産地形成=共同販売」の理論にそくしてみるならば,最初,共販の実態分析が行なわれ,しかるのち主産地形成の市場論的接近がなされていく.この点は,すでにみた川村の追求のしかたと逆で,美土路の独自性をなしている.ところで,共販の実態分析は,同氏を理論的リーダーとする協同組合経営研究所に

よって，1957～58年にかけて発表されたシリーズ「共販をかちとるために」（『農業協同組合』全国農協中央会，1957年2月号～58年4月号)[22]に代表されるが，それ以前に，氏が精力を傾注して取り組んだ農協の理論的研究は，われわれの課題からいっても重要な地位を占めている．というのは，その農協理論のなかにこそ川村と相通ずる，「小農の市場対応」論的視角の原型が打ちだされているからである．

世上，美土路の農協理論は，「農協の理論と現実」(『農業協同組合』1956年3月～同年9月号)，「協同組合の組織と経営に関する試論」(協同組合経営研究所編『協同組合の組織と経営』御茶の水書房，1957年)，および『働くものの農協論』(現代企画社，1967年) によって代表されている．そして，これらの著作を対象とした美土路「農協論」の紹介と批判は多い[23]．本稿は農協論そのものを対象とするものではないので，これらへのコメントはさけ，ここでは，一般にはほとんど注目されていないが，氏の農協理論の塑像として，「理論と現実」の前年発表された玉稿「農民と部落と農協と」(『農業協同組合』1955年8月号) をとりあげ，われわれの課題とのかかわりで，若干の検討を行なっておこう．

同論文は，氏の他の農協に関する論文と同じく，戦後新しく生まれた農協を原理的・歴史的に正しくとらえ，かつその発展の方向を追求することに，課題をおいている．だが同論文の特徴は，そのような戦後農協の性格規定を行なうためにも，協同組合本来の近代的で新しい協同組織としての性格に注目し，その歴史的意義について掘り下げた検討を行なっていることにある．同論文で氏は，協同組合の一般的な発生にさかのぼって検討を加え，近代的な協同組合が，ロッチデール組合 (1844年設立) に先立ち，すでに18世紀の後半から19世紀の前半——歴史的には産業革命の進行が機械的生産の広範な発展を促し，資本の絶対的支配が確立されつつあったころ，協同によってそれに対抗しようとした労働者階級の社会運動のなかから生み出されていった，ことを強調する．

農協の場合も事情はだいたい同じで，農業における産業革命，すなわち耕

作技術革命を契機として，国の内外をとわず資本制的農業経営が影響をもち始めた19世紀後半から，ヨーロッパの小農国で組織され始めた.「こうした機械制的大農生産と併存する小農の零細生産においては，それがさしづめ小農という個別的小経営のわくから飛び出さぬかぎり，組合という形の協同で分散した零細生産を集積，拡大して資本制的農業の高い生産力に対抗する以外に没落をまぬかれる道はない．また，他方では協同組織をもって分散的流通を結合，拡大し，小農経営につきものの前期的商人・高利貸資本に対抗する以外に術はない」(7頁)からである．アメリカのグレーンジ運動とか，フランスのサンジカー，ドイツのカジノといった農協の結集は，程度の差こそあれ，農民の社会運動の一翼として推進された．だから，

「近代的な協同組織の本質はまず第一にその社会運動的な性格にあり，そしてつぎの経済的側面についていえば，その役割は生産・流通の集積ないし社会化と，それにもとづく生産力の増大にある.」(7頁)「要は組合という形の協同によって農民の個別分散的な小生産者ないし流通が一応社会化の方向へむき，労働生産力が高まることによって，生産ないし流通の諸費用が低下せしめられる点にある.」(同，傍点引用者)

もはや多くの説明を要しまい．「近代的協同」を「小生産ないし流通の組合的集積・社会化」(13頁)ととらえる美土路の立場[24]と，主産地を「特定の主産物を生産する一定の生産力水準の農民的経営の地域的な集団」[25]ととらえる川村の立場とは，ただ展開の場を異にするというだけで，いくばくの違いもない．すなわち，美土路においても川村と同じく，資本主義に対する「小農の対応・対抗」という観点がつよく押し出されている.

美土路の同論文は，農協の原理的把握（近代的協同組織の性格）をこのようなかたちで行なったうえで，ひきつづき部落組織にみられる「古い形の共同」の検討を行ない，戦後の独占資本主義下のわが国の農協が，残存する「古い共同」の利用と独占資本主義そのものによる収奪によって，ゆがめられ，反対物に転化されつつある現実を指摘した．そして，矛盾の解決方向に触れ，こうむすぶ．

「抽象的にいうと農協本来の社会経済的なはたらきにそって，すなわち農民大衆の生産と流通を協同的に集積・社会化し，それにより労働の生産力増大・資本の形成を行うと同時に，他方ではそれと並行して，しかもそれにもまして，そうしたはたらきの成果を組合員農民大衆自身のものとするような諸条件を積極的につくりだして行くことが重要である．」
(13-14頁，傍点原文)

　ここでは一般的に実践課題が提起されているだけではなく，同氏自身の今後の研究目標と視角が吐露されている．前述の共販の実態分析「共販をかちとるために」――これは主要農産物13品目におよび，同氏は繭，大豆，肉畜を分担する――は，その第一弾といえる．なぜならば，共販は，小農の協同による流通の社会化形態そのものであり，そのありさまは今後の農民の運動にとって決定的な意味をもつからである．

(2) 共販の現状規定と農民的共販の模索

　1958年，『農業協同組合』誌に3回にわたって連載された美土路の論文「戦後の農産物市場」(同誌1958年4月号，6月号，7月号)[26]は，先に追求された「共販をかちとるために」シリーズの総括であるとともに，同氏自身の農産物市場論の積極的展開でもある．後者の点については，御園喜博が「戦前・戦後を通ずる各種農産物市場についての資本の掌握支配の全構造の整理と位置づけ，とくに『市場編制』の観点からするその解明」[27]をなすものとして高く評価しているように，従来，商業論的立場から形態論的・技術論的に問題とされてきた農産物市場の研究に，経済学の光をあて，独占資本主義的再生産構造と小農的農業の連関のなかでくり広げられる農産物市場＝流通問題の解明に，先駆的に取り組んだ業績として，その地位を不動のものとしている．この点での検討は別にゆずり，ここでは，前者の筋道にそくして，同論文で展開される氏の共販理論をみてみよう．

　共販の現状と方向を論ずる同論文の最後の章は，抽象的に共販の利益を指摘することから始められる．氏によると，それは次の6点である．①流通大

量化による流通経費の節約,②大量化による規格の統一と単純化,③大量化に伴う市場操作によって供給を恒常化,安定化させること,④市場操作力に伴う価格規定=発言権の強化,⑤市場開拓,⑥代金回収の確実性(348-349頁).

　しかし,こうした共販の諸利益は,歴史的に商人=問屋資本的市場編制が進められ,そのなかで共販を闘う手段として,運搬,保管,規格化,すなわち「流通過程に延長された生産過程」での共同を確立させ,それによって価値実現条件の完全化と流通経費の節約をはかることを,基本的前提としている.ところが,こうした前提は,国家独占資本主義段階,具体的には戦時統制をさかいとして,すっかり容貌を変えてしまった.

　まず,「商人資本的分断市場群組織」は,戦時統制を通じて,「全国的市場体系」へと完備し,戦後はその進化と深化によって,現物流通,価格形成いずれにおいても,その統一性と均質性が進んだ.また,その「全国的単一市場体系化」にあたっては,前述の「流通過程に延長された生産過程」の「統一的国家独占支配」とその付帯的諸条件の整備が進められた(検査,保管,運搬の各制度,価格安定法,市場法等の流通規制システム).こうして,「農協共販は,従来の観点からは市場近代化のために闘うべき基本目標を見失うにいたった」(350頁).

　とくに,米麦,繭,牛乳,菜種など,(国家)独占資本主義的市場編制のつよい分野においては,農協共販が闘うべき目標を見失ったばかりでなく,逆に,国独資的市場編制の重要なてことして,農協共販が使われている.ここでは,農協共販は「反対物へ転化」したのである.なぜならば,共販を通じての「大量化による流通経費の節約,市場安定ということはむしろ資本や国家独占資本自体の望むところであり,そうしたかぎりではそれは国家独占資本みずからが進んでやってきたところだから」(354頁)である.かつていわれた「商人支配への対抗という消極的スローガン」は,今日では,「亡霊との戦いにもひとしいカリカチュア」となった(354-355頁).

　それでは,「農協共販の新しい脱皮の方向」は何か.同氏は次の3つをあ

げる．①現在の市場編制，流通規制条件の1つ1つを農民的に改造し運用する方向にむけること（規格，保管，運搬，さらには金融，貿易その他の諸制度，法規制等，国独資的市場編制の諸条件となっている内容と機能を，農民的に改造，運用すること）．つまり，共販をそうした方向で行なうこと．②そのための組織態勢として，総合農協，特殊農協，任意組合等，各級，各形態の協同組織の有機的連繋を強化すること（共販の比較的進んでいない分野での販売態勢の確立，生協その他同種協同組合との連繋強化，分散過程を含めた統一的市場改造）．③農民的市場安定のための自主調整の態勢をととのえること（農民間の競争と矛盾を，全地域の農民を結集した市場対応に向けること）（355-364頁）．最後に，農協共販を新しい方向に脱皮させるための主体的条件として，農協の農民的性格の強化，そのための農民組合との連繋強化の必要を指摘する．

　以上が，同論文で述べられる共販理論の概要であるが，「方向」にかかわる部分は，いわば「農民的共販」の模索であり，本節の最終的課題からみても示唆に富む．この点はのちに触れることにして，ここでは，共販の現状を規定する部分が，川村が農産物販売組合について独占資本との関連でその機能と性格を論じた部分と，対応していることに注意を払っておこう．すなわち，川村によれば共販は「独占段階における資本の流通合理化の要請に答えるものとしても存在する」のだが，美土路によっては，戦後の日本に例をとって，進んで共販が国独資的市場編制のてことして，「反対物に転化」していることが強調されるのである．

(3) 主産地形成の構造的把握

　先にわれわれは，美土路が，農協の発生原理を小農の協同による社会化に，直接には「分散した零細生産の集積・拡大」と，「分散した流通の結合・拡大」にみていることを指摘した．後者はこれまでみてきた販売組合による共販の問題であり，それに対して前者は，一応生産協同組合を別にして考えれば，小農による主産地形成の問題である，と考えられる．同氏は，共販の実態分

析に雁行して，果実，蔬菜，酪農，養鶏等の商品作物をとりあげ，そこでの主産地形成の実態分析を，主にグループ研究として進めていくが，そのことからみても氏が共販と主産地形成を一体的にとらえていたことがうかがえる．

ところで，氏が主産地形成論に足をふみ入れるのは，文献上は1958～59年のことである．その第一弾は，1958年協同組合短大で行なった農村実習調査「農民の階層分化と市場適応」の報告書（『協同組合短大調査報告』No. 5, 1959年）のなかで示された．これは，桃の新興産地——山梨県山梨農協——を対象とした実態調査であるが，調査の総括において，同氏は次のような注目すべき「問題提起」を行なっている．

「最近の農業変貌のなかで，『主産地』なる概念がよく使われている．それは戦後の商業的農業発展の重要な一側面であり，とくに市場形成論的な解明にとって，それは新しい問題点を提供している．……おもうに，その指向する問題意識には3つの面がある．すなわち，

1. 商品化の問題，つまり国内市場における位置（これは具体的な流通上の問題もふくむ）
2. 生産力水準ないしその発展の問題
3. 地域農民の主体的対応の問題

　いわば，これらの3つの視角の交錯せるところに生じたのが『主産地』の概念であり，その何れかのみに矮小化するをゆるされぬところにこそ，主産地形成論の現代的意義があると考えられる．……問題はその『概念』や，『指標』ではなく，主産地形成にみられる農業の資本主義（市場）からの被規定性と，そのもとでの生産力発展と，その担い手の農民の主体的性格，この3者の内的連関，つまりその構造的理解でなければならない．

　したがって，固有の流通過程の究明も，そうした市場＝生産関係からの被規定性とそれへの農民の対応の表現としてはじめて意義があるのだし，主産地という地域的把握も，その地域性に表現された農民共通の自覚と連帯，及びその基礎が問題なのである．

第1章　農業市場論の先達たち　　　　　　　　　　63

　そうした観点からするなら，生産力水準も，生産＝市場関係と生産力の矛盾の，具体的対抗の姿としてとらえられねばならないし，また，個々の，階層的な経営の結合態様としての，具体的にしてかつ一般的な生産力水準として――つまり単なる平均としてではなく，その総体として――とらえられねばなるまい．……単なる生産力ではなく，その担い手の『生きた』人間の，矛盾克服の可能性との関係における生産力として，つまり，一方では生産関係との対応において，他方では経済関係と社会関係との対応において，それはつかまれねばならないとおもうのである．
　さもなければ，それは従来の立地論にも及ばぬ現象論になるか，あるいは共同化論争の如きそれかたもみせかねまい．何よりも，従来の階層分化論，階層規定論に新たな光をあて，さらには農民運動論ないし組織論にも直結する態のものでなければならないとおもうのである．市場論的な視角も，そうした矛盾の切りむすぶ入口として，また矛盾の展開，対応の態様を同時的に明らかにするものとして，はじめて意義をもつのである．」(34-35頁)
　繁をいとわず引用した意図は，おのずと知れよう．ここには，同氏の主産地形成に関する問題意識が集約して述べられている．第1に，既存の主産地論――柏崎文男や菅沼正久等――が，「主産地」の概念規定や指標にこだわり，それも平均的・一般的な単なる生産力としてしかとりあげられず，生産関係との対応において，「生きた」人間の矛盾克服の可能性との関係における生産力（そうした個々の経営の総体）として，とりあげられていないことに対する批判である．
　第2に，氏自身の主産地形成論の視角を，積極的に開示していることである．要するに，主産地形成の問題は，農業の資本主義的生産関係・市場関係からの被規定性と，そのもとでの生産力発展と，生産力を担う地域農民の主体的対応，この3つの側面の内的連関・構造を問題としなければならない．ひと口にいって，主産地という地域性をもった生産力を，地域農民の主体

的——自覚と連帯意識をもった——対応の問題として構造的にとらえる必要を強調するわけである．

　したがって第3に，主産地形成論は，農民層分解論，農民運動論・組織論と直結しなければならず，また，市場論的視角は，市場関係を通じての矛盾の展開，対応の態様を同時的に明らかにするうえで意味をもつ．

　以上の点は，われわれの問題意識と深奥において一致する．

(4) 市場編制・市場連関論との交錯

　主産地形成論の第二弾は，農協研究会（代表近藤康男）による共同調査研究「長野県リンゴ生産と流通に関する調査」（『協司組合経営研究月報』No. 66, 1959年，に調査報告として収録）において示される．りんごの新興産地でかつ共同出荷の進んでいる長野県を対象とした同調査報告において，美土路は，「問題意識―主産地形成・市場編制についての視点―」と題する序論を執筆し，前項で引用した主産地に関する「問題提起」を再論する．そこで注目されるのは，同氏が，われわれが前節でとりあげた川村の論文――農林省『北海道農業生産力研究』の分担執筆――を長文にわたって引用し，次のような評価を与えていることである．

　　「以上のように，ここでは，地域的集中は一定の性格をもった農家の分布として，また市場関係に制約された農業生産の累積としてとりあげられているのが特徴である．従来の主産地形成論では，前述のごとく生産と流通の取扱いがバラバラであったというだけでなく，そのおのおのが平均的生産力水準，商品の単なる大量性として抽象的にとらえられていたにすぎないが，ここでは，それが具体的に制約された個々の農家のつみかさねとしてつかまれているのである．このことは大切な指摘である．主産地における生産力は単なる平均的生産力水準の高さとしてでなく，凡ゆる方向に分化の可能性をもち，しかも現実にはおのおのの方向に分化しつつある農家の経営的生産力の総体としてつかまれねばならないのである．ここには，階層分化論と主産地形成論との交錯点がある．」(5

第1章　農業市場論の先達たち　　　　　　　　　　65

頁)

　ここにおいて，川村と美土路は主産地形成論においては共通の基盤に立った．すなわち，「主産地形成は，単なる生産力構造としてではなく，まず生産関係に規定されたるそれとして，また何よりもその担い手の市場対応（それは単なる売買のみではむろんない）として，つかまれねばならない．主産地形成論につきものの地域性はそうした農民の自覚と統一の基礎としてはじめて意味をもつ」(6頁)というのが，それである．

　しかし，川村が生産関係の被規定性を，具体的に農産物の商品化がとり行なわれる流通過程——そこには商業資本の運動法則が作用する——にみたのに対し，美土路は，「市場関係，売買関係，競争の複雑な網全体も経済的，生産的関係である」（コンスタンチーノフ）との観点から，市場関係のなかに，具体的には氏のいう市場編制と市場連関のなかにみたのであった[28]．

　同氏が次のようにいうとき，われわれは，主産地というそれ自体地域農業の問題を，どのような基本視角をもって氏がとりあげようとしたかについて，如実に知ることができよう．

　「国内市場の部分市場としての農産物市場は直接的であるのでいうまでもないとしても，生産資材，生活資材における農村購買市場，代金流通および貸付資本流通の金融市場さらには階層分解の基本条件としての労働市場の交錯のうちに主産地は形成されている．市場とはそうした重層的な構造をもち，『流通』はその集約的表現としてはじめて意味をもつのである．したがって，既述のごとき，現在長野リンゴについてみられる諸問題は，そうした立体的な国内市場と，農民対応の面からはじめて統一的につかまれるであろう．

　……独占資本主義的生産諸関係は，ここでは，まず農業をつつみこむ市場関係＝市場編制としてたちあらわれる．そうしたなかでの小農的ウクラッド，ないし生産関係として，つぎに主産地，とくに村内の生産と流通が位置するのである．リンゴを主とした県の規格＝検査条令はそうした市場編制の行政的槓杆として，また鉄道管理局への配車申請を中心

とした商協組の結成，園連，経済連の流通単位は，国家独占の段階にある輸送部門からの市場編制として，またスピードスプレヤー，その他の制度融資，系統融資は金融市場からする国内市場編制として統一的につかまれねばならない．

そして，流通機構はそれらの集中的表現であり，農協や，商人はそうした市場関係＝市場編制の担い手として——単にそのもの自体ではなく——市場関係と農民対応の関連，その機能の一体現者としてみられねばならないのである．そして，他極の焦点，農民の対応は，生産構造それ自体，および共選の問題として，以上のようななかではじめて正しくつかまれるであろう．」（同上7頁）

同氏の主産地形成論は，ここにおいて市場編制・市場連関論と交錯し，美土路「市場論」での位置が定まるのである．

5. 若干の問題提起：今日の「農民的商品化」論を展望して

以上みてきたように，川村・美土路両氏の「主産地形成＝共同販売」の理論は，市場関係・流通過程からの規定性＝包摂をふまえつつ，小農の市場対応の形態（生産過程・流通過程それぞれにおける）・基本的性格を整理したもので，そこに小農の対抗的発展の契機を見出す点では，まさに「農民的商品化」論そのものであるといえる．しかし，はじめに述べたように，「主産地形成＝共販」体制が，今日，50年代とちがってその安定性を失い，危機が深められているなかにあっては，現実の要請に答えた「農民的商品化」論として発展させなければならない．こうした立場から若干の問題提起を行ない，本節のむすびとしたい．

第1は，「農民的商品化」という場合，そこでいう「農民的」とは，いかなる意味で使うべきかという問題である．具体的には，「農民的商品化」の対象となる農民主体を，どのような階層を含めて措定するかということである．われわれは，これを今日の零細農家，兼業農家を含め，「中農化」をめ

ざす諸階層，および現に中農として自立している専業的農民層，においている．「自作農体制の崩壊」が云々されているように，今日，農民の自作小農としての等質性が崩れつつあるが，そこにおける農民層分解の局面をふまえつつ，下降・脱落をよぎなくされつつある零細農民，および不断に動揺・分解にさらされつつある中農層の，抵抗・自立化のための運動・経済的実践を「中農化運動」としてとらえ，そこに問題の焦点をおこうとするのが，「農民的」の意味である．

ところで，われわれが問題としている「農民」は，家族労働力と小土地所有を基盤としている点では共通の性格をもつが，現実には資本主義の作用と分解法則のなかで，分散孤立化させられ，多様な階層として存在している．さらに，経営形態・作物生産の面でも多様であり，これら生産者側の多様性と，市場の側の多様性とのむすびつきのなかで，げんに多様な商品化の形態が存在している（振り売りからインテグレーション，国家管理の商品化まで）．しかし，これを集出荷の主体の面から整理すると，個人出荷と共同出荷に大別される．すなわち，市場（広義）に個人的・分散的に対応するか，共同的・集団的に対応するかの違いである．この場合，個人出荷は，たとえば都市近郊の多作野菜経営のように，なお存在の価値，適応力のあるものもある．

しかし，資本主義による生産・流通の社会化，価値法則の作用のなかでは，小農がそうであるように，個人出荷もいずれ没落の運命にある．これに対し，共同出荷は，それが近代的協同としての性格をもつ限り，美土路がいうように，資本主義による生産・流通の社会化，それに伴って引き起こされる小生産者の没落作用に抵抗する，流通協同による社会化としての内実をもっている．すなわち，資本主義に対する一定の対応力・対抗力をもっている．だが，協同による社会化の意義はこれにとどまらない．社会化は，それ自体，生産・流通手段の社会化とともに労働過程の社会化，すなわち，労働者（広義）の社会的結合の拡大を内包している．労働過程の組織化から，進んで全社会的規模で進行する労働の社会化のなかで，労働者の労働能力は高められ，

労働者の結合も深められる．そして，その過程のなかで変革主体の陶冶と連帯が進み，いずれ旧い社会構成の打破へと向かっていく[29]．

　共同出荷は，さしあたり小生産者の部分協同の枠内ではあるが，生産者の社会的結合の形態である．しかし，結合の範囲は，任意的なものから組織的なものへ，部落的・地域的なものから，全県的・全国的なものへと発展していく．また結合の程度は，単なる輸送共同から，完全共選・共計へと，すなわち，集団による個別性の解消へと向かっていく．しかも，共同出荷の発展を通じてなされる，こうした生産者の社会的結合の拡大・深化は，論理的・現実的には貨幣を媒介にしてではあるが，消費者である労働者・勤労諸階層——労働の社会化を通じて社会的結合を拡大・深化させている——と結合し，彼らに陶冶され，統一されることによって，変革主体の一翼を担うようになっていく．共同出荷は，そうした必然性・契機をもっているのである．共同出荷を，単に商品大量性による資本主義への対応力・対抗力としてみる——それ自体重要なことだが——ばかりではなく，変革主体形成の観点から意義を見出そうとするのが，われわれの第2の問題提起である．したがって，商品化の多様性を認めつつも，いろいろな形態をとった農民的共販（委託販売だけではない）の展開のなかに，進歩的意義をみようとするのである．

　第3は，流通社会化の基本的契機である流通手段——集出荷・選別・包装・加工・保管・輸送など「流通過程に延長された生産過程」における生産手段——の社会化に対応した，その農民的掌握の問題である．美土路がいうように，そうした流通手段の資本による掌握，および「流通過程に延長された生産過程」に付帯した諸条件（諸制度・諸規範）の国家独占資本主義による整備は，国家独占資本主義的市場編制のてことなっている．

　とりわけ，農基法以降，さまざまな補助事業を通じて流通手段の近代化が進み，これが，価格・取引の諸制度の改変とあいまって，農業再編の重要な手段となっていることは周知である．しかし，流通手段の近代化自体は，そこに生産関係の母斑が印されているとはいえ，流通労働の生産力を高めるものである．われわれは，社会構成の一連の改革・変革を展望したうえで，流

通手段(施設)の農民的掌握・運用をはかり，これを農民的ないし民主的市場編制のてことしていくことが，重要であると考えている．その意味では，現在，単協ないし系統組織が所持している流通(加工)施設は重要であり，それを農民的・民主的に運用していくこと(今後の導入も含め)が，当面，必要なことと思われる．

　第4は，「農民的商品化」にかかわる組織論的問題である．川村がいうように，今日の資本主義社会で小農は，集団的に主産地を形成し，販売有効単位の確立をはからなければ，自らを維持できないわけであるが，その販売単位は，市場体系の全国化・標準化の進展に応じて，必然的に大型化が迫られる．一方で政府や全国連は，農協の大型合併を進めつつあるが，これは行政的・管理的色彩がつよく，必ずしも地域農業の要請する販売単位の大型化・農協販売機能の強化につながらない．また系統上部組織への無条件委託は，それ自体販売単位の大型化を志向したものであるが，一般には農協の自主性をそこなうかたちでなされている．

　われわれは，市場体系にあった販売単位の形成を，下から農民の民主主義のもとに進めていかなければならない，と考えるものであるが，そのためには販売組織の合理化が不可欠である．その一環として，たとえば，農協合併にも機械的に反発せず，地域農業の実態にあわせた検討が必要であろうし，条件があれば農協間協同の方式も追求されてしかるべきであろう．とりわけ後者は，一定の地域的まとまりをもった複合経営を前提とすれば，単協では販売単位にならない複合品目を，協同によって商品化を可能にするだけではなく，主産物の販売単位をさらに大型化して，価格形成力をつよめる役割を果たす．

　しかし，農協間協同それ自体は，系統組織が理念として内包しているものであり，後者の民主的強化は，具体的な農協間協同の追求以上に大切な点であろう．とくに系統がもつ出荷調整・計画的分荷の機能は，産地間競争を回避し，産地間の連帯をつよめていく方向で，最大限発揮されなければならない．そのほか，農協内部の組織論的課題として，現在多くの農協がとってい

る専門部会制（作物別生産者組織）——現実には専業的商品生産農家中心の機構になっている——も，検討の必要がある．

　第5は，「農民的商品化」と市場体系の関連の問題である．一般に市場体系は，資本主義の発展に伴って局地的なものから地方的なものへ，さらに全国的なものへと拡大していくが，こと農産物に関する限り，全国市場体系とともに，地方的市場体系が併存する[30]．それは，農産物の場合，市場体系の両端に位置する需給両要素が，なお零細分散性の域を脱却しえず，地方的市場体系に存立の余地を与えるためである．そうした中でも大型主産地と大型系統共販の進展は，生産の集中をつよめ，他方で大都市の集中した需要とむすびつくことによって，全国的市場体系が進化していく．これにより地方的市場体系も影響をうけざるをえず，全国的市場体系による地方的市場体系の従属・包摂が進む．

　「農民的商品化」は，これら市場体系の併存と進化の中で，一方で全国的市場体系と対応し，他方で地方的市場体系と対応するという多様な対応を迫られる．個人出荷が地方的市場体系と密なのはもとよりだが，共同出荷といえども地方的市場体系を無視するわけにはいかない．なぜならば，共同出荷組織を構成する生産者は，一般に主産物以外多数の複合作物を生産しており，これら全体の商品化を実現するためには，どうしても地方的市場体系との連関を要するからである．とりわけ，兼業農家は地方的市場体系につよく依存せざるをえず，したがって，その擁護・発展の道を追求することは，「農民的商品化」論の大きな課題となっている．

　全国的市場体系の進化が，一方で主産地と大都市との社会的結合をつよめていくのは確かであるが，同時に地方的市場体系を媒介とした地域住民（生産者と消費者）の結合も重要であり，そのような勤労諸階層の提携の「場」の問題としても，「農民的商品化」と市場体系の関連が追求されていく必要がある．

　最後は，大きな問題になるが，社会構成の一連の改革・変革プロセスを展望した場合の，「農民的商品化」の位置づけの問題である．前述のように

「農民的商品化」の主軸をなす農民的共販は，それ自体協同による社会化を内包する．しかし，資本主義とりわけ国家独占資本主義の支配のもとでは，そうした社会化も資本によって不断に包摂されていく．川村のいう国家の価格への介入，系統組織の独占的市場編制への包摂，あるいは美土路のいう「流通過程に延長された生産過程」とその付帯条件に対する「統一的国家独占支配」等，がこれである．

だが，このことは社会化を進める協同組織の構成員の意識にいやおうなく「矛盾」として反映する．しかしながら，農民は社会化の追求をやめるわけにはいかない．なぜならば，農民は協同による社会化なしでは，自らを存続できないからである．こうして，協同による社会化と資本による包摂がくり返され，それらの矛盾・対抗関係の展開のなかで，農民は自分たちを苦しめるものが，まさに資本主義そのものであることを知っていくのである．

かくして，協同による社会化によって鍛えぬかれた農民の自覚は，「自分たちの存在をおさえこむ旧い社会構成を破砕し，自分たちの力と意欲をのびのびと開花させるようなそういう新しい社会構成をうちたて」[31]ることを志向するようになる．

以上はいずれも概念的スケッチであるが，「農民的商品化」論は，おおよそこのような展望をもったものとして，発展させていかなければならないだろう．

注
1) この点での両氏の業績は，行論において随時示していくが，単行本として刊行されているのは，川村琢『農産物の商品化構造』三笠書房，1960年，協同組合経営研究所編『戦後の農産物市場』下，全国農協中央会，1959年，および近藤康男編『農業構造の変化と農協』東洋経済新報社，1962年所収の美土路論文である．しかし，これらのベースとなった諸論文は，1950年代後半に相次いで発表されている．
2) この点を愛媛県のみかん産地を対象に分析し，すぐれた成果をあげたものに宇佐美繁「共販体制と農民諸階層」磯辺俊彦編著『みかん危機の経済分析』現代書館，1975年，がある．「共販体制が，高位に平準化された商品の共同出荷を，基本的に同質な農家群が担っていくものであるとすれば，今日の中農層の動揺と没

落，品質低下傾向の発現はまさに共販体制そのものの危機といわねばならないであろう．」（同上233頁）
3) 当時の代表作としては，若林秀泰『明日の農協―農協の未来像―』明文書房，1964年，同『農業マーケティングと農協』家の光協会，1965年．前著は3人の共同執筆であるが，そのなかでは事例として，ともにみかん産地である静岡県の庵原農協と愛媛県の温泉青果農協がとりあげられている．

 なお，同じ時期に刊行されたものとして伊東勇夫・宮島昭二郎『主産地形成とマーケティング』農山漁村文化協会，1965年があるが，これは現場の農民のために書かれた啓蒙の本であり，その観点も農産物市場・流通の現状をふまえつつ農民にとっての有利販売の道を追求するもので，基本的に川村・美土路の理論系列にはいるものといえる．
4) なお，「主産地」に該当する言葉は使っていないが，農民改革後のロシアを対象に，商業的農業の成長を農業の専門化と地帯分化のなかにみたのは，いうまでもなくレーニンである（『ロシアにおける資本主義の発展』第4章，豊田・飯田訳，大月書店国民文庫版2，1956年）．
5) 生産力を規定するのは，このような農業の内部的な生産関係だけでなく，もう1つ基本的なものとして，農外の資本主義的生産関係からの規定がある．後者については，次節で触れるが，さしあたり，ここでは前者の側面を問題としたい．
6) 常東総協による甘藷価格闘争の経過については，さしあたり，一柳茂次「常東農民組織総協議会」（宇野・近藤他監修『日本農業年報Ⅰ』中央公論社，1954年）を参照のこと．
7) 農民運動研究会による研究成果は，三一書房から次のようなかたちで出版されている．『新しい農民運動』1956年，『独占資本とたたかう農民運動』1956年，『反独占農民運動の構造』1957年，『農民運動の基本問題』1960年．
8) 前掲『反独占農民運動の構造』28頁．
9) 前掲『農民運動の基本問題』57頁．
10) 渡辺武夫『戦後農民運動史』大月書店，1959年，174頁．
11) たとえば，山口武秀は「反独占闘争における農協と農民組織」を論じた一文で，①農協の事業活動が，系統組織の活動として上から機構的に規制される事情にあること，②農協の結成が上から権力の誘導によっておこなわれたことの2点をもって，「農協が農民の大衆運動体としての実質をそなえていないことをものがたる」と論断する（前掲『日本農業年報Ⅶ』中央公論社，1958年，193-194頁）．
12) 伊藤俊夫編『北海道における資本と農業』農林省農業総合研究所，1958年，165頁および174-175頁．
13) 一般企業体の場合，その立地は収益との関連で輸送費および労働費の最小な地点で決まる（A・ウェーバー著，江沢譲爾監修『工業立地論』大明堂，1966年）．またチウネンは農業の立地は輸送費の差異にもとづく地代によって決まるとする（『孤立国』近藤康男訳，1943年）．しかし，小農の場合，前述のような制約から，

第1章　農業市場論の先達たち　　　　　　　　　　　　　　　73

　　個々では合理的な対応はできず，市場に対してはどうしても集団的対応をとらざ
　　るをえない．このようにしてでき上がる地域にそくした小農による主産物の形成
　　を，川村は，企業体の立地と区別して，主産地の形成あるいは主産地化と呼ぶの
　　である（同『主産地形成と商業資本』北大図書刊行会，1971年，3-9頁）．
14）　川村によると，主産地形成の前提となる同質な小農集団は，帝国主義段階，と
　　りわけ後進国における農民層分解の歪み（中農肥大化）のなかで形成される
　　（『商品化構造』87頁）．しかし，同氏がこの段階での小農を固定的にとらえてい
　　たのではないことは，次の指摘からも示される．「最近の恐慌の慢性化の傾向や，
　　農産物の過剰生産の傾向は，農産物価格低下の方向につよく作用し，もはや，小
　　農としての地位を維持することさえ困難とするのである．しかし，これらの諸傾
　　向に対して，小農は，生産物の価格変動の間隙をぬって，有利なものへの転換を
　　おこない，可能なかぎり，生産上の弱点を克服しようとして，立地の選択や経営
　　の転換をおこなって，小農のままでの商業化へたちむかっている．」（同上14-15
　　頁）
15）　「資本の支配的形態としての自立的な商人財産は，流通過程の諸々の極に対す
　　る流通過程の自立化であって，これらの極とは，交換する生産者たち自身である．
　　これらの極は流通過程にたいし，流通過程はこれらの極にたいし，自立したまま
　　である．生産物はこの場合には，商業を通して商品となる．」（マルクス『資本
　　論』青木書店版3部上，465-466頁）
16）　同上469頁．
17）　このように川村は，協同組合を一般の商業資本と区別して，生産者である組合
　　員に拘束されたものとみている．この点では，協同組合資本の本質を，「制限資
　　本」とみる美土路の立場と同一である．
18）　川村琢・湯沢誠編『現代農業と市場問題』北大図書刊行会，1976年，はしが
　　き．
19）　同論文は，最初，鈴木鴻一郎編『マルクス経済学の研究』東大出版会，1968
　　年に発表された．
20）　なお，川村理論をその現代的意義の点でとらえ直そうとしたのは太田原高昭で
　　ある（同「農民的複合経営の意義と展望」川村・湯沢前掲書，526-531頁）．本
　　節は同氏の指摘に啓発されるところが大きい．比較参照されたい．また，川端俊
　　一郎「十勝の豆作—主産地形成論の再検討—」北海学園大『開発論集』第18号，
　　1974年も，川村の理論系譜を跡づけており，学ぶところが多かった．
21）　美土路の研究業績については，北大農学部農業市場論講座編『美土路達雄著作
　　目録』1977年，およびそのなかでの三島徳三「美土路先生と市場論研究—著作
　　目録』の解題にかえて—」参照．本節は，同稿での筆者の問題意識を発展させた
　　ものである．
22）　同シリーズは，のちに全国農協中央会より『戦後の農産物市場』上・下（1958，
　　1959年）として刊行される．

23) 美土路「農協論」への諸家の批判に対し，同氏は長い間沈黙をまもってきたが，最近，これらの批判について回答するとともに，自説の点検と深化を試みつつある（同「農業協同組合理論についての覚え書」北大『教育学部紀要』第28号，1977年）．
24) 近代的な協同組合の基底に，このような「社会化」の概念をおいているのが，同論文の特徴である．『理論と現実』以降の美土路の協同組合論では，この点は「協業」概念に置き換えられ，そこに諸家の批判も集中していく．しかし，最近の論文（前掲「覚え書」）では，協同組合一般を狭義の「協業」概念から説明することの不十分性を認めたうえで，新しく「労働の社会化」概念を定立する．このような論理プロセスからみて，同氏の「農民と部落と農協と」は，最近のすぐれた問題意識に直結する"純粋さ"をもっていた．
25) 川村琢『主産地形成と商業資本』北大図書刊行会，1971年，265頁．
26) のちに前掲『戦後の農産物市場』下，に収録．以下のページ数はこれによる．
27) 日本経済学会連合編『経済学の動向』中，東洋経済新報社，1975年，96頁．
28) 「市場編制」「市場連関」については，美土路達雄「農産物市場論の課題と方法についての試論」農産物市場研究会『農産物市場論の基本問題』，研究資料 No. 7，1955年参照．同氏にあっては，「市場編制」は，資本主義ウクラッドと農民的ウクラッドを具体的に結ぶ各種市場（農産物市場，農業生産財市場等）それぞれを通して，資本の側から組織的・制度的になされる掌握として，また「市場連関」は，それら各種市場の相互関連・相互規定を意味している．すなわち，前者は縦の系列での市場関係であり，後者は横の系列での市場関係である．なお，われわれは，「市場編制」を資本との関係で一方的にとらえるばかりではなく，反作用（対抗運動）として農民側からなされる「市場編制」（「農民的市場編制」），および，これら農民と勤労諸階層との提携，民主的政府・自治体の援助のもとでなされる「民主的市場編制」をも含めて，対抗論的にとらえたいと思っている．
29) 元島邦夫『変革主体形成の理論』青木書店，1977年，25-26頁参照．
30) 市場体系については，近藤康男編『農業構造の変化と農協』東洋経済新報社，1962年，第3章第1節（美土路稿）を参照のこと．
31) 元島前掲書26頁．

第2章
農業市場論から農業市場学へ

I. 農業市場論の方法と課題

1. 農業市場論設定の意義

　最近,国家独占資本主義段階の農業問題を解明する手立てとして,農業をとりまく市場構造——①農産物市場,②農村購買市場,③農村労働力市場,④農村金融市場,⑤土地市場——を個別的に,しかも各市場の脈絡を重視しながら分析しようとする研究がふえてきている[1].これは,戦前のわが国の農業問題が土地所有(地主制)の問題として集中的にあらわれたのに対し,農地改革を通じて基本的に寄生地主制が一掃された戦後においては,商業的農業の発展と国家独占資本主義による直接の農業掌握を条件に,農業問題の多くが市場問題としてあらわれていることの反映といえる.しかし,このように農業における市場問題の重要性がましているにもかかわらず,なおその体系的研究の積重ねは十分でないようである[2].
　本節は,今日まだ形成途上にある農業市場論(農業をとりまく先の5つの市場を対象にして,個別的に,しかもその相互関連と経済構造全体の中での地位を重視しつつ総合的に展開される研究を,一応こう呼ぶことにする)の方法と課題について,若干の試論的問題提起を行なおうとするものである.
　行論に先立ち,こうした農業市場論という独自の学問領域を設定する学問

的・実践的意義について簡単に述べておこう.

　第1は,農業をとりまく市場構造に生起する市場問題が,基本的に,市場・流通を媒介する商業資本の独自の運動法則G—W—G′に規定されているということである.資本主義が独占段階に突入し,農工間の不均等発展が激化する中で,小農が小農のままで独占資本主義の再生産構造に組み込まれていくとしても,そうした資本の農業掌握が商品経済を媒介としている限り,商業資本の独自の活躍の場が与えられる.とくに,歴史的に零細・分散的な生産と消費を特徴とする農業においては,それだけ前近代的な商業資本の活躍の場が大きい.このような前近代的な商業資本（商人資本）の存在が,一面において資本のストレートな農業掌握を困難にさせるとともに,他面において農業の後進性を規定するひとつの条件となっていた.もちろん,こうした前近代的な商業資本は,第1に商業的農業の進展にともなう小農の販売・購買面での協同組合の成立・発展に,第2に独占段階における商業利潤節約の一般的傾向に規定されて,しだいにその前期性を喪失し,近代的なそれへと変質していく.しかし,協同組合を含めた広い意味での商業資本の独自の役割と運動は,農業生産が商品経済を前提にしている限り否定することはできない.さらに今日,農業をめぐる市場問題と呼ばれるものの多くが,協同組合を通じての農民の市場対応を,基本的に包摂しつつ進行する独占資本のイニシアティブによる市場・流通構造の再編成をめぐって生起しており[3],しかもその背景に独占段階における商業資本の機能変化[4]があることを想起するならば,商業経済学・商業資本論の研究成果をふまえつつ,農業市場論という独自の研究領域を開拓する意義は非常に大きいものと思う.

　第2に,わが国の今日までの農業問題研究の欠落点にかかわる問題である.

　周知のごとく,わが国の農業問題研究は「資本主義と農業」という視角に貫かれて今日にいたっている.その問題意識は,資本が農業をどう掌握し,条件づけているか,そのために農業の発展が遅れる態様を,ひとつの「資本主義分析」として展開するところにあるといってよい.そして,こうした問題意識は,地主制の性格規定をめぐっての戦前の講座派と労農派の論争に発

することはいうまでもない．すなわち，戦前の地主制がいかなる性格をもっているかによって，資本主義の性格規定がなされ得た当時にあっては，農業問題研究はとりもなおさず「資本主義分析」としてのそれでなくてはならなかった．しかし，そのような分析方法の中から無視し得ない理論的欠落が生ずることになった．それは，資本と地主制による農業の収奪局面を一方的に強調するあまり，農民層の商品生産者としての自立化傾向を過小評価する見方である．

　資本による農業収奪の結果としての地主制の発展をみる労農派はさておき，半封建的土地所有による農業収奪を重視する講座派においても，そうした収奪基調の中で不断に商品生産者としての自立化を強めていく農民層の発展的側面をその壮大な理論体系の中に十分位置づけ得たか大いに疑問が残るところである．確かに，講座派による半封建的土地所有の重視，そこから提起されるブルジョア的変革の課題は，戦後の農地改革の中で見事にその理論の正当性を実証するのであるが，反面，戦後の農業構造を零細農耕制＝零細土地所有制の大枠の中にはめて，その発展的側面をみないことからも示されるように，農民層の商品生産者としての自立化傾向に対する過小評価は明瞭である．

　しかし，こと戦前の日本農業に関しては，こうした面での過小評価が生ずるのは，ある程度否めないところである．すなわち，半封建的土地所有による直接生産者の収奪の結果，当然のことながら商業的農業の発展は立ち遅れ，したがって直接生産者としての農民は，なお商品生産者としては未確立であった．一部に，自小作農を中心とした商業的農業の発展が散見されたとはいえ，当時における農産物の直接の商品化の担い手は，一般的に地主またはこれと不離の関係にあった商人であったのであり，それ故戦前日本農業における商品経済をめぐる諸矛盾は，基本的に土地所有関係の中に包摂されていたといえる．こうして，直接生産者による商品経済の進展は後景に退いていたのであり，実際，その商品生産者としての自立的側面は弱く，戦前日本資本主義による産業組合育成政策があってはじめて，直接生産者による商品経済

への対応が可能とされていたのである.

　戦後においては,地主制と資本による二重の収奪に代わって,農業は国家独占資本主義の直接の収奪の下におかれる.他方,農地改革の結果として,体制的に自作農的土地所有が確立し,農民層独自の生産力追求と商品生産者としての自立的展開の可能性が開かれたことも否めない事実である.しかし,戦前の両派の流れをくむ農業理論は,相変わらずこの前者の点を一面的に強調し,後者の点を過小評価しているといえる.

　例えば,大内力氏をはじめとする宇野経済学の「農業理論」(「資本主義論」というべきか?)が強調する「独占資本主義段階の過剰人口法則の下における小農固定化」論などは,そのもっとも典型的なものである[5].このような捉え方では,独占段階にある農民層はひっくるめて「風にそよぐ葦」のように展望のないさまよいを続けなくてはならない.さらに,「独占資本主義下の小農」という固定的概念では,農地改革の積極的意義を全く理解できず,資本による小農の収奪は戦前も戦後も同じように,ただ「生かさず殺さず」続けられているとされるのである.

　つぎに,その方法論においては宇野経済学とは決定的な相違を示しつつも,現下の農業分析をみる限り基調的に宇野経済学と同様の結論に陥っているものに,土地制度史学会の一部に勢を張る「農業解体論」がある[6].これはさきに指摘した「零細農耕制論」の必然的帰結であり,1960年以降の農業に対する収奪基調の強まりの中で,その本質と限界を露呈したといえる.すなわち,そこには農業危機の深化の中で進む「上からの再編成」という視角がないことによって,真の階級的視点をうらうちできないという,重要な欠陥をもつ[7].

　このいずれもが,農業に対する収奪局面を一方的に強調するあまり,農業内部における生産力と生産関係の動態的展開を軽視するという,共通の誤りをおかしている.それは,直接には農民層分解論に反映している.中農標準化論,さらに中農標準化論の偏倚としての「大型小農論」は,「過剰人口下の小農固定化論」の忠実な反映であり,「全面落層論」,下降分解の激化の一

面的強調は,「農業解体論」ないしはそれに近い立場からなされているものである.このいずれもが,今日の農民層分解のダイナミックな展開,地域によってはかなりの程度に支配的な局面となっている上層農の独自の生産力追求をみていないという点で,農民層分解論としては不十分なものである.しかし,こうした局面を重視するあまり,今日の農民層分解の中に安易に資本家的農業経営の確立を見とおすこともまた誤りであるといえる[8].

　問題は,今日の農業をとりまく市場構造の中に,地域的にせよ資本家的農業経営の発展を展望し得るそれができあがっているかどうかにかかっている.ところで,農業をとりまく市場構造は,社会的総資本と個別農業経営との再生産的連関,前者の後者に対する支配と従属すなわち収奪の場であるとともに,個別農業経営にとっては再生産の場そのものである.それ故,農民層の分解は,社会的総資本による市場を通じての農業収奪基調に外生的に規定されつつも,基本的には農民層相互間の市場を通じての競争——その競争の中で明らかになるところの生産力格差という,内生的契機をその起動力としているといわなくてはならない.

　したがって農業市場論を通じて,社会的総資本による市場を媒介にしての全体的かつ多面的な農業掌握の側面と,その中で進展する個別農業経営による多様な市場対応の側面とを統一的に明らかにすることは,農民層分解論にとって,それ故今日の農業問題研究にとって,なおなにほどかの意義が与えられているというべきであろう.

　以下,われわれは,農業市場論の理論的前提となる市場理論について一般的・概括的検討を加えた後に,農業市場論の分析視角について試論的な問題提起を行ない,最後に農業市場論の現段階的な課題について簡単に触れることによって,本節の務めを終えることにする.

2. 市場理論[9] の一般的検討

(1) 社会的分業と市場

「市場」とは商品交換の関係そのものであり,それは社会的分業と私有財産が存在する限りで存在するすぐれて歴史的な範疇である[10]。社会的分業によって無数の個別的な経済主体に分裂せしめられた商品生産者は,この「市場」を通じて社会的に再結合せられ,再生産が可能になる。したがって,「市場」を社会的再生産の観点からみた場合,それは「社会的生産物の価値実現およびその素材補塡の場」ともいうことができる[11]。

(2) 資本主義の市場構造

社会的分業が高度に発達した資本主義においては,それだけ市場も拡大する。そして,資本＝賃労働関係の発展に応じて,生産財市場および消費財市場が拡大する。しかし,資本の有機的構成の高度化は生産財市場を不均等に発展させていく[12]。さらに,資本主義経済においては,特殊な商品としての労働力市場が対応し,それは消費財市場にのみ関係する。また,一般に資本主義の高度化に応じて,貨幣信用の市場＝金融市場がさまざま形態をもって発展していく。

以上の市場の諸形態は,つぎの個別資本の循環の前提として生起する。

$$G - W \begin{cases} Pm \\ A \end{cases} \cdots\cdots P \cdots\cdots W' - G'$$

これは,直接には貨幣資本の循環を示すものであるが,同時にこれは,自己増殖する価値としての産業資本の運動を一般的に示している。そして,このような個別資本の循環を社会的総資本の再生産と流通の視角から総括したのが,「再生産表式」である。

(3) 実現の媒介者＝商業資本とその機能

　社会的生産物の実現機構＝流通機構を媒介するのは商業資本である．一般に，商業資本の機能には価値実現の機能と商品流通の機能とがある．産業資本の商品生産の下において，商業資本は，産業資本によって生産された商品の流通過程を専門的に扱うことにより，産業資本が自身で流通を担うことによって必要な流通資本や流通経費の縮減を図る．しかし，商業資本は，本性的に個別の産業資本の商品のみを取り扱う立場にはない．実際，商業資本は，あらゆる産業部門の，互いに競争関係にある商品をも扱うことによってその価値実現および商品流通における個別的性格を除去し，そうすることによってのみ，商業資本は，社会全体の産業資本にとっての価値実現を促進し，社会的流通費を節約するのである[13]．このような商業資本によるいわば社会化された価値実現操作の中に，商業資本の産業資本に対する自立化の根拠があり，そうした傾向はすぐれて産業資本段階に発現したものであった．

　ところが，資本主義が独占段階に突入し，独占資本の市場支配と独占資本相互間の競争の激化が進行するにつれて，個別独占資本による個別的な利潤追求が強まり，そうした傾向は商業資本の自立的展開基盤を漸次喪失させていく．そこに，独占資本による商業資本の従属化と系列化が進行し，その中で商業資本のひとつの機能である価値実現機能が独占資本によってとり上げられるか制限され，商品流通の機能だけが残されることになる．ここでは，商業資本は独占資本の商品の単なる販売代理人となり下がり，商業利潤は手数料化される[14]．また，このような商業利潤の手数料化の進行の下で，商業資本は流通機構を合理化し，単純化して，流通資本と流通経費を節約することに努めるとともに，商業資本自体の対応としての大型化，独占化が進行していく．これらすべては独占資本段階における商業資本の機能変化と流通構造の合理化を示すものである．

(4) 市場問題と市場政策

　すでに述べたように，資本主義的商品経済における再生産は，市場を通じ

ての価値実現および素材補塡を通じて継続される．しかし，無政府的生産を特徴とする資本主義においては，こうした再生産に不可欠な前提が，社会的総資本の運動の中で常に均衡を保って与えられることは，本来的にあり得ない．均衡は常に破壊される．ここに，資本主義における市場問題発現の再生産論的根拠がある．したがって「市場問題」とは，かつてナロードニキが問題にしたように，「資本主義の発展に必要な市場（価値実現の場）をどこに求めるか」という問題としてだけではなく，市場問題に対する価値視点と素材視点（使用価値視点）の統一の下に，「価値実現および素材補塡の問題」として捉えられなくてはならない．

さて，「市場問題」をこのように捉えるわれわれの立場からすれば，「市場問題」打開のための「市場政策」の内実は，直接的商品過剰を打開するための商品市場の拡大政策を基調としつつも，単にそれのみに留まらない．「市場問題」の打開という原点に立ちつつ，拡大再生産（＝蓄積の継続）に必要な，機械・設備・原料・土地等の生産手段，労働力，および労働力の再生産に必要な生活資材の補塡のために展開される経済政策の総体をも，われわれは，広い意味での「市場政策」の範疇に含めて考えたいと思う[15]．ところで，「市場問題」が全般的危機の物質的基礎をなすまでに激しく表出されるところの国家独占資本主義段階においては，周知のごとく，国家的市場創設を基本的狙いとする財政政策とともに，景気変動調節のための金融政策が管理通貨制度をテコとして展開される．いうまでもなく，金融政策は国家独占資本主義の市場政策の中核をなすものである．しかし，それが市場政策と称される所以は，こうした金融政策の究極的狙いが，さきにわれわれが指摘した「市場問題」の解決を図り，蓄積の順調な継続を目指す点にあることを，留意すべきであろう．

(5) 市場発展の2側面と市場構造の2類型：国内と国外市場との関連

一般に，資本主義のための市場の形成過程は2つの側面を通じて行なわれる．ひとつは市場の内包的発展，すなわち，「所与の一定の，封鎖的な地域

第2章 農業市場論から農業市場学へ

における資本主義的農業および資本主義的工業のさらにいっそうの発展」を内容とするところの国内市場の資本主義的発展. 2つは市場の外延的発展, すなわち, 「新しい地域への資本主義の支配の範囲の拡張」を内容とするところの国外市場への進出と拡大である[16]. ところで, この国内市場と国外市場とが, その国の資本主義の発展の中でいかなる関連をもっているかによって, 一般的につぎのようなことが指摘できる. それは, いわば市場構造の2類型としても整理できる.

その第1は, 資本主義の自生的・自立的発展は, 消費財部門と生産財部門 (もっと単純化すれば農業と工業) との商品交換を内容とした国内市場の形成を基礎とし, その上に国外市場への展開に進むということである. こうした型の市場構造の形成は, 歴史的・典型的には, 比較経済史学が資本主義成立・発展期のイギリス・アメリカにおいて, 「局地的市場圏→地域的市場圏→統一的国内市場」として検証している[17]. また, 政策論的にはスミスの「富裕の自然的進歩の理論」[18], リストの「生産力論」[19] において展開され, わが国においては河上肇の「農業保全論」[20] にそれがみられる.

第2点としては, 国内市場の形成が諸種の歴史的事情, とりわけ農業における資本主義の発展が制約されるという事情の下では, 不均等に発展した産業諸部門は必然的に国外市場への進出と拡大を指向し, それがさらに国内市場の発展を阻止ないし遅滞させるということである. こうした型の市場構造は, 歴史的・典型的には絶対王制期プロシャおよびオランダの商業的発展の中に体現し, それは「隔地間分業」として, 所与の国の資本主義発展を遅滞ないしは奇型化させた重要な要素となった[21]. このような市場構造を政策論的にあとづけたのはドイツ・マンチェスター派の「国際分業＝自由貿易論」であり, わが国においては古くは明治後期の『東京経済雑誌』の論者の中にみられ, そうした見解は今日にいたるまで連綿として勢を張っている.

3. 農業市場論の分析視角

(1) 再生産構造の基調変化と農業

　農業が再生産構造の中に深く組み込まれているとしても，その役割が常に一定なものとして推移することはあり得ず，その時々の「市場問題」の性格を反映して，再生産構造の中での農業の役割は基調の変化を示す．例えば，戦前のわが国のように，半封建的軍事的資本主義として総括されたような再生産構造の中での農業の役割は，基調的には労働力の供給ないしは労働力供給基盤の保全にあったのであり，その食糧供給の役割は多く植民地が担っていた．また，原蓄期には地租を通じての貨幣資本の供給が重要な意味をもっていた．

　ところが，戦後の復興期においては，農業は過剰人口のプールとしての役割を担うとともに，原料および設備の輸入に必要な外貨節約の立場から食糧増産が奨励された．しかし，「高度成長」過程を通じて事情は一変した．農村労働力の一方的供給は，「高度成長」の全過程を貫いている．こうした中で，国内農業からの食糧の供給は，国際農産物市場の動向と日本資本主義の国外市場依存の強まりを反映して，漸次比重を低めつつある．さらに，最近においては，農業からは土地，資金さえ求められている．また，農村市場は独占資本の商品の販売の場として，それなりに一定の役割を担わされてきた．

　このような再生産構造の中での農業の役割の変化は，農民経済をとりまく各市場を通じて具現化され，資本と農民との対立点を鮮明なものとする．しかも，このような再生産構造の中での農業の役割の変化（農業からみれば収奪構造の変化）は，資本主義の現実の展開にともなって生起していく「市場問題」の性格変化を反映し，その打開の一環として打ち出されていくものであり，したがって，個々の農業をめぐる市場問題を分析するにあたっては，まず第１に変転する資本主義の「市場問題」の所在を正確に把握し，そうした「市場問題」打開のための「市場政策」の全体的基調と，その農業をめぐ

る市場を通じての個々の展開とが正しく結合されて分析されなくてはならないだろう．

　その際，さきにわれわれがみた市場構造の2類型は，分析の前提として重要な視角を提供しているものと考えられる[22]．

(2) 商業資本の機能変化＝流通機構の合理化と農業

　独占資本主義の段階においては，独占資本の市場支配の下に不断に商業利潤の節減が図られ，それにともなって商業資本の機能変化が進むことはさきに述べたが，これは農民の生産する農産物の流通および価格実現においても同様である．ところで，一般に零細分散的な生産と消費を特徴とする農産物の流通機構においては，前期的な商人資本の活動の余地が大きく，そのことが農産物の流通機構の合理化を今日まで遅滞させてきた．こうした事態に対して，農民は農産物販売組合を組織し，みずから集荷過程を担うことによって，農産物取扱いの商人資本の排除に努めてきた[23]．しかし，仲継・分散過程における商人資本の排除までにいたっていない．なお，こうした農産物流通機構の前期性・非合理性に対し，国家がさまざまな介入を行なうことによって，市場の整備を図ろうとする．それは，基本的に，独占段階における商業利潤の節約＝社会的流通費の削減を担うものとして展開されるが，その中で農産物市場の前期性が漸次払拭され，各農産物の商品性に応じて市場が形態別に整序されていく（例えば，卸売市場，商品取引所，加工資本の直接の介入等）[24]．

　さらに，こうした農産物市場の合理化に対する国家の介入は，国家独占資本主義の農産物価格支持制度によって促迫されるが，その主な要因は，農産物市場における商業資本のひとつの機能である価格設定機能を，国家が代行するためである．ともあれ，こうした農産物の流通機構における合理化の進行は，商業資本の独自の活動の余地を狭め，基本的に独占資本の目指す「手数料商人化」の要求を受け入れたものとなっている．そして，このような「手数料商人化」の進行をとおして，たえず商業資本の整理・統合・大型化

と流通機構の短縮が図られ，その中で流通機構の合理化と再編成が進展するのである．

また，集荷過程を担う農業協同組合といえども，独占資本の市場支配の下では，しだいに独占資本の流通合理化＝社会的流通費用の節約要求の中に組み込まれていかざるを得ないが，それは，農協の存在意義自体の中に，独占資本の目指す「手数料商人化」に適合的なものがあるからである[25]．他方，農産物市場および農村購買市場に対する独占資本の支配が進行するに応じて，農協の小生産者組合としての自立性が喪失し，しだいに国家独占資本主義の農村支配のエージェントと化していくとともに，農協自体の企業化の方向が強まっていく[26]．

このような流通機構の合理化，農産物市場・農村購買市場に対する国家独占資本主義の支配の進行が，直接生産者としての農民，および最終消費者としての労働者に何をもたらすか，こうした視角からの分析が第2に果たされなくてはならないだろう．

(3) 農家経済の再生産と農民層分解

すでに述べたように，農業をとりまく各市場は，それ自身資本による農業収奪のパイプであると同時に，農家経済の再生産にとって決定的な要素である．したがって，こうした各市場の状況いかんと農民諸階層の対応いかんが農民層分解を市場の側面より規定する．一般に，各市場の状況は前述の資本主義の再生産構造に外生的に規定されるとともに，農民層相互間の競争を通じても変化する．とくに，農産物価格，農地価格，農業金融，および農業労働力のあり方いかんは，市場条件の一般的厳しさの中で，上層農家の相対的優位性を貫徹し，市場条件の変動を通じて農民層分解を激化させていく外生的契機となる[27]．さらに，国家独占資本主義の農業支配のテコとして，農業をとりまく各市場に対して選別分断的に展開される「市場政策」が，農民層分解を促進し，上層農家の富農的・資本家的発展を助長する[28]．このような農業に対する「市場政策」の選別分断的な性格は，単に階層的なそれに留ま

らず，最近においては，農産物市場，労働力市場，および土地市場の地域的変化の進展に応じて，多分に地域的なそれも強まっている[29]．

このように，農民層分解論⇔農業市場論の相互関連はますます強まっているのであり，したがって第3に，農業市場論は，農民層分解との関連を重視した視角をもたねばならないであろう．

また，このような視角の措定は，今日，農業問題研究において支配的な潮流となっている「農業解体論」，「過剰人口下の小農固定化論」の誤りを指摘する上で，きわめて重要な意義をもっていることを付記しておこう．

4. 農業市場論の現段階的課題[30]

戦後，重化学工業国としての本格的確立を遂げた先進資本主義諸国が共通にかかえる農業問題は，遅れた小農的農業（といっても国によってかなりの差があるが）をどのように再編成するか，という点にある．多かれ少なかれ，国家独占資本主義下の農業政策は，それ自身のうちに矛盾をはらみながらも価格政策をテコとしたところの「小農保護」政策に貫かれていたといえる．しかし，そうした「保護」政策が，農工間の所得不均衡に対する対応として，国家独占資本主義の市場構造に深く組み込まれつつ，しかも管理通貨制に随伴するインフレ政策をひとつの外部条件として小農経済を再生産しようとするものである限り，その帰結は，第1に農民層の広汎な両極分解となって，第2に農産物過剰問題となってあらわれざるを得ない．

こうした中において，資本家的農業が広汎に成立し，農産物の生産調整が実施される条件が与えられるならば，国家独占資本主義下の農業問題は一応の「解決」をみたといえる．しかし，そのような条件は，全般的危機に対する対応としての国家独占資本主義の社会構成の中でけっしてつくり得ないことは，先進資本主義諸国における現実をみれば明らかである．かくして，「小農保護」政策は再検討を迫られる．しかも，その再検討は，農業問題の「解決」という側面からだけではなく，市場をめぐる競争がますます激化し

つつある現代資本主義においては，その競争条件を再編整備するという側面からも，なされていく．その結果が，構造政策の出現である．

　この構造政策においては，「小農保護」政策における社会政策的側面は影を薄め，代わって経済合理性の貫徹という側面が前面に打ち出されていく．この構造政策は，資本家的農業の育成・確立を表向きの狙いとしつつ，より直接的には農業を国家独占資本主義の蓄積構造の中に，より「合理的」に位置づけようとしたものである．この構造政策の現実の展開は，これまでの小農的農業生産，およびそれに対応した流通構造全般の大きな変化を随伴せざるを得ないがために，それはまさに農業再編成と呼ぶにふさわしい．

　こうした農業再編成の市場論的意味を問うこと，そこにこそ農業市場論のすぐれて現段階的な課題があるといえよう．

　ところで，一口に農業再編成といっても，その深度と形態はその国のおかれている諸条件によって異なることはいうまでもない．わが国の場合，農業再編成はつぎのような背景と特徴をもって進行しているといえる．

　① 1950年代後半より開始された「高度成長」は，アメリカ金融資本への従属・依存と戦後の全般的危機の深化を反映して，多分に「移植=創出」的な重化学工業化=生産財市場の自己完結的な拡大を内容としたものである．しかし，「高度成長」の初期的展開は，低賃金を武器にした軽工業品の輸出拡大，およびそれによって得た外貨を基礎にしての設備・原料の輸入拡大を前提とする．それに応じて，農業は外貨節約を主要目的としての食糧増産=「小農保護」を政策基調とする．もちろん，「低米価=低賃金」体系の貫徹の上であるが．

　②しかし，圧倒的な重化学工業に主導された「高度成長」は，必然的に低位生産性の中小企業・農業との間の矛盾を拡大再生産し，そこに市場問題の基本的契機と政治的危機を激しく醸成していかざるを得ない．他方，アメリカのドル危機を反映しての国際的「自由化」の要請が，日本の国内市場の全面的開門を迫り，それがまたさらに国内的危機を激成していく．

　このような矛盾の激化に対する国家独占資本主義の対応が，いわゆる「産

業再編成」の展開である.

　この「産業再編成」は，先進重化学工業部門での設備の近代化と集中・集積を進めるとともに，農業・中小企業といった低生産性部門，および前期的側面を色濃く残すところの流通機構の「近代化」=整理・統合・系列化を図り，さらには資本市場，労働力市場，土地市場等の再編成を通じて，重化学工業独占の競争条件の整備・「合理化」を図ることを狙ったものである．この「産業再編成」政策は，全面的な「自由化」体制を迎えた60年代日本資本主義の，最大の国内政策である．

　③ 1961年農業基本法を法制的起点とする農業再編成は，この「産業再編成」政策の一環である．したがって，農業再編成は，表面的には「農業近代化」を標榜してはいるが，その真の狙いは，農業を独占資本の蓄積機構の中に，より「合理的」に組み込むことにあるといってよい．

　1965年の戦後最大にして本格的な大不況以降，日本資本主義は，商品輸出・資本輸出の飛躍的拡大を達成する中において，急速に国外市場への依存を強めつつあるが，それに応じてアメリカおよび東南アジアの農産物市場との結びつきが，東南アジアの軽工業品市場との結びつきとともに強まっていきつつある．今や，日本の重化学工業独占は，国際分業体制の確立を指向する中において，それにみあった国内産業構造の再編成を強めているといえる．

　しかも，そうした「産業再編成」は，貿易の「自由化」から資本の「自由化」へと急進していく中において展開され，それだけ低生産性部門の再編成は促迫される．

　したがって，今日の農業再編成は，農業に対する撤退基調を多分にもっている．しかし，食糧供給基盤を外国に完全に依存してしまうだけの再生産構造が，日本資本主義の内外にまだ形成されているとはいえず，ある程度の食糧供給基盤は日本国内に求めなくてはならない．そのために，日本資本主義は，農業への収奪基調を強めつつ，地域的・階層的に労働力と土地・資金の供給を図る一方で，そのような収奪を条件にしての一部上層農の資本家的育成と，独占資本自身による農業への進出とを図らざるを得ないのである．し

かし，そのような意図をもつ農業再編成は，下層・中層農家の強い反発を招くことは必至で，全体として日本農業の危機をますます深めていかざるを得ないであろう．

注
1) そのような意図をもつ研究としては，例えばつぎのようなものが挙げられる．
農村市場問題研究会編『日本の農村市場』，1957年，東京農業大学『農村研究』第9号，1958年，に所収された農村市場論（農産物市場，労働市場，金融市場）特集，美土路達雄「国内市場における小農的農業の地位」『経済評論』，1959年7月号，川上正道「日本経済の市場問題と農業」『農村研究』第5号，1961年，井野隆一「化学肥料独占と農村市場（上）」『東京経済大学会誌』第40号，1963年，美土路達雄・平井正文「農業をめぐる市場関係と農協・商人資本」大谷省三編『現代日本農業経済論』，1963年，御園喜博『農産物市場論』，1966年，重富健一「従属的国家独占資本主義と農村市場」井野・暉峻・重富編著『戦後日本の農業と農民』，1968年，川村琢「農産物の市場問題」斉藤・菅野編『資本主義と農業問題』，1967年，山田定市「商業的農業の現段階的性格に関する一考察」北海道大学『農経論叢』第22，23，24，26集，1966，1967，1968，1970年，千葉燎郎「農産物市場問題の現段階」『農業総合研究』第4巻第3号，1970年．
2) もっとも農産物市場論の分析においては，協同組合経営研究所編『戦後の農産物市場（上）（下）』1958，1959年，御園前掲書，のほか，最近においては，桑原正信監修『講座現代農産物流通論』全6巻，1969，1970年，などの体系的な研究成果が公表されている．また，川村琢氏を中心とした北海道大学農業市場論研究グループにおいては，商業資本の機能変化と市場再編成を分析基軸として農産物市場論・農業市場論の体系的研究が進められつつある．さしあたって，川村琢編「農産物市場における商業資本の機能と流通機構」『農経論叢』第25集，1969年，特集号，三国英実『農産物市場の展開と商業資本』，1971年，を参照のこと．
3) 山田定市「商業的農業の現段階的性格に関する一考察」『農経論叢』第26集，1970年，108-112頁．
4) 森下二次也『現代商業経済論』，1960年，317頁以下，参照のこと．
5) 最近のものとしては，大内力『日本における農民層の分解』，1969年，同『農業経済学序説』，1970年，があげられる．
6) その代表的なものとして，井上晴丸「高度成長―開放体制下の農業解体」『農業経済研究』第37巻第2号，1965年，をあげておこう．
7) たとえば，井上晴丸氏は前掲論文において，日本農業の資本主義的再編成の進行は認めてはいるが，その「再編成の進行テンポは，現行の農業の解体過程の急

激な進行テンポには，いつでも，どこまでも，迫いつき得ないであろう」(82頁) と断言し，その根拠として再編成の基盤としての富農が，インフレーションの進行にともなう分解基軸の上昇を通じて，たえず分解の分岐点としての中農に埋没していく事実をあげる．しかし，農産物輸入の拡大等の作用によって，国内農業生産の総体が減少することがあるにしても，上層農家の生産力における相対的優位がある以上，農業生産に対する上層農家のシェアはまぎれもなく払大していくのであり，しかも，そうした上層農家をテコに，農業生産の地域的・階層的分断を図りつつ進行する国家独占資本主義の選別育成政策は，上層農家の相対的優位性をますます拡大させるばかりでなく，そうした過程を通じて，国家独占資本主義は新たな農村支配の保塁を構築していくのである．さらに，日本資本主義の再生産構造の中には，なおしばらく国内農業を解体しつくしてしまうだけの条件がないことも付記しておこう．

8) たとえば，そのような安易な見通しをもつ農民層分解論として，河相一成・酒井惇一「稲作」井野・暉峻・重富編著『戦後日本の農業と農民』，があげられる．

9) 一般に，「市場理論」と呼ばれるものは，実現理論としての「市場の理論」の学説史的展開を中心においている．そのようなものとして，例えば，鈴木武雄『市場理論』，1948年，堀新一『市場論講義』，1966年，をあげることができる．確かに，実現理論は，われわれの研究にとっても基礎となるものであるが，なお現実の市場において重要な役割を果たす商業資本についての理論的研究をも，われわれの研究の出発点におかなくては点晴を欠くといえるであろう．このような商業資本論，ないしは商業経済学として有効なものに，例えば，森下二次也『現代商業経済論』，1960年，同氏編『商業概論』，1967年，をあげることができる．われわれは，一応こうした商業経済学をも「市場理論」に含めて扱っていきたいと思う．

なお，最近，比較経済史学の中で，「市場構造」という観点を前面に押し出した史実の分析がなされているが，そうした観点は，現状分析においてもかなりの有効性をもっていることが認められる．例えば，大塚久雄「近代化の歴史的起点——とくに市場構造の観点からする序論——」『大塚久雄著作集』第5巻，1969年，参照．本稿では，このような「市場構造論」的視角についても，簡単な素描を試みておきたい．

10) 「相異なる種類の使用価値または商品体の総体のうちに，同じように多様な，門・科・属・種・亜種・変種を異にする有用的労働の総体——社会的分業——が現象する．社会的分業は商品生産の実存条件であるが，逆に，商品生産は社会的分業の実存条件ではない．」(マルクス『資本論』，長谷部訳，第1巻，角川文庫版，第1分冊，68頁)

11) この点に関しレーニンは，『いわゆる市場問題について』(1893年) の中で，「市場」の概念が，社会的分業の概念からまったく切り離せないことを指摘し，「社会的分業と商品生産とがあらわれるところには，またあらわれるかぎりでは，

そこに，またそのかぎりにおいて，『市場』があらわれる．そして，市場の大きさは，社会的分業の専門化の程度と不可分にむすびついている」と述べているが，これは，商品生産における価値実現が，したがって市場の拡大が，素材補塡と切り離せないことに対する，正当な認識である（レーニン『いわゆる市場問題について』，飯田訳，国民文庫版，34頁，傍点筆者）．

12) レーニン前掲書，参照．
13) 森下二次也編『商業概論』184-185頁．
14) ヒルファーディング『金融資本論』，林訳，大月書店版，346頁，および，森下二次也『現代商業経済論』334頁以下，参照のこと．
15) もちろん，このような「市場問題」，「市場政策」に対する概念の拡張には，多くの批判があるであろう．ただ，われわれとしては，一般に「経済問題」，「経済政策」と呼ばれるものの経済学的な意味を，より厳密に確定したいだけのことである．
16) レーニン『ロシアにおける資本主義の発展』飯田訳，大月国民文庫版，第3分冊，193頁．
17) 大塚前掲論文，参照．
18) 「したがって事物の自然の径路によると，発展しつつある社会では，どこでも，資本の比較的多くの部分はまず農業に向けられ，ついで工業に，最後に外国貿易に向けられる」（アダム・スミス『国富論』第3編第1章）．

スミスによれば，独立自営農民による生産力の高い農業の発達の中から，おのずから生まれる余剰を購買力として，すなわち国内市場を条件にして工業の発達がなされる．しかも，こうした農工業の結びつきの中から国内商業が発達し，その国内市場の充実の中から外国貿易が発展するとする．これが，スミスの「富裕の自然的進歩」であった．なお，大塚久雄「国民経済——その歴史的考察」『著作集』第6巻，を参照のこと．
19) 「国民経済」とは何か，「国民経済」の独立とは何か，それは国民の政治的独立とどのような関連をもっているか，という問題意識から，リストはそれ自身「国内市場形成の理論」であるところの「国民的生産力の理論」を展開する．そこには，保護主義と独立自営農民の解放を出発点としたところの，ドイツ資本主義の自立的発展の展望がある．リスト『政治経済学の国民的体系』，正木訳，1841年，および『農地制度・零細経営および国外移住』小林訳，1842年．なお，住谷一彦『リストとヴェーバー』，1969年，も参照のこと．
20) 「農業保全論」は，河上肇の初期の労作，『日本尊農論』（1905年），『日本農政学』（1906年）にみられる．なお，河上の「農業保全論」をリスト的な「国内市場形成の理論」とみるものに，住谷一彦「形成期日本ブルジョアジーの思想像」長幸男・住谷一彦編『近代日本経済思想史』I, 1969年，がある．また，それを「農業基礎論」の例証とみるものに，桜井豊『新しい農業政策学』，1970年，がある．

第2章　農業市場論から農業市場学へ

21) 大塚久雄「経済史からみた貿易国家の二つの型」『著作集』第6巻，ほか同氏前掲論文，参照．
22) われわれにとっての問題は，日本資本主義の歴史的発展の中で，農業がどのように位置づけられていたか，にあるのである．
23) この際，つぎのような指摘に注意を払う必要があろう．「農民的な組合の販売事業は，当然，特定の主産物を生産する一定の生産力水準の農民的経営の地域的な集団，いわゆる主産地の形成と結びつかざるを得ない．いいかえれば，主産地の形成と販売組合の設立とは，その基礎において同一である」（川村琢「農産物販売組合の性格」鈴木鴻一郎編『マルクス経済学の研究』下，1968年，447頁）．
24) 川村琢「農産物市場」矢島武・崎浦誠治共編『農業経済学大要』，1967年，157-165頁．
25) 川村前掲「販売組合の性格」452-457頁．
26) 山田定市「商業資本と協同組合」『農経論叢』第25集，参照．この農協の企業化は，当初はその「商業資本」としての純化となってあらわれる（54頁）．
27) このような理解の仕方は，米価据え置き，生産調整など農業をとりまく市場条件が全体として非常に厳しくなっている今日の農民層の市場対応，農民層分解の方向をみる上で，きわめて有効なものとなってきている．例えば，昨年（1970年），生産調整率が30％を超えた北海道においては，そのために地価が急落して上層農家の規模拡大の条件をつくりつつあるとともに，生産調整の実施過程における階層間の対応の相違は，近い将来の農民層分解の激化を予想させている．すなわち，上層農家の夏期施工土土地基盤整備，下層農家の休耕・兼業化がそれであり，上層農家は，生産調整過程の中で新たな生産力形成の条件をつくりつつあるのに対し，下層農家の対応は離農を早めるばかりである．なお，この点については七戸長生「北海道における生産調整の動き」日本農業年報 XIX『農産物過剰』，1970年，を参照のこと．
28) とくに金融政策にこうした傾向が強いが，農産物価格政策にも，生産者米価に対する等級間格差の拡大にみられるように，その傾向は強まっている．
29) こうした方向の強まりは，農民層分解論と農業市場論における地域的視点の重視を要求する．このような統一的作業を試みたものに，喜多克己「地域経済の段階と農業構造」『政経研究』No. 10，がある．結論的に喜多氏は，工業的地域における外生的条件による農民層分解と，まだ内生的契機を軸に展開している農業的地域の農民層分解とが，対応的であることを検証している．
30) ここでは紙数の制約上，さきに指摘した第1の分析視角に沿ってのみ，現段階的課題を管見してみたい．

II. 農業市場学の視座と課題

はじめに

　日本の大学において，農業市場論，農産物市場論，ないしは農産物流通論を教育・研究領域とする講座が設置されたのは，1964年の北海道大学農学部農業経済学科の「農業市場論講座」のそれをもって嚆矢とする．爾来，講座は1994年4月で30年の節目を迎えるが，この間，講座歴代の関係者は，同分野の研究の進展に大いに貢献するとともに，農産物市場論・農業市場論の研究に関わっている者の組織化においても，大きな力を発揮してきた．1974年に設立された農産物市場研究会は，18年を経た1992年に日本農業市場学会へと発展改組されたが，今日に至る20年間，本講座の教職員・院生スタッフは，事務局として縁の下の支えを行ってきた．

　日本農業市場学会の発足は，北大農学部の改組による農業市場学講座の新発足と偶然にも時を同じくしている．新学会も新講座も，それまでの学問の継承のうえに生まれたものである．したがって，看板が変わったからといって急に学問研究の内容が軌道修正されるものではない．だが同時に，新しい組織のもとで進められる学問研究が，旧来とほとんど同じであったならば，看板を塗り替えた意味がない．

　そこで本節では，わが国の農産物市場論・農業市場論研究と本学の農業市場論講座のこれまでの蓄積を踏まえ，新発足した「農業市場学講座」が今後カバーしたいと考えている課題を列挙し，同時に講座の基本的スタンスを展望したいと思う．だが，その前に，農業市場学の対象およびその学問的性格について，一定の整理を行っておきたい．

1. 農業市場学の対象と性格

(1) 農業市場学の対象と関連領域

　農業市場学が対象とする「農業市場」が，5つの市場（①農産物市場，②農家購買品市場，③農村労働市場，④農地市場，⑤農業金融市場）から成っていることについては，関係者の共通の認識になっている．だが一部の研究者からは，ここで挙げた5つの市場は，農家経済を全面的に規定するものであり，各々の市場分析は，農業問題の分析学としての農業経済学そのものではないかという異論が提示されている．

　われわれも，こうした5つの市場をすべてカバーできるとは思っていないし，農業経済学の中では「農地問題」「農業金融問題」「農業労働力問題」などのテーマで，個別分析がなされていることを承知している．この点では，「農業市場」を構成する5つの市場については，農業市場学だけが取り上げることができる固有な研究領域とは考えていない．とくに，③農村労働市場，④農地市場，⑤農業金融市場については，農業経営学，農政学，農協論を含む農業経済学一般，あるいは労働経済学，土地経済学，金融論などで取り上げてもらってよい分野である．われわれも，これらの研究成果から謙虚に学びたいと思う．また，①農産物市場，②農家購買品市場といった，一般には農業市場学の固有な研究分野といわれている市場も，農協論や農業経営学などが学問対象として取り上げなくてはならないものであるし，現に「農業マーケティング論」や「農協事業論」の形で少なからぬ成果を上げている．

(2) 農業市場学の独自性：農業問題の市場論的研究

　では，上記の5つの市場の研究に対し，「農業市場学」はどのような独自性を発揮すべきであろうか．こうした設問に対してわれわれは，「農業問題の市場論的研究」という言い方で答えたいと思う．すなわち，「農業市場学」では，上記の5つの農業市場に生起している諸問題を含むさまざまな農業問

題に対し,「市場論」を武器にアプローチしているのである.

ここで「市場論」と言うのは,抽象的概念としての「市場」(需給の会合の場),および具体的存在としての「市場」(卸売市場,取引所など)を扱う諸科学の総体として,とりあえずは定義しておくが,われわれがこれまで「市場論」として重視してきたものは,「再生産論」と「商業資本論」である.前者は,社会的再生産を商品価値の実現と素材補塡の観点から理論化したものであり,後者は,流通過程に介在している商業資本の機能や構造把握のための理論である.もちろん,われわれはこれら2つの理論で「市場論」のすべてをカバーできるとは思っていない.産業組織論からヒントを得た「市場形態論」は,農業市場論の草分けである川村琢の晩年の問題意識であった.また,川村と同じ農業市場論の草分けである美土路達雄は,レーニンの「市場形成の理論」を「市場論」の基礎理論として重視していた.大塚久雄の「局地的市場圏」から「国内市場」への「市場の内包的発展の理論」も,過度に国際分業が展開している現在においては,あらためて評価してよい理論のように思われる.

ともあれ,われわれは,以上のような「市場論」を分析の手法として,現実の農業問題に切り込んでいるのであるが,これが「農業問題の市場論的研究」の含意である.

(3) 農業市場学の学問的性格:現状分析としての農業市場学

農業市場学は,応用経済学としての農業経済学の一分野であり,経済原論,経済史,経済政策論,市場論,流通論などを基礎的学問としつつ,直接には農業市場の現状分析(歴史分析を含む)を行う科学である.

これまでの農産物市場論・農業市場論では,農産物市場(農業市場)の類型的把握に多くの力を割いてきている.だが,類型は,その時代の社会事象の静態または動態を Idealtypus(理念型)としてとらえたものであり,時代の変化とともに,必然的に析出した類型と実態のズレが生まれてくる.

類型の析出と現状分析は同じではない.前者は後者のための概念装置なの

である．類型論のこうした限界を了知しているならば，この方法は一定の意味がある．しかし，過去に析出された類型にいつまでも拘泥しているならば，時代の変化に遅れていき，現状を正確にとらえることができなくなるであろう．

　現状分析の目的は，分析対象の動態過程に存在する矛盾と対抗を析出し，それらの止揚の方向を指し示すことにある．わかりやすく言えば，分析対象に存在する諸問題を整理し，一定の立場から解決方向を示すことが現状分析の目的である．その際，対象となる社会事象は，必ずその時代の社会構成体，現代日本では資本主義体制の規定を受け，時には体制の抱える基本問題の一部となる．したがって，分析の結果として析出される「矛盾と対抗」は，基本的には現代資本主義における「矛盾と対抗」に規定され，時にはその一部になる．また，これらの止揚の方向，ないし問題解決の方向も，歴史を進歩的に前進させるものでなくてはならない．ここでは，多かれ少なかれ現状分析家の価値判断と歴史観が反映されるのである．

　したがって，農業市場学を研究しようとする者は，歴史を進歩させる前向きの思想や正しい価値判断をもっていることが望ましい．マックス・ウェーバーの言うところのWertfreiheit（没価値性）については，わが国では研究者は特定の価値判断をもつべきではないと誤解されている面があるが，ウエーバー自体，特定の価値判断をもって社会科学の研究をすすめたことは，まぎれもない事実である．価値判断の入らない現状分析は，実践には何らの寄与も果たさない．世の中には「現状分析」と称する無数の研究があるが，それらの成果が正しかったかどうかは，歴史の進行のなかで厳しく評価されるのである．それは，現状分析という学問が宿命的に有していることである．

　だからこそ，現状分析としての農業市場学を研究する者は，現実の動きにいつも目を光らし，現象の中に存在する本質（矛盾・対抗関係）を見抜く洞察力を養わなくてはならない．

2. 農業市場学の当面する課題：北大農業市場学講座の関心分野

① 米流通と食管制度

　この面で講座は，全国的にも注目されている多くの研究業績を有している．ガット・ウルグァイ・ラウンドの合意を受け，米については食糧管理法の改廃が政治日程に上ってきている．また，政府米の売買順ざや体系への移行にともない，不正規流通米（ヤミ米）が増大してきているが，消費者への安定供給を維持するためには，食管制度の役割はますます重要になっていくであろう．そのための正確な現状分析と食管再構築のための方向提示が当面の研究課題である．

② 青果物流通と卸売市場制度

　この課題について講座は，その創設期を中心に貴重な理論的・実証的研究業績を残している．だが，中央卸売市場制度が生まれて70年，現行の卸売市場法が制定されて20余年が過ぎ，卸売市場をめぐる流通環境は大きく変化している．本来，卸売市場制度は，毎日の国民生活に欠かせない生鮮食料品の価格安定という，公益的機能を果たすものとして制定された．だが，量販店と大型出荷団体の進出等によって，卸売市場の取引実態は，制度が規定するものと大きく乖離してきている．こうした状況に対して青果物を対象に現状把握を行い，方向を提示することが，市場学の緊急課題となっている．

③ 食品産業と原料農畜産物市場

　国民の食料消費の中で，加工食品や外食の占める割合は年々拡大してきている．これは，食品工業や外食産業，あるいは食品流通業など食品産業の発展によってもたらされたものである．それと共に，農産物市場における原料仕向けの割合が増大し，原料調達先も国際化してきている．円高にともなう食品工業の海外立地も急増している．こうした問題についても，講座は若い研究者を中心に先駆的に取り組んできた．今後，同分野の研究は，輸入食料の国内流通構造分析を含め，組織的な広がりをもって進めていく必要がある．

④ 農産物価格と価格政策

　農産物価格論は，農業市場学とは切っても切り離させない，重要な分野をカバーしてきた．また，戦後農業経済学の系譜においても，農産物価格論は大きな学問的蓄積を有している．だが，農産物価格の全般的引き下げが始まる1980年代後半以降，価格論の研究は全国的に鳴かず飛ばずの状態にある．こうした状況は，農業経済学の行政追随を示し，実に嘆かわしいことである．本講座では，農産物価格論の研究レヴューから開始し，価格政策のあるべき方向を目指した研究の積み重ねを行っていく．

⑤ 有機農業と有機農産物の流通

　この課題については実践面が先行し，研究が大きく遅れている．しかし，近代化農業がさまざまな矛盾を露呈している一方で，有機農業は国内のみならず世界的な注目を浴びてきている．社会科学としての有機農業研究は，それ自体，資本主義的市場経済システムの止揚を内包した興味ある課題である．だが，講座がまずカバーすべき分野は，有機農産物（広義）の流通である．本講座では，これまで有機農業による農業振興と，有機農産物を含む産直の事例を全国各地にわたって発掘してきた．今後，これらの事例を整理し，体系化する作業が残されている．

⑥ 食生活と地場生産・流通

　現代世界は大国主導の自由貿易体制の構築に向けて突き進んでいるが，一方で各国固有の農業や国民生活との矛盾が激化している．大国による従属化や独占による支配に抗するには，人間の居住範囲である地域の中に，食料をはじめとした生活物資を可能なかぎり自給できる経済システムを構築することが追求される必要がある．それはまた，地域の自然環境を保全し，人間との共生をすすめる上でも重要な課題である．こうした人類史的課題に対し，取りあえずは食生活と地場生産・流通を中心に研究を進めていく．

⑦ 農産物流通・制度の国際比較

　わが国は，食管制度，卸売市場制度など，食料の安定供給と農業保護を内容とした，国際的にも秀れた制度を有している．農地制度や農協制度，農協

共済制度も国際的に誇るべきもので,市場経済の急激な導入によって破綻をきたしている「社会主義」諸国が,今後,導入を検討すべき内実をもっていると考えられる.本講座は,これまでに韓国,タイを対象とした,米流通と管理制度の比較研究をすすめてきたが,今後は,目を「社会主義」国等にも向け,現地の流通や制度の実態を調査しながら,日本的制度の国際的意義について研究をすすめていきたい.

3. 展望:農業経営学・農協論と農政学のかけ橋として

　本講座の初代教授である川村琢は,主産地形成論で重要な貢献をしたが,われわれがこの面で衣鉢をつごうという姿勢があるのは言うまでもない.だが,本節の初めにも示唆しておいたが,この主産地形成論も,農業経営学や農協論などが当然,取り上げてよい分野であるし,現にいくつかの成果を生み出している.また,主産地を取り上げれば,当然ながら農業経営や生産力の問題,さらには農協問題に踏み込んでいかざるを得ない.現にわれわれを含め,農業市場学の研究者は生産現場や農協をつよく意識し,そこでの研究成果から少なからず学んでいる.同様のことを農業経営学や農協論の研究者にも期待したい.はっきり言えば,「農業市場」を単なる「与件」として見るのではなく,これまで農業市場学が積み上げてきた研究成果について,もっと勉強してもらいたいと言うことである.また,本講座は農産物価格政策や流通政策,食管制度など,現下の重要な農政問題にもアプローチしつつあるが,こうした点では農政学の研究者とも大いに議論を深めたいと思っている.その点で本講座は,マクロの学問としての農政学と,ミクロの学問としての農業経営学・農協論のかけ橋になることを願っている.

　わが国においても世界においても,農業には市場メカニズムが深く浸透し,農業問題は「市場問題」としての様相をつよくしている.そうした中で,われわれは「農業問題の市場論的研究」の有効性に自信をもち,今後とも関連諸科学との協同を重視しながら,地道に研究を進めていきたい.

III. 農産物市場研究会から日本農業市場学会へ

1. 「農産物市場研究会」小史

(1) 農産物市場研究会設立前史：「農産物市場論研究会」時代

　日本農業市場学会は農産物市場研究会（以下，しばしば市場研と略）を前身としている．その市場研が産声を上げたのは1974年4月のことである．これ以前2年位にわたって少数の農産物市場論の研究者が集まり，任意に研究会を行っていた一時期があった．そのきっかけは全国に散在している農産物市場論の研究者を糾合し，市場論の体系化をめざした共同著作の刊行をはかることにあった．その音頭をとったのは北海道大学を定年退官して間もない川村琢（当時・北海学園大学）であり，その呼びかけに応えて美土路達雄（当時・協同組合短大），湯沢誠（当時・北海道大学），御園喜博（岐阜大学），宮崎宏（日本大学），吉田忠（京都大学），臼井晋（新潟大学），田辺良則（弘前大学），千葉燎郎（当時・農林省農業総合研究所北海道支所），桜井豊（酪農学園大学），三国英実（当時・北海道大学）の各氏らが参加して「農産物市場論研究会」を組織した．その事務の労をとったのは，湯沢・三国という，当時北大農学部農業市場論講座所属の両氏であった．

　最初の打合せ会は1971年9月東京で行われている．その折に定期研究会の開催と文部省科学研究費（総合A）への応募が決められ，各自の分担課題についても協議がなされた．

　「農産物市場論研究会」と銘打った第1回の研究会は，1972年4月9日東京で行われ，千葉が「農産物市場論の課題」と題して報告している．その報告要旨と討論内容については農産物市場論研究会発行研究資料No.1としてまとめられているが，そこでの報告と討論はいま再読してもたいへん興味深

いものとなっている.

　この点はのちに触れることにして，以下，市場研設立までの定例研究会の報告者・報告課題等を記すと次のごとくである.

　第2回　1972年10月27日　於：岡山
　吉田忠「畜産物消費をめぐる問題点」
　宮崎宏「農業インテグレーションの進展と市場再編成」
　第3回　1973年4月7日　於：東京
　御園喜博「国家独占資本主義的市場編成をめぐる若干の問題」
　山田定市「農産物市場の再編成と協同組合」
　第4回　1973年10月26日　於：福岡
　臼井晋「農産物市場問題についての若干の考察」

　第2回以降研究会はオープンの形で行われ，少数ながらその度活発な討論が行われたことについては，報告と討論の内容を記録した「研究資料」No. 2〜4から窺われる.

　定例研究会に併行して共同著作の計画も煮つめられていった．それに弾みをつけたのは，かねてより文部省に申請していた科学研究費（総合A，研究代表・湯沢誠，テーマ「農産物市場構造の基本問題に関する研究」）の交付決定であった（補助金の交付は1973年，1974年の両年度にわたってなされた）．この実施計画の中で共同研究参加者の補充がなされ，分担課題も豊富化されていった．

　一方，以上の打合せ会を通じて農産物市場論研究会のあり方が話し合われ，1974年4月の定例研究会より名称を「農産物市場研究会」と改め，役員・会員・会則等を整えていくことが確認された．「農産物市場論研究会」ではなく「農産物市場研究会」としたのは，新しい研究会のめざすものが単に農産物市場論の専門研究者によるアカデミックな集まりにするのではなく，市場論以外の研究者や実務家・実践家にも開かれた研究会にするためであった．

(2) 農産物市場研究会の設立と組織的発展

農産物市場研究会の設立

　農産物市場研究会の設立総会兼第1回研究会は，1974年4月6日京都大学を会場に行われた．研究会の報告者は美土路達雄（当時・北海道大学教育学部），テーマは「革新自治体の青果物流通安定対策の実態と課題」であった．会場の教室には日本農業経済学会の出席者も多数参集し，熱気溢れる研究会となった．設立総会は会長に川村琢，副会長に美土路達雄，ほか幹事若干名を選出し，その他年会費を500円とすること，事務局を北大農学部農業市場論講座におくことを決定した．だが会則については当日提案できず，次回研究会までに原案を作成して決定することで了解された．会則案がないままに研究会を創立するなどということは，今にして思えばかなり無謀なことであった．だが，それも「市場論研究会」時代以来の研究会の積み重ねがあってのことであり，そのことを反映して新しく幹事となったものも，そのほとんどが「市場論研究会」設立時の主要メンバーであった．ちなみに当時の幹事は次の9氏であった．

　臼井晋（新潟大学），梅木利巳（九州大学），三国英実（弘前大学），三島徳三（北海道大学），御園喜博（岐阜大学），三田保正（酪農学園大学），宮崎宏（日本大学），湯沢誠（北海道大学），吉田忠（京都大学）〔50音順〕．

　その当時はまだ「事務局長」なるものは存在していなかったが，実際上その役割を担当したのは三島であった．

　正式な会則は1974年10月28日に第2回定例研究会を兼ねて行われた総会の折に決定され，同日施行となった．それは全部で9条の簡単なものであった．第2条に会の目的が規定されているが，それは「本会は農産物の市場・流通に関する理論的・実証的研究を行う事を目的とする」というもので，さらに第3条で「本会はその目的に賛同する研究者および農産物流通の関係者によって構成する」とされた．また会の事業については，「1. 研究会の開催」「2. 調査研究の実施」「3. 研究成果の刊行」「4. その他本会の目的達成に必要な事業」としている．このうち3は，とりあえずは「研究会誌の発行」

がイメージされ近々の課題とされたが,それが「農産物市場研究」の創刊となって実を結んだのは,会設立後1年半を経た1975年10月のことであった.その間「研究成果の刊行」の場となったのは,「市場論研究会」時代以来続いている「研究資料」の発行であって,「農産物市場研究会」として新発足した以降も次の4号が発行されている.

No. 5 農産物過剰問題—国際的関連において—(桜井豊)
No. 6 ヨーロッパにおける協同組合の動向(足羽進三郎)
No. 7 農産物市場論の基本問題(川村琢・美土路達雄・千葉僚郎)
No. 8 革新自治体の青果物流通安定対策の実態と課題(美土路達雄)

このうちNo. 7は農産物市場研究会北海道部会(会則によって地方部会の設置が認められていた)が1975年10~12月に連続3回にわたって行った研究例会の報告を収録している.地方部会の活動としては北海道部会が唯一行い,これ以降2年位にわたって何回かの研究会がもたれたが,現在は活動を停止している.

「農産物市場研究」誌の刊行とその充実

研究会誌「農産物市場研究」の定期的刊行は,春秋2回の研究会の定期的開催とともに会組織の発展にとって非常に重要な役割を果たしている.毎号研究会の報告等が収録され,研究会に参加できなかった会員にも会の様子が分かるようになっている.しかし編集・発行を担当した事務局の手不足から第2号以降しばらくは研究会報告の収録が1年後となっていた.だがこれも1979年10月刊行の第9号から"半年後発行"体制を取り戻し,その後現在までその発行体制を守っている.研究会誌も言ってみればひとつの"商品"であるから,研究会報告を収録する場合,何よりもその"鮮度"がよいことが要求される.

ただし小さな研究会で雑誌を年2回刊行することは,財政的にたいへん厳しいものがある.このため,1977年4月の総会で年会費が2,000円に引き上げられた(それ以前は会誌は実費頒布であった).同時に会員の拡大に取り

第2章 農業市場論から農業市場学へ

組み,翌年には会員数は130名を超えた.事務局では会費の請求はキチンとやるようにしているので,会員の会費納入率は高い.しかし完納されたとしても年間20数万円の予算では,会誌を発行するにしても薄っぺらなものしかできない.そのような時に大きな力となったのは,会誌の発行を商業ベースで引き受けてくれる出版社が現われたことである.日本経済評論社がこれであるが,同社との話し合いで格安の費用でなおかつ頁数を倍増,内容もより充実した「農産物市場研究」誌が1980年4月発行の第10号から登場することになった.

この新装丁の第10号から同誌は従来の〈研究会報告〉〈紹介と批評(書評)〉〈資料〉に加え,新たに〈論文〉と〈研究ノート〉を掲載することになり,そのために「原稿募集要領」を制定して会員からの投稿を募るようにした.

だが,日本経済評論社の事情により同社からの発行は第10号~第12号の3号で停止し,第13号の発行から筑波書房に移行することになった.この過程で発行費の引き上げがなされ,これに対応して市場研の年会費も1982年度から3,000円に改訂せざるを得なくなった.発行費の引き上げがなされたとしても,その額は実際に要する経費からみれば,まだ相当に安いものである.その不足分は筑波書房の好意に甘えているわけであるが,同社では「農産物市場研究」の会員外への販売や同誌への広告収入によってカバーしているようである.

なお第16号より発行が農産物市場研究会となり,筑波書房は発売元に変更することになったが,これは同誌の第4種郵便物(学術刊行物)認可申請にともなう技術的措置である(第4種郵便は1984年11月に認可となった).

このように本研究会の"顔"である「農産物市場研究」誌は年々充実し,他の学会・研究会誌と比べても見劣りしないまでに成長していったが,さらに20号を期して誌面を通常の学会誌並みに横二段組みとし,英文タイトルやランニング・タイトルをつけるなどの刷新をはかった.また同時に理事会の決定によって新たに編集委員会を設け,投稿論文へのレフリー制の徹底と

編集責任を明確にし，投稿要領も改正した．

会則の改訂と役員

　研究会誌を中心とした設立以来の本研究会のあゆみは以上のとおりであるが，この間の組織的発展にとってぜひ記録しておかなくてはならないことは，1982年4月の総会で行われた会則の全面的改正と役員の改選である．

　まず会則については次のような骨子の改正がなされた．①会の目的を「農産物・食糧の市場，流通，価格の理論的・実証的研究を行なう」と旧会則よりも幅をもたせた．②入会手続きを明記した．③会の行う事業に「研究会誌『農産物市場研究』の編集・刊行」を付け加えた．④役員のうち「幹事」を「理事」に名称変更し，さらに会計監査を行う「監事」を新設した．また役員の任期を従来の1年から2年とした．⑤総会の議決事項を「事業計画および報告」（旧則では「活動報告」），「予算および決算」（旧則では「会計報告」）など合議制組織らしく改めた．⑥会長・副会長の会務を明確化した．⑦理事会の権限（決定・処理事項）を明確化した．⑧事務局長の地位と事務局の体制についての規定を設けた．⑨新たに顧問をおけるようにした．⑩会計収入についての規定を設けた．このように多岐にわたる改正点を含む新会則は1982年4月4日の総会で承認され，即日施行された．

　また同日行われた総会で新役員の選任が行われ，創立以来8年にわたって会長を務めてきた川村琢に替わって，新会長に美土路達雄（当時・名寄女子短大学長）が，副会長に湯沢誠（当時・北海道大学）が選ばれた．川村前会長は新設された顧問に推薦された．また新しく選ばれた理事は15名に及び，北は北海道，南は沖縄まで全国各地を網羅するものとなった．事務局は引き続き北大農学部農業市場論講座におかれ，理事会は事務局長として三島を選任した．新設された監事には三田保正（酪農学園大学）が選任された．

　新会則により役員の任期は2年となったわけだが，1984年4月の総会では再び会長・副会長の交代がなされ，新会長に湯沢誠（当時・札幌学院大学），副会長に御園喜博（岐阜大学）が選任された．前会長の美土路は顧問になっ

た．また新理事として選任された方は次の14氏である．

千葉燎郎（北海学園大学），三島徳三（北海道大学），河相一成（東北大学），大高全洋（山形大学），宮崎宏（日本大学），宮村光重（日本女子大学），橋本玲子（東京大学），滝沢昭義（新潟短期大学），吉田忠（京都大学），岩谷三四郎（島根大学），鈴木文熹（高知短期大学），梅木利巳（九州大学），宮田育郎（鹿児島大学），吉田茂（琉球大学）

監事は，中原准一（酪農学園大学）が選ばれた．

1985年2月現在，会員数は240名に達した．

(3) 若干の研究史的回顧と今後の課題
定例研究会の概要

前述のように，市場研設立の気運は農産物市場論の共同著作の刊行を進める中で醸成されたこともあって，設立当初の研究会はこれに関係していた会員による分担課題に即した報告が多くなされている．第4回（1975年秋季）の研究会から統一テーマ方式がとられるようになったが，その後のテーマの変遷を振り返ってみると，その時々の農産物市場をめぐる諸問題と研究状況が反映されていてたいへん興味深い．

農産物市場をめぐる現実の問題を取り上げたものでは，大別すると①米・畜産物・野菜・果実・加工食品など主要品目別に問題をとらえたもの，②各品目を横断する問題を構造的にとらえたもの（産直問題，共販問題，需給調整問題，価格問題，農産物貿易問題，産地間競争，流通再編成，等）になる．この中では会員外の実務家による報告もたびたび取り入れられ，その度ホットな問題状況を教えていただいている．

また市場論研究の到達点と今後の課題の整理を意図した研究会は2回行われているが，いずれも著作の出版と関係している．1回目は1978年春季の第9回研究会で，前年秋に刊行された『農産物市場論大系』全3巻の合評として行われた．くり返し述べているように本研究会設立のきっかけは有志による市場論共同著作の出版計画にあり，市場研と併行して着々と刊行への努

力が進められていった．そして最初の構想以来実に 6 年余を経過した 1977 年 11 月，延べ執筆者 32 名，総頁数 1,192 頁，3 巻構成の『大系』が農山漁村文化協会から同時刊行された．第 9 回の研究会では『大系』各巻をめぐる執筆者側からの報告とこれへのコメントがなされ，その後の全体論討の中で「農産物市場論の到達点と課題」が深められていった．

　2 回目の研究会は，1983 年 7 月あゆみ出版から『現代農産物市場論』が刊行されたのを受け，同年秋季（第 20 回研究会）に行われている．同書も構想以来 5 年近くを要した大部の書で，美土路達雄が監修し，御園・宮村・宮崎・三島の各氏が編集者となって計 12 名のものが執筆している．研究会では同書各編についての 4 人の方のコメントがなされ，全体討論を通じて「農産物市場論の現代的課題」が論議された．

　もとより以上 2 つの著作はあくまでも有志による集団的取り組みの成果であって，市場研の事業活動として生み出されたものではない．また，この 10 年余のあいだに会員個人による著作や他の集団的著作が多く出ている．そうした状況の中で，2 つの著作が研究会の俎上にのぼったことについては関係者として多少の"おこがましさ"がないではないが，研究会の雰囲気はこれらを市場研の研究会活動の「副産物」として位置付け，前向きの評価を与えていたように思う．

　さて，「市場論研究会」時代を含めた 13 年間の本研究会のあゆみを回顧すると，いわゆる「農産物市場論の課題」をめぐる議論は 3 度なされている．1 度目はすでに述べた第 1 回の「市場論研究会」での千葉燎郎の報告と討論であり，2 度目は市場研第 9 回研究会での『農産物市場論大系』合評の場での報告とコメントであり，3 度目は第 20 回研究会での『現代農産物市場論』へのコメントであるが，その他上記 2 つの著作に対する書評も「今後の課題」に触れている．これらは研究会での報告および 2 つの著作へのコメント・書評等の形でなされているものであるが，その中には今後深めていくべき多くの課題が含まれている．そこで，以下ではこれらの主張点の簡単な整理を行い，議論の素材に供したい．

「今後の課題」をめぐる討論（1）：第1回「市場論研究会」

まず第1回の「市場論研究会」での千葉の報告は，現在の農産物市場問題を「国独資体制のもとでの危機のひとつの現れ」としてとらえる立場から，独占資本が市場支配を進めていく中で現われる「価格問題」「食品公害問題」「市場政策の様々な矛盾」，および日本資本主義が国外市場支配を押し進めていく中で引き起こされる「開発輸入問題」など，農産物市場分野に現われている階級的・国民的あるいは民族的諸矛盾を多角的に解明していくことが，農産物市場論の「基本視角」でなければならないと述べる．また，現在の農産物市場問題がそうした資本主義の最終段階的な危機の問題であるがゆえに，同時に主体的な諸運動を発展させ，そこから「民主的変革への展望」をもった理論構築が必要とする．

このような「基本視角」の上で同氏は農産物市場論の当面する「基本課題」（共同研究の課題）を「現在の日本の国家独占資本主義体制のもとでの農産物の市場組織，市場機構といったものの発展構造を如何に総体的に解明し把握していくか」ということにおき，そのために次のような「多角的な接近」の方法を提起する．すなわち，狭義の市場論としての「流通・市場の機能論または組織論」および「農産物価格論」「農業恐慌論」「市場政策論」「国際貿易論」「主産地形成論」「農協論」「農民層分解論」「農民運動論」「生協論」「労農同盟論」などである．これは，現在の国独資下の農産物市場問題の解明と主体的運動への展望を打ち出すためには，以上のような諸学の方法と成果を援用しつつ，農産物市場論独自の課題に接近していく必要を述べたものと理解される．

以上の観点に立って，さらに千葉は農産物市場論における3つの論点を提示する．

第1は政府・独占の側が食管制度の改変を日程にのせている中で，同制度に典型的な農産物の国家独占市場の意味をあらためて考えなおしてみる必要性についてである．この論点は，御園喜博が『農産物市場論』（東大出版会，1966年）の中で，米・葉たばこなど「（対）国家独占農産物市場」を農産物

市場の具体的発展段階の最高の段階ともとれる理解を示していることに即して展開されている．これに対する千葉氏の主張は，私的独占は資本の本質として市場の直接的掌握をめざしており，これに至る「過渡的，補完的な市場機構」として「国家独占市場」をとらえるべきというものである．食管制度の改変が日程にのぼっている背景には，上述のように私的独占が直接市場掌握を進めていくための条件整備があり，この点を「羅列的」と断わりつつ，次の3点より述べる．

第1は，資本の過剰の結果，食料市場が独占にとっての「新たな投資場面」としてとらえ始められたことである．第2は，流通分野の技術革新が進み，資本が参入していく上で必要な「大型流通形態」の整備が進められつつあることである．第3は外国農産物の大量流入を通じて，「独占的な大手総合商社」による国内市場の支配，掌握の条件がつくられつつあることである．

もっとも以上3点の条件については，同氏はあくまで独占資本が米・麦など食管制度の対象市場に直接進出するための前提条件，と受け取れる理解を示しており，すでにその条件が整備されたとは断定していない．（なお，上記の千葉の主張に対する御園の回答は1973年4月に行われた第3回の「市場論研究会」での同氏の報告「国家独占資本主義的市場編成をめぐる若干の問題」でなされている．詳しくは農産物市場論研究会「研究資料」No. 3および『農産物市場論大系』第2巻第1章「『国家独占資本主義的市場編制』の理論と現実」参照．）

千葉の第2の論点は，最近の農産物市場の展開・変化に対応した生産担当層の性格をどうみるかということである．これは，いわば「農民層分解と市場形成」というレーニンの『ロシアにおける資本主義の発展』以来の理論問題に農産物市場論研究としてどう関わっていくかということにつながり，同氏の報告を受けた研究会の議論の中心もそこにあった．（この点の議論では，「（農民層）分解が個別的な統計的な分析にとどまる限り，具体的な分解が市場構成にどれだけ関係しているか必ずしも明らかになりません．ところが逆に，市場の側からは市場の拡大にともなって，当然農民のどの階層あるいは

どの地域の農民が労働力の提供者として,あるいは販売者,購買者として市場にくみこまれるかという問題がでてくると思います.だから分解論というのはやはり,さけることのできないひとつの市場論の構成だと思います」という川村琢の指摘,あるいは「農民層分解というのは非常に総体的な矛盾をとらえるけれども,中心的にはどういう階層の農民がどれだけ価値を生産し,どういう階層がそれを搾取しているか,さらに流通過程で第2次的な収奪がどのようになされていくか,こういう視点が落ちていたのではないかという気がします」という吉田忠の指摘あたりが,研究会の合意を伝えているように思う.)

　第3の論点は,御園『農産物市場論』に代表される市場組織の発展段階的類型論と,川村を中心とするグループによる市場における商業資本の機能の発展変化との関連づけと理論的統一の問題である.これは千葉の論文「農産物市場問題の現段階」(『農業総合研究』24巻3号)以来の持論でもある.(この点で一方の代表論者である川村の次の発言は,「理論的統一」にひとつの示唆を与えている.「(現段階での国独資という)再生産との関連で商業資本の形態がどうなっているか,したがって市場の形態はどうなっているかが問題となります.そういう形態は例えば独占資本の市場支配の形態もあるし,国家が入っていくばあいもあるし,あるいは,ごく限られた範囲内の零細農家と消費の間の様々な関連があります.このように再生産との関連で商業資本による具体的な市場形態をつくっているのだと想定されます.」なお,以上のような川村の「市場形態論」的接近方法のひとつの成果は,その後,同氏監修の『現代資本主義と市場』ミネルヴァ書房,としてまとめられた.)

　このように第1回「市場論研究会」での千葉の報告と議論を回顧してみると,そこにはその後深められていった論点もあるが,依然として「今後の課題」として検討されるべき多くの問題を見出すことができる.

「今後の課題」をめぐる討論 (2):第9回研究会

　市場研第9回研究会において,『農産物市場論大系』をめぐる報告(千

葉・御園・美土路）とコメント（常盤・生田・梅木）の中から，農産物市場論の「今後の課題」として述べられていることを羅列してみると次のようである．

○千葉燎郎（第1巻に関連して）

本書に対して，これは現代農業と食糧問題の市場論的分析にすぎず，これを「農産物市場論」といえるのかという批評もあるが，現代農業・食糧問題の鋭利な分析手法として市場論的接近がきわめて有効な武器であることはほぼ容認されたと考える．今後は，生産資材，土地，労働力，金融といった農業関連諸市場を連結させた「農業市場論体系」の構築をめざす必要がある．

○御園喜博（第2巻に関連して）

現状分析篇でありながら食管制度下の米麦市場，牛乳市場，野菜における大型産地形成の過程，流通システムの実態など，重要な欠落分野がある．さらに，各品目別市場における国際市場との関連，国独資的市場編制の総体系の中での個々の農産物市場の位置付け，価格形成と価格体系（価格政策を含む）の整理など，残された課題も多い．

○美土路達雄（第3巻に関連して）

農産物市場論の学説＝方法論的再検討の必要が残された根本的な課題．その際，近藤康男のローザ的「小農＝資本主義外囲説」や神山茂夫・豊田四郎らのレーニン的国内市場論の適用など，先行研究の批判的摂取・再検討が必要で，そのことは農産物・食糧市場論を社会主義への移行過程に位置づけパースペクティブに展望する場合にも不可欠な作業である．

○常盤政治（第1巻へのコメント）

①「商業的農業の展開と農産物市場」（第1章）をめぐる理論の中で本源的蓄積の問題が欠落している．②各章を通じて商業資本についての前期的性格と近代的商業資本の差異が理論的に整理されていない．農業部門では小生産者が支配的であるから，それに対峙する商品取扱い資本は前近代的であるというような単純な論拠になっているかのようである．この点は商業資本の収買価格についても不明瞭．③「農業恐慌論」（第8章）においては伝統的

長期農業恐慌論に逆戻りすべきでなく，少なくとも第2次大戦までの農業恐慌については循環性農業恐慌として処理しておいて，戦後のアメリカの農産物過剰については「構造的な農産物過剰」という形で問題にするべきではないか．

○生田靖（第2巻へのコメント）

①米を中心とした穀物市場の問題，②輸入農産物市場との関連，③農協インテグレーションの問題，④国独資的市場編制に対置する革新側の市場政策の提起，⑤農産物市場のマーケティング的分析の必要性，などを深めていただきたかった．

○梅木利巳（第3巻へのコメント）

①どのような射程距離で問題を展望するのかという点で論者のあいだに不整合がある．「経済民主々義の実現」までは共通しているが，その後社会主義まで含めて展望するものやそうでないものなど幅がある．②農産物の消費者としての国民の階級構成を明確にしておく必要がある．それは運動論的にも不可欠．③農産物市場の展望を問題にする場合，大筋としてより国家管理的な方法で考えるのか，あるいは経済の基幹部門を民主的に統制した上で農産物については自由な商品として位置づけていくのか，といった基本問題について明確ではない．④産地間競争の評価をめぐって，第5章「農民的生産力の形成」と第6章「『農民的商品化』論の形成と展望」のあいだには食い違いがある．⑤農産物の地域生産と地域流通の結合を，社会主義段階における産業の地域的再配置まで待つのではなく（第11章），いわゆる民主的な地域開発の提起の中で都市改造と農産物市場のあり方を究明していく必要があるのではないか．

　研究会での上記3氏のコメントについては当然，関係の執筆者から回答がなされたはずである．だが，その点についての討論は研究会誌では割愛しているので，今となっては定かではない．いずれにしても，本研究会のひとつの到達点を示す『大系』をめぐって出された以上の諸論点は，今後の農産物

市場研究において深めていくことが必要である．この点では『大系』についてなされた次の河相一成の〈書評〉（『農産物市場研究』第7号，所収）も重要な論点を提示しているので要約しておきたい．

① 現在の国家独占資本主義の下での経済の再生産構造における農産物市場の位置・役割について．今日，第Ⅱ部門とりわけ食糧（農業）生産分野の量的拡大が停滞しているが，その中で農産物市場をめぐっては外国貿易（輸入）と食品加工分野が著しく拡大されている．そうした点を位置づけた再生産構造分析がなされるならば，今日の資本主義分析理論の水準を一挙に高め得たのではなかろうか．

② 小農の生産物流通の取扱い資本の性格づけ（その「利潤」の源泉と性格）に関する理論的検討課題が残っている．それは，農産物流通を担う「資本」の近代性と前期性との統一的な把握という課題でもある．

③ 農産物の産地形成分析と農民経営および農業技術（生産力）との関連について．今日の農産物市場構造の下において，それに従属的な技術と経営が強制される関係（野菜指定産地による特定作目の団地化に対応した専作的経営の編成，中央卸売市場の要求する周年出荷および規格規制などに対応した技術編成，など）が見出せるが，そうした視点からの分析が必要である．この点『大系』では，「農民的商品化構造の形成」という視点からのみの把握が目立ち，国独資的市場編制によって小農の生産過程にもたらされる「貧困化・疎外の深化の側面」からの把握が不十分．

④ 市場の民主的編制をめぐる議論の中で産直の意義づけが不明確．産直の論理は，生産者である小農には「$C+V$」を確保せしめ，消費者には「V」からの収奪をさせない価格体系を成立させるところに枢要点があり，その論理から既成市場の民主的再編にも取り組むべきではないのか．

以上の河相の包括的な問題提起のうち，①についてはその後川上則道によって再生産マトリックスからの接近がなされ（同氏「国内市場における農産物の地位と農業の再生産構造」，美土路達雄監修『現代農産物市場論』1983年），④についても伊東勇夫編著『協同組合間協同論』（御茶の水書房，1982年），食

糧の生産と消費を結ぶ研究会編『産地直結の実践』(時潮社, 1984年) などにおいて実態的・理論的に深められつつある．だが, ③については一部に農産物の規格化と検査制度を扱かった調査研究（農産物検査制度研究会『農産物の規格と検査制度に関する調査報告書〔第1次〕』1984年) が見出せるが, 研究の水準は全体として著しく立ち遅れている．こうした弱点を埋めるためにも, 農業経営や農協の研究者との共同が必要な時期にきているといえる．「国独資的市場編制」と「農民的商品化構造」の双方的強調だけでは, 現実の農民市場の構造は少しも明らかにならないのであるから……．

「今後の課題」をめぐる討論 (3)：第20回研究会

　第20回の研究会では, 美土路監修『現代農産物市場論』を素材に,「今後の課題」をめぐるいくつかの論点が出されたが, ここでは2点に絞って紹介しておきたい．

　第1は農産物市場論においては古くて新しい問題である青果物市場をめぐる「集散市場体系」の問題である．この点については, 同書第2編「農産物流通体系の再編方向」をコメントした藤島廣二と, 第3編「農産物市場問題の現局面」をコメントした馬場富太郎の2人が真正面から取り上げている．だが2人の見解は相反し, 前者が今日の青果物流通・市場の変化の方向を「集散市場体系の深化」ととらえることに「強い疑問を感じている」のに対し, 後者は「集散市場体系は新たな構造的特質を形成しつつ, 深化しているのではないか」と考える．それだけでも私は, この2人とさらに「集散市場体系」をめぐる論点を提示している御園喜博・吉田忠・宮村光重各氏らを一堂に会して議論させてみたいという無責任な誘惑にかられる．

　それはさておき,「集散市場体系」の「ひとつの新しい転機」については, 同書第7章で宮村が指摘している．その内実は「地方中心都市の流通機能比重が相対的に高まるとともに, 大都市における建値形成力が弱まって, 価格形成諸関係の多面的な広がりが生まれ, いっそう少数, 規格品目の大量流通が支配的になる条件をととのえた」ことにあるのだが, これに対し馬場はさ

らに次の3点の分析課題をつけ加える.

① 地方中心都市に整備・開設された中央卸売市場の大都市中央卸売市場（卸売業者）との資金面・業務面の関連，および前者の開設都道府県内の地方卸売市場との転送等をめぐる新たな関係についての分析.

② 東京都の大井市場構想を典型とする大都市圏の中央卸売市場の整備構想の性格と展開過程に関する分析. とくに拡大傾向にある輸入生鮮食品，加工食品の流通拠点の整備との関連.

③ 卸売市場整備計画の中で進行している地方卸売市場の分化・分解と，その下での地方卸売市場の集荷構造の分析.

なお馬場は「集散市場体系の転機」に関わって，「卸売市場形態の変容，解体の進行とその根拠」「指定産地制度の下での需給の不均衡，価格変動の拡大，産地間競争の激化」「協同組合間協同，産直の進展などを通した卸売市場問題の消費者視点からの解明の必要」など，重要な問題を提起していることを補足しておきたい.

第2は農産物過剰の一般化や「国民飽食論」の横行の中で，消費者にとっての"過剰"の実態と性格を明確にしなければならないという問題である.

この点は常盤論文（第1章）のコメントを行った生田靖が「街にたべものがあふれ，人々の間に中流意識が蔓延していることと，農産物の『過剰論』とは無関係でないと考えられるが，果たして国民飽食状態の中の過剰なのだろうか. とくに構造不況の直撃を受けている『中流』意識層や低所得階層にとって，食料品市場にあふれている商品から，良質，安全，栄養，美味な食物を手に入れ，食生活を満喫することが可能な状態にあるのか. ……つまり，みせかけの過剰のなかで，貧困化がすすむという国独資下の典型的なつくられた過剰であり，その点を農産物市場問題とからめて明確にしなければならない」と述べているが，今日的"過剰"の楯の半面を突いた実に重要な指摘である.

また，拙稿（第10章）に関わって磯辺俊彦は，「資本にとっての過剰，農民にとっての過剰を問題にした三島氏に，もうひとつ消費者にとっての過剰

第2章　農業市場論から農業市場学へ　　　　　　　　　　117

とは何かを考えてほしかった」とし，構造不況下の賃金抑制とスタグフレーションの進行，その一方での所得格差の拡大の中で「食糧消費の頭打ち，後退」が帰結され，「しかも消費者の手に届くのは，使用価値の低下した，危険な，新鮮でない農産物が増大している．つまり，そうした農産物の過剰が，いま消費者にとって問題になっているのではないか」と，生田氏と同主旨のことを述べている．

　確かに，「国民飽食」論や「飽食の時代」論が横行する一方で，勤労消費者の中には食生活の現代的貧困化と生活破壊が進行している．この点，新しい日本的な「食生活様式論」とも関わって本研究会でもくり返し検討されなければならない課題のように思われる．

　おわりに

　以上，「農産物市場研究」誌が20号を迎えたのを機に，本研究会の組織としての発展過程と研究史の回顧を，多少の独断と"我田引水"的評価を加えつつ記述してみた．しかも研究史の回顧については「農産物市場論の到達点と今後の課題」をめぐってなされた研究会の中身のみが取り上げられ，回数としては圧倒的に多い「農産物市場をめぐる現実の諸問題」をテーマにした研究会についてはほとんど触れることができなかった．

　だが後者の点については，個々の問題についてようやく"第1読解"といえるものが終了したにすぎず（それさえも済んでいない問題も多々存在する），現時点ではまだ研究史的回顧を行うには早すぎるような気がする．ある先達は「最近は"ああであった，こうであった"という実態分析のみが進行し，大きな理論問題についての研究が弱い」と述べる．だが，農業経済学の中では後発の学問分野である農産物市場論（および農業市場論）には，まだまだ実態分析が不足で，ようやくその端緒を得たにすぎない．この点，農産物市場論・農業市場論を志すより多くの人材の出現を期待したいが，同時に今日の農業をめぐる市場問題がより農業経営や農協，あるいは経済の再生産構造と政策との規定関係を深くしている現状の下で，これら関連分野の研

究者との協力・共同がますます重要になってきている．

　200名を超えた本研究会の組織としての発展も，そのような関係の中で得られたものであり，今後会員を拡大していく方途も，こうした関係の中でしかあり得ない．同時に，本研究会のこれまでのあゆみについて，ある程度の自信をもつことも重要である．春秋2回の研究会に限ってみても，そこには多面性とともに体系性があり，ひとつの統一的視点に貫かれていることに気づくであろう．一口に言ってそれは，「現代資本主義の下で構造的に農産物市場の個々の問題をとらえようとする視点」である．それをマル経的と言うならば，それでもよい．われわれは市場問題をより包括的にとらえることに腐心しているのであり，そのために近経的手法が有効ならば，それを取り入れることにやぶさかではない．もっとも，これは私の個人的意見であるが……．

　いずれにしても，本研究会の活動の機軸は春秋2回の研究例会であり，そのためのテーマ設定に理事会はいつも頭を悩ましている．この点で，小稿による研究史的回顧が，本研究会の「今後の課題」を考える上でなにがしかの参考になることを願っている．

2. 日本農業市場学会10年のあゆみ

(1) 農産物市場研究会の学会への改組

　日本農業市場学会が創設されたのは，1992年4月のことである．市場学会は，1974年4月に設立された農産物市場研究会の18年に及ぶ研究活動の延長線上に，同研究会の発展・改組の形で設立された．農産物市場研究会は1991年度総会において，同研究会の学会への方針を決定し，その後北海道大学農学部農業市場学講座にある事務局が中心になって設立準備を進めてきた．

　学会創立総会および記念シンポジウムは，92年4月5日に京都大学法学部・法経第7教室において開催された．午前のプログラムでは，まず農産物

市場研究会の解散総会が行われ,残余財産については新学会に引き継ぐことが決められた.引き続き日本農業市場学会の創立総会が行われ,事務局による経過報告ののちに会則が決定され,役員(理事21名,監事2名)の選出と事業計画・予算の承認がなされた.会員の年会費は6千円(大学院生4千円)に決められた.また,新たに設けられた名誉会員制度によって,農産物市場研究会の歴代の会長である川村琢,美土路達雄,湯沢誠,御園喜博の4氏が推挙された.

また,創立総会で選出された理事によって,同日昼に第1回の理事会が開催され,会長に臼井晋(北海道大学),副会長に宮崎宏(日本大学),梅木利巳(東京農工大学)が選任された.学会事務局は,北大農業市場学講座が農産物市場研究会に続いて担当することになったが,学会誌の編集事務局は日本大学農獣医学部の早川研究室に移行した.

理事会では,学会誌の学会誌編集委員会規程,学会賞授与規程も決められ,それぞれ副会長を委員長とする編集委員会,選考委員会が組織された.学会誌については新たな「投稿要領」がつくられ,名称は「農業市場研究」に改名され年2回の発行体制を継続することになった.同時に,研究会時代の機関誌「農産物市場研究」(34号まで発行)との継続性を図るため,学会誌に「農産物市場研究」誌以来の通巻号数を併記することにした.

研究会時代に始まり,すでに2号を発行した研究叢書も,継続して取り組むことになった.また,研究会時代の1987年から承認されている日本学術会議の登録学術団体の資格は,当然,学会移行後も継続することになった.ちなみに,学会創立当時の会員数は約280名であった(2002年4月現在では336名).

農産物市場研究会からの大きな変化は,会員による個別報告会を定例化したことである.研究会時代には,年2回の研究例会を行っていたが,いずれもシンポジウム形式であった.新学会では,春にシンポジウムと総会を内容とした大会,秋に個別報告会とミニシンポジウムを内容とした秋季研究例会を,それぞれ開催することになった.

なお，学会創立総会と同じ日に開催された創立記念シンポジウムでは，「農業市場研究の課題」をテーマに次の4報告が行われ，宮崎宏（日本大学，故人），三国英実（広島大学）を座長に活発な討論がなされた．

(2) 学会賞と奨励賞（川村・美土路賞）の創設

日本農業市場学会が創設された年である1992年の11月29日，名誉会員の美土路達雄が逝去した．享年75歳．早過ぎた死であった．また，翌93年3月19日には，同じく名誉会員の川村琢が享年84歳で逝去した．両氏は農業市場学の草分けであり，農産物市場研究会の設立に尽力するとともに，同研究会の初代（川村），2代（美土路）の会長を務めた．農業市場学会にとっては，まさに「中興の祖」の死であった．

なお，両氏の遺族から本学会に対して多額の寄付金があった．理事会では感謝してこれを受け入れ，学会賞の基金に組み入れることにした．さらに，新たに満40歳未満の会員の優れた研究業績を表彰する奨励賞を設け，その別称を「川村・美土路賞」とすることにした．これにより，学会賞は2種類となった．

(3) 歴代の会長・副会長と理事選出方法の改革

当初の会則では会長1名，副会長2名としたが，学会活動の広がりとともに，副会長の人数を増やす必要性が生まれ，1996年度の総会で副会長を「若干名」（実際には3名）とする会則改正がなされた．ちなみに，1994年度以降の会長，副会長は次のとおりである（所属はいずれも当時）．

・1992～93年度
　会長：臼井晋（北海道大学），副会長：宮崎宏（日本大学），梅木利巳（東京農工大学）
・1994～95年度
　会長：宮崎宏（日本大学），副会長：澤田進一（大阪府立大学），三国英実（広島大学）＊1996年3月14日に宮崎宏会長が逝去し，澤田進一が会長代行にな

った.

・1996～97年度

会長：澤田進一（大阪府立大学），副会長：杉山道雄（岐阜大学），小林康平（九州大学），三国英実（広島大学）

・1998～99年度

会長：三国英実（広島大学），副会長：杉山道雄（岐阜大学），滝澤昭義（明治大学），村田武（九州大学）

・2000～01年度

会長：村田武（九州大学），副会長：滝澤昭義（明治大学），中野一新（京都大学），三島徳三（北海道大学）

　このうち学会創立時には副会長を務め，1994年度から会長になった宮崎宏は，会長在任中に，神経内分泌腫瘍のため入院先の病院で急逝した．宮崎は農産物市場研究会の創立に川村・美土路とともに尽力し，研究会解散まで幹事・理事を務めた．学会への改組にあたっても中心的役割を果たし，学術会議の農業経済学研究連絡委員としても活躍した．宮崎のこうした功績を称え，学会の研究叢書のひとつを同氏の追悼号『農業市場の国際的展開』（1997年5月）とするとともに，別冊『宮崎宏―人と学問―』を刊行した．

　ところで，学会運営の要となる理事の選出方法については，学会設立以来，現理事あるいは地区ブロックからの推薦制をとり，これを総会で承認してもらうという方法を採用してきた．だが，この方法については「会員の意思が十分に反映されない」「理事選出が偏る」などの批判があり，理事会の懸案事項であった．そこで，理事会では1999年ごろから若手理事の提案に沿って本格的な議論を開始し，2000年度の役員選出から「地区選出，総会選出，会長推薦の併用」とすることにした．具体的には，理事定数を22名とし，ブロックを8地区に分け，それぞれ1名の選出（地区選出理事）を行ったのち，総会の場において選挙人名簿（地区選出理事を除く正会員全員）の中から10名連記の選挙（総会選出理事）を行い，さらに残りの3名については，理事の地区別選出状況や事務上の必要などを判断して会長が指名（会長推薦

理事)する.

　初の直接選挙は,2000年度の総会(4月2日)に参加した正会員によって混乱なく実施され,開票結果は即日公表された.そして,その日のうちに地区選出理事と総会選出理事によって会長,副会長の互選が行われ,新会長は理事に図ったうえで会長推薦理事を選考し,本人の承諾のもとに新理事に任命した.

　このような理事選出方法は会員数300数十名の中規模な学会だからこそ実行できるものであり,学会活動の継続性,民主制,地区のバランス,事務分担などを考慮した,現状では妥当なものであると思われるが,その評価にはもう少し時間の経過を待たなくてはならない.

(4) 学会事務局・編集事務局の交替

　学会事務局は,農産物市場研究会と同じく北大農業市場学講座に置くことは前述したが,負担の大きい学会誌編集事務局については,学会発足時に日大農獣医学部・早川研究室に移したのち,1996年度から大阪府立大学農学部の小林研究室に移行した.小林宏至が事務局を務める編集委員会では,投稿要領を含め学会誌の充実のためにさまざまな改善を行った.同時に編集事務局の任務は1期(2年)または2期(4年)の原則が確認され,2000年度から弘前大学農学生命科学部・神田研究室に移行した.

　2000年度からは学会事務局も北大から岩手大学連合農学研究科・玉研究室に移転した.北大農業市場学講座は,農産物市場研究会時代から通算すると26年間にわたって事務局を務めたわけだが,同講座は教授・助教授・助手の教官スタッフに加え,大学院生と事務職員が協力体制を組み,この重要な任務をつつがなくこなしてきた.とくに学会誌・学会案内状・ニュースレターの発送や学会会費の請求などの事務処理については,大学院生の協力なくしては不可能であった.事務局では三島徳三が庶務,飯澤理一郎が会計,久野秀二が名簿管理を分担した.学会のホームページも久野の努力で開設された.

北大からの学会事務局の移転については，理事会内でかなりの議論があった．大学院生を含め，北大のように体制があるところが少なかったからである．しかし，同じ機関に事務局を置くことは好ましくないとの判断から，前述のように岩手大学に移転したわけだが，その過程で同大学の玉真之介会員の決断があったことを忘れるわけにはいかない．岩手大学では同大学の横山英信会員が会計を担当した．庶務担当理事の玉は，まずニュースレターの刷新を図り（No. 14から），会員への情報連絡体制が大きく改善された．また，同氏は学会のもち方についても積極的な提案を行い，学会改革の気運を盛り上げるきっかけをつくった．

(5) シンポジウム・研究例会とその改革

　前述のように農業市場学会は，春に大会シンポジウムと総会，秋に個別報告会とミニシンポジウムを開催することを学会活動の柱においた．とくにシンポジウムは，その時々の情勢の動きに合わせたテーマを設定し，充実した報告・討論とともに，文字通り"学会の顔"であった．テーマの設定にあたっては，毎回の理事会のなかで時間をかけた議論がなされた．また，シンポジウムにおける報告内容は，編集委員会の努力によって半年以内に学会誌に掲載され，学会誌のレベルと魅力を引き上げるうえで貢献している．

　個別報告会は，若手会員の強い要求によって学会設立以来定例化されているものである．学会報告とその成果の学会誌への投稿は，若手研究者の登竜門である．個別報告会は秋季研究例会の折に開催され，毎回，10数本の報告がなされている．しかし，他の関連学会にくらべてエントリーが少ない．とくに日本人の若手会員のそれが少なく，学会誌への投稿数の少なさとともに奮起が求められる．また，2001年7月に学会誌の投稿要領が改正され，個別報告については「報告論文」としての投稿（印刷頁数4頁以内）が認められるようになったが，これは個別報告を増加させるための対策でもある．

　ところで，春の大会シンポジウムは日本農業経済学会の翌日，秋の研究例会は毎年10〜11月に開催されてきたが，春は連日学会が続き参加者に"疲

れ"が出ること，秋は関連学会が多く本学会への参加数が必ずしも多くないこと，などの問題があった．そのため，理事会および企画委員会で議論を重ね，2001年度から学会を年1回2日間にわたって開催することを決定した．さらに，毎年春に行われる日本農業経済学会の翌日には，学会開催地周辺の農業等の現場に出向き，視察と実践者の話を聞き，意見交換を行う「ワークショップ」を開催することにした．年1回の大会は，関連学会との競合を避けて6月下旬〜7月上旬に開催することになり，新体制のもとでの最初の大会は2001年6月30日〜7月1日に名古屋大学大学院農学研究科を会場に開催された．また，これに先立ち，同年松山市で開催された日本農業経済学会の翌日（4月2日）に，愛媛県内子町の「フレッシュ・パーク」の視察と現状報告を中心とした，本学会初のワークショップを行った．

(6) 研究叢書・講座の刊行

本学会の特徴のひとつは，学会員の研究活動を土台に随時，共同の著作（研究叢書）を刊行してきたことである．それは農産物市場研究会時代の1990年に刊行した『問われる青果物卸売市場』を皮切りに，学会移行後も続けられ，これまで9号の研究叢書を刊行してきている．研究叢書のテーマは理事会で議論がなされ，編集責任者を決める．そして，編集責任者によって分担課題と執筆者の原案がつくられ，再び理事会に図られる．理事会の了承が得られれば執筆依頼がなされるが，原稿提出までの過程で研究会や打ち合わせが随時なされる．筑波書房からの商業出版であるため，できるだけ社会的関心の強い課題を扱い，研究者以外の者にも読まれることを想定して，叙述はできるだけ平易になるように努めている．

また，1998年度の理事会において，農業市場学の現代的課題に応えた講座刊行の構想が浮上し，準備委員を決めて煮詰めることになった．そして，99年度の総会において当時の三国会長から『講座 今日の食料・農業市場』（全5巻）刊行の構想と「講座刊行委員会」の設置が発表された．これは，農業市場学分野では1977〜78年に刊行された『農産物市場論大系』（全3巻，

川村琢・美土路達雄・湯沢誠編）以来の大がかりな取組みで，執筆者は延べ60名を数える．巻ごとに2名の編集責任者を決め，各巻10名前後の執筆陣を組織した．研究叢書と同じく，執筆過程では随時，研究打ち合わせがなされた．そして，2000年9月に講座のトップを切って第2巻『農政転換と価格・所得政策』が刊行され，翌年春にかけて全5巻の刊行を終えた．この種の企画は大概，間延びするものだが，この講座については当初計画にあまり遅れることなく，ミレニアムをはさみ順次刊行された．これは，編集責任者・執筆者の熱意と努力の賜物である．

第3章
日本資本主義の市場問題

I. 戦後市場形成の基本的性格

1. 課題と視角の措定

　戦後30年，日本資本主義は，世界に類例のない経済の高度成長と，先進国でも屈指の産業構造・輸出構造の重化学工業化を達成した．しかし，その過程は「坦々たる大道」を歩んだのではなく，「高度成長」の開始される1955年以降でも，すでに5回の不況を経験している．とくに，74年初頭に始まる今回の不況は，戦後最大の深度と期間を有して，日本資本主義に重くのしかかっている．これが，「高度成長経済」の破綻であるかどうかは別にして，少なくとも，日本経済が，いま重大な岐路に立っていることだけは確かである．本節は，こうした戦後日本資本主義の発展過程を市場形成の側面から概括し，そこでの矛盾の展開（市場問題）を跡づけることの中から，その側面での対抗＝展望に接近しようとするものである．
　行論に先立ち，本論文の分析視角を措定しておこう．
　われわれは，日本資本主義の戦後過程について，次のような基本的認識をもっている．
　第1に，戦後過程は，戦後改革によって構造変化をこうむり，再確立した，国家独占資本主義の資本蓄積，支配・収奪の進展過程であり，しかもその国

独資は，第2次大戦後の世界史的危機——全般的危機の第2段階といわれる——の一方の極に聳立する，アメリカ帝国主義に従属的規定を受けたものであること．

しかしながら第2に，戦後過程が前者の過程一色に塗り潰され，勤労大衆は被搾取者としてのみ存立していたかというと，そうではなく，彼らは，戦後改革の一方の側面である戦後民主化によって与えられた民主的諸権利と制度的保障をテコに，物質的にも，意識的にも，自立と連帯をともなった着実な前進運動（民主主義的発展）をつづけていること．

したがって第3に，戦後過程は，民主主義的発展と国独資的再編・収奪との対抗の過程であり，大勢的・第1次的には後者の側面が勝利しているとしても，そのような国独資の基盤には一定の脆弱さがあり，国独資の「矛盾先どり」＝「危機乗り切り」装置を機能させることによって，その存立を維持していること．

われわれのこうした対抗論的アプローチは，山田盛太郎・保志恂氏らの「危機論的アプローチ」，長洲一二・正村公宏氏さらには玉垣良典氏らの「構造改革論的アプローチ」（それぞれ仮の呼び方である），のいずれとも異なっている．

第1に山田・保志氏らの所説は，戦後改革を「旧秩序の変革＝民主主義革命」と「再生産構造の再構成」（「アメリカ独占資本との関連」をもった「国家独占資本主義としての再編」）との「二重のプロセス」として正しくとらえながら[1]，その後の歴史過程の分析においては，もっぱら後者のプロセスからもたらされた「巨大独占の強蓄積」（特殊な資本蓄積法則の貫徹）の側面からの分析に力点がおかれ，戦後改革のもうひとつのプロセスである「変革＝民主主義革命」——われわれはこれを戦後民主化と呼んでいる——を起点とした，勤労大衆の着実な前進運動（民主主義的発展）の側面からの分析が十分でなく，したがって，変革主体の形成を含めた危機のトータルな把握になお重大な弱点を有している，と考えられる[2]．

第2に大内・柴垣氏らの所説は,戦後過程を,管理通貨制度をテコとした景気調整機能その他によって裏打ちされた,国独資体制の発展・成熟の過程として,一面では正しい指摘を行ないながら,そのような国独資体制が,基本的には,戦前,1931年以来のそれの「連続性」のもとに把握されており,したがって,戦後改革——それは山田盛太郎氏のいう意味での「二重のプロセス」を有している——を経ることによって,画期的な構造変化を受けた戦後日本資本主義の再生産構造,そこにおける特殊な対抗＝基本矛盾をみることができないという,現状分析としては本質的な欠陥を有している[3].

第3に長洲・正村の両氏は,第2次大戦後の資本主義体制をストレイチー流の「新しい資本主義」に構造改革されたものとして,その点では「画期性」を認め[4],玉垣氏にあっては,その「画期性」を,個人消費需要基底の拡大と相互依存関係をもった本格的重化学工業段階の確立と把握することによって,戦後過程の停滞論的認識を克服しようとするのであるが[5],戦後改革を経ることによって確立した特殊な国家独占資本主義の性格——戦後全般的危機の下での対米従属的なそれ——,および戦後段階における民需の「画期的発展」を可能にした民主勢力の成長と闘いをみないという,階級的・生産関係的視点の欠落を指摘せざるを得ない.

現状分析にとって必要なことは,事態を一面的・楽観的にとらえ,結果的に現体制を美化することではない(そのような階級的立場に立てばそれでもよいが).だが,かといって事態の多面的・動態的展開をトータルに把握せず,一面のみを強調することによって,結果的に現状に対する悲観論を増幅させていくことでもない.必要なのは,体制による支配・収奪を系統的に受けつつも,それに抗し,着実な前進をつづけている勢力——勤労大衆を励まし,彼らの闘いに,自信と確固とした展望を与える現状分析である.われわれの作業は実にささやかなものであるが,このことを明瞭に意識している.

戦後日本資本主義の基礎過程を前述のようにとらえるわれわれの立場からすると,戦後市場形成の問題は,次のような順序で分析されていくのが適当

である.

　第1に，戦後市場形成の起点となった戦後改革の性格について，市場形成諸条件の変化という観点から確認しておくことである．本節の2がこれにあたる．ここでわれわれは，戦後改革のもつ対米従属的・国独資的再編の側面とともに，戦後日本資本主義分析においてとかく軽視され，歴史の後景に追いやられがちな，戦後民主化の側面にスポットをあて，その諸成果を整理することによって，戦後民主勢力と民需の成長をもたらした歴史的礎石を引き出そうと努めている．

　第2に，戦後市場形成の過程を実態的にとらえ，その場面での矛盾の展開——市場問題の醸成・噴出・「解決」として進む循環と危機深化の過程——を跡づけることである．3がこれに接近しようとするものであるが，そこでは，民需の発展と限界に十分注意を払いつつ，戦後過程，とくに「高度成長」過程における市場形成の諸画期を概括し，市場問題の展開にふれようとしている．

　第3に，市場問題の深化に対応した，国家独占資本主義による市場再編の現局面的特徴をとらえ，勤労大衆にとっての展望を打ち出すことである．簡単ではあるが，4がこれにあたる．

2. 戦後市場形成の諸条件

(1) 戦後民主化の歴史的意義

　周知のごとく，戦後改革を主導したアメリカの占領政策は，第2次大戦直後の世界史の動向——反ファシズムという課題での米ソの連合から，米ソ対決を軸とした両体制間の冷戦危機へ——を反映し，「民主・平和」と反共の両翼への不断の動揺と妥協をともないつつ，ともかく反共の前進基地として日本を従属的に再編するという当初の課題は実現していった（1951年サンフランシスコ「講和」条約＝従属的日米安保体制の確立）．しかし，そのことをもって，終戦から1947年頃にかけての初期占領政策のもとで，集中的

に実施された制度的諸改革——いわゆる民主化政策——のもつ積極的意義をみないのは,明らかに誤りというべきであろう.

初期占領政策として実施された制度的諸改革は,内外の民主勢力の運動を背景にもちつつ,歴史的に二重の課題を達成する改革であった.第1に,反封建のブルジョア民主主義的課題の実現であり,法体制の分野でいうと,「欧米では産業資本主義段階までに確立した近代市民社会の諸規範で,わが国では実現されなかったものを実現するという近代法的課題」[6] としてとりあげられるべき性格の改革である.第2に,「反独占の現代民主主義的課題」の実現であり,法体制の分野でいうと,「独占段階以降の現代資本主義に固有の矛盾,一言でいえば現代独占の矛盾を緩和し,弊害を規制するために,欧米諸国ですでに採用されている諸政策およびそれを支える現代法的規範で,わが国で実現されなかったものを実現するという現代法的課題」[7] としてとりあげられるべき性格の改革である.

初期占領政策のものでの民主化政策を,このように二重の民主主義的課題の実現を志向したとみる渡辺洋三氏によると,第1の近代法的課題は次のような諸側面をもっている[8].(イ)前近代的土地所有制度の改革(農地改革),前近代的労使関係の改革,前近代的家族制度の改革,もろもろの身分的・共同体的結合によって支えられる前近代的社会関係を解体して自由な市民相互の関係に転換させるための思想・文化・教育の諸改革等,要するに市民社会内部の前近代的諸関係を改革するという課題.(ロ)国家に対する市民の無権利状態の改革,天皇制法治主義の近代法治主義への転換等,市民社会と国家との関係における前近代的・絶対主義的側面を除去し,市民と国家との関係を,近代法的権利関係に再編成するという課題.(ハ)三権分立,司法権の独立,地方自治制度の改革等,国家機構内部の権力分配の組織における前近代的・絶対主義的側面(天皇制による特殊な権力集中組織)を除去し,権力機構を近代的に再編するという課題.

第2の現代法的課題とは,部分的に近代法的課題と結びつつ,次のような反独占的諸側面をもった諸改革を指している.(イ)経済民主化に関するさま

ざまの改革．現代独占の特殊日本的形態であるところの財閥の解体（制限会社令，証券保有等制限令，財閥同族支配力排除法，証券処分調整法），私的統制団体（統制会社，統制組合，統制会）の解体，過度経済力集中排除法，独禁法等が，その基本的なものとしてあげられる．その中で中心となる財閥解体に関していえば，それは独占一般の排除ではなく，あくまでも家族・同族結合とむすびついた特殊日本型独占の排除が問題であった．(ロ)広い意味での経済民主化の一環でもある労働改革．労働改革は，前近代的・身分的労使関係の除去という近代法的改革であるが，同時にそれは労働基本権（団結権）の確立という現代法的課題の実現をめざしている（労働基準法，労働組合法）．これはまた，現代独占の支配に対する対抗勢力を容認するものであり，広い意味での反独占政策のひとつである．(ハ)社会保障の権利その他生存権の確立をめざす改革．これは，現代独占の下での諸矛盾を緩和する目的で各国で採用されている社会保障・社会福祉政策を制度的に保障しようとするものであり，現代社会保障政策に固有の「権利としての社会保障」を，戦後の日本でも認めようとするものである．(ニ)現代独占の下での矛盾を緩和し，各階層の利害の対立を調整するという現代国家の役割を遂行するための国家機構の改革（公務員制度の改革等）．

　このように初期占領政策による民主的諸改革は，「反封建であると同時に反独占（広い意味での）であるという二重の意味での，言いかえれば古典的民主主義と現代民主主義との二重の意味での民主化」[9]を課題としていたといえる．そのうえに憲法改革では，「占領軍の終戦処理からくる徹底的な非軍事化政策のあらわれとしての反軍国主義的改革」[10]が，天皇制の温存とひきかえに，取り入れられ，かくて初期占領政策の民主的改革の総決算ともいうべき現行憲法は，資本主義憲法でありながら，「反封建，反独占，反軍国主義という三つの側面における民主的理念によって支えられる民主主義憲法として制定された」[11]，と渡辺氏は評価を与えている．憲法改革との関連で反独占諸立法や農地改革をどう位置づけるかという点に関し，なお教えを請いたいところがあるが，終戦直後の制度的諸改革をこのような形で総括する

ことは至当であり、また積極的意味をもっていると、われわれには思われる.

周知のごとく、「憲法の当初の民主的理念の三つの柱であった反封建、反独占、反軍国主義についてみれば、反封建の側面は、実質的にも形式的にも定着し、反独占の側面は、形式的に定着しつつも実質的運用において形骸化され、そして反軍国主義の側面は、形式的にも実質的にも形骸化され」、とりわけ反軍国主義の側面は憲法の枠を飛び出して、「憲法にとっては外側の法体系であるところの安保法体系」──「二つの法体系」──をうみ出していったのが、その後のプロセスである[12]. しかしながら、終戦直後の制度的諸改革を通じ、なお部分的に不徹底な側面を残しつつも基本的には二重の意味での民主主義的課題がとりあげられ、これらに加え、戦争放棄という世界でも例がない平和的条項をもった現行憲法が成立したという歴史的事実の重みは、十二分に確認しておかなければならない. それは単に、当面する改革が現行憲法（資本主義憲法）の枠内での民主的改革であり、したがって「守り完全実施させる」ものが何であるかを整序するという、今日的必要性にとどまらない. 少なくとも、戦後民主化のひとつとしてとりあげられた現代民主主義的課題（現代法的課題）は、高度に発達した資本主義国の民主主義的変革が正面からとりあげるべき課題であり、その意味で戦後民主化は、今後に継承され発展さるべき課題の端緒を切り開いた、ということができるのではなかろうか.

それでは、以上のような画期的意義をもつ戦後民主化──これが十分実質化されなかったという点では依然としてこう呼ばざるを得ない──は、戦後の市場形成の側面では、どのような有利な条件をつくっていったのであろうか. 次にこの点を整理したうえで、さらに、現実の日本資本主義再建の性格について触れておきたいと思う.

(2) 市場形成諸条件の変化と戦後日本資本主義

戦前日本資本主義──「明治維新を起点とし、特に地租改正（明治6年）を基調とする半封建的土地所有制＝半隷農的零細農耕の土壌の上に構築された

ところの軍事的半封建的，日本資本主義」[13]は，周知のごとく，その不可避的な産物としての「国内市場の狭隘性」を纏縛していた．すなわち，半封建的土地所有制下の高額現物小作料と極零細経営を条件として不断に供給される家計補充的労働力が支えとなって，強固な低賃金基盤がつくり出され，これを基礎に戦前日本の先端産業であった繊維工業が擁立されていたため，日本資本主義は，その成立の当初から，生産と消費とが国内的に乖離した状態，いわゆる市場問題の契機を宿命的に負っての歩みを余儀なくされていたのである．そして，その解決を求めて，早くは日清戦争から，国外市場，とりわけ安定した植民地市場の獲得が追求され，そこに戦前日本資本主義の，比類なき侵略的・軍事的性格が形づくられてきたのである．もとより，独占資本主義の段階になって，とくに満州事変以降，一定の重化学工業の発展はみられたが，これは，その多くが上記の侵略的・軍事的日本資本主義の物質的支えとしての軍需に最終需要をもっていたため，むしろその発展自身が，国内市場（民需）の狭隘性を相対的に促進する条件になっていたといえる．

　第2次大戦の終結とともに先の3つの側面——反封建，反独占，反軍国主義——から実施された戦後民主化は，こうした戦前日本資本主義の腫物にメスを入れることにより，再建日本経済の市場形成にとっても画期的な条件変化を与えるものであった．

　第1に農地改革．占領軍当局をして「数世紀にわたって封建的圧制の下日本農民を奴隷化してきた経済的桎梏」[14]といわしめた，寄生地主制＝半封建的土地所有は，「農民解放指令」（1945年12月）を契機とした計2次の改革実施過程を通じて，山林原野の未解放など一定の不徹底な側面を残しつつも，基本的には解体した．周知のごとく，この改革は，「たとえ皮相的なものにせよ，民主主義を日本に導入し共産主義者の政治拠点を覆滅するには土地耕作者の境遇改善が最大の先決要件である」[15]としたアメリカ占領軍のイニシアティブのもとに，所有面の改革としてとりあげられ，半隷農的零細農耕の制縛を解放する，農業改革としては実施されなかった．しかしながら，農地改革が，かつて日本に存在したことのない，耕作者の土地所有を体制的に確

立し,「農業そのものの発展のためには,必要な一通過点」[16] を画しただけでなく,農民に,旧家族制度の解体とあいまって「人格的自立性の発展のための基礎」[17] を与えていったことは,疑いない.

市場形成の側面からいうと,改革は,農村市場,農産物市場,農村労働力市場の諸市場に,自由な発展のための基礎(一通過点)をつくり出すものであった.もとより,これがどの程度の市場拡大に結びつくかは,その後の社会的分業の進展と農民層分解の度合にかかっており,その意味で,農地改革が農業改革として取り組まれなかったことは,農村諸市場の正常な発展にとっても決定的な阻害条件となっているが,そのことをもってしても,戦後市場形成のひとつの起点としての農地改革の意義を,いささかも否定することはできない.

第2に労働改革(前近代的・身分的労使関係の改革と労働基本権の確立).これが,戦前の,労働者の無権利状態(労働運動・民主主義運動に対する天皇制権力による弾圧)と貧困状態の相互規定の関係を崩し,国民の生存権・「権利としての社会保障」の制度的確立とあいまって,労働者および勤労諸階層の民需の拡大に基礎をもつ,正常な国内市場形成に踏み出す大きな条件となっていることは,あらためて指摘するまでもない.もっとも,われわれは,労働改革がただちに戦前の低賃金体制を打破するものであったなどとは主張するものではないし,改革自体が多くの不徹底な側面をもち,その後の占領政策の転換の中で容易に後退していったことを,承知している.しかしながら,労働改革が内外の民主勢力の監視のもと,日本の歴史上はじめて,「生きること」,「働くこと」,「団結すること」,の3つの権利を労働者と国民一般に保障し,これらの諸権利を最高法規範である憲法に,それぞれ生存権(第25条),労働権(第27条),団結権及び団体行動権(第28条)として確認させた[18] ことの意義は——およそこうした基本権なくしてはその実質化もあり得ないことからしても——決定的に大きいといわなくてはならない.日本の労働者が,労働の機会を奪ういかなる攻撃もゆるさず,団結し闘争することによって,労働力の再生産条件を高めていく可能性が制度的に保障さ

れたということは，戦後の市場形成条件の面でも画期的な変化であるといわなくてはならない．

　第3に，「財閥解体」と独占禁止法の制定．占領当局によって，経済民主化の3つの柱のひとつとして実施された「財閥解体」が，結局は「解体」に値しない，マヌーバの典型であったことは，周知のことがらに属する．だが，「財閥解体」の欺瞞性に目を奪われるあまり，これとの関連で制定された独占禁止法（「私的独占の禁止及び公正取引の確保に関する法律」1947年4月公布）の積極的意味について注目しないのは，明らかに誤りといわなくてはならないだろう．

　「経済民主化のための基本法」[19]といわれる独占禁止法は，その第1条（目的）で，「この法律は，私的独占，不当な取引制限および不公正な取引方法を禁止し，事業支配力の過度の集中を防止して，結合，協定等の方法による生産，販売，価格，技術等の不当な制限その他一切の事業活動の不当な拘束を排除することにより，公正且つ自由な競争を促進し，事業者の創意を発揮させ，事業活動を盛んにし，雇傭及び国民実所得の水準を高め，以て，一般消費者の利益を確保するとともに，国民経済の民主的で健全な発達を促進することを目的とする」と定めている．

　このような目的と内容を有する独占禁止法は，「市民法原理による形式的な自由・平等が生み出した実質的な不自由・不平等」[20]——私的独占による不当な取引制限・市場支配と経済的従属関係——を排除し，日本経済を，事業者個々の創意による自由競争の確保と市場機能の維持にもとづいて再建し，ひいては「国民経済の民主的で健全な発達を促進」しようとしている点において，すぐれて現代法的・社会法的性格をもっている，ということができる．とくに，同法はアメリカの反トラスト法を範としながらも，（イ）影響軽微の場合を除くカルテル的共同行為の全面的禁止（4条）と，不当を事業能力の較差の排除（8条）を定めたこと，（ロ）企業結合の徹底的な制限を定めた（4章9条〜16条の規定），の2点において反トラスト法よりも厳しい内容となっているといわれており[21]，その点からしても同法は，反独占（直接には

財閥的同族支配の排除)の経済民主主義を,当初は明瞭に志向していたものとみることができる.

したがって,独占禁止法がその本来の主旨にそって全面的に実施されたならば,中小企業・自営業者を含めた事業者に独立の基礎を与え,彼らの自由な競争を通じて市場が自生的・正常的に発展していく大きな条件となりえたことは,明らかである.

第4に,憲法と地方自治法に結実した地方自治制の確立が,戦後の日本経済を地域を基盤として再建することを一定程度可能にし,そのことが地域市場の全面的発展をテコとしたところの国内市場の強固な形成を展望させていた点も,無視することができない.

その他,植民地支配の終焉や,戦後処理＝非軍事化政策の中でとりあげられた軍隊と軍事産業の解体が,最終的には民需に依存する,国内市場の正常な発展を可能にする条件を創出していったことも,重要な変化として指摘することができる.

戦後民主化にともなう以上のような市場形成諸条件の変化は,日本の人民が歴史上はじめて手にした画期的なものであり,戦前における国外市場依存・軍需主導の転倒的で侵略的な再生産構造を打破し,戦後日本経済の再建を「勤労民衆の社会的・経済的解放と国内市場の正常な発展に裏打ちされた民主的・平和的な方向で実現していく,前提諸条件を切り開くものであった.現に,こうした方向での経済再建案は,終戦直後の一時期官民を問わず数多く発表された.中でも外務省特別調査委員会に結集した代表的経済学者の論議を経て発表された報告書『日本経済再建の基本問題』(1946年3月)は,農業革命と工業化の同時的進行による内部的産業循環,したがって国内市場の自生的拡大に支えられた健全な国民経済の形成を提起し,その実現の条件として企業独占や大土地所有の阻止,農民組合,労働組合,中小企業家の自由な発展の保障が唱えられている,本格的な再建方策である[22].

しかもこの再建方策では,終戦後の経済危機を打開し,ひいては「過去ノ日本ニ見ラレタ高度ノ集中ト不均衡即チ財閥大企業ト中小企業,大都市ト農

村,中央ト地方,富裕者ト一般国民等ノ間ニ於ケル大ナル懸隔ヲ解消シ経済ヲ真ニ国民全体ノモノトシテ取戻スト共ニ其ノ健全ナル発展ヲ確保スル」ために,「民主化セラレタ『人民ノ為ノ政府』」による金融機関・重要基礎産業の「公共化」,「経済ノ計画化」と国家的統制が打ち出されており[23],その点では徹底した政治経済の民主化と一部重要企業の国家的統制を担うところの,東欧的な「人民の民主主義革命」の達成を志向していたと理解できる内容を有していた.

もとより,外務省特別調査委員会がこのような画期的・変革的な経済再建方策を打ち出した背景には,終戦直後を通じて一定の高揚をみた「人民の民主主義革命」とその醸成基盤の形成——国内的には生活危機,反戦気運等に促された有形・無形の人民の運動,国際的には民族解放闘争,複数の社会主義国の出現がさし示した社会の発展方向——があった.その意味で特別調査委員会の提起は,いわば客観的にも可能な道であったのである.

だが,終戦直後の評価にあたってこうした事態の積極面にのみ目を奪われ,その当時の権力の性格,占領政策を主導したアメリカ帝国主義の意図に触れないならば,一面的・楽観的というそしりをまぬがれえない.その意味で注意しておかなければならないことは,この時期(1945～47年)が,「反ファシズム」・「反封建」をかかげた戦後処理の期間であり,とりわけ「対日理事会でのソ同盟代表の発言と総司令部でのニュー・ディール派の影響力とが,なお,ひとつの位置を占めえた特殊な時期」[24]であったという点である.したがって,戦後処理が一定の終結を迎え,占領初期における民主化政策を規定した諸条件がとり払われたもとにおいては,占領政策の「転換」がいたって容易に行なわれることになる.というのは,対日占領の全期間を通じてアメリカ帝国主義の主導性は決定的であり,その支配を強固なものにしていく限りにおいて占領政策の目的が措定されるからである.その意味では,一連の民主化政策を含む戦後改革も,アメリカにとっては,自己に敵対的な旧日本帝国主義の経済的・政治的基礎をとり払い,一定の近代的外観を呈した資本主義国として再編成し,かくしてアメリカ帝国主義への従属体制構築の条

件整備を行なうという，占領国としては当然の狙いを実現するために必要な作業であったといえる．

ヨーロッパにおいては早くも第2次大戦中に表面化した東西の冷戦体制は，ことアジアにおいては中国革命の帰趨が明らかになる1947〜48年より激化してきたといえる．そのような世界情勢の変化を反映して，それまで表面的には「非軍事化」，「経済民主化」をかかげてきたアメリカの対日占領政策が，「トルーマン・ドクトリン」（1947年3月）以降，アメリカの極東政策にそった形での「経済復興」——日本を反共の防壁・前進基地としての役割を担えるだけの重化学工業（＝潜在的軍需産業）国として育成する——へと，徐々にその目的を移行していったことは周知の通りである．このようなアメリカ帝国主義の戦略に，「日本資本主義それ自体における内発的必至性」（国内的には地主制の解体，世界的規模での植民地体制の崩壊，繊維産業における化繊の登場からもたらされた「日本産業における繊維工業段階の終焉」）が合致することにより，戦後段階においては，重化学工業化が「一個の至上命令」となった[25]のみならず，戦後の全般的危機の深化の中で資本主義国としての存続をはかる以上，欧米資本主義国同様，体制的には国家独占資本主義の確立が不可避となった．

こうして，外務省特別調査委員会が提起したような，日本経済の平和的・民主的方向での再建——農工併進，国内市場の正常な発展を土台とした国民経済の形成——の道が否定され，日本は，対米従属的国家独占資本主義の枠組みの中で敷かれた産業構造の重化学工業化路線をひたすら驀進していくのである．〔1947年「傾斜生産方式」開始，新物価体系，復興金融公庫設立．1948年政令201号（公務員の団交権・罷業権否認），財閥系銀行新発足．1949年ドッジ・ライン，独占禁止法第1次改正．1950年朝鮮戦争勃発，警察予備隊設置．1951年サンフランシスコ条約調印，日本開発銀行設立，第1次鉄鋼合理化計画開始．1952年企業合理化促進法．1953年独占禁止法第2次改正（不況・合理化カルテル，合併条件の緩和）．等々．〕

このような中で，戦後民主化の諸成果は相次いで形骸化されていった．し

かし，これらの諸成果が全く消滅してしまい，戦後日本資本主義の枠組みが人民に対する収奪体系としてのみ機能しているかというと，決してそうではない．戦後民主化の諸成果は，勤労大衆によって継承され，彼らの意識と経済生活の面に着実に蓄積されていっているとともに，彼らの有形・無形の運動がなお民主的諸制度の完全な改変を許していない（例えば日本国憲法）ことからみても明らかなように，戦後民主化の諸成果は，支配者の側には重石として作用し，勤労大衆の側には守り，完全実施させるものとして，そのうえで今後に発展強化させていくべきものとして，握られている．

このよう対抗的観点を，われわれは次項以下全体の分析でも，持ちつづけるであろう．

3. 戦後市場形成の諸画期と市場問題

戦後日本資本主義は，1950年頃までにおおよそ再建の基礎作業を完了し，朝鮮戦争を契機に本格的復興期（1950～55年）を迎えるが，その間は，一般に「第II部門＝消費資料生産部門が生産上昇の主導性をもっていた段階」[26]であり，その段階では消費財市場を中心とした国内市場の形成を行なっていた，といわれている．事実この間（1950～55年度）の個人消費の伸び率は57.8％であり，それは民間総固定資本形成の伸び率51.9％を上回っている（1934～36年価格，昭和40年版『国民所得白書』）．しかしながら，同じ期間に輸出等の伸びが108.9％もあり，このことは同期間に消費財生産部門の主導的発展があったとしても，そのかなりの部分が輸出（外貨獲得）にまわされ，生産に並行した民需の発展＝生活水準の向上が必ずしももたらされなかったことを意味している．

確かに，この時期には農業をはじめとする消費財生産部門の成長はめざましく，これに雁行して生産財部門の一定の発展もみられるが，こうした傾向は，敗戦によって主要な生産設備に壊滅的打撃が与えられ，生産力の絶対的低水準と生活危機の重荷を背負い戦後復興の道を歩まざるを得なかった日本

第3章　日本資本主義の市場問題　　　　　　　　　　　141

資本主義にとって，いわば必然的なものであった．復興期はあくまで戦前水準への回復期であったのであり，この間の産業循環に大きな意義を与えることはできない．それは，戦後の特殊事情を反映した経過的なものに過ぎず，民需自体は，戦前同様，底の浅い水準にあったというのがこの期の特徴である．

　1955年に始まるいわゆる「高度成長」期は，GNP（＝国民総支出）の成長率で1955〜70年平均10％（単純平均，1970年価格の実質），同じ期間にGNPの規模を4.2倍に飛躍させることによって，日本の歴史はもとより世界史的にも前例のない一時期をつくり上げた．しかし，日本資本主義はこの成長路線を一直線に疾走したのではなく，1955年以降でもすでに5回の不況を経験し，それらの不況を乗り切る過程において市場形成要因に少しずつ基調変化を生み出している．行論上1955年以降現在にいたる市場形成の諸画期を示せば次のごとくである．

　　　1955〜61年　　　第1次高度成長期
　　　1962〜65年　　　第1次転型期
　　　1966〜70年　　　第2次高度成長期
　　　1971年以降　　　第2次転型期

(1)　第1次高度成長期（1955〜61年）

　戦後最初の繁栄期であるこの期間は，58年不況（「ナベ底不況」）をはさんで2つの景気高揚期（1955〜57年の「神武景気」と1959〜61年の「岩戸景気」）よりなっている．58年不況は，戦後最初の世界恐慌の一環を構成しているが，国内的には国際収支の赤字を是正するための金融引き締め政策を起動因とした在庫調整と，それを反映した民間企業設備投資の減少（一時繰り延べないし削減）よりもたらされたものであり，その後の国際収支の改善にともなう金融緩和の中で，急速な景気回復がはかられていった．58年不況をはさむ2つの景気高揚期に，成長パターンにおいて基本的な点での変化はない．

表1 項目別実質国民総支出の対前年増加率

(単位：%)

暦年	個人消費支出	民間住宅投資	民間企業設備投資	政府支出	在庫品増加	輸出等	(控除)輸入等	国民総支出＝GNP	備　考
1955	7.9	9.9	-3.2	0.8	245.4	14.3	1.1	8.8	神武景気
56	7.8	16.3	39.0	-0.1	-12.5	17.7	31.4	7.3	
57	6.3	10.1	25.1	2.3	36.3	13.4	27.9	7.4	
58	7.2	11.4	-4.7	0.8	-57.2	6.5	-16.1	5.6	「ナベ底」不況
59	7.8	7.3	16.9	7.4	58.3	12.6	24.1	8.9	
60	10.0	28.2	40.9	7.7	25.6	15.0	24.6	13.4	岩戸景気
61	8.4	10.8	36.8	9.7	139.2	7.0	27.5	14.4	
62	9.5	13.5	3.4	13.5	-71.8	16.6	0.3	7.0	「転型」不況
63	9.6	19.2	5.3	10.1	126.7	7.4	18.0	10.4	好況感なき回復
64	11.6	26.6	20.2	5.9	22.8	20.7	14.8	13.2	
65	5.6	17.7	-6.4	7.9	-32.5	22.7	7.4	5.1	「構造」不況
66	8.3	7.1	11.6	8.3	41.3	14.7	12.1	9.8	いざなぎ景気
67	10.2	16.7	27.3	4.9	109.4	6.1	22.5	12.9	
68	9.6	18.1	27.5	8.5	0.6	22.3	12.6	13.4	
69	9.7	15.6	21.1	6.2	-25.3	19.9	14.3	10.8	
70	7.8	13.2	14.7	7.3	74.0	15.6	20.7	10.9	
71	7.3	3.7	4.5	14.0	-43.5	17.7	4.0	7.3	「円切り上げ」不況
72	9.2	17.9	5.6	9.2	-3.1	6.6	8.2	8.7	ゆるやかな回復
73	8.1	15.3	17.6	6.7	85.9	7.3	23.0	10.2	
74	1.6	-7.3	-11.1	-5.7	-0.9	21.2	12.2	-1.8	「石油ショック」不況

注：1)　70年価格の実質値．
　　2)　「政府支出」は「政府の財貨サービス経常購入」と「政府固定資本形成」の合計．
　　3)　『国民所得統計年報』（昭和50年版）より作成．ただし74年は速報値．

　すなわち，表1および表2から明らかなように，この1955～61年の期間は，民間設備投資の群を抜いた展開が有力な需要要因となってGNPの著しい高成長を達成した時期であり，とくに景気高揚期の56年，および60年，61年の民間設備投資増加率は記録的で，その後現在にいたるまで破られていない．しかし，2つの高揚期それぞれに展開した民間設備投資は，次にみるように，その背景と業種別構成において異なっている．

　戦後の全般的危機深化＝対米従属と日本資本主義自体の「内発的必至性」

から，いわば「一個の至上命令」となった重化学工業化は，その前提として，1930年代以降長期にわたって中断され，戦争によって破壊された固定資本設備の更新投資とともに，戦中・戦後を通じアメリカを中心として開発された新鋭技術を導入し，設備を革新・大型化・オートメ化する「近代化」投資の展開を迫っていた．さしあたって日本は前者の更新投資から開始していくが，それが軌道にのる前に朝鮮戦争が勃発し，日本の資本はきそって「特需かせぎ」に没頭したため本格的な固定資本設備の更新はその間おくらされた．こうして，基礎的生産設備の更新が本格的に開始され出すのは，1954～55年の時期に入ってからであり，その時期にそれと重なりあって戦後の技術革新投資（「近代化」投資）が同時並行的に進められていくのである[27]．1955～57年の民間設備投資ブーム（「神武景気」）は，このような設備投資の後発性と集中的必要性を背景としている．

しかしながら，この間の「神武景気」は，電力・鉄鋼などどちらかというと直接的生産力効果を生み出さない基幹産業部門における設備投資にリードされていた（図1）．そのため，投資の展開の中で，設備過剰＝市場問題としてはまだ発現せず，58年不況も，在庫調整にともなう小休止としてごく短期に終焉し，本格的な過剰生産恐慌とはならなかったのである．

だが，1959～61年の第2の高揚期（「岩戸景気」）に入ると，自動車，家庭電器，合成繊維，合成樹脂のような，加工度の高い新規消費財部門での設備投資が前面に登場し，さらにそれらの部門での投資の拡大が，機械，石油，鉄鋼，電力，運輸など関連諸部門の投資を誘発・累積させていく，いわゆる「投資が投資を呼ぶ」パターンの設備投資が展開していった．この第2の投資ブームの中で，鉄鋼・機械・化学を中心に本格的な重化学工業建設が進められ，新鋭産業部門を含む国際的に遜色のない産業構造が形成されていった．しかし同時に注目しておかなくてはならないのは，同じ過程が資本財関連部門，とりわけ基軸産業としての鉄鋼業に深刻な設備過剰・過剰生産の矛盾を累積させていったことである．

すでに示唆しておいたように，第1次高度成長を可能にした市場条件のひ

表2 需要要因別実質国民総支出の推移

需要要因 \ 暦年	実数（70年価格）					増加寄与率			
	55	61	65	70	74	55〜61	61〜65	65〜70	70〜74
個人消費支出	10,496	16,571	23,448	36,259	46,634	49.9	58.2	43.1	55.9
民間住宅投資	562	1,222	2,464	4,761	6,224	5.4	10.5	7.7	7.9
民間企業設備投資	1,237	4,616	5,641	14,195	16,393	27.8	8.7	28.7	11.8
政府支出	3,764	5,420	8,046	11,607	15,019	13.6	22.2	12.0	18.4
在庫品増加	610	1,482	784	3,031	3,057	7.2	▲5.9	7.6	0.1
輸出等	1,099	2,164	4,012	8,272	13,495	8.8	15.6	14.3	28.1
（控除）輸入等	867	2,408	3,514	7,491	11,631	12.7	9.4	13.4	22.3
国民総支出	16,901	29,066	40,880	70,635	89,190	100.0	100.0	100.0	100.0

注：表1に同じ．▲はマイナス．

 とつは，この間の設備投資が，その後発性と集中的必要性から第Ⅰ部門相互間に需要誘発作用をもたらし，いわゆる部門内循環のメカニズムが市場問題を外に発現させなかったところにある．しかしながら「岩戸景気」となって現われた第2の投資ブームは，新規消費財を中心として第Ⅱ部門にまたがるものであり，それとの関連のもとに第Ⅰ部門，とりわけ資本財関連産業の急迫的投資を呼びおこすという，最終的に個人消費や輸出によって補塡されない限り需給のバランスがくずれ，必然的に設備過剰・過剰生産の矛盾を累積させるような設備投資を進行させていった．

 もうひとつ第2の投資ブームで無視できないのは，この間の民間設備投資が，1958年に端を発するドル危機，その中で表面化したアメリカによる日本市場の門戸開放要求，すなわち「自由化」を背景としている点である．とくに，戦後になって移植的に創設された新規消費財部門（家庭電器，自動車，化学製品等）は，「自由化」による脅威に直接さらされたため，その設備投資は急迫性をもっていた．それは，まさに国内消費需要を顧慮することなく進められたために，それらの部門における生産と消費の矛盾，すなわち市場問題を異常に尖鋭化していかざるを得なかったのである．

 かくして，「岩戸景気」を通じて在庫品が激増し，とくに経済成長率において戦後最高の14.4％を記録した1961年において，在庫品増加も対前年

構成比 (単位：10億円，％)				
55	61	65	70	74
62.1	57.0	57.4	51.3	52.3
3.3	4.2	6.0	6.7	7.0
7.3	15.9	13.8	20.1	18.4
22.3	18.6	19.7	16.4	16.8
3.6	5.1	1.9	4.3	3.4
6.5	7.4	9.8	11.7	15.1
5.1	8.3	8.6	10.6	13.0
100.0	100.0	100.0	100.0	100.0

139.2％の高まりをみせ，国民総支出の中での構成比5.1％と，これまた戦後最高を記録するのである（前出表1，2参照）．

ともあれ，第1次高度成長が，重化学工業部門を中心とした異常ともいえる設備投資の展開に牽引されたものであり，この時期が復興期（1950～55年）と異なって第Ⅰ部門＝生産手段生産部門が生産上昇の主導性を獲得するに至った段階」[28]であることは，以上の考察からして全く明らかである．確認の意味で表にかえってみると，この間（1955～61年）の国民総支出の増加に対する民間企業設備投資の寄与率は27.8％にも達し，かくして1955年に7.3％を占めていたにすぎなかった国民総支出構成における民間設備投資の比重は，1961年になると一挙に15.9％の高さにまで駆け上り，国内市場での地位を確固なものとしていったのである．こうして，第1次高度成長期の市場形成は，一口にいって「設備投資主導型」ということができる．

だが，この点を過度に強調するあまり，その間の民需の成長に注目しないのは正しくない．民間設備投資の発展からみると格段にそのテンポは劣るとはいえ，『国民所得統計』のうえでは，個人消費支出と民間住宅投資を構成部分とする民需（＝国内消費財市場）は，第1次高度成長期を通じ安定的で着実な成長をとげている．とくに注目される点は，個人消費支出が不況期においても中断されることなく増大し，その伸びは国民総支出のそれさえをも上回り，設備投資の減少にともなう景気後退を下支えするうえで，重要な役割を担っていることである（たとえば，58年不況期においては国民総支出の対前年増加率5.6％に対し，個人消費支出のそれは7.2％に達する〔前出表1参照〕）．同様なことは民間住宅投資についてもいえる．このようなことは，戦前，個人消費が景気変動と密接な関連を有し，不況期においてはしばしば実質賃金，実質所得の下落をともなって消費需要を減退させていた事実を想

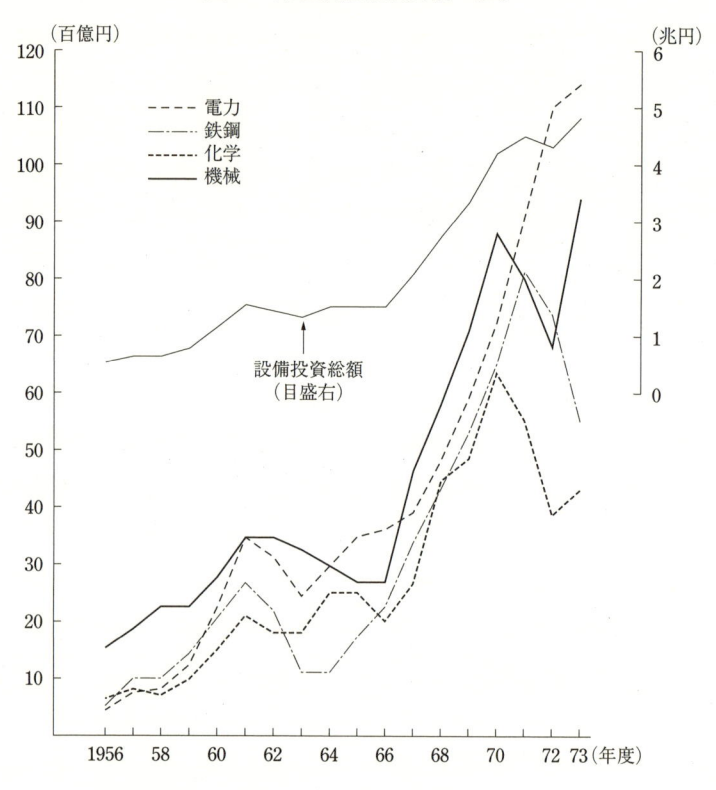

図1 業種別設備投資額の推移

(百億円) ／ (兆円)

凡例：電力、鉄鋼、化学、機械

設備投資総額（目盛右）

注：1) 通産省調査.
2) 支払ベースの実績.
3) 経済企画庁『経済要覧』(1972, 1975年版) より作成.

起するならば，たいへんな変化であり，まさに戦後段階の特徴といえる．

ところで，第1次高度成長期——その後の時期においても同様であるが——に，このような安定的で着実な民需の成長がみられたのは，いかなる理由によるのであろうか．第1に，その間の高度経済成長と労働力需要の増大が，賃金と所得の向上に一定の有利な条件を与えたことは明らかである．だが第2にわれわれの観点から強調しておいてよい点は，この間の一定の繁栄の中で，戦後民主化を通じ人民の側で獲得した諸成果——労働改革，農地

改革，人権思想等――が一挙に開花し，有形・無形の運動となって体制に一定の譲歩を迫ったことである．とくに，1955年の「春闘方式」を契機に定着した継続的賃金闘争，農業生産力の「戦後段階」的飛躍と米価闘争，60年安保闘争にみられる民主勢力の結集等，人民の民主主義的運動は着実に前進していった．またこの間，国民の生活様式が欧米型に大きく変化していき，これが民需の成長に一定の作用を及ぼしている．このことは，一面で国内市場の拡大をねらった資本による社会的強制であり，消費生活に一定のゆがみを生み出しているが，他面でそれは，戦後民主化を経ることによってはじめて市民としての自己を主張するようになった，国民の生活向上欲の現れであり，一定の積極性をもっているということができる．

　このようにこの間の民需の成長は，ひとつには戦後民主化の積極面の現れであり，一定の評価を与えることができる．しかし第1次高度成長が，こうした民需の成長に支えられて展開したものでなく，戦後危機＝従属体制に規定された重化学工業建設，その達成をめざして異常ともいえる猛烈さで展開した民間設備投資を起動力としていたことは，すでにみたとおりである．かくして，第1次高度成長期を通じ，国民総支出の中で民間設備投資の比重が急角度で高まっていくのとはうらはらに，個人消費の比重が間断なく低下していき，1955年に62.1％であったその比重は，1961年になると57.0％まで落ち込むのである（しかし民間住宅投資は3.3％から4.2％に増加〔以上，前出表2参照〕）．そして，このような生産能力の拡大と民需の相対的狭隘性との間の矛盾を基本的にかかえながら，日本資本主義は，1962年以降「高度成長」期になって最初の停滞局面――第1次転型期――を迎えるのである．

(2) 第1次転型期（1962～65年）

　62年不況（「転型」不況）は，鉄鋼業における過剰蓄積＝「過剰滞貨」を軸とした過剰生産恐慌として発現した．製造業の操業率指数が対前年比で6.5％落ち込む中で，鉱工業生産指数も第3，第4・四半期に前期比マイナスを記録した（東洋経済『経済統計年鑑』昭和50年版）．前年にピークを迎えた

在庫投資は，1962年になると大幅なマイナスを示すようになり，また1960～61年と40％を前後した前年増加を記録し，まさに過熱した状態にあった民間設備投資は，同じ1962年に前年比3.4％と様変わりの微増にとどまった．このように多くの指標が過剰生産恐慌としてのそれを示しているが，しかし同年のGNPは7.0％の増と，数字のうえでは1955～57年の「神武景気」に劣らない．こうして，62年不況は，結果的に軽微におわり，63年になるとゆるやかな回復に向かっていっただけでなく，64年にはGNPで13.2％の増と，その上昇率で「岩戸景気」時に近い水準までとり戻すのである（以上，前出表1参照）．

このように1962年以降の期間が，「転型期」あるいは「構造的過剰期」といわれながら，外観上はなだらかな成長を実現しているのは，いかなる事情によるのであろうか．

ひとつには，この間の民需の成長が，たとえば個人消費では62年9.5％，63年9.6％，64年11.6％（民間住宅投資では，それぞれ，13.5％，19.2％，26.6％）と，比較的高い水準を示し，景気を下支えするうえで大きな役割を果たしたことである．2つには，この時期は海外景気，とくにアメリカの景気の上昇期にあたり，対米輸出を中心として輸出が顕著な増加を示したことである．しかもその間の輸出増進をリードしたのが，のちにみるように，商品別では重化学工業製品であったため，同部門の過剰問題が一定程度緩和された．

しかしこの間の景気局面を決定的に規定しているのは，62年不況を乗り切る過程で定着した国家独占資本主義的諸機能の全面的発動である．鉄鋼業に対してなされた日銀の「滞貨融資」，および公定歩合操作をテコとした金融政策の発動はもとより無視しえない．だがそれ以上に重要なのは，直接有効需要を創出することによって，資本過剰・過剰生産の矛盾を回避することを目的とした，財政政策の全面的かつ大規模な発動である．

財政政策の「転型」を画する1962年度予算は，すでに61年の夏からはじまっていた62年不況の渦中で組まれることになったが，その一般会計の規

模は前年度比24.3%増の「超大型」予算（2兆4,000億円）であり，それまでの1兆円台予算を大きく拡大させるものとなった．中でも公共事業関係費は前年度比28.9%増と戦後最大の伸びを示し，一般会計でのその比重は18.9%にまで高められることになる（以上，大蔵省『財政統計』）．もっとも，こうした予算規模の増大は，1963年度以降，税の自然増収の停滞にともなって，伸び率においては1962年度ほどではなくなるが，公共事業費の弾力的拡大をテコとした，財政の景気調節者としての機能は，その後の財政の基調として，定着したとみてよいだろう．

だが，こうした国家独占資本主義的諸機能の大規模な発動にもかかわらず，資本過剰・過剰生産の矛盾は解決せず，むしろその範囲を第Ⅰ部門から第Ⅱ部門へと拡大していったのである．とくにIMF8条国移行，OECD加盟のなされた1964年，機械・化学両部門を中心として再度の設備投資の高揚がみられるが（前出図1参照），その過程で過剰生産は主要産業部門で全般的に深化するにいたり，65年不況による矛盾解決が迫られることになるのである．

すでに1964年に，過剰問題を背景とした株価の低迷，企業収益の悪化，中小企業倒産の増大など不況の兆候がみられたが，こうした傾向は，同年末以降本格化した金融緩和政策の中でも，いっこうに衰える気配をみせないどころか，むしろ激化していった．1965年3月の山陽特殊製鋼の倒産を契機としたダウ1,100円の大台割れ（5月28日）から，山一証券が倒産寸前においこまれたのは，65年不況の象徴的事件である．山一証券の倒産は，昭和初頭の金融恐慌以来の日銀の無担保融資によって，かろうじて回避することはできたが，半面で中小企業倒産の激増をおさえることができず，1965年度の企業倒産件数は6,060件と記録的な数に達するのである（東京商工リサーチ『興信特報』）．

主要な景気指標をみてみよう．製造業はほぼ全体にわたって生産調整＝減産体制に入ったが，市況はいっこうにもちなおさず，鉱工業の生産者出荷指数は1965年の年間で前年比4.0%の停滞を記録，これに反比例して製品在庫

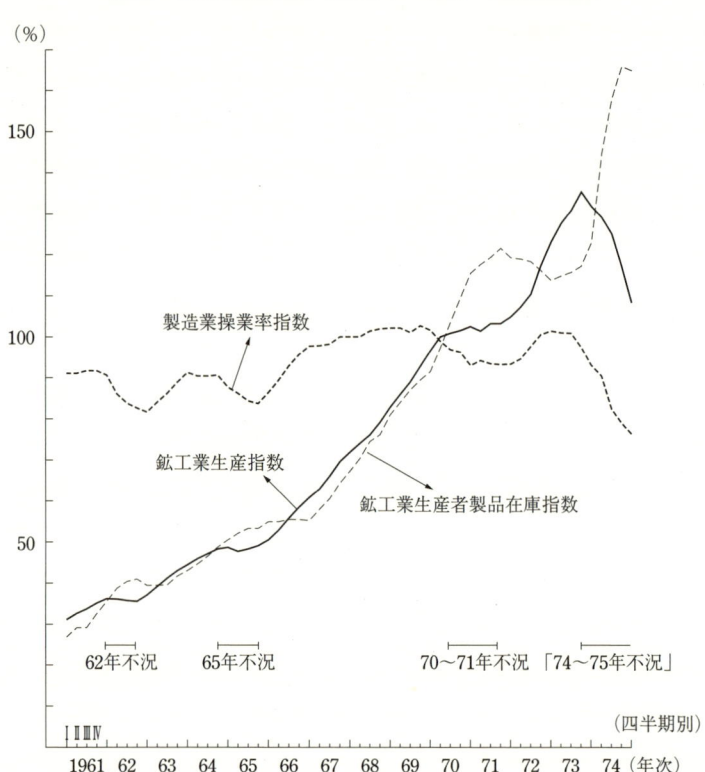

図 2 主要景気指標(1970年＝100,季節調節値)

[グラフ:製造業操業率指数,鉱工業生産指数,鉱工業生産者製品在庫指数。62年不況,65年不況,70〜71年不況,「74〜75年不況」。1961〜74年(四半期別)]

注:東洋経済『経済統計年鑑』(昭和49,50年版)および同『月報』より作成.

指数が増加(前年比13.4%)していく中で,鉱工業生産指数は1965年の第2・四半期で前期比0.8%のマイナス,年間では3.8%の微増にとどまった(東洋経済『経済統計年鑑』昭和50年版,および図2の主要景気指標参照).需要要因別では,個人消費支出が年間で5.6%の増,民間設備投資がマイナス6.4%で,それぞれ「高度成長」期になって最低の伸びないし減少を示し,GNP(＝国民総支出)では5.1%増と,58年不況を上回る停滞となって現われるのである.

以上から,65年不況(「構造」不況)は,1955〜61年の「独占資本の強蓄

積の展開過程と、その過程で累積された設備過剰・過剰生産の矛盾の、国家独占資本主義的諸機能の全面的な発動によるなしくずし的対応策の展開過程との、いわば総決算として展開をみたところの、日本における循環性恐慌にほかならなかった」[29]ことは、明らかである。そして、このような性格をもった戦後最大の本格的不況に対し、国家独占資本主義はいかなる対応策をとったか、次に概観しておこう。

第1は、税収の停滞を公然たる赤字公債の発行によって補った、財政政策の全面的かつ機動的な展開である。

すでに1965年の夏から政府は、財政支出や財政投融資の繰り上げ支出を行なうことによって、公共事業費を中心とした有効需要の創出をはかっていったが、それは焼石に水で、ついに同年度の補正予算で財政法の特例法を制定し、実績1,972億円の「建設公債」（赤字公債）の発行にふみきるのである。そして、明らかに65年不況の意識的脱却をねらって編成された1966年度予算は、その当初の一般会計総額で前年度にくらべ17.9％の増となり、伸び率で1962年度予算にせまる超大型を実現しただけでなく、財政投融資計画では戦後最高の25.1％の増加となっている。加えて、前年度補正予算に引き続き赤字公債が発行され、その金額は実績で実に6,656億円にものぼったのである。

第2に、輸出拡大をテコとした国外市場への本格的進出である。

輸出はすでに1964年に前年比で22.4％の増を記録、従来の水準を大きく超えていたが、1965年にはさらに増勢を強め、実に26.7％増と驚異的な伸びを示すのである（大蔵省『外国貿易概況』）。これは、一面でアメリカのベトナム侵略戦争の拡大にともなって直接・間接の特需が激増し、これに触発されてアメリカおよび東南アジア向け輸出が急上昇したためである。だが、このような輸出の急展開を支えた国内的条件は、第1次高度成長期を通じて確立した産業構造の重化学工業化を基礎に、60年代前半、輸出品構成の急速な重化学工業化が進展したことにあるといってよい。1960年には産業構造の重化学工業化率（製造業の出荷額構成）56.3％に対し、商品別輸出構成

表3 産業構造の重化学工業化
(単位:%)

産業別	1960	1965	1970	1973
重化学工業	56.3	56.7	62.2	59.2
化　　学	11.8	12.3	10.6	10.2
金　　属	18.8	17.8	19.3	18.6
機　　械	25.7	26.6	32.3	30.4
軽 工 業	43.7	43.4	37.8	40.8
合　　計	100.0	100.0	100.0	100.0

注：通産省『工業統計表』の出荷額構成より作成．ただし1973年の数値は「工業統計概数表」による．

表4 商品特殊分類輸出構成
(単位:%)

商品類別	1960	1965	1970	1974
食　料　品	6.3	4.1	3.4	1.5
原　燃　料	2.2	1.5	1.0	1.4
軽工業品	47.0	31.9	22.4	13.4
重化学工業品	44.4	62.0	72.4	82.2
そ　の　他	0.4	0.6	0.8	1.5
総　　計	100.0	100.0	100.0	100.0

注：大蔵省『外国貿易概況』より作成．

では重化学工業品がまだ44.4%を占めていたにすぎず，そこに「産業構造と輸出構造の乖離」[30]といわれるような現象が存在していたのであるが，1965年にはそれぞれ56.7%，62.3%と輸出構成も完全に重化学工業化したのである（表3，表4）．

さて，こうした2点にわたる国家独占資本主義の対応をテコに，1966年以降景気は急速に回復し，循環の新しい局面に入っていくのであるが，ここで表2にたちかえって，第1次転型期として一括される1962～65年の市場形成の特徴を整理しておこう．

この間は両端が不況で区切られ，年成長率は逆U型の変動を示したわけであるが，平均すれば9%近い年平均成長率を達成しており，依然として「高度成長」期にあることに変わりない．1961年を基準年として65年までのGNP成長率をみると，40.6%に達し，やはりそれは国際的にみて異例な高さといわなくてはならない．だがこの間のGNPの成長を需要要因別にみると，そこに第1次高度成長期とは異なる2～3の特徴をみることができる．

すなわち，1961～65年間のGNP増加寄与率をみると，個人消費支出（58.2%），政府支出（22.2%），輸出（15.6%）の順であり，第1次高度成長期に個人消費に次いで27.8%の増加寄与率を誇っていた民間設備投資は，第1次転型期になると一転落伍して8.2%まで下がるのである．かわって前面に出たのが政府支出と輸出であり，それぞれ国民総支出での比重を高めてい

った．しかし，ここで無視できないのは，第1次高度成長期と同様，民需の地位である．第1次高度成長期では，個人消費が着実で安定した成長をとげたにもかかわらず，GNPが民間設備投資に牽引されてそれ以上の成長を実現したことにより，個人消費の比重は低下していった．だが第1次転型期では，個人消費の伸びは全体としてGNPのそれを上回り，わずかではあるが国民総支出の中での比重を高めているのである（1961年の57.0%から1965年の57.4%に）．同様なことは民間住宅投資にもみられ，これを含めると，第1次転型期における総需要拡大の70%近くが実に民需によって占められているのである．このようにこの期における市場形成は，民需・財政・輸出の発展によって特徴づけられている．だが輸出の国民総支出での比重はまだ小さく（1965年で9.8%），この点を考慮するならば，この期の市場形成は「民需・財政主導型」と呼ぶのが適当なようである．

このように，この期には第1次高度成長期の「設備投資主導型」の市場形成から，明らかな「転型」をうかがうことができるわけであるが，こうした「転型」は経済構造・経済政策の面にも現われた．いまそれらすべてを詳述する紙数はないが，われわれの課題からいって見落とすことができないのは，この間，相次ぐ企業合併，中小企業の倒産の中で独占資本の支配体制が強化されていく半面で，直接には労働力流動化政策でありながら，一応産業諸部門間の格差是正を意図する構造政策，およびこれと密接な関連をもった地域開発政策が体系化され，開始されたことである．そこに，この間表面化した市場問題を基礎に，さまざまな部面で派生した諸矛盾を緩和し，矛盾の先取り「解決」を行なおうとする国家独占資本主義の姿をみるのは，はたして誤りであろうか．

(3) 第2次高度成長期（1966～70年）

国家独占資本主義的諸機能の全面的かつ大規模な発動と輸出の好調に支えられて，65年不況も同年秋に底を越え，爾来，日本経済は1970年夏にいたる戦後最長（57カ月）の繁栄局面（「いざなぎ景気」）に入っていく．経済

成長率は実質で，1966年9.8%，67年12.9%，68年13.4%，69年10.8%，70年10.9%と高位安定的に推移し，GNPの規模は1965〜70年間で1.7倍，鉱工業生産指数で2.1倍の拡大を記録した（東洋経済『経済統計年鑑』昭和50年版）．

　このような長期の繁栄局面を可能にした市場要因として，しばしば財政支出と輸出の作用が指摘されている．確かに国の予算規模は一般会計の歳出で1966年度19.8%，67年度14.7%，68年度16.1%，69年度16.5%，70年度18.4%と顕著な増加を示し（いずれも補正後，大蔵省『財政統計』），財政投融資計画の同様な伸びとあいまって，財政の有効需要創設機能はこの間完全に定着した．65年不況乗り切りの過程で発行された赤字国債も1967年度の実績7,094億円（歳入での比重13.4%）をピークに恒常化し，拡大した予算額の多くが，産業基盤投資，軍事費，「海外経済協力費」など，独占資本の市場拡大に役立つものにふりむけられた．

　一方，輸出は1966年15.7%，67年6.8%，68年24.2%，69年23.3%，70年20.8%と，1967年をのぞき高水準で推移した．この間の輸出拡大をリードしたのは，第1次転型期と同じく重化学工業品であり，輸出商品構成で1965年62.0%を占めていたその比重は，70年になると実に72.4%にまで高められた（前出表4）．これらの数字，62年不況および65年不況を通じて姿を露にした構造的過剰を打開し，価値実現をはかる場として，いまや国外市場が決定的に機能しはじめたことを意味している．

　しかし，この間の市場要因として財政支出と輸出のみに注目するのは正しくない．けだし，市場拡大の起動力は，この間とくに1967年以降，財政や輸出に誘発された面をもちつつも基本的に資本の生産性拡大の必要から進められた，民間設備投資の驚異的展開にあったからである．先の図1をみても，1967〜70年度の設備投資額の伸びには目をみはるものがあるが，これを数字であげると，1966〜70年度のわずか4年間の倍数で総額2.7倍，主要業種別のそれは機械が3.2倍，鉄鋼2.9倍，化学3.2倍，石油2.2倍と，「鉄鋼―機械」，「石油精製―化学製品」の2系列を中心に，まさに"モーレツ"な設

備投資が展開された.

　この時期の設備投資は,新産業・新生産工程導入を軸とした技術革新投資から,同じ技術的基礎上での生産設備の大型化・合理化投資に重点が移行した点において,それ以前と区別される特色をもっている[31].したがって,この過程を通じて,製造業を中心として供給力の顕著な拡大がはたされただけでなく,労働生産性の飛躍的な向上が実現されたのである.製造業の生産能力指数は,1965～70年で実に108.8％の伸びを記録した(1960～65年では72.9％〔『通産統計』〕).また,日本生産性本部調べの「労働生産性指数」は,1960～65年間の44.4％から,1965～70年間には87.6％へと前期のほぼ2倍近い伸びを達成した(日本銀行『経済統計年報』昭和50年版).こうした供給力の拡大,労働生産性の向上が,主に重化学工業部門を中心としてなされたことはいうまでもない.戦後日本資本主義において「一個の至上命令」であった産業構造の重化学工業化は,第1次高度成長期に一応の定着をみたあと第1次転型期で足踏みを続けていたが,この時期——第2次高度成長期——になって,世界でも有数な構成をもって確立した(前出表3参照).先にみた輸出の急成長と輸出品構成の重化学工業化の背後には,こうした産業構造の重化学工業化にもとづく,国際競争力の決定的強化——とりわけ対米生産力格差の急速な縮小——があった.1968年以降の貿易収支の黒字累増,国際収支の黒字基調への転換の基礎が,ここに与えられる.

　他方で,合理化・省力化投資の展開は,独占資本に超過利潤を保証し,同部門の常用労働者の賃金を相対的に引き上げる条件を与えるとともに,労働力の反発・吸引を激しくし,全般的には雇用吸収力を鈍化させていく中において,支払総賃金を抑制していく.ここに,この間の民需を規定するひとつの要因をみることができる.

　表5でみられるように,1955年以降比較的なだらかに上昇してきた常用労働者の平均賃金は,1965～70年になって急激に上昇のテンポを早めていく.わずか5年の間に産業総合の名目賃金で2倍近く,実質では5割弱の上昇を実現した.製造業の上昇テンポは,さらに上回る.この背景には,もと

表5 平均賃金額と賃金指数

	平均賃金額 (千円)		現金給与総額指数 (1960年 = 100)			
			産業総合		製造業	
	産業総合	製造業	名目	実質	名目	実質
1955	18.3	16.7	76.1	82.1	74.4	80.4
56	20.0	18.3	81.8	88.0	81.4	87.5
57	21.3	19.3	85.6	89.3	84.1	87.8
58	21.2	19.2	88.2	92.4	86.1	90.3
59	22.6	20.8	93.6	97.0	92.6	95.9
60	24.4	22.6	100.0	100.0	100.0	100.0
61	26.6	24.8	111.3	105.7	111.5	105.9
62	29.5	27.3	122.7	109.1	122.0	108.5
63	32.7	30.2	135.8	112.2	134.6	101.4
64	35.8	33.1	149.4	119.0	148.9	118.6
65	39.4	36.1	163.7	121.1	161.8	119.8
66	43.9	40.5	181.3	127.6	180.6	127.2
67	48.7	45.6	202.8	137.3	204.4	138.4
68	55.4	52.7	230.4	148.1	234.8	151.0
69	64.3	61.8	266.4	162.7	273.3	167.1
70	74.4	71.4	311.5	176.2	321.6	181.6
71	85.1	81.0	357.3	190.6	366.2	195.1
72	98.5	93.6	414.0	211.1	423.5	215.7
73	120.4	116.3	503.7	229.9	523.6	238.6
74	151.7	146.5	636.4	233.5	662.2	242.4

注：1) 常用労働者30人以上を雇用する民官公営の全事業所（サービス業の一部を除く）における常用労働者1人当たり現金給与月額.
2) 安藤良雄編『近代日本経済史要覧』，178頁，8・59表に1974年の数字を付加して作成（原資料は労働省『毎月勤労統計』）.

よりこの間の高度経済成長と労働力需要の拡大があるが，それ以上に賃金引き上げを要求する労働者の組織化と運動の高揚があったことに注目すべきである．日本生産性本部『活用労働統計』によっても，このことは明瞭である（表6，表7）．1955年の「春闘方式」の開始以降，組織労働者の数は着実に増加し，労働条件の改善を求めて闘ってきた．とくに1965年以降，争議件数・参加人員ともひと回りの拡大をとげ，多少のジグザグをともないながらもその数を増大させていったことは，この間の労働運動の高揚をはっきりと物語る．こうして，資本は，1970年春闘にあたって新たな賃金決定原則と

して「生産性基準原理」を提唱するとともに，低賃金維持のために各種の労働政策を用意していかざるを得なくなったのである．

しかし，こうした常用労働者1人当たりの賃金水準の画期的上昇があった反面で，とくに大企業で優先的に進められた合理化・省力化投資の展開が，同部門における労働力の反発・吸引を激しくし――具体的には中高年齢熟練労働者の解雇と単純労働に適した若年労働者の雇用――，全体として支払総賃金が抑えられていく中で，賃金水準も一般に否定的影響を受けざるを得なかった．第1に，60年代前半を通じて相対的に縮小してきた企業規模別賃金格差は，こ

表6 労働組合の推移

	組合数	組合員数	推定組織率
		千人	%
1955	32,012	6,286	35.6
56	34,073	6,463	33.5
57	36,084	6,763	33.6
58	37,823	6,984	32.7
59	39,303	7,211	32.1
60	41,561	7,662	32.2
61	45,096	8,360	34.5
62	47,812	8,971	34.7
63	49,796	9,357	34.7
64	51,457	9,800	35.0
65	52,879	10,147	34.8
66	53,985	10,404	34.2
67	55,321	10,566	34.1
68	56,535	10,863	34.4
69	58,812	11,249	35.2
70	60,954	11,605	35.4
71	62,428	11,798	34.9
72	63,718	11,889	34.4
73	65,448	12,098	33.2
74	67,829	12,462	34.2

注：安藤良雄編『近代日本経済史要覧』，178頁（原資料は日本生産性本部『活用労働統計』1969年版，1975年版）．

の間（1965～70年）再び拡大していった（表8）．第2に，常用労働者の雇用の伸びは，60年代前半の半分以下に抑えられ（1960～65年40.7％，1965～70年19.0％），これを反映して日雇労働者等のその伸びがこの間ほとんどみられなかった．こうして日雇労働者等の賃金の伸びは，60年代前半とは逆に常用労働者のそれを下回った（表9）．以上の点は，大企業の合理化の結果として「反発」された中高年齢労働者の大部分が中小零細企業に再雇用され，一部が臨時雇い，日雇いになっていくとしても，その雇用の場はせまく，一般に低賃金を余儀なくされていることを示している．それ以外に，統計にはあらわれにくい，零細企業の労働者，農家の出稼ぎ，婦人のパートタイマー・家内労働者，失対労働者など，滞留する低賃金・不安定労働者群の存

表7　労働争議件数・参加人員

	総争議		争議行動を伴う争議		作業停止争議		労働損失日数
	件数	参加人員	件数	参加人員	件数	参加人員	
		千人		千人		千人	千日
1955	1,345	3,748	809	1,767	659	1,033	3,467
56	1,330	5,263	815	1,605	646	1,098	4,562
57	1,680	8,464	999	2,345	830	1,557	5,652
58	1,864	6,362	1,247	2,537	903	1,279	6,052
59	1,709	4,682	1,193	1,918	887	1,216	6,020
60	2,222	6,953	1,707	2,335	1,063	918	4,912
61	2,483	9,044	1,788	2,128	1,401	1,680	6,150
62	2,287	7,129	1,696	1,885	1,299	1,518	5,400
63	2,016	9,035	1,421	1,781	1,079	1,183	2,770
64	2,422	7,974	1,754	1,634	1,234	1,050	3,165
65	3,051	8,975	2,359	2,479	1,542	1,682	5,669
66	3,687	10,947	2,845	2,293	1,252	1,132	2,742
67	3,024	10,914	2,284	1,271	1,214	733	1,830
68	3,882	11,758	3,167	2,340	1,546	1,163	2,841
69	5,283	14,483	4,482	3,071	1,783	1,412	3,634
70	4,551	9,137	3,783	2,357	2,260	1,720	3,915
71	6,861	10,829	6,082	3,623	2,527	1,896	6,029
72	5,808	9,630	4,996	2,657	2,498	1,544	5,147
73	9,459	14,549	8,720	4,929	3,320	2,235	4,604

注：表6に同じ，179頁．

在を想起するならば，一方で組織労働者を中心とした運動の高揚と成果が着実に生まれていっているとしても，なお日本に伝統的な低賃金の壁を破れず，逆に資本による労働者の格差・分断攻勢が強まっていることを，はっきりと確認しておく必要がある．

　この間の民需を規定するいまひとつの要因は，農林漁業・商工サービス業に群生する自営業者の所得動向である．

　総理府『労働力調査』によれば，「自営業主」は，雇用者数の顕著な増大にともなって，就業者の中でのその比重を漸次低下しつつあるが（1960年23％，1970年19％），1965〜70年の期間については絶対数でわずかながら増加の傾向を示した．これを産業別にみると，農林業の「自営業主」が一貫して減少していく反面で非農林業，すなわち商工サービス業等従事の「自営

第3章 日本資本主義の市場問題　　　159

表8 企業規模別賃金格差（製造業常用労働者）
(単位：％)

	500人以上	100〜499人	30〜99人	5〜29人
1960	100.0	70.7	58.9	46.3
	100.0	73.6	65.8	54.2
65	100.0	80.9	71.0	63.2
	100.0	83.7	78.3	72.6
70	100.0	81.4	69.6	61.8
	100.0	83.4	76.2	71.4
74	100.0	82.5	70.8	59.8
	100.0	84.1	76.5	69.9

注：1）上段は現金給与総額，下段はきまって支給する給与．
　　2）労働省『労働白書』1975年版より作成（原資料：労働省『毎月勤労統計』）．

表9 雇用形態別賃金および雇用指数（調査産業計）

	常用労働省			日雇労働者等	
	月額給与総額 （円）	うち定期預金 （円）	雇用指数	現金給与日額 （円）	雇用指数
1960	(100.0) 24,375	(100.0) 19,617	100.0	(100.0) 471	100.0
65	(161.5) 39,360	(157.7) 30,936	140.7	(171.1) 806	122.2
70	(305.4) 74,436	(284.8) 55,862	167.5	(305.3) 1,438	124.4
74	(622.3) 151,694	(558.1) 109,473	173.7	(587.3) 2,766	101.6

注：1）常用労働者30人以上を雇用する民官公営の全事業所（ただしサービス業の一部を除く）．
　　2）日本銀行『経済統計年報』各年版より作成（原資料：労働省『毎月勤労統計』）．

業主」が，1965年以降逆に増加しつつある（表10）．就業者総数の中での「自営業主」の地位の低下を反映して，国民所得の分配においても「個人業主所得」の比重は低下しつづけている．1955年に37.1％を占めていたその比重は60年には26.5％，70年には19.6％へと低下した（表11）．しかし，60年代になっての低下のテンポは緩慢であり，先ほどの「自営業主」数の

表10　従業上の地位別就業者数

(単位：万人，括弧は構成比)

		1960		1965		1970		1973	
全産業	総数	(100)	4,336	(100)	4,730	(100)	5,094	(100)	5,233
	自営業主	(23)	1,006	(20)	939	(19)	977	(18)	966
	家族従業者	(24)	1,061	(19)	915	(16)	805	(13)	663
	雇用者	(55)	2,370	(61)	2,876	(65)	3,306	(69)	3,595
農林業	総数		1,273		1,046		842		656
	自営業主		456		394		353		312
	家族従業者		723		593		451		314
	雇用者		94		59		29		29
非農林業	総数		3,164		3,684		4,251		4,577
	自営業主		550		545		614		655
	家族従業者		338		322		354		349
	雇用者		2,276		2,817		3,277		3,565

注：1）本表は昭和42年9月調査内容改正前の系列を改正後の系列に接続するよう補正したものであり，合計は必ずしも一致しない．
　　2）1973年は沖縄を含む．
　　3）総理府『労働力調査報告』より作成．

表11　国民所得の分配所得

(単位：%)

暦年	国民所得	雇用者所得	個人業主所得	個人財産所得	法人留保	その他	(控除)政府・消費者負債利子	(参考)法人所得
1955	100.0	49.6	37.1	6.8	3.1	4.4	0.9	7.9
60	100.0	50.2	26.5	9.8	7.5	6.9	0.8	14.4
65	100.0	56.0	23.4	11.6	3.7	5.9	0.7	10.6
70	100.0	54.5	19.6	11.7	8.3	7.1	1.1	15.5
73	100.0	60.2	18.7	12.5	3.0	7.1	1.6	10.1

注：経済企画庁『国民所得便覧』（1975年）より作成．

「逆転」傾向とともに，自営業者の所得動向は，民需の趨勢にとってなお無視しえない規定要因となっているといわなくてはならない．

表12から『国民所得統計』における「個人業主所得」の推移をみてみよう．もともと自営業者の所得とくに商工サービス業等自営業者のそれは，労働者の賃金以上に，景気の変動と密接した動きを示すが，そのことは表からもある程度うかがえる．すなわち，おおよそ「第1次転型期」にあたる

1960～65年においては,「その他」(商工サービス業等自営業主)の「個人業主所得」の伸びは,「雇用者所得」のそれを大きく下回る.しかし,1965～70年にかけての「第2次高度成長期」になるとこの傾向は逆転し,わずかではあるが「その他」の「個人業主所得」の伸びが上回るようになる.こうした動きは,表10の「自営業主」数,「雇用者」数の趨勢を加味するとさらに拡大してあらわれるわけであり,ここで対象としている1965～70年については,商工サービス業等自営業者の1人当たり所得は明らかに労働者のそれを上回って向上していった.

だが,農林水産業を含めた「個人業主所得」全体でみると,この間,総額はもちろんのこと,1人当たりのそれについても,「雇用者所得」の伸びを下回っている.その原因は表からも明らかなように,1968年以降,農林水産業の「個人業主所得」が一転して低迷さらには減少へと推移し,これが「個人業主所得」全体の重石となっているためである.もとより,1968年以降の農林水産業の所得動向は,その時期より始まった米価据置きと減反の影響によるものである.こうして,第2次高度成長期の繁栄とはうらはらに,自営業者の所得動向は,農業のそれに規定されて,他との比較のうえでは概して停滞的であった.さらに,この間の消費者物価の上昇(全国,1965～70年30.3%)を控除して考えるならば,この間の自営業者所得が,いかに民需全体への足かせとなっているかを知るのは容易である.

最後に,上述の検討をふまえて,再び表2より第2次高度成長期における市場形成の特徴を整理しておこう.

需要要因別国民総支出の増加寄与率を一見すると明らかなように,第2次高度成長期(1965～70年)のそれは,第1次高度成長期(1955～61年)のそれと非常に近似した構成をとっている.すなわち,第1次高度成長期と同じく民間設備投資が市場拡大の起動力として作用し,その国民総支出の増加に対する寄与率(28.7%)は,わずかではあるが第1次高度成長期のそれ(27.8%)を上回っているのである.これに比較して個人消費支出の増加寄与率は,第1次転型期(1962～65年)のそれからみて格段の落ち込みを示

表12　個人事業主所得の推移

	実　額			増加率			
	個人事業主所得計	農林水産業	その他	個人事業主所得計	農林水産業	その他	雇用者所得
	(10億円)	(10億円)	(10億円)	(%)	(%)	(%)	(%)
1955	2,636	1,456	1,180	—	—	—	—
60	3,393	1,625	1,768	—	—	—	—
65	5,997	2,398	3,599	10.8	14.8	8.3	16.1
66	6,654	2,710	3,944	11.0	13.0	9.6	14.4
67	8,012	3,333	4,679	20.4	23.0	18.6	15.5
68	9,381	3,470	5,911	17.1	4.1	26.3	16.7
69	10,364	3,447	6,917	10.5	-0.7	17.0	16.0
70	11,161	3,538	7,623	7.7	2.7	10.2	20.8
71	11,791	3,374	8,417	5.6	-4.6	10.4	18.7
72	13,526	3,886	9,639	14.7	15.2	14.5	16.2
73	16,763	4,994	11,769	23.9	28.5	22.1	26.2
55～60年増加率	—	—	—	28.7	11.6	49.8	82.5
60～65年増加率	—	—	—	76.7	47.6	103.6	123.0
65～70年増加率	—	—	—	86.1	47.5	111.8	116.2

注：経済企画庁『国民所得統計年報』(昭和50年版)より作成．ただし，参考として掲げた1人当た用者所得」を労働省『労働力調査』における「自営業主」数，「雇用者」数でそれぞれ除したも

すのみならず，第1次高度成長期のそれさえも下回るのである．だが民間住宅投資にかぎっては，第1次高度成長期の増加寄与率を上回る．

　第1次高度成長期と異なるもうひとつの点は，輸出の寄与率が増大したことである．ちょうど，個人消費支出の寄与率の落ち込みは，輸出のそれの増大によって相殺されている．これに対し，政府支出は，この間，財政支出の一貫した拡大があったにもかかわらず，国民総支出の増加にあまり寄与していない．これは，第2次高度成長期における国民総支出の伸びが，財政支出のそれをはるかに上回るものであったためと思われる．こうして，第2次高度成長期の終了する1970年においては，国民総支出の構成比で個人消費支出が51.3％ (1965年57.4％) へ，政府支出が16.4％ (同19.7％) へと，それぞれ低下した反面，民間設備投資が実に20.1％ (同13.8％)，輸出が11.7％

（参　考）		
国民所得	1人当たり 個人業主所得	1人当たり 雇用者所得
（％）	（千円）	（千円）
—	256	198
—	337	271
12.3	639	499
14.7	706	548
18.9	828	617
18.8	953	703
15.5	1,044	802
18.7	1,142	938
13.2	1,233	1,081
14.3	1,430	1,240
21.8	1,735	1,503
	（％）	（％）
80.2	31.6	36.9
99.8	89.6	84.1
122.2	78.7	88.0

り所得は，「個人事業主所得」および「雇
のである．

（同9.8％）へと比重を増大させた．ここに，1955年以降10数年にわたった「高度成長」がもたらした市場形成の到達点をみることができる．すなわち，民需の発展をおしとどめつつ展開した「設備投資・輸出主導型」の市場形成，がそれである．これは，単に第2次高度成長期の市場形成の特徴をあらわしているだけではない．戦後危機＝対米従属体制下の国家独占資本主義が存命を賭けて遂行した産業構造の重化学工業化と輸出の増進，その絢爛たる城楼を，市場という湖面に映し出したものに他ならない．しかし，この城楼は，最終需要としての民需を土台としていない限り，その建築物の重みに耐えかねていつかは瓦解していかざるをえない．1970年の秋風とともに，湖面に映し出された城楼は静かに揺れ始めていく．

(4) 第2次転型期（1971年以降）

　第2次高度成長の過程が，より拡大した規模での市場問題の醸成過程であり，したがって循環性恐慌としての総決算を迫る，第2の「転型」へのプロローグであったことは，これまでの説明である程度明らかにされたと思う．

　1967～69年の3カ年にわたって年平均20数％にものぼる旺盛な民間設備投資が展開され，生産能力が著しく拡大されてきたにもかかわらず，勤労諸階層の所得上昇が立ち遅れ，民需のバランスある成長がもたらされなかったという現実は，いかに輸出による最終需要の拡大があったとしても，必然的に資本過剰・過剰問題を激成していかざるを得なかった．これは，先の図2

の景気指標において，鉱工業生産者の製品在庫指数が，1967年以降急角度で上昇しつつあることからみても明らかである．

景気の屈折は1970年の第3・四半期に始まる．その期，鉱工業生産指数は前期比わずか1.3％の微増にとどまり，それまでの3～5％の水準を大きく下回った．これは，すでに同年のはじめより始まっていた操業率の低下を反映したものである．しかし，生産調整の実施にもかかわらず，在庫調整はいっこうに進まず，むしろ期を経るにつれてその指数は上昇していった（前出図2参照）．これは，その背景に，第2次高度成長の花形商品であった家庭電器・自動車など耐久消費財の需要鈍化，経過的には，すでに1969年の秋に始まっていたアメリカの景気後退と輸入規制に影響された対米輸出の一時的停滞，これら最終需要の低迷に規定された関連生産財・資本財における過剰生産の顕現があったためである．こうして過剰在庫を処理しえないまま不況は継続し，民間設備投資も大きく落ち込む中で，1971年の第2・四半期には，鉱工業生産指数も1965年第2・四半期以来6年ぶりに前期比マイナスを記録するにいたるのである．

このような不況の深化に対し，国家独占資本主義は，1970年10月以降計4次にわたる異常な低金利政策の発動（1971年7月には公定歩合は戦後最低の5.25％を記録）を行なうとともに，1971年前半期を通じ，財政投融資の追加実施や公共事業の繰り上げを行なうことによって対応した．だが，こうした財政金融政策の展開も当座の景気浮揚にあまり効果がなく，アメリカの輸入規制を乗り越え，ただひとり快調に突っ走っていた輸出のおしこみのみが，この間の恐慌過程の深化を食い止めていたのである．しかしながら，一方で不況の作用で輸入が停滞している中で，輸出のおしこみをはかることは，必然的に世界貿易の不均衡を拡大し，外貨の累増を招かずにはおかない．そして，周知のごとく，不況の底入れ感の強まっていた1971年8月，ドルの地位の復権をねらったニクソンの緊急対策が発表され，日本が円の変動相場制を強いられる中で不況は継続し，その回復は1972年まで持ち越さざるをえなかったのである．

第3章　日本資本主義の市場問題　　　　　　　　　　165

　1970〜71年不況からの回復は，スミソニアン合意（1971年12月）を契機
とした輸出の堅調とともに，1972年度補正予算で示された「超大型」の財
政政策によるところが大きい．ドル・ショックの渦中に組まれた1971年度
補正予算は，当初の計画を大幅に上回って5,000億円を超え，さらに法人税
の減収にともなう歳入不足を補塡するねらいをもって，実に7,900億円もの
国債増発（当初予算の発行額を合計した年度内の実績では1兆1,871億円，
国債依存率11.9％）に踏み切ったのである．この国債発行規模は，年度内の
実績としては，それまで最高であった1967年度の7,094億円を大きく引き
離すものであり，1971年度予算以降今日にいたる本格的な「借金財政」の
引き金となるものであった[32]．

　ともあれ，1972年初頭より景気はゆるやかな回復へと向かい，1973年に
は民間設備投資の一定の進展も生まれる中で表面的には活況を呈していった．
この間の景気の回復活況をもたらした需要要因で目につくのは，その前半が
政府支出であり，後半が民間設備投資である（前出表1）．だが，この間の需
要要因で決定的なのは，やはり民需の堅調である．1972年に個人消費支出
は，同年のGNPの増加率を上回る9.2％の成長をとげ，明らかに景気回復
を主導したのみならず，1973年にも政府支出，輸出の伸びを上回る8.1％の
成長を記録，景気を下支えするうえで決定的な役割を果たした．また，民間
住宅投資が，この2年間連続して10数％の伸びを実現したことも，大きく
作用している．こうした民需の伸長を可能にしたのは，第1に70年代にな
ってさらに高揚した労働運動を背景に実現した，労賃水準の上昇である（総
平均で1972年はじめて5ケタの上昇，73年には1万5,000円台の引き上げ
を実現〔詳しくは前出表5を参照〕）．第2に1968年以降，年間にわたって実
質的に据え置かれた低米価を打破し，要求にはほど遠いとはいえ1972年度
5.6％，1973年度14.9％の米価上昇をかち取った農民の運動，これに支えら
れた農業自営業者所得の一定の向上にある．商工サービス業等の自営業者所
得も，労働者，農民の購買力の増大が好影響を与えて，この間一定の向上を
みた（前出表12参照）．

しかしながら，こうした民需の堅調が，「設備投資・輸出主導型」の日本経済の転換をおし進め，「福祉型」の「安定成長」軌道を設定していったかというと，決してそうではない．「高度成長」期を通じて形成された，重化学工業に偏倚した巨大な生産力と，民需のなお圧倒的立ち遅れとの矛盾は，現行の国家独占資本主義のもとでは容易に解決されえない．それは，循環性恐慌による暴力的解決を必然的に迫るのである．1972年の回復過程の中で一時低下していった製品在庫指数は，1973年の第2・四半期以降，再び上昇に転じていく（前出図2参照）．こうして激成の度を強めていった市場問題は，直接には次の2要因を契機として1974年になって襲来した戦後最大の不況の中で，まさに暴力的決着をみるのである．

　第1は，1973年第1・四半期にはじまる狂乱的な物価上昇の継続，これによって体制的な危機を深めた国家独占資本主義が強いられた，景気抑制的財政金融政策の発動である．もともと狂乱物価といわれるものは，現行の独占価格体系と資本の投機性を基礎に，直接には，1971年不況とその回復過程において，第1に計5次にわたる超低金利政策が実施されたこと（1972年6月には公定歩合は戦後最低の4.25％を記録），第2に1966～67年を上回る巨額の国債発行に依存した超大型の財政政策が展開されたこと（1972年の国債発行額実績1兆9,500億円，国債依存率15.2％は戦後最高），第3に1971年の国際通貨危機に対して日銀が異常なドル買いに奔走したこと（同年の外為特別会計の散超は実に4兆3,556億円！）によって，大企業の手元にいわゆる巨額の過剰流動性が形成されたことに起因している．狂乱物価の進展は，このような過剰資金と投機行為によって促進されているものであるがゆえに，いっこうに衰える気配をみせず，国民の不満を募っていった．かくして，1973年4月，日銀は，物価抑制を名目としては初めての公定歩合引き上げに踏み切り，以後，5月，7月，8月と連続的に引き上げていっただけでなく，12月には次にみる石油危機への対策をも含めて，公定歩合を一挙に2％も引き上げ，実に9％という戦後最大の高金利・金融引き締め政策を実施することになった．また，1974年度予算でも，公共事業費の実質減を含む総

第3章　日本資本主義の市場問題　　　　　　　　　　　167

需要抑制策をとらざるをえなくなり，国家独占資本主義の財政金融政策は，1973～74年以降，一転して景気抑制的姿勢を強めていったのである．

　第2は，1973年10月，ペルシア湾岸6カ国による原油価格21％引き上げ決定にはじまる，周知の石油危機である．これはアメリカ系メジャーの対応によって倍加され，年明けに政府が石油・電力の15％供給削減を打ち出す中で，日本経済に深刻な石油ショックをもたらしていったのである．

　こうして，日本経済は1974年の第1・四半期以降急激な落ち込みに入り，しかもそのテンポは期を経るにつれ激烈さを増していった．そして，ついに1974年の実質GNPは戦後はじめてのマイナス成長（－1.8％）を記録するにいたる．

　今回の不況は，1975年の第2・四半期をもって底入れしたとみるむきもある．それはともかくとして，今回の不況——かりに「1974～75年不況」と呼んでおこう——が，戦後最大の循環性恐慌であることは，手にし得るあらゆる統計が示している．すなわち，製造業の操業率指数が1974年度に前年度比14.0％落ち込む中で，鉱工業の生産者出荷指数は前年度比8.7％の減，生産指数も同様に8.6％のマイナスを記録した．鉱工業生産指数は，ピーク時と比較すると実に20.7％の減少であり，その水準は1972年のそれまでに落ち込んでいる．一方でこうした生産の激減がありながら，在庫調整がいっこうに進展しないだけでなく，逆に1974年度の鉱工業製品在庫指数は，前年度比34.2％という驚異的な上昇を記録していった．これらの数字は，今回の不況が，その回復になお長期間を要することを雄弁に物語っている．

　また，『国民所得統計』の1974年暦年の速報値（実質）から「マイナス成長」の需要要因をみると（前出表1参照），輸出の目を見張る増加を例外として，あらゆる項目がマイナスか停滞を示している．とくに注目されるのは，これまで着実に伸長してきた民需が，1974年になって極端な落ち込みをみせたことである．個人消費はわずか1.6％の増加にとどまった．これは，1953年の統計発表以来，最低の伸びである．1955年以降一度もマイナスを記録したことのない民間住宅投資が，実に7.3％もの減少を示した．すでに

みたように，1955年以降4回にわたって経験したいずれの不況においても，民需は比較的安定した動きを示し，それが景気の回復に大きな寄与をなしてきた．しかし，今回の不況局面は明らかに様相を異にする．民需の落ち込みが不況をリードしているのみならず，その回復をも妨げているのである．他方で，輸出のみが急上昇していっている．

こうして，「1974～75年不況」の中で進展している市場の形成過程は，国家独占資本主義による市場再編の現局面の方向と，これに抗し勤労大衆がかちとるべき市場形成の展望を，ある程度投影しているといえる．最後にこれらの点について項をあらためて検討し，本章のむすびとしたい．

4. 市場再編の現局面と展望

今日，すなわち第2次転型期における日本資本主義は，スタグフレーションといわれるような重大な事態に直面しているが，その背景には，すでに明らかにされたように，2度にわたる高度成長（民間設備投資の民需を顧慮することなき大展開）を通じて累積された，市場問題の決定的深化がある．しかも，スタグフレーションのしわよせが勤労大衆に重くのしかかっていく中で，彼らは，そうした困難をもたらしたものが，戦後危機・対米従属の規定を受けた特殊な資本蓄積機構＝「高度成長経済」にあることを，はっきりと認識し，現体制への批判を急速に強めている．そのような意味では，今日はまさに危機の局面にある．

こうした危機の中で，日本の国家独占資本主義はどのような対応をしようとしているのであろうか．その点ではっきりと確認しておかなくてはならないことは，日本の資本主義が，決して「安定成長＝高福祉型」の経済に転換しようとしているのではない，ということである．確かに，高度成長政策がもたらした高物価，公害，過密・過疎などが，資本蓄積に一定の制約をもたらしていることは事実であるし，石油危機によって明らかとなった原料調達面での不安は，これまでのような「高度成長経済」を不可能にしているかに

第 3 章　日本資本主義の市場問題

みえる．しかし，「高度成長」期を通じて急成長し，日本資本主義の要部を占めるようになった部門は，機械・化学・金属など，一般に第Ⅰ部門に位置する重化学工業であり，これらの巨大化した生産のはけ口は，第Ⅱ部門の均衡的発展（したがってそれを支える民需の全面的発達）がない限り，政府資本形成を含む広い意味での設備投資の拡大と輸出の増進——すなわち「高度成長」型の発展——に求めていかなくてはならない．というのは，「高度成長」型の発展は，単に「戦後性」・「後進性」といった特殊事情が要請した経過的なものではなく，戦後における危機深化の中で，日本が資本主義国として存続しようとする以上，いわば運命的に要請されている方向だからである．

しかも，戦後の日本資本主義にこのような方向をとらせ，それを援助してきたアメリカ帝国主義の侵略的本性が変わらない以上，日本を「安定成長＝高福祉型」の資本主義国として転換させる埋由はなく，世界資本主義の矛盾の発現である石油危機・国際通貨危機にさいしても，アメリカ帝国主義は，社会主義・民族解放勢力との対抗上，最終的には日本を含む資本主義列強との協調を維持しようとしてきた．したがって，問題となるのは，日本の「高度成長経済」が破綻し，「安定成長＝高福祉型」の経済に転換しようとしているのかどうかということではなく，現局面の日本資本主義の危機の中で，どのようにして高度蓄積＝高利潤の取得を維持，さらには拡大しようとしているのか，すなわち，日本資本主義の再編の方向いかんということである．この点に関し，市場問題の深化に対応した市場再編の方向に限って言及するならば，それは概略次のようなものである．

第1は，第2次高度成長期を通じて，日本資本主義の拡大再生産軌道にすっかり定着した国外市場は，第2次転型期においてますます死活的な重要性をおび，市場再編のひとつの基調がこうした国外市場への進出にあるということである．この時期は，国際通貨危機・石油危機など，日本の輸出環境は決して有利なものでなかったにもかかわらず，輸出は第2次高度成長期以上のテンポで増大した（前年比で1971年24.3％，72年19.0％，73年29.2％，

そして74年には驚くなかれ50.4%の増).一般に,不況過程は輸出を促進し,とくに1974年におけるその爆発的伸びは,戦後最大の不況にともなう輸出ドライブによるものであるが,いずれにしても,市場問題の深化(商品過剰)を国外市場の拡大によって打開しようとする,日本資本主義の姿勢は明瞭である.

市場再編を国外市場への積極的進出に求めようとする日本資本主義の姿勢は,国内における過剰資本の形成を条件とした資本輸出の飛躍的展開の中にもみることができる.

たとえば,発展途上国への資本輸出——いわゆる「海外援助」額の推移をみてみよう.元来,「海外援助」の増大は,第2次転型期になって急にみられるようになったのではなく,すでに65年不況を契機に意識的に進められ,1970年の実績で18億2,400万ドル,GNP対比では0.93%まで到達していた.しかしながら,1965～70年間のそれは,まだ政府ベースが主で,民間ベースは大半が輸出信用(1年超)であった.1971年以降になると,その実績は71年で21億4,000万ドル(前年比17.3%増),72年で27億2,500万ドル(同27.3%増)と,1965～70年間に劣らない増加傾向を続けただけでなく,1973年には一気に前年比114.4%増,58億4,400万ドル(GNP対比1.41%)と,驚異の一言につきる増大を記録した.とりわけ目を見張らせるのは,この間の民間ベースによる直接投資の動向である.1970年には2億6,500万ドルと同年の援助総額の14.5%を占めるに過ぎなかった直接投資は,1971年3億5,600万ドル(前年比34.3%増),72年8億4,400万ドル(同237.1%),73年30億7,200万ドル(同364.0%増)と,1972年以降,文字通り爆発的な増加を達成し,73年では援助総額の実に52.6%まで躍進していった.こうして,日本は,すでに1971年,「海外援助」額では世界第2位の地位に達していたが,73年には3位以下を大きく引き離し,トップのアメリカにさえ急追するようになったのである(以上の数字は大蔵省『財政金融統計月報』1975年6月号による).

「海外援助」で明らかな最近の傾向は,日本の対外投資全体にもみられ,

1951～73年間の投資累計額102億7,000万ドルのうち,実に56.7％が最近の2年間に集中しているのである(東洋経済『経済統計年鑑』昭和50年版).

以上のような資本輸出展開の急追性は,第2次転型期に「遊休化」した,過剰資本処理の方向が奈辺にあるかを,実に雄弁に示してくれる.さらに,民間資本による発展途上国への直接投資の急増は,低賃金労働力調達というもともとの要求に加え,この期を通じて顕現した原燃料輸入の不安,公害型産業の国内立地の困難化などの事情によって,拍車をかけられたものとみることができるが,こうした諸傾向をもった資本輸出の展開は,現局面における市場再編の方向が,明らかに帝国主義的なそれであることを示している.

市場再編のもうひとつの基調は,国土全体の効率的分業化をめざす国内市場の再編である.これは産業構造,地域構造の両面において行なわれる.産業構造としては,重化学工業の発展・強化を前提とした「知識集約的産業構造」への転換,その中での一部中小企業・斜陽産業の切り捨て再編,農業の装置化・システム化と零細農民の賃労働者化,さらに流通システム化など,多様な側面にわたる.また,地域構造としては,北東・西南地帯への新重化学工業コンビナートの形成,内陸工業団地と地方中核都市の建設,農村工業化,北海道・東北・南九州の食糧基地化,これら広域分業体系を結ぶ交通・通信の全国ネットワーク化など,いずれも先の産業構造の再編と一体となって進められる[33].いま,これらの点について詳しく触れる余裕はないが,次の4点だけはどうしても指摘しておく必要がある.

第1に,産業構造・地域構造の再編は,それ自身,膨大な国内市場の拡大をもたらすが,あくまでそれは独占資本の投資の場の拡大であり,農業・中小企業にとっての市場拡大ではないということである.

第2に,産業構造の再編,地域構造の再編いずれも,システムとしての効率化が追求されており,したがって民間資本単独では不可能で,その実現のためには膨大な財政支出が必要とされていることである.

第3に,これらの国内的再編は,先に述べた国外市場への本格的進出,その下でつくり出される国際分業体制の帝国主義的再編と一体となった,国内

分業体制の組み換えを志向していることである.

　第4に,これらの過程では,資金的・技術的優位をもったアメリカ資本,およびアメリカ帝国主義のアジア戦略が大きなかかわりをもち,全体としては対米従属性を強めずにはおかないことである.

　このように,現局面における国内市場の再編は,国土全体を効率化し,国外市場進出に対応した,国内市場の拡大と徹底的合理化をはかろうとするものである.基本的に,これは分業の極限化と情報管理をテコとしたシステム化の論理に貫かれており,その中に,生産の社会化を極限までおし進めようとする現段階の国独資の姿勢をうかがわせている.しかしながら,すでに「高度成長」期を通じて独占の市場支配力は強大化し,組織化されているわけであるから,こうした「生産の社会化」の果実は,すべて彼らの手中に帰し,勤労大衆はただ効率的搾取対象としてのみ登場することになる.「少数の独占者たちの残りの住民にたいする抑圧は,いままでの百倍も重く,身にこたえ,耐えがたいものとなる」(レーニン)[34].

　いまや,勤労大衆が選択すべき市場形成の方向は明らかである.勤労大衆による民需の奥深い発展に裏打ちされた国内市場の均衡的成長,国外市場に対する自主性と平等性の回復,がこれである.しかし,その道は,決してこれまでの発展の分断のうえに再構成されるものではない.当面,それは,戦後民主化を起点に,一方で国独資による市場形成に対抗し,営々として積み上げてきた民需の発展強化として,そして,その道をふさぐものへの規制として,進められなくてはならない.こうして,われわれには,戦後民主化の諸成果と,その下で打ち出された民主主義的経済建設の方向を再整理し,それらを今日の段階——高度に発達し,社会化した資本主義の段階——で,いかに継承し,発展強化させていくのかという課題,すなわち民主的改革の内実を深めていく課題が要請されているとともに,戦後民主化を起点とした,底流としての民主主義的発展の到達点を整理し,それを多くの困難の中でおし進めてきた勤労大衆を励まし,彼らに確固とした展望を与える作業が必要とされている,といわなくてはならない.

第3章　日本資本主義の市場問題　　　　　　　　　　　　　　　173

注
1) 山田盛太郎「戦後循環の性格規定」専修大学社会科学研究所『社会科学年報』第1号, 1966年, 233-234頁.
2) このことは, 山田氏らの業績をいささかも傷つけるものではないし, われわれの分析自体多くの教えを受けている. 山田氏については, 前掲論文のほか, 『日本農業再生産構造の基礎的分析』, 1962年, 「戦後再生産構造の基礎過程」『社会科学研究年報』第3号, 1972年3月, 保志氏については, 『戦後日本資本主義と農業危機の構造』, 1975年, 等を参照のこと.
3) 大内力『日本経済論』上・下, 1963年, 同編著『現代日本経済論』, 1971年, 柴垣和夫『日本資本主義の論理』, 1971年, 参照. 大内氏は, 戦後改革について, 「国家独占資本主義の発展が改革の内容をなすような事態を用意しており, 改革はそれを一挙に前方におしすすめる役割を果すことによって, 国家独占資本主義にいっそう適合的な制度・体制がつくられた」と, 基本的に「連続性」のうえにとらえている (「戦後改革と国家独占資本主義」東京大学社会科学研究所編『戦後改革・1 課題と視角』, 1974年, 61頁). なお, われわれは, 1955年以降の諸画期を, 大内氏の表現を援用して, 「第1次高度成長期」, 「第1次転型期」等と呼んでいるが, その性格把握については大内氏と異なる.
4) 井汲卓一・今井則義・長洲一二編『現代日本資本主義講座』1〜3巻, 1966年, 正村公宏『現代日本経済論』, 1971年.
5) 玉垣良典『日本資本主義構造分析序説』, 1971年, 参照. なお, 同書に対する批判としては, 守屋典郎「戦後日本資本主義と再生産構造の研究について」『経済』1971年12月号, および島崎美代子「戦後日本資本主義論」金子ハルオ編『講座マルクス主義研究入門・3 経済学』, 1974年, を参照のこと.
6) 渡辺洋三「戦後改革と日本現代法」(東京大学社会科学研究所編『戦後改革・1 課題と視角』, 1974年, 所収), 105頁.
7) 同上 106頁.
8) 同上 105-108頁.
9) 同上 109頁.
10) 同上.
11) 同上 110頁.
12) 同上 136頁.
13) 山田盛太郎「農地改革の歴史的意義」東京大学経済学部創立30周年記念論文集『戦後日本経済の諸問題』, 1949年, 139頁.
14) 「農地改革についてのGHQ覚書」安藤良雄編『近代日本経済史要覧』, 1975年, 148頁.
15) W. I. ラデジンスキー「日本の農地改革」農政調査会『世界各国における土地制度と若干の農業問題』その1, 1952年, 10頁.
16) マルクス『資本論』, 長谷部訳, 青木書店版, 第3部下, 1136頁.

17) 同上.
18) 野村平爾『日本労働法の形成過程と理論』, 1957年, 3-5頁.
19) 今村成和『独占禁止法』法律学全集52, 1961年, 10頁.
20) 同上 9頁.
21) 同上 14-15頁.
22) この報告書の作成には, 山田盛太郎・井上晴丸・近藤康男・宇野弘蔵・有沢広巳らの諸氏が参画している. 同報告書による日本経済再建の基調は「日本ノ有スル現実的諸条件ヲ基礎トシテ飽ク迄創造的ニ自ラノ進路ヲ開拓セネバナラナイ」という点にあるが, 具体的な再建策でとくにわれわれの関心をひく第1は, 問題の出発点に農業の近代化と農民の生活水準の向上がおかれており, その過程から産み出される食糧の高い生産力形成と農村過剰人口の自生的排出が,「経済の工業化」と技術的高度化にとって必要な近代的労働者群形成の可能性を与えるという, 素材的・労働力的視点. 第2は, 農業改革と工業化の進展が相互に素材を提供し合うことによって, 国内に基礎をおいた好ましい産業循環が産み出されていくという, 国内市場形成の視点, である. 労働組合や農民組合の育成は, この後者の視点からもはかられていく. なお, この報告書の評価に関しては, 桜井豊「日本国憲法と現農業政策」『農村文化運動』第58号, 1975年6月, および井内弘文『日本経済論史』, 1974年, も参照のこと.
23) 外務省調査局『日本経済再建の基本問題』(初版), 1946年, 66-67頁.
24) 島崎美代子「戦後再建の混沌」長幸男・住谷一彦編『近代日本経済思想史』II, 1971年, 286頁.
25) 山田盛太郎「戦後再生産構造の基礎過程」『社会科学研究年報』第3号, 1972年3月, 81頁.
26) 同上, 85頁.
27) 加藤泰男『戦後日本の「高度成長」と循環』, 1967年, 22頁. ここでの分析は, この著書に多くの点で教えを受けている.
28) 前掲山田論文, 85頁.
29) 加藤泰男『戦後日本資本主義の循環と恐慌』, 1974年, 244頁.
30) 川尻武「戦後日本資本主義の発展と外国貿易」川合一郎他編『講座日本資本主義発達史論』第5巻, 1969年, 178頁.
31) 玉垣良典「産業構造変革期の再生産構造」河野健二編『産業構造の変革』, 1975年, 38頁.
32) その後, 財政規模 (一般会計の歳出額, 補正後) は, 1972年24.8%増, 73年23.9%増と, さらに大型化し, その歳入補塡のために, 1972年1兆9,500億円, 73年1兆9,500億円 (実績) の国債が発行され, 国債に決定的に依存した財政構造 (国債依存率1972年15.2%, 73年10.5%) がつくり上げられた. 今日の財政危機のひとつの要因は, このはねかえりとして, 歳出の中で国債償還額が莫大なものとなり, 歳出の硬直化をおし進めているところにある.

33) このような産業構造・地域構造の再編は，すでに60年代末に打ち出されていたが，その方向が本格化し，国独資にとって死活的課題となったのは，70年代になってからである．政府の資料として，さしあたり，『新全国総合開発計画』(1969年5月)，産業構造審議会『70年代の通商産業政策』(1971年5月)，同『産業構造の長期ビジョン』(1974年9月)，をあげておく．
34) 『帝国主義論』，副島訳，国民文庫版，33頁．

II. 日本資本主義の構造変化と長期不況・規制「改革」

はじめに

　1990年代に入ってから規制緩和政策（行政用語としては，99年4月から「規制改革」になるが，ここでは80年代からのその連続性を考慮し，規制「改革」と呼ぶ）が本格化したが，その背景と本質，および経過については，すでに別稿で明らかにした[1]．

　本節では，規制「改革」の進展にもかかわらず，いや，むしろこれが原因となってますます深刻の度をつよめているバブル経済崩壊後の長期不況（「世紀末・新世紀不況」と呼ぶこともできる）の性格を明らかにすることを第1の課題とする．そのうえで，2001年4月に発足した小泉内閣の金看板である，いわゆる「聖域なき構造改革」（ここでは，しばしば小泉「改革」と呼ぶ）の本質を明らかにし，国民的立場からの改革方向を示す．これが第2の課題である．

　この2つの課題に通底するのは，「日本資本主義の構造変化」という問題把握である．結論を先取りして言えば，今次長期不況（新世紀に入って以降は恐慌と呼んでもよい）の基底には，80年代中頃から本格化した日本資本主義の多国籍企業化とグローバリゼーション，およびこれに対応した国内体制の改革（その本質は新自由主義的改革であり，小泉「改革」もこれに含まれる）がある．したがって，不況の本格的打開のためには，小泉「改革」を一刻も早く中止し，経済政策の重点を民需の拡大と国内産業のバランス回復に置くことによって，日本経済の再生産構造を自立的なものに改革する必要があるというのが，ここでの要点である．

第3章　日本資本主義の市場問題　　177

図1　国内総生産（GDP）の対前年増加率の推移

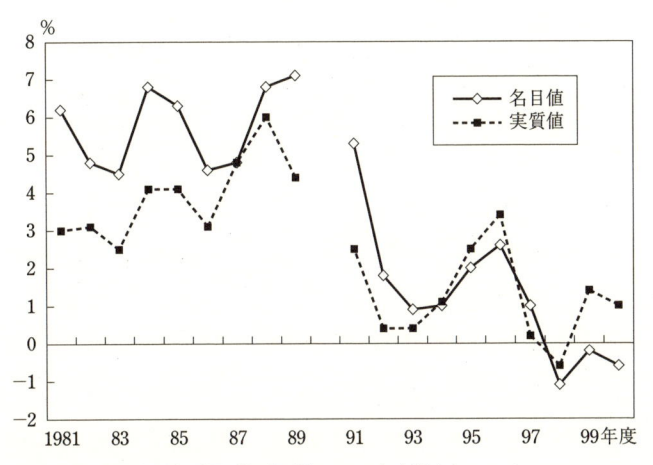

資料：内閣府経済総合経済研究所編『経済要覧』2001年度版など.
注：1990年度以降の数値は「93SNA」による推計値，それ以前は「68SNA」による推計値のため，1990年度以前と以後の数値は接続しない．また，実質値は89年度までは90年度基準，91年度以降は95年度基準のデータである．

1. 今次長期不況の性格

(1) 長期不況の諸指標

ここでは，90年のバブル経済崩壊を直接の契機とした「世紀末・新世紀不況」の特徴を，政府の諸統計から明らかにする．

①国内総生産（GDP）

まず図1からGDPの対前年増加率の推移をみると，91年度以降，急激に落ち込み92～93年度では実質で1％を切る事態になる．しかし，94年度以降ゆるやかな回復に向かい，とくに95～96年度では実質で2～3％台をキープし，バブル期以前には及ばないが，景気の一応の「回復」局面に入った．その過程で日銀は金融面から景気のテコ入れをはかり，90年当時6％であった公定歩合は実に8回にわたって引き下げられ，95年9月には0.5％という異常な低金利になった．また，財政面でも92年以来，さまざまな景気刺激

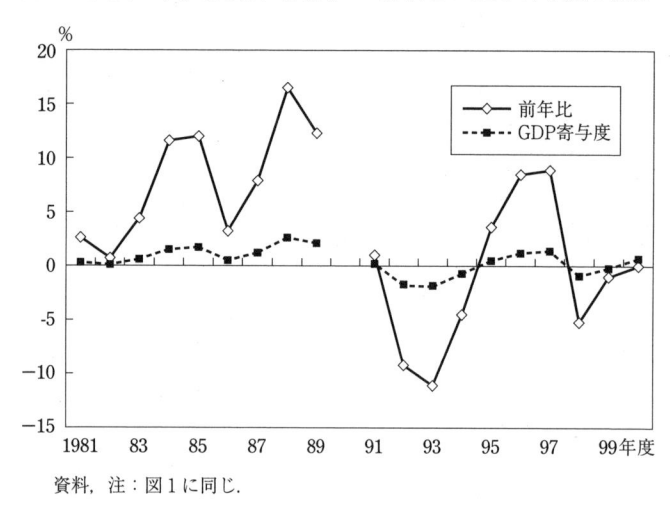

図2 民間企業設備投資（実質）の前年比とGDP寄与度の推移

資料，注：図1に同じ．

策がとられ，とくに95年4月の緊急円高・経済対策以降，公共事業費が膨れ上がり，これに引っ張られる形で民間企業設備投資も95年度以降回復し，96～97年度の両年は実質伸び率で9%近い水準に達した（図2）．

　こうした国家独占資本主義による財政金融政策の展開によって，ともかく景気の「回復」が図られたことを背景に，橋本首相は97年1月に「6大改革」を表明し，その一環として97年4月から消費税の5%への引き上げと，医療費の自己負担増など，国民生活を直撃する「改革」に着手した．だが，この措置を契機に家計消費を大宗とする民間最終消費支出が97年度に大きく落ち込み（図3），97年度のGDP増加率も名目で1.0%，実質で0.2%と事実上，ゼロ成長となった．翌98年度にはGDPの落ち込みはさらに激しくなり，実質では1974年度のオイル・ショック不況以来24年ぶりのマイナス成長になった（前掲図1）．

　こうして橋本「改革」は，民間設備投資の回復など景気の本格的回復も可能になっていた時期に，それをバック・アップするのではなく，逆に回復しつつあった需要に水をかける形で実施されたことによって，結果的にその後

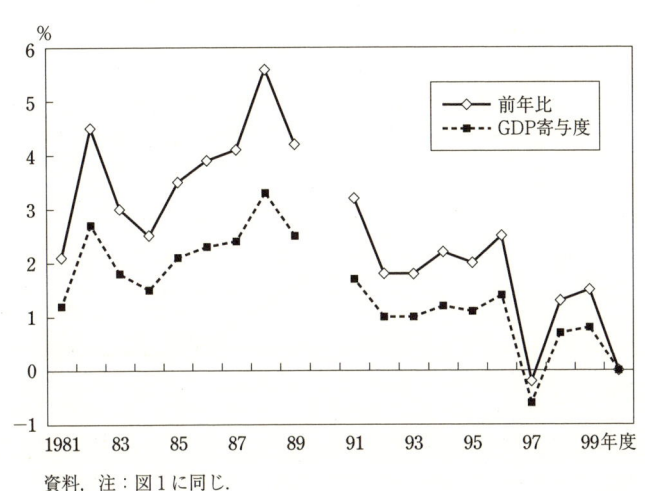

第3章　日本資本主義の市場問題　　　　　　　　　　　　　179

図3　民間最終消費支出（実質）の前年比とGDP寄与度の推移

資料, 注：図1に同じ.

深刻化する消費不況の引き金を引いたのである．

　GDPの落ち込みは99〜2000年度も続く．もっとも実質でみると，この両年度は1%前後のプラス成長になっているが，これは物価の下落のためであり，名目値では両年度ともマイナスになっている．加えて新世紀（2001年）に入ってからは，アメリカの景気後退の直撃を受けた輸出の伸び悩みもあって，GDP成長率はさらに低落し，2001年度の第1・四半期（4〜6月）では年率換算で前期比マイナス3.2%（速報値）と，まさに恐慌といってよい経済の収縮が生じている．

　②家計収支

　現在進行中の消費不況をもたらしている最大の要因は，いうまでもなく民需の落ち込みである．民需のうち「民間最終消費支出」は，99年度でGDPの55.1%を占め，これに民間住宅投資3.9%を加えると，59%（6割）が国民の直接消費である民需によって占められる．「民間最終消費支出」の大部分は家計消費であり，統計上は，総務省「家計調査」における「消費支出」の実額によって動向をうかがうことができる．

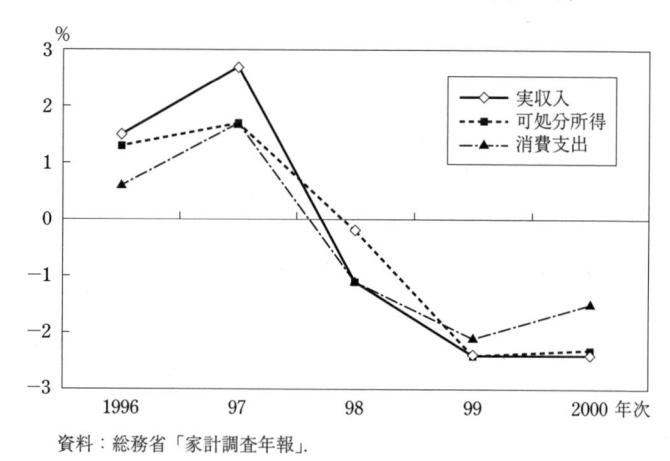

図 4 家計消費の対前年比の推移（勤労者世帯）

資料：総務省「家計調査年報」．

　図4からこれをみると，全国勤労者世帯の「消費支出」の増加率は，98年からマイナスに転じ，99年にはマイナス2％まで落ち込んでいる．こうした消費支出の低落は，2000年以降も続き，現在（2001年）でも一向に回復の兆しはみえてこない．

　消費支出の低下は，もとより実収入と可処分所得の低下に影響されたものである．ここでは図4から実収入の動向をみると，その対前年伸び率は98年マイナス1.1％，99年同2.4％，2000年同2.4％と連続して落ち込んでいる．最近のピークである97年からみると約6％の実収入の減少が起きているのである（同期間の消費支出の減少は約5％）．

　こうした実収入の減少は，勤労者世帯では世帯主の勤め先からの収入の減少によって引き起こされたことは明らかなので，次に厚生労働省「毎月勤労統計調査」から規模30人以上の事業所の「常用労働者現金給与月額」をみることにする．

　それによると調査産業の平均で，月額給与は97年の421,384円が2000年に398,069円と，3年間に5.5％少なくなっており，前出の「家計調査」における実収入の減少率とほぼ対応している．また，最近，国税庁から発表され

第3章　日本資本主義の市場問題　　　　　　　　　　　　　　181

図5　全国大型小売店販売額対前年比の推移

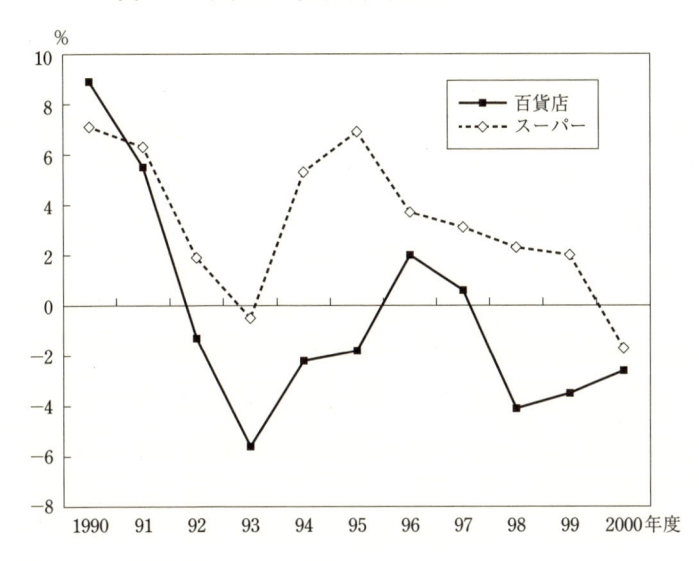

資料：経済産業省「商業動態統計年報」「商業販売統計年報」.
注：1) 百貨店は売り場面積が特定区域および政令指定都市にあっては3,000m²以上，その他の地域では，1,500m²以上でスーパー以外の商店．スーパーは売り場面積の50％以上についてセルフサービス方式を採用し，かつ売り場面積が1,500m²以上の商店である．
　　2) 販売額には消費税を含む．

た2000年の「民間給与実態調査」によれば，民間企業で働く者の年間給与総額は，98年以来，3年連続して前年を下回っている（2000年の平均給与総額は461万円）．

このように98年以来，賃金収入の減少に規定された消費支出の落ち込みが確認されるわけだが，政府がすすめる「社会保障改革」の中で，医療費・保険料などの負担増がすすんでいけば，すでに進行している財・サービスの購入の落ち込みにいっそう拍車がかかることが予想される．

なお，農家世帯について付言しておくと，97年以降の米価を中心とした農産物価格の低落によって，ほとんどすべての農家が農業所得の多大な減少を経験しており，不況にともなう兼業所得の抑制も加わって，農家所得・家計支出とも落ち込んでいる．

賃金抑制と農産物価格の低落が，消費不況を深化させていることは明らかである．

③大型小売店販売額

消費不況の深化は，小売店の販売額の減少に直結する．この影響を真っ先に受けるのは零細小売業だが，図5にみられるように，百貨店の販売額も，すでに92年から対前年比でマイナスが続いている（96年，97年はプラス）．そうしたなかで，スーパー（量販店）のみが「1人勝ち」していたが，これも2000年から販売額がマイナスに転じている．このように消費不況は，いまや量販店を含む全商業（サービス業を含む）に及び，その中でそごうデパートやマイカルにみられるような大型小売店の倒産が生まれているのである．

④物価指数

一般に物価指数は，景気変動に対応した動きを示す．とくに景気の下降局面では，過剰在庫の存在が物価下落の促進要因になる．

図6にみるように，国内卸売物価指数はすでに85年から下落を開始したが，バブル経済による需要膨張の影響で89年から91年まで反転上昇する．しかし，バブル崩壊と長期不況への突入の中で，再び92年から傾向的低落がすすむ．ちなみに91年から2000年までの国内卸売物価指数のダウンは約8%である．これは生産性の上昇にともなう卸売物価の減少ではない．基本的にはバブル崩壊によって顕現した過剰生産の，卸売物価への反映とみるべきだろう．また，衣料や農産物にみられるような，安価な輸入品の増大が，卸売物価の低下に作用しているとみて間違いない．さらに付け加えるならば，90年代に進展した規制「改革」の結果，新規参入と企業間競争が激しくなり，商品価格の引き下げを余儀なくされている事実も無視できない．量販店による，いわゆるバイイング・パワーも卸売価格の低落要因として指摘できる．

いずれにしても国内卸売物価指数の長期にわたる低落は，不況の深化を需給と価格面から確認させるに十分なものである．

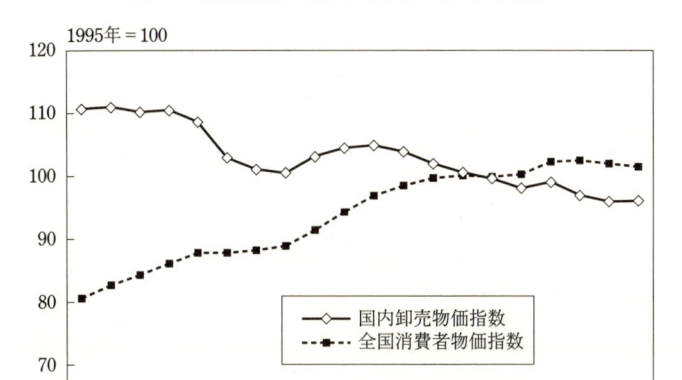

第3章　日本資本主義の市場問題　　　　　　　　　　　　　183

図6　物価指数の動向（1981～2000年度）

資料：日本銀行「国内卸売物価指数」，総務省「全国消費者物価指数」．

　しかし，消費者物価指数（全国）をみると，卸売物価の傾向的低落とは対照的に，80年代初頭以降，98年までほぼ一貫して上昇している．これは卸売価格の低下が小売価格に反映されない流通構造の問題（量販店による小売価格のコントロール）を示唆するが，ここでは立ち入らない．

　消費者物価の動向において注目されるのは，99年以降，対前年比でマイナスに転じていることである．これは戦後史の中では異例な事態であり，巷間でいわれるデフレーションの1つの指標になるものと思われる．こうして最近では，卸売物価の下落が消費者物価にも及ぶようになったわけであるが，その根底に前述した消費不況の深化があることは明らかである．すなわち，実収入の低下にともなう消費者の購買力の低下が，消費者物価の低落をもたらす一因になっているのである．

　消費者物価の下落に拍車をかけているのが，中国を中心とした東アジアからの低廉な輸入品の増大である．それはデパートや量販店の売上の減少の一方で，「百円ショップ」や「ユニクロ」が繁盛していることにも示される．

　⑤倒産と失業者

民間の調査機関である帝国データバンクの調査によれば，全国の企業倒産件数はバブル経済が崩壊した91年以降，年を追って増加している．だが，件数のみに注目するならば，98年のそれは80年代中頃のそれに肩を並べる程度であるが，最近の倒産は「不況型」が4分の3を占めているところに特徴がある．また，負債総額は80年代中頃とは比較にならない多さで，その金額は年々増大している．すなわち，大型倒産が増えているのである．こうした大型倒産を含む倒産件数・負債額の激増も，長期不況の深化を示す端的な指標である．

　企業倒産や不況の中ですすめられているリストラは，失業者の増大を招く．総務省の「労働力調査」によれば，90年に139万人を数えた完全失業者は，95年には200万人を突破し，2001年7月時点では330万人にも達している．失業率でみると，90年2.1％，95年3.2％，2001年（7月）5.0％である．「労働力調査」という不十分な調査でも，失業者の増大が顕著にすすんでいるわけだが，不安定な職場に一時的に雇用されている潜在失業者を加えれば，雇用問題はいまやわが国最大の社会問題になりつつあるといっても過言ではない．ここにも長期不況の深刻な実態が看取できる．

(2) 長期不況の背景にある再生産構造の危機

　二瓶敏はバブル崩壊を契機とした長期不況について，「戦後日本資本主義の再生産構造が抱えてきた矛盾の爆発」と把握し，次のようにその特質を指摘する．

　「第一は，円高とアメリカの圧力による対米向け中心の輸出依存型再生産の行き詰まりである．……90年代後半，ITブームで繁栄を謳歌したアメリカへの輸出増大が輸出停滞に対する最後の救いになっていたが，2000年以降のアメリカのバブル崩壊と景気後退によって，この道もふさがれてきている．この円高以後の輸出依存型再生産の行き詰まりにともなう過剰生産能力の顕在化こそ，長期不況の基本的要因である．第二に，バブル崩壊の結果の株価・地価の大幅下落が金融機関の不良債権の

累積とその破綻・信用収縮を生み，これが実体経済の長期不況を促進すると同時に，長期不況によってさらに増幅されてきた．こうして，日本資本主義の金融制度の根幹をなす銀行制度が，株価上昇（含み益）と地価上昇（不動産担保）に依存してきた日本的体質の故に，いま抜き差しならぬ泥沼にあえいでいるのである．第三に，日本の内需のうち，設備投資は長期不況の中で大きく落ち込んだ．他方，個人消費需要はもともと低く抑えられていたが，長期不況のもとで，実質所得の横ばいないし低下，失業の不安，社会保障制度の改悪にともなう老後の生活の不安，超低金利の故の大衆収奪，「財政再建」のための消費税増税・医療費負担増加などのために，冷え込み続けている．――こうして，日本資本主義の再生産構造の矛盾がいま爆発して，この長期不況の閉塞状況をもたらしているのである．」[2]

　以上の二瓶氏の指摘には同感する部分が多いが，「これは，単なる循環的不況ではないのである」[3]と自ら述べているように，今次不況に対する氏のとらえ方は「構造不況」論である．しかし，再生産構造にいかに本質的問題があるとしても，設備投資が長期にわたって行われない資本主義経済はあり得ない．国家独占資本主義によるさまざまなテコ入れのもとに民間設備投資の回復はいずれなされ，これを牽引力に遅かれ早かれ景気の回復局面がわが国でも訪れるであろう．だが，それは上記の再生産構造の危機に手を触れないかぎり，構造的矛盾のいっそうの深化となっていくことは疑いを挟む余地がない．

(3) 小括：今次長期不況の性格

　今次の長期不況は，日本資本主義の構造変化（多国籍企業化）の中であらわになった再生産構造の危機を背景に発現した循環性恐慌である．だが，その根底に勤労国民の実収入の低下に規定された消費不況の深化があるがゆえに，景気回復には長い時間がかかるであろう．だが，不況が永遠につづくようなことはあり得ない．そのような事態になれば，政権党に対する国民の反

発がつよまり，現在の資本主義体制が政治的な危機に陥るからである．そのため，国家独占資本主義による景気対策が今後とも継続的になされ，これをテコにいずれ設備投資と民需の回復を軸とした景気の好転があるであろう．しかし，長期不況の背景にある再生産構造の危機打開（「構造改革」）には長期間を要し，その間，国民各層は多大な犠牲を負わされることになる．それは，すでに小泉「改革」として実施されつつあることでもあるので，次にその本質を明らかにしよう．

2. 小泉「改革」の本質

(1) 新自由主義的改革の徹底：「聖域なき構造改革」の目指すもの

小泉内閣は，2001年6月に「今後の経済財政運営及び経済社会の構造改革に関する基本方針」（いわゆる「骨太の方針」）を発表し，その冒頭で次のように述べた．

> 「今，日本の潜在力の発揮を妨げる規制・慣行や制度を根本から改革するとともに，司法制度改革を実現し，明確なルールと自己責任原則を確立し，同時に自らの潜在力を高める新しい仕組みが求められている．
>
> グローバル化した時代における経済的成長の源泉は，労働力人口ではなく，「知識／知恵」である．「知識／知恵」は，技術革新と「創造的破壊」を通して，効率性の低い部門から効率性や社会的ニーズの高い成長部門へヒトと資本を移動することにより，経済成長を生み出す．資源の移動は，「市場」と「競争」を通じて進んでいく．市場の障害物や成長を抑制するものを取り除く．そして知恵を出し，努力をした者が報われる社会を作る．「構造改革」は，こうした観点から，日本経済が本来持っている実力をさらに高め，その実力にふさわしい発展を遂げるためにとるべき道を示すものである．」

これは経済財政担当の竹中平蔵大臣の筆によるものと思われるが，そこに流れる基調は新自由主義，とくにサプライサイド（供給）重視の経済学であ

る.すなわち,グローバル化した競争社会に対応していくため,「効率性の低い」産業部門——農業や中小企業が想定されていることは言うまでもない——を切り捨てる(「創造的破壊」!)ことを通じて,労働力人口と資本の大移動を行い,全体としてサプライサイド——この場合は「効率性の高い」大企業——を強化しようとするのである.こうした産業構造の再編が,小泉首相の提唱する「構造改革」がまず目指しているものである.この実現のためには,資本の自由な参入を妨げるすべての規制は廃止(「取り除く」)されなければならない.これが「規制改革」である.また,国の直轄事業や特殊法人による事業については,民間資本の自由な参入を妨げるものであれば,廃止または民営化しなくてはならない.

このように「聖域なき構造改革」は,80年代の臨調・行革路線以来,支配者側が目論んできた新自由主義的改革——しかし,国民の抵抗の中で思うように実現してこなかった改革——を,小泉人気を利用して一気呵成に実現しようとするものである.「知識／知恵」とか「創造的破壊」とか,国民を煙に巻く言辞を弄しているが,国民には「改革」に伴う痛みが一方的に強いられるのである.

「骨太の方針」は2～3年以内の不良債権の最終処理を言う.それによって大銀行は救済されるかも知れないが,銀行に有利子負債のある中小企業の多くが,「不良債権処理」を理由に融資が打ち切られる可能性が高い.だが,日本の企業の99%を占める中小企業の倒産が広がれば,失業者が街にあふれ,深刻な社会問題が引き起こされることは,火を見るより明らかである.

(2) 財政構造改革と調整インフレーション

新自由主義的改革の徹底によるサプライサイドの改革が,小泉「改革」の第1のねらいとするならば,第2のねらいは,財政構造改革である.財政構造改革は橋本内閣時代の財政構造改革法の成立(97年11月)によって着手されたが,これに前後して強まった不況の深化によって翌年5月に修正され,さらに同年12月には小渕内閣によって凍結される.そして,景気対策や金

融システム安定化対策の名目で，膨大な金額の当初予算・補正予算が組まれ，その財源の多くを国債発行に求めた．その結果，99年度当初予算では歳入に占める公債金依存率は47％にまで高まった．2000年度予算ではそれは42％に低下するが，99年度末で総額600兆円（国民1人当たり500万円）を超える政府債務残高の存在とあいまって，国家財政が危機的な事態にあることには変わりがない．

　こうした財政危機の打開のため，小泉首相は，2001年度予算における国債発行限度を「30兆円」に設定し，そのため5兆円の歳出削減に取り組んでいる．だが，防衛費は「聖域」として手をつけず，国民生活に関係の深い社会福祉，教育，農業，中小企業，生活関連公共事業などの削減を強行しようとしている．並行して公務員賃金を抑制し，定員削減を図るために，国立大学の独立行政法人化や民営化などの制度改革に奔走している．さらに税制の「構造改革」にも着手し，高所得者に有利なように累進課税の改革をすすめるとともに，低所得者への課税強化と消費税の大幅引き上げをねらっている．

　しかし，こうした「財政構造改革」だけでは，600兆円を超える政府債務の解消は不可能である．そこで，ひそかに検討されているのが「調整インフレーション」（マイルドなインフレーション）である．

　これには紙幣発行の権限をもつ日本銀行の協力が欠かせない．2001年3月から実施された金融の「量的緩和」，とくに日銀による「国債の買切りオペレーション」は「調整インフレーション」を目指した最初の措置とみることができる．しかし，これには次のような限界が指摘されている．

　　「現在，「量的緩和政策」を強力に押し進めているにもかかわらず，銀行の融資は低迷し，銀行の資金需要は一向に伸びない．したがって，日本銀行の資金供給は予定額になかなか届いていかない．その一方で，「ブタ積み」状態になるような余剰資金を持った銀行は，狭隘化した資金運用のひとつとして国債の保有を増大させている．その結果，買いオペによって資金供給を試みても，金融機関の応札額がない「未達」（札割れ）

状態が起こっている.」[4)]

　金融の「量的緩和」をめぐるこうした状況の中で，「調整インフレ」の最後のカードとして切られる恐れがあるのが，日銀の直接引受けによる国債の発行である．これは，国債の発行主体である政府に対して膨大な資金供給を可能にし，財政支出を通じて市中に不換紙幣が流通していく経路をつくることになる．財政支出は，まず公共事業費・ODAなど大企業に直接利益を与えるものに重点的になされるであろうが，財政の浪費構造に対する国民の批判が高まっている中では，その支出額には限界がある．その一方で，軍事費への財政支出は，「戦争やテロの危機」を煽ることによって，飛躍的に増大させることが可能である．しかも，これは不況下にある重化学工業資本に膨大な需要を創出し，産業資本の循環を一挙に高めるものとなる．だが，国債の大量発行をテコとした軍事費の膨張は，戦前の高橋財政以降の歴史を想起するまでもなく，悪性インフレーションに通じる危険な道であることは言を俟たない．

(3) 軍国主義化と憲法改正

　1996年の日米安保共同宣言，97年の新ガイドライン締結，99年の周辺事態法の成立という一連の政治過程が示すように，日本政府は90年代中頃から日米安保体制の下で，自衛隊を米軍の戦闘行動の後方支援に全面的に動員するための体制を整えていく．これは日本がアメリカの後ろ盾を得つつ，自ら軍国主義化の道を歩み出したことを意味している．ともあれ，現在では米軍が戦争を始めれば，日本は自動的に「後方支援」という名の共同作戦行動に参加していかざるを得なくなっている．そのことは，アメリカによる「同時多発テロ」への報復戦争の開始（2001年10月）と，小泉首相による日本の全面的支援表明，補給や輸送等を名目とした自衛隊の海外派遣となって現実化した．さらに，こうした既成事実の積上げのもとに，小泉首相は，集団的自衛権の行使を禁止しているこれまでの憲法解釈を改定し，その延長線上に自民党の結党以来の目標であった憲法9条の改定を一挙に実現しようとし

ている[5]．

　このように，現在の日本社会は，軍国主義化と平和憲法の改悪という，きわめて危険な事態に直面しているが，その背景にはこれまで述べてきた，次のような日本資本主義の構造変化とその下での支配者側からの要請がある．

　第1に，80年代後半以降のアジア地域を中心とした日本の大企業の本格的進出（とくに直接投資）とこれを「防衛」するための米軍との協力・共同体制の構築の必要である．

　第2に，第1の動きの結果でもある国内産業の空洞化と中小企業の経営危機，新自由主義的改革と市場開放にともなう自営業者（農漁民，商業・サービス業者等）の解体的危機の進行，さらには長期不況の下での労働者のリストラ，賃金抑制，雇用不安の増大などを通じて，鬱積してきた国民の「体制批判」意識を，「外」に向ける必要性が高まってきたことである．「外敵」は，北朝鮮でもビンラディンでもタリバンでも何でもよい．要は国内危機から国民の目をそらすことができれば何でもよいのである．同時に，窮状を打開してくれる「英雄」への期待を巧妙につくり上げ，国民のファッショ的統合に道を開こうとするのが，現在の支配者側の戦略である（小泉首相のいう「首相公選制」のための憲法「改正」論はこの一環として位置づけられる）．

　第3に，600兆円を超える政府債務残高を一挙に軽減するものとして，インフレーションへの支配者側の期待が強まっていることである．インフレーションは低迷する株価の反転高騰にも有効である．調整インフレ政策は，すでに日銀金融の「量的緩和政策」によって開始されているが，実需と企業の借入金の拡大がない中では，「量的緩和」によるインフレ効果に限界がある．これに対して，日銀の直接引受けによる国債発行と，これを財源とした軍事費の膨張は，潜在的軍需産業でもある重化学工業資本の立場からすれば，非常に魅力的なことなのである．いわゆる戦争景気による長期不況の打開であるが，こうしたプロセスによるマイルドなインフレーションへの期待が，支配者をして軍国主義化と憲法「改正」に向かわせていくのである．

3. 長期不況打開のための改革の基本方向

　銀行業界から本年（2001年）4月に神戸大学教授に転じた山家悠紀夫氏は，つぎのように小泉首相の「構造改革」政策を批判している．
　　「日本経済に問題があるのはサプライサイドではなくて需要面なのである．バブル破裂後需要が大きく落ち込んだ．「構造改革」政策の下で需要が落ち込まされた，最近では消費需要が一向に回復しない，そうした下で経済の不振が長引いているのである．こうした状況下では，サプライサイドを強化しても，何ら問題の解決にならない．「構造」を言うなら需要不振の背景にある構造をこそ問題にすべきであり，サプライサイドの構造に論をもっていくのはスリカエである．」[6]
　さらに，「サプライサイド強化策としての「構造改革」策は，その基本において日本の経済社会を好ましくない方向に向けてしまう施策を多く含んでいる．加えて，景気を悪化させもする．その放棄こそ望ましい」[7]と小泉「改革」を切って捨てる．
　この山家氏の主張は，竹中平蔵・経済財政担当大臣ら，小泉流「構造改革」をすすめる理論的バックボーンである供給重視の経済学――新自由主義の有力潮流でもある――を鋭く批判し，需要重視の経済政策（景気対策）を求めている点で基本的に賛同できるものである．
　だが，不況打開のために必要な需要の拡大は，基本的には国民の直接消費である民需の増大を通じて行うべきであろう．そのためには，近年，低下しつつある勤労国民の実収入を増やさなくてはならない．具体的には，雇用の拡大と賃金の引き上げが必要である．雇用の拡大に時間がかかる場合には，ワーク・シェアリングなど賃金を下げない形での労働時間の短縮と雇用調整が有効である．
　また，農民に対しては，彼らの「賃金」である農産物価格を再生産を保障する水準に引き上げるべきである．商業・サービス業などの自営業が安定し

た利益を上げられるように，体制の整備を図ることも求められる．

民需の拡大のためには，社会保障の改悪を阻止し，国民負担を減らすことも重要な課題である．また，消費税の引き下げまたは撤廃を実現するとともに，低所得者への課税を緩和することが必要である．

だが，民需の拡大をすすめるだけでは不十分である．現在のグローバル化した産業構造のもとでは，民需の拡大は低廉な輸入品に市場を提供することになりかねないからである．また，国内産業が空洞化した中での民需の拡大は，けっして長続きしない．

国内で生産に携わるものが，同時に消費者になるような分業社会，すなわち国内循環を基礎にした自立的な再生産構造の構築の中で，民需の拡大は強固なものになるのである．具体的には高度成長と開放体制の中で駆逐されていった農林漁業を産業として再建すること，輸入品攻勢の中で相次いで撤退していった軽工業品・生活関連産業を復興し，国内消費との結び付きの回復をはかることである．そうしたサプライサイド改革の視点は，山家氏の著書にはみられないが，こうした構造改革こそ，実はもっとも必要なことではなかろうか．

注
1) 三島徳三『規制緩和と農業・食料市場』日本経済評論社，2001年，第3章，および村田武・三島徳三編『農政転換と価格・所得政策』[講座 今日の食料・農業市場Ⅱ] 筑波書房，2000年，第5章（本書第4章Ⅲ，所収），参照．
2) 二瓶敏「日本資本主義の再生産構造の危機」『経済』2001年10月号，新日本出版社，127頁．
3) 同上129頁．
4) 松本朗「日銀の量的緩和政策とインフレーション」『経済』2001年9月号，124-125頁．
5) 渡辺治「岐路に立つ日本社会と憲法「改正」の新段階」『経済』2001年10月号，参照．
6) 山家悠紀夫『「構造改革」という幻想』岩波書店，2001年，95頁．
7) 同上204頁．

補遺　小泉流「構造改革」の本質
―痛みに耐えた結果はどうなるのか―

　2001年9月10日付の「農業協同組合新聞」で，2人の方（茨城大学・安藤光義氏，立正大学・五味久壽氏）から拙著『規制緩和と農業・食料市場』（日本経済評論社，2001年）に対する懇切丁寧な書評をいただいた．両人から出された問題については，本来，逐一回答すべきところだが，ここでは紙面の制約もあり，書評であまり触れてもらえなかった――しかし，私としてはもっとも主張したかった――農業における「構造改革」（規制緩和・市場原理導入が主要な手段）の本質とその背景について時論風に述べることによって，間接的な回答としたい．

　拙著が印刷に入ってまもなく，「聖域なき構造改革」「改革なくして成長なし」と断定的に主張する小泉純一郎を首班とする新内閣が生まれた．森内閣のもとで暗い気分に陥っていた国民は，勇壮に「改革」を語る新首相に熱狂的な支持を与えた．それは，「ミラクル・アゲイン」をぶち上げ，首位のヤクルトを猛追した巨人軍の長嶋茂雄監督に対するファン心理に似ていなくはない．

　小泉首相は長嶋茂雄と同じく，パーフォーマンスが得意である．首相指名後まもなく，両国国技館で開催されていた大相撲夏場所千秋楽の表彰式に出向き，優勝力士の貴乃花に総理大臣杯を渡した折りに，「痛みに耐えてよく頑張った」と激励の言葉を与えた．貴乃花は14日目の取組で膝に重大な損傷を負ったにもかかわらず，千秋楽に無理を押して出場し，優勝決定戦で武蔵丸を破って優勝したのである．小泉首相の言葉に多くの国民は感動を共にした．だが，これは「構造改革にともなう痛み」を国民に甘受させるための，計算されたパーフォーマンスであった．

　01年6月末にいわゆる「骨太の方針」が閣議決定され，小泉首相の言う「構造改革」の中身が次第に明らかになってきた．第1に3年以内の不良債

権処理，第2に財政改革，第3に特殊法人改革．「改革プログラム」はさらに続いているが，その多くは国民に痛みを強いるものとなっている．とくに，不良債権の最終処理を早期に行う結果，中小企業の大量倒産と失業者のいっそうの増大が避けられず，不況がますます深刻化することが予想される．また，財政改革では社会福祉関係の予算が大きく削られ，医療費・健康保険料などの国民負担が膨れ上がる．

「いま痛みに耐えれば，必ず明るい未来が開ける」と言われれば，苦境にある国民の大部分はそうなのかと思う．だが，経済の行く末を示す株価は急落し，小泉首相に任せて本当に大丈夫なのだろうかという疑念は，冷静な国民の中に確実に広がりつつある．

「痛みに耐えて頑張った」貴乃花は，膝の故障が悪化し，その後2場所連続休場した．その結果，1人横綱の大相撲の人気は下落した．貴乃花が「痛みに耐えて頑張った」ことによって，その力士生命が危うくなっただけでなく，日本相撲協会は営業上，決定的なダメージをこうむったのである．

話を「構造改革」に戻す．拙著の表紙のカバーには「構造改革の本質を突く」との宣伝文句が書かれている．「構造改革」は小泉首相が初めて言い出したものではない．「構造改革」の思想的源流は，1970年代に先進国の財政危機の中で生まれた新自由主義である．日本では1980年代の臨調・行革路線，1993年の細川内閣に始まる規制緩和政策，1997年の橋本首相による「6大改革」方針等となって展開された．しかし，自民党の過半数割れの下で生まれた小渕・森の両内閣は，橋本首相による「財政構造改革」路線を中断し，「景気対策」と「金融不安解消」を名目に，再び財政拡大路線に転じた．国債は天文学的に膨張した．その結果，1999年度予算では歳入の47％（2000年度は42％）が公債金という異常事態になった．小泉首相でなくても，「財政構造改革」は待ったなしの事態になっていたのである．

問題は財政構造改革のやり方である．小泉流「改革」は，歳出面では「民間でできるものは民間に任せる」として，福祉・教育・農林漁業・中小企業など民生予算をバッサリ切り捨てる，いわゆる「小さな政府」論に立ってい

る.また,歳入面では,税金の所得累進性を緩和し,間接税を含め多くの国民から税金を徴収しようとする.消費税の大幅引き上げも必要となる(竹中経済・財政担当大臣は著書の中で消費税の27%への引き上げを主張している).これは国民に痛みを与える「財政構造改革」である.

　国民の立場からすれば,資本主義国第2位の防衛費や浪費的な公共事業費などを削減すれば財政危機打開につながるのではないかと考えるのだが,小泉内閣にはこうした姿勢はない.防衛費にあっては,アメリカの「同時多発テロ」への報復支援を理由に,さらに膨張しそうな勢いである.国内総支出の6割を占める個人消費を高め,これを軸に景気の回復を図る.こうした構造改革こそ,国民が求めていることではないのか.

　それでは,農業の「構造改革」はどうなるのか.前述のように,わが国の「構造改革」は新自由主義的政策の下で1980年代初頭から始まり,橋本「6大改革」の表明で全貌をあらわにした.その基調は市場原理と競争原理の徹底であり,その観点から経済的規制,社会的規制を問わず,民間の自由な活動の制約になる規制はすべて撤廃ないし緩和の対象となる.農業では橋本「改革」以前から,すでに規制緩和政策を展開してきた.その象徴的施策は,1993年12月のウルグァイ・ラウンド農業合意受け入れと1年後の食糧法の制定(食管法の廃止)である.農業の場合,ウルグァイ・ラウンドという外圧があったため,新自由主義的政策の展開が橋本「改革」に先んじたのである.

　新食糧法下の米政策と農産物価格形成への市場原理導入によって,農業所得は軒並みダウンしている.農業の保護政策はとっくの昔になくなり,身を削っての競争,いや農家の総撤退が始まろうとしている.そうした中で,小泉流「改革」は,日本農業をどこにもっていこうとするのか.

　武部農林水産大臣の私案では,「農業経営安定対策」(所得補填対策)の対象を主業農家・法人・生産組織を中心とした40万戸程度にしぼろうとしている.その結果,80万戸近い自給的農家はもとより,約180万戸の販売農家(準主業農家,副業的農家)が対策の対象から外される.「改革の痛み」

は主にこれらの層に負ってもらうというのである．

「聖域なき構造改革」は単に財政危機に対する対応だけではない．グローバリゼーションという，アメリカが主導する国際通商政策への対応でもある．多国籍巨大企業を先頭とする資本の活動領域から，国境という人為的限界をなくそうとするのがグローバリゼーションである．これを「もはや後戻りすることができない」(安藤氏)と言ってしまうことは，人類をアメリカや多国籍企業と心中させることになりはしないか．

WTO 体制の発足から 6 年が経過した現在，グローバリゼーションの弊害は世界各地で噴出している．マレーシアなど国際投機資本に痛みつけられた国では，外国資本の規制に動いている．EU 諸国では地産地消への意識がつよく，これを崩すものへの規制は国民のコンセンサスになっている．農業・農村の多面的機能に対する評価も，世界経済が停滞期に入るに応じて高まってきている．もとより情報通信技術などグローバリゼーションの進歩的側面は利用すべきである．だが，市場開放や規制緩和への批判について，これらを「一国鎖国主義」などと揶揄することは，世界の伏流を見失うことになるであろう．時代を透視する科学的態度が研究者に求められているのである．

第4章
農産物需給調整と価格政策

I. 農産物需給調整の展開

1. 農産物「需給調整」登場の意味

(1) 農協の80年代対策と「需給調整」

　1970年代の終りから系統農協において盛んに「需給調整機能の強化」ということが言われるようになった．仄聞するところ，そのような言葉が系統農協の文書に登場するのは，1975年に系統経済事業研究会が作成した「系統経済事業方式と段階機能」，およびそれを参考に全国農業協同組合連合会（全農）が1978年に策定した「中期5カ年計画」あたりからのようである．それらの文書において，「需給調整」の概念は，「系統による需給調整，価格形成権の確立」といった表現から推察されるように，「農産物の価格を適正な水準で維持し農業所得の確保をはかるために，系統農協の組織運動によって，需要に見合った供給の調整を行う意味として用いられている．
　そのためにいかなる手段がとられるかというと，たとえば青果物においてはこうである．

① 指標（ガイドポスト）の策定と活用
　ア．生産・出荷費調査，市場価格によるすう勢値，価格弾力性値および品目

別・時期別特性などを要素として，適正な価格水準としての標準価格を策定する．

　イ．卸売市場の入荷実績，卸売会社の入荷期待量および消費者，業務用の需給動向などにより，需要量の測定を行う．また，標準価格に対する適性供給量を策定する．

　ウ．作付面積について過去の反当収量等の要素を加味し，適正供給量に対応する生産計画指標を策定する．

② 出荷前調整の実施

　ア．生産計画の指標を基準に需給，価格事情，需給予測などを考慮し，作付面積について必要な計画調整の協議・推進をはかる．

　イ．出荷期間を通ずる消費地域別適正供給計画の樹立を目途に，地域別の時期別需要量と産地別基本出荷計画との調整をはかる．

　ウ．月別，地域別の出荷計画について消費地域別市場動向，産地別実態等を勘案し，必要な地域・産地間の調整を行う．

③ 進行管理と出荷時調整

　ア．出荷・販売実績の収集，地域別数量・価格の分析，必要な情報収集などを行い，地域・産地向けの調整を要する場合，迅速・的確な対応に努め，価格低落時においては，一定期間を対象とする日別供給量の調整，進行管理などを行う．

　イ．価格低落防止対策としての調整保管事業，下位品の出荷抑制，緊急避難的な加工・塩蔵対策，産地廃棄の実施などについて産地と協議し，実効のある対策をすすめる．

④ 消費宣伝活動の実施

　需要の拡大をはかるため，広く消費者宣伝活動を行う．

　以上はいずれも全農が行うとされる「需給調整」の項目であるが，みられるとおりそれは，全国連としての全農が，各産地間の出荷を調整しつつ全体として有利販売を行うために当然考慮されてよいマーケティング活動の一環

第4章 農産物需給調整と価格政策　　199

である．しかも，最後の「消費宣伝活動の実施」を除いては，すべて需要量を所与なものとした上での供給量の調整であり，そのかぎりでは「需給調整」というよりは「供給調整」という方が適当である．そして市場機構の存在を前提とする以上，供給調整は，実現価格の維持・安定をはかるために供給側（生産者団体）が当然行わなくてはならない経済機能であるといえる．

　ところで，1979年11月系統農協は第15回の全国農協大会で「1980年代日本農業の課題と農協の対策」（以下「農協の80年代対策」と略）を決議したが，ここでも「需給調整機能の強化」は80年代対策の重要な柱となっている．そこには，前記のようなマーケティング活動の一環としての「需給調整」も含まれるが，それと同時に"農産物過剰"や農業をめぐる諸環境の変化に対応した，政治的・政策追従的色彩が色濃くなってくる[1]．

　「農協の80年代対策」は，「地域農業振興計画の策定・実践を基礎とした系統組織内の積み上げ調整により全国生産計画を策定し，系統農協自らの需給調整機能を強化する」としている．ここで「全国生産計画」といわれるものは，5〜10年に1回策定される長（中）期の「全国生産目標」と，毎年策定される短期の「全国生産・販売計画」の2種類の計画からなっている．前者については，全国農協中央会（全中）で作業の上，1981年5月に全国農産物需給対策協議会（専門連を含む中央の26農業団体と47都道府県需給対策協議会で構成）において，1983年度を目標年度とする「中期全国生産目標」として決定・公表された．ここで注意すべきは，この「目標」は，農協がつくる「地域農業振興計画」からの積み上げ・調整によってつくられたものではないということである．「目標」は，「第2期水田利用再編対策」（1981〜83年度）や「農産物の需要と生産の長期見通し」（1980年10月）など政府の需給計画の数値を前提に策定された．「生産目標」の基礎には需要見通しがなくてはならないが，その点でも，①1973年以降みられる食料需要の停滞傾向は今後も続く，②日本人の栄養素当たりの摂取比率は適正であり，摂取熱量は現在の約2,500kcalが維持される，③その中で米による熱量が減少する一方で，代替関係にある畜産物・油脂による熱量の増加が予測されると述

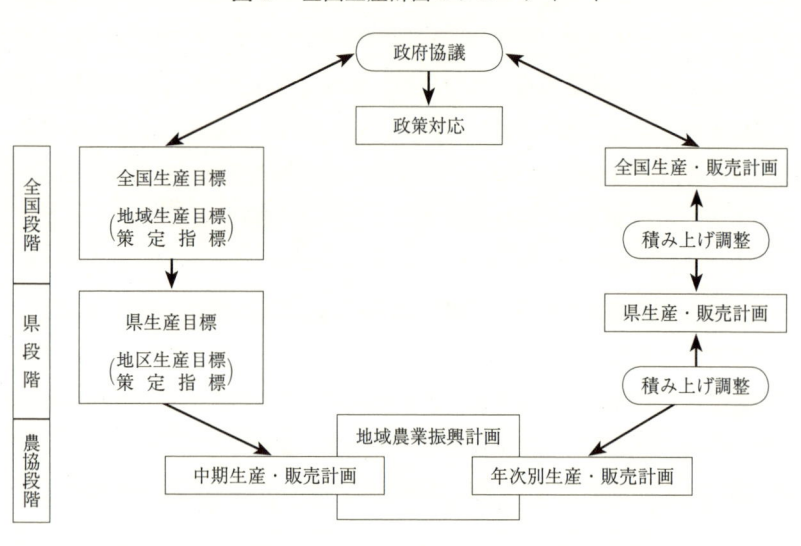

図1 全国生産計画のフローチャート

```
                    政府協議
                   ↗   ↓   ↖
                  /  政策対応  \
                 /              \
        全国生産目標            全国生産・販売計画
        (地域生産目標)                ↑
全国段階  (策定指標 )           積み上げ調整
          ↓                        ↑
        県生産目標              県生産・販売計画
        (地区生産目標)               ↑
県段階   (策定指標 )           積み上げ調整
          ↓                        ↑
              地域農業振興計画
農協段階  中期生産・販売計画   年次別生産・販売計画
```

注：全国農協中央会「地域農業振興計画の策定・推進と需給調整機能強化の構想」(1980年).

べるなど，前記の政府による「長期見通し」との類似性が認められる．

このように「全国生産目標」は政府の需給計画を与件として策定されていると言ってよく，地域農業の振興という農協の追求目標にしたがって自主的に策定されたものとは言いがたい．しかもより重要なのは，こうして策定された「生産目標」が，県，単協段階に下ろされ，農協が作成する「地域農業振興計画」や「年次別生産・販売計画」の指標（ガイドポスト）となることである．そうしたフローチャートは図1に示されるごとくである．

もうひとつの「全国生産計画」である「全国生産・販売計画」は，図にあるように，地域からの積み上げ・調整によってつくられる．最新のものは1982年度に78作目について作成された．これは，一応農家の生産意向について農協を通して積み上げたものである．しかしその積み上げの過程で，前記の「生産目標」が〈規範〉として作用したことは，容易に予想される．

ともあれ，「全国生産・販売計画」として積み上げられた結果については，

作目毎の価格予測がなされ，販売総額が計算される．そのうえで近年の市場価格のすう勢から判断して，より多くの販売総額が実現できる生産量を推計し，これが積み上げ結果と一致すれば問題ないが，そうでなく販売総額が低下するような場合には，「需給調整」を行って適正な生産量にもっていこうとする．なお「需給調整」については，既存の調整機構のある作目はその場で調整，ないものは前述の全国農産物需給対策協議会で検討することになっている．

こうして「農協の80年代対策」における「需給調整」は形のうえでは完成する．日本農業がある種の"過剰時代"を迎え，これを促進材料として産地間競争が激しくなっている今日，農協が系統組織を通じて「需給調整」に努力することは，十分意味のあることである．だが同時に，「農協の80年代対策」の中で現実に行われている「需給調整」には，看過できない問題点も含まれている．それらを含め系統農協が「80年代対策」で打ち出した「需給調整」がいったいいかなる性格をもったものなのか，以下に述べよう．

(2) 系統農協の「需給調整」の性格

「農協の80年代対策」の中で「需給調整」は，しばしば「需要に見合った計画生産・出荷」という表現で置き換えられている．需要に対して供給（生産・出荷）を計画的に調整することが「需給調整」の眼目である以上，需要をどのようなものとして把握するかが，決定的に重要であることは言うまでもない．生産者にとってまず問題なのは，国内市場における自国農産物の販売量である．これを拡大的方向の中で捉えるか，あるいは停滞的または縮小的方向のなかで捉えるかは，わが国の農業生産の将来を大きく左右する．

ところが，以上に関わっての「農協の80年代対策」の認識はこうである．

① 高成長から中成長へ日本経済が移行し，ほとんどの農産物需要の伸びが停滞しはじめた．国民の食生活はすでに充足した段階にきており，1980年代には家計における飲食費支出の伸びはさらに低下する．

② わが国経済には，国際競争力の強い産業の輸出拡大が，貿易黒字累積

にともなう円高と,競争力の弱い産業に対する輸入圧力とを強めるメカニズムが働いており,日米貿易交渉などを通じた農産物の市場開放要求は,80年代にいっそう激しくなるであろう.

　以上2つの事情は,日本の資本主義経済が,長期不況を理由に"減量経営"という名の賃金抑制政策を展開し,他方で低賃金と高生産性を武器に猛烈な輸出拡大を押し進めてきた結果ひき起こされたものである.また米国からの農産物市場の開放要求は,同国の資本主義が構造的に陥っている危機を「同盟国」の犠牲の下に切り抜けようとする一環である.こうしたことは,いずれも周知の事実となっているにもかかわらず,「農協の80年代対策」では,これらを所与の前提条件とし,受動的に対応しようとしている.しかしながら,国内農産物の市場を狭めている基本的要因——長期不況・低賃金の下での農産物需要の停滞と,貿易摩擦によって促迫されている農産物・食料輸入——に対し受身で対応するだけでは,日本農業の発展的展望は決して生まれてこない.むしろ「需要に見合った計画生産・出荷」の名の下に,現在の"過剰"農産物——それが需要停滞と輸入増大によってつくられたにもかかわらず——の生産を一方的に抑制し,全体として日本農業を縮小再生産に導く恐れが十分あると言わなくてはならない.同様に農協による前述の「地域農業振興計画」も,それが今後の需要を停滞的とした「全国生産目標」の枠の中で進められるかぎり,最終的に政策による農業再編政策の末端での推進計画に変質される恐れがないとは言えないだろう.

　このように系統農協が「80年代対策」の中で掲げる「需給調整」は,日本農業の今後の方向を左右する重大な問題をはらんでいる.これが第1点.

　「需給調整」の第2の性格は,それを通じて全農が管制塔の役割を果たすところの系統農協販売事業のシステム化をはかる点にあるといえる.この点は「農協の80年代対策」よりも,その前段として出された全農の「中期5カ年計画」の方が具体的・明確である.いずれにしても,「全国生産計画」を通じて全国的規模で「需給調整」を行おうとする以上,全国連とりわけ全農の主導性は決定的である.こうしたマクロ的調整で大きな役割を果たすだ

けでなく，ミクロ的なマーケティング機能においても，大消費地販売や大加工メーカーとの取引で，全農は系統下部組織の委託を受けて一元的に対応することになっている．それらは，全農の調整・指示機能の下に系統販売事業が組織化されるという点で，明らかに「流通システム化」を指向したものといえる．

　もっとも「流通システム化」それ自体は別に批判されるものではない．通産省『流通システム化基本方針』(1971年)の定義によれば，「『流通システム』とは，流通機能の高度化と生産性の向上を達成するため，流通活動の本来的性格からみて，生産から消費に至る全流通過程が1つのシステムとして構成されるべきであるにもかかわらず，適切に連動していない種々の要素（企業，事業所，部門などの諸活動）を『システム』として構成すること」であり，そこで言う「システム」とは，「多くの要素が互いに関連を持ちながら，全体として共通の目的を達成しようとしている集合体」としている．

　この定義から言うと「需給調整」もひとつの「流通システム化」であり，各産地がバラバラに行っている生産・出荷を，適正価格での販売と農業所得の維持・向上の目的のために調整しようとするものである．しかも，その効果的実現のためには，必ず管理推進主体を必要とする．系統農協が構想し現に着手している農産物「需給調整」においては，当面，前述の全国農産物需給対策協議会と既存の作目毎の需給調整機構（協議会・部会など）が管理推進主体になることになっている．それらの中で全国連である全農の主導性は再言するまでもない．

　もとより「全国生産計画」の対象品目の中には，全国流通品目として系統共販の割合が高く，しかも産地（県連）間の競合が激しくて何らかの調整を必要としている品目もあるだろう．このような場合には，全農は関係県連と十分協議のうえ，率先して需給調整に取り組むべきである．だが70数品目に及ぶ「全国生産計画」の対象品目すべてについて，全農が「需給調整」を行うことは，事実上不可能に近い．その中には，いまだ地域・地場流通品目の性格がつよく，需給調整も県内ないし少数の県間で行われれば十分な品目

も存在している．そのような品目にまで全農が介入していくことは，明らかに行き過ぎであり，"全農による統制システムを確立するもの"との批判を免れ得ないだろう．

　第3に，系統農協の「需給調整」は，財政危機を背景とする農産物価格政策の後退と裏腹の関係で提起されている．価格政策の後退＝再編成については別に詳述するが，一口に言ってこの中身は，"価格支持政策から価格安定政策へ"の重点移行をはかるものである．そのような価格政策の再編方向の中で，系統農協の打ち出した「需給調整」は，それが「農産物価格を適正な水準に設定し，または一定の幅のなかにおさめることによってその安定を図るという価格政策の価格変動防止機能」（農政審議会答申「80年代の農政の基本方向」1980年10月）からみても有意義であるがゆえに，政府によって支持・奨励される[2]．しかしその背景には，このような系統農協の"自助努力"によって，価格政策に対する政府の責任と財政負担が軽減できることへの期待があることを，忘れてはならないだろう．

　第4に，前掲図1にあるように，「全国生産計画」は政府と系統農協との年次協議の性格をもつ「政府協議」の実施を掲げているが，政府にとってこれは，価格要求など農民の運動への対応を回避し，農政への"参加"による農業団体（系統農協）の"政治統合"を可能にさせる．

　こうした形での政治的支配は，現代の団体統合主義ともいうべきネオ・コーポラティズムの延長線上にある[3]．もともとコーポラティズム(Corporatism)とは，イタリア・ファシズムの成立過程に登場した一種の「有機的協同体国家」の編成を指向したものであったが，今日いわれるところのネオ・コーポラティズムの特徴は，「社会内の諸階級・階層の組合・団体を結成して，それを国家の官僚機構に結合していく志向にある」[4]とされている．具体的には，企業や地域における"参加"の名による労働者・住民の団体統合，日本の「政策推進労組会議」のような右翼的労働組合が行っている"政策・制度要求"などがそれに当たる．1970年代に入って先進資本主義国の政治的経済的危機が進行したが，ネオ・コーポラティズムは，新自

由主義とともに，民主主義勢力の前進に対抗する保守側の抱き込み戦略，「危機管理体制」の一環に位置づけられるものである．

　系統農協が実現をめざしている「政府協議」は，実体的には以上のネオ・コーポラティズムに組み込まれたものといってよく，したがって80年代に農業再編成を進めようとしている政府・独占資本にとって"翼賛機関"を得たも同然である．

　以上4点にわたって系統農協が現在進めている農産物「需給調整」の性格について述べてきた．明らかなように，そこには日本農業と農協組織の今後を左右するような大きな問題が含まれている．だが同時に，系統農協がその全組織を挙げて「需給調整」を打ち出さざるを得なくなった背景には，"過剰"と価格低迷に象徴されるような日本農業における危機の深化がある．そこで次に，「需給調整」を推進しようとしている側が，所与で"構造的"なものと受けとめている農産物"過剰"の現代的性格についてメスを入れてみたい．

2. 農産物過剰問題の現代的性格

(1) 「構造的過剰」論の陥穽

　農産物「需給調整」が，系統農協や農政の重要課題として提起され一部実施されている背景に，1970年代後半に入って主要品目で顕現した過剰問題があることは，今日，ほとんど共通の認識になっている．しかしながら，言われるところの農産物過剰問題をどう捉えるかということに関しては，必ずしも論者のあいだで一致をみていない．だが，この点をどう捉えるかによって需給調整の方向と程度が大きく左右されるがゆえに等閑に付するわけにはいかない．ここでは，比較的多くの支持者を得ているようにみえる「構造的過剰」論を取り上げ，その問題点を指摘しておこう．

　現代日本の農産物過剰について，先進資本主義国共通の視座から「構造的過剰」と捉えている論者に常盤政治，梶井功，千葉燎郎らの各氏がある[5]．

その中でも梶井氏を中心とした集団的労作『農産物過剰』[6]が,最近における代表的文献になっているので,同書から「構造的過剰」の意味を探ってみよう.

同書では1973年のオイル・ショック以降顕現した全般的な農産物過剰に対して,各所で「構造的過剰」(本文ではカッコがついていない)ないしはそれに近い表現で説明されている.そうした「構造的過剰」がもたらされるようになった背景については,梶井氏(序章)によって説明されているが,要言すれば以下のごとくである.

① 国家独占資本主義のスペンディング・ポリシーの一環として,農産物価格政策を早期にそして体系的に展開したのはアメリカであるが,それによって,たしかに農産物価格の恐慌的下落を防ぐことはできたが,同時に構造的過剰がもたらされるようになった.

② こうした価格政策と構造的過剰との結びつきは,アメリカだけでなく,EC諸国でも1960年頃から牛乳を中心に問題となっていた.日本でも同じ頃から政策当事者の意識にこうした問題が上っていた.だが,1960年時点ですでに農業粗生産額の70%をカバーするほどの価格政策を行いながら,わが国では構造的過剰問題に直面するのは,幸運にも遅かった.その特殊要因として,高度成長下の実質所得の増大がもたらした食生活の革命的変化,それによる農産物市場の深化拡大をあげることができる.

③ しかしながら,1973年以降のスタグフレーションの進展の中で,情況は一変する.同時期以降,食料費支出が停滞しただけでなく,消費者の食料消費に対する価格反応が消費抑制方向に鋭敏になった.このような中で,農産物需要拡大期と同じパターンの価格政策をつづけるとき,構造的過剰は必然となる.

④ 以上のような需要面の変化に加えて,農産物市場の拡充期を通じて,農産物の供給力がきわめて大きくなった.第1に技術進歩が単位面積・家畜当たりの生産量を大きく増大させた.この技術進歩においては,価格支持政

第4章　農産物需給調整と価格政策　　　　　　　　207

策が大きな要因となっている．第2に運輸手段・輸送方法の発達と資本集中によって産地形成が容易になり，競争の中で供給力の著しい増大がもたらされた．

⑤　供給面のもうひとつの重要な変化は，とくに畜産において顕著にみられることだが，専業化・大規模化という生産構造の変化が供給変動の型を変えてきていることである．このように専業的生産者の生産シェアが高まると，かつて存在した零細生産者の階層分解を通じての供給調整メカニズムが作動しなくなる．なぜならば，価格低落が零細生産者の離脱をもたらしても，当該部門に生活をかけている専業生産者は価格低落を生産増でカバーしようとするからである．

　以上，繁を厭わず要約した中身から推察されるように，梶井氏の「構造的過剰」論は，第1に価格支持政策の所得補償機能と技術進歩刺激効果の側面から，第2に1973年を契機としたスタグフレーション下の食料需要の変化（その絶対的停滞と消費抑制的価格反応）の側面から，第3に技術進歩，競争構造，専業的生産体制の確立を通じた供給の不可逆性の側面から，構築されている．

　第1の側面については，注記5のごとく早くは常盤氏によって指摘されていたことであるが，同時に梶井氏も言うように，わが国の政策当事者によって従来から意識されていたことでもある．価格支持が所得補償を行うに十分なほど高水準である場合，それが生産刺激効果をもつことは明らかである．アメリカの事情はよくわからないが，日本では1965年を前後する一時期の米価水準が，限界地の費用価格を償い，優等地に利潤範疇を確立するほどのものであったことは，一般に知られている[7]．

　だが，これは農産物価格支持政策の本質理解にも関わるが，支持される価格の水準が常に所得補償的であるとは限らない．むしろ私は，国家独占資本主義の農産物価格支持政策は，経済機能としては相対的低価格による農産物供給を果たさせるところにある，と考えている．もちろん所得補償機能が全

然ないとはいわない．しかしそのために設定される価格水準は，基本的に当該農産物の需給関係の規制を受ける．需給がひっ迫し価格が上昇要因をもつ時は，ある程度供給を刺激するような水準に価格が設定されるが，逆に需給が緩和基調にある中においては，それを理由として支持価格は厳しく抑制される．このように需給関係，したがって農産物市場拡大の程度によって，支持される価格の水準が変化していくとしても，価格支持政策の経済機能としては，つねに相対的低価格での農産物供給確保の要求が働いている．

したがって，「価格支持政策の機能＝所得補償機能（スペンディング・ポリシー）」と一面的に判断し，農産物価格支持政策の展開があるかぎり「構造的過剰」が避けられないような理解を示すことは，事態を決して正しく捉えるものではない[8]．

第2に指摘される食料需要の変化の側面は，すぐれてわが国の食料消費構造の現状分析を通じて論じられるべき事柄である．総理府「家計調査」などの平均数値を見るかぎり，オイル・ショック以降の食料消費は明らかに停滞してきている．問題は，そうした表面的事実の読み方（解釈），原因論である．この点で同書の共同執筆者である小野誠志氏および藤谷築次氏は，よりはっきりと1973年以降食料の消費は限度に達し，"国民飽食"の時代に入ったとの理解を示している．もしもそうであるならば，国内需要にはもはや供給の増大を吸収する力がないわけであり，「構造的過剰」は必至となる．

しかしながら，農産物の国内需要は"飽食時代"と言われるほどに国民すべてが満たされ，したがって今後の需要増大を見込むことができないのだろうか．だが，そうした想定は誤りである．一口に言って"国民飽食"論は，食料需要が何よりも「支払能力ある需要」であること，それゆえ長期不況とインフレーションの中で実質賃金・所得が抑え込まれ，国民内部にも著しい収入格差が存在しているという外部条件に規定されて，食料消費の停滞が生まれている事実を，意識的かどうかは知らないが，無視しているのである．したがって，こうした外部条件を変革すれば，食料・農産物の需要はこれからも増大していくし，また"健康で文化的な"食生活実現のためにも，そう

第4章 農産物需給調整と価格政策

した方向を追求しなければならないのである.

また,以上に関連して食料需要変化における市場メカニズムの作用を軽視するわけにはいかない.タマゴのように消費者価格が安く,新たな調理法が普及しなければ,今以上の需要拡大が期待できない品目も一部にはあるが,食料品全体ではなお価格の高さが需要拡大のネックとなっている.とくに,長期不況の下で国民の収入が抑え込まれている中ではそうである.この点では,梶井氏が同書で食料品価格の動きと食料費支出の伸びに対する『農業白書』(1979年度)の評価を鵜呑みにし,「消費者の食料消費に対する価格反応が消費抑制方向に鋭敏になった」(5頁)としていることは,問題ではないかと思われる.その意味は,「価格上昇は消費減に結びつき,価格低下があっても消費増に結びつかないものがふえてきた」(6頁)ということなのだが,前者のことは当然として,後者の例として『白書』が挙げるのは,乳卵,菓子などごく一部の品目にすぎない.これらの品目では確かに需要が限度にきている側面があり,したがって価格弾性値は小さいが,こうした事実をその他の食料品に押し広げるには,なお慎重な吟味が必要である.価格上昇が消費減を招いていると同様,価格低下が消費増をもたらす可能性,いわゆる市場メカニズムの作用は,いかに需要の価格弾性値が小さいといわれる食料品であってもやはり貫いていると,私は実感している.

第3の供給面の変化からする「構造的過剰」論は,これまでと観点を異にしており,しかもその中には注目すべき内容が含まれているので,次項であらためて取り上げることにする.ここでは第1,第2の側面を論拠に展開される「構造的過剰」論が,実践的・政治的にいかなる意味をもつものなのか,若干のコメントを付しておこう.

ひとくちに言ってこの「理論」は,政府・独占資本の立場からする低農産物価格政策と農業再編政策に格好の口実を与えるものである.食料・農産物需要の停滞が「構造的」であり,したがって今日の農産物過剰が「構造的」と理解される限り,生産調整を軸とした農業再編政策は必至である.しかも,そのような「構造的過剰」の供給要因のひとつに農産物価格支持政策による

所得補償作用があるとするならば,「構造的過剰」緩和のための低農産物価格政策の展開（＝価格支持政策の後退）は,これまた必至である.この点では,農政審答申（1980年10月）が「農産物需要の伸びが鈍化し需給が緩和傾向で推移するなかで,需要の動向に応じた農業生産の再編成を進めていくためには,価格政策においては,価格のもつ需給調整機能をより重視した運用を行っていくことが肝要である」としたのは,「構造的過剰」を理由とした価格政策の歴史的パターンの変化を示したものであった.とまれ政府は,今日の農産物需給を「構造的過剰」と捉えることによって,「生産刺激的な価格の設定は厳に避け」（農政審答申）た,低農産物価格政策を全面的に展開,実施してきているのである.

　もっとも「構造的過剰」論を展開した人達の意図は別のところにあったのかもしれない[9]. しかし主観的意図はどうあれ,政府や独占資本はその「理論」を借用し,低農産物価格政策や生産調整政策の口実としているのである.

　このように「構造的過剰」論には重大な陥穽があることを,指摘しないわけにはいかない.

(2) 「増産メカニズム」の作用

　次に梶井編著『農産物過剰』に戻って,供給面の変化からする「構造的過剰」論を問題としよう.この関連について同書ではっきりと因果論的説明を行っているわけではない.だが,梶井氏および共同執筆者の1人である宮崎宏氏が,同書で現代日本農業における一種の「増産メカニズム」[10]について指摘を行っていることは注目に値する.これは,前述のごとく,農業生産における技術進歩・輸送手段高度化・流通革新からくる産地間競争の進展ならびに階層分解の結果としての専業的生産者による生産シェアの高まり,などを原因として供給構造が不可逆的・拡大促進的となり,価格変動に対して供給調整メカニズムが有効に作動しなくなった事態を指している.さらに豚肉・鶏卵を分担執筆した宮崎氏においては,供給構造の増産促進的な変化は,農外資本の進出,一貫経営（養豚）の拡大のほか,飼料価格補塡・豚肉長期

平均払い制度の効果の面などから説明されている．

　梶井氏が主張する「専業的生産体制の確立」も，畜産とくに酪農を念頭においで展開されている[11]．酪農生産ウエイトが副業的経営から複合的経営，さらに専業的経営へと移行していくにつれ，生乳供給の不可逆性が強まっていくことについては，すでに山田定市氏によって指摘されていたことでもあり[12]，私も同感である．こうした供給の不可逆性は，今日では肉牛を除く畜産全体に当てはまるであろう．だが，それは畜産という家畜飼養生産そのものが不可逆的性格をもつからではない．なによりも畜産部門（酪農・養鶏・養豚）は，近代化農政＝選択的拡大政策を通じて膨大な施設投資と多頭化を行ってきた．その結果，総生産量の相当部分がそれらの専業的大規模経営によって占められるようになり，その半面で多数の零細経営が脱落していった．生産装備の小さいこれらの零細経営群は，価格変動に順応した生産参入と離脱が比較的容易であり，このことが結果的に供給調整に対して可逆的作用を及ぼしていたといえる．

　ところが，専業的大規模経営による供給は，生産物の価格変動に対して著しく不可逆的・非弾力的である．とくに価格低落に対しては増産促進的に作用する．資本装備の大きいこれらの経営は，価格低落を資本生産性の引き上げでもって対応しようとするからである．しかも土地の制約を受けない施設型農業においては，一般的に資本生産性の引き上げに限度がない．資本生産性引き上げのもっとも有効な方法は資本単位当たりの生産量の増大であるわけだから，施設型農業には本来「増産メカニズム」が内包されているといえる．また資本装備の増大が借入金によって行われた場合——わが国ではこれが一般的——には，負債償還と金利支払いに促迫された「増産メカニズム」も貫くことになる．これらの事情から，投下資本が大きければ大きいほど，生産調整による遊休資本化に反発する．それは，酪農の生産調整においてアウトサイダーが存在することや，養鶏において企業的養鶏のヤミ増羽が絶えないことからも明らかである．

　以上の「増産メカニズム」は，企業的性格のつよい施設型農業に法則的に

貫く傾向であり，その意味では，現在の日本の採卵養鶏，ブロイラー養鶏，養豚，および北海道に多く存在する資本装備の大きい専業的酪農だけではなく，程度の差はあれ施設園芸もその作用を受けているといえる．

しかしながら，稲作・畑作・露地野菜のような土地条件が生産力拡大の最大条件である農業の場合，事情はだいぶ異なっている．これらの部門では土地所有の制約があって，資本は容易に参入しえない．また他人の農地を取得ないし借地化して規模拡大をはかったとしても，それだけでは生産者の交替があるだけであって，土地生産の総量には影響しない．もっとも，品種改良や土地改良，肥料増投などによって土地単位面積当たりの生産量を拡大していけば，増産促進的な作用が現われる．だが土地生産物であるかぎり，それには限度がある．なによりもわが国の土地利用型農業においては，依然として零細経営の生産シェアが高い．これらの経営群は，かつては価格低落を生産出荷量の増大でカバーする，いわゆる窮迫的販売を行い，そのことがまた価格低下を長期化させる要因にもなっていた．しかし，今日では零細経営といっても商品生産農家であり，価格低落に対する対応（他作物への転換）は，土地条件から転換が容易でない一部の稲作農家を除いて機敏である．また土地利用型農業においては，気象変動によって年々の供給量が大きく左右される．これらの事情から，土地利用型の稲作・畑作・露地野菜においては，「増産メカニズム」の作用は明示的には現われず，むしろ供給の不安定性・変動性が特徴的である．だが，ここでも特定作目に専門化した専業的大規模経営が発展し，それらの生産シェアが高まってくるに応じて，今日施設型農業にみられるような「増産メカニズム」の作用が貫くようになってくるであろう．

最後に果樹作においては，独占地代というものがあり，一般的に新規参入が困難であるといった事情のほか，反収増が必ずしも規格品出荷の増大に結びつかないなど，「増産メカニズム」の作用は，成木化にともなう自然的増産を除いては，今日のところあまり明瞭ではない．むしろ生産の硬直性として理解すべきであろう．

以上のように,「増産メカニズム」の発現の程度は,作目によって異なっている. しかし,日本農業は全体として資本力の差が比較優位の第一条件である資本主義的発展の道を歩んでおり,このように考えるならば,「増産メカニズム」が「構造的過剰」の供給要因に位置する日はそう遠くないと思われる. そのことは,すでに一部の畜産において現われているがゆえに,当該部門ではいまや企業的大規模経営や農外資本進出に対する規制が,過剰構造打開の上からも必要になってきているのである.

(3) 農産物"過剰"把握の視点:誰にとっての過剰か

現在わが国の農産物全般が巻き込まれているかにみえる農産物"過剰"は,上記の「増産メカニズム」に加えて,次に述べる4つ側面を内包している. 第1は総資本による低賃金維持にとっての"高価格"農産物の「過剰」,第2に食品産業資本にとっての"割高"農産物原料の「過剰」,第3に外国農産物の輸入拡大にとっての国内産農産物の「過剰」,第4に財政負担にとっての価格支持農産物の「過剰」,である[13]. いずれの「過剰」も,国内農産物の再生産的連関において利害関係を有する諸種の立場からのものである. 「増産メカニズム」が国内産農産物の供給面からの過剰要因であったのに対し,以上の4つは広い意味での需要面からの「過剰」要因を構成しているといえる.

第1と第2の側面からいわれる「過剰」は,いずれも国内産農産物の価格水準に関係している. もとよりその価格は,小農生産物における価値法則の展開(「C+V」水準の実現)を基礎においたものではない. 農産物は,いうまでもなく社会的再生産における素材補塡材料(生活資材,原料)であり,その価格いかんは資本家の支払う賃金と原材料費を大きく規定する. したがって資本家は,いつでも農産物価格が低いことを要求し,その立場からすると,わが国の農産物は"高価格"であり,"割高"(国際的にみて)であると判断される. そして,"高価格"で"割高"な農産物は,それを資本家が要求していないという点では,需要先を見出すことができず,「過剰」となる.

もっとも国内からしか農産物が供給されない場合には、いかに"高価格"であってもそれを需要せざるをえないが、外国から"割安"な農産物が入ってくる可能性があるならば、それらに需要が移動していき、"割高"な国内産への需要は減少する．

　このように対資本との関係においては、"高価格"で"割高"な農産物はつねに「過剰」である．それも、高度成長期のように資本家全体に比較的支払い能力があった時期には、まだ需要が存在していたが、長期不況に突入し、徹底した資本の合理化が迫られているなかでは、それらは「過剰」に転じていくのである．今日、多くの生食用農産物・原料用農産物が「過剰」となっているにもかかわらず、なおかつ輸入が継続されている理由は、こうした"高"価格問題から説明することができる．

　その意味からいうと第3の側面も同じだが、しかしここでは、わが国への農産物輸出に利害を有する国の立場が表現されている．アメリカなどわが国農産物市場の開放をつよく求めている国の立場（またはわが国への輸入によって利益を得る商社の立場）からすると、日本で生産される農産物は「過剰」であり、生産を削減すべきものとなっている．そして実際に国内市場に輸入農産物が入り込んでくると、それまで存在していた国内産農産物の需要が減少し、輸入農産物の需要へと置き換えられる．こうして国内産農産物の「過剰」が生まれてくることは、すでに多くの農産物で示されていることである．

　「過剰」の第4の側面は、農産物の価格支持にとって、必要な財政負担をできるだけ軽減しようとする立場から問題とされる．この立場からすると、価格支持農産物は財政負担をともなうがゆえに「過剰」農産物であり、生産削減すべきものとなる．それは、公務員が人件費を増嵩させていくがゆえに「過剰」労働力であり、人員削減すべきものと考えられているのと同様である．いずれも真の過剰ではなく、財政当局の「支払い能力」——財政危機の中でそれは狭められつつある——からみた場合の「過剰」である．

　以上のように今日の農産物「過剰」の諸側面をみてくると、これらは、戦

後のサンフランシスコ体制によってアメリカへの従属が決定づけられた日本の国家独占資本主義が体制的に抱える「過剰」問題であることがわかる．そして，こうした「過剰」問題は，わが国の農産物市場が低価格の輸入農産物で満たされ，その影響の下に国内産農産物の市場価格と支持価格の水準が著しく低下していくことによってしか，完全な解決が与えられない．その意味では，わが国資本主義にとっての農産物「過剰」問題は，構造的かつ長期的な性格を呈する．

しかしながら，注意すべきは，これらの「過剰」問題は，いずれもわが国の政府・独占資本と，アメリカなど日本への農産物輸出国によって喧伝されているものであって，わが国の農民にとっての過剰問題ではない，ということである．逆にわが国の農民にとっては，輸入農産物こそが過剰であり，農産物価格の水準が低く設定されていることこそが，価値どおりの価格形成が不可能な過剰農産物を生み出す原因となっている．換言すれば，今日の農産物"過剰"はカッコつきの「過剰」であるが，農民にとっては過剰問題は深刻なのである．

それゆえ，巷間言われるところの"過剰"問題には複雑な対応を必要とする．すなわち，①政府・独占資本等が喧伝する農産物「過剰」の欺瞞性――それは低農産物価格実現のための方便にすぎない――を暴露・批判しつつ，②農産物輸入の拡大や農産物価格支持政策の後退など，政府・独占の立場からする「過剰」打開の方向に反対し，③現に生じている農民にとっての過剰問題を打開し，価格水準の引き上げを実現することである．

それでは，農民にとっての過剰問題を打開するにはどうしたらよいか．第1に，農産物需要拡大の制約となっているわが国の低賃金体制を打破していくことである．そのために，労働者の賃上げと雇用拡大のための闘争を支援することが必要である．第2に，食品産業が調達する農産物については，できるだけ国内産のものを利用させることである．そのためには，輸入農産物に代替できるような国産農産物のコスト低下が必要だが，それに至る期間，財政措置を伴った価格不足払いと用途別価格が考慮されてよい．第3に，農

産物輸入は国内産で不足するものに限るよう，輸入割当て等国境調整措置を政府にとらせることである．第4に，国内で過剰になる農産物については，発展途上国への援助供与を含め，輸出を図ることである．第5に，貯蔵性のある農産物については，一定の備蓄・調整保管を行い，不足・価格高騰時にはそれらを放出できる体制をつくることである．第6に，資本主義的な「増産メカニズム」の作用している農産物については，それをもたらす諸条件を規制し，農民的生産力を擁護・育成していくことである．その観点から，農業分野に進出する農外資本や企業的大規模経営の規制，および資材価格の安定化や負債整理などが図られる必要がある．

　以上に加えて重要な視点は，農産物過剰をもたらす構造的側面と，個々の農産物における需給変動の経過的・短期的側面を峻別し，後者については正確で具体的な分析の上に立って，需給調整の方途を検討・実施していくことである．そのことは，政府や独占資本が喧伝する農産物「過剰」が，価格抑制の意図の下に，しばしば予断と欺瞞をもって語られている[14]がゆえに，とくに必要なことである．

3. 需給調整の立脚点と課題

(1) 競争原理と協調原理

　前節で指摘した農民にとっての過剰問題打開の対策は，それ自身広義の需給調整にはちがいないが，あえてそう呼ぶ必要もない．ふつう農協組織が掲げている需給調整は，農産物過剰問題を背景として激しくなってきている産地間競争を緩和し，農産物価格と農業所得の維持・安定化を図るための，生産・出荷の計画化と調整を目的としている．そうした需給調整の立脚点には，当然のことながら協調原理と呼ばれるべきものがおかれているし，おかれなければならない．ここで協調原理というのは，日本農業が総合的に発展していくために，全産地・全農家が協力・共同し合うことを含意している．

　ところが，近年，財界サイドを中心に，協調原理とは逆な競争原理を強調

した農政提言が相次いで出されている．それゆえ，真に前進的な需給調整推進のうえからも，これら競争原理の強調に立った提言に対し，必要な批判を加えておくことが重要である．

それらの農政提言は大同小異なので，ここでは一般に多くの関心を呼んだNIRA（総合研究開発機構）の農政提言『農業自立戦略の研究—日本農業生産構造近代化への新しい提言—』（1981年7月発表，作成者は国民経済研究協会）を取り上げておこう．

提言によれば，わが国の農産物価格が高いのは，政府が価格支持政策をとっているために，農業者がコスト引き下げの努力を払わないからであり，そのために米や牛乳などの供給過剰も起きたとされる．そして，これらの問題は，農業に競争原理を導入すれば解決する——というのである．

> 「競争原理を導入する意義は2つある．第1に需要と供給が均衡する．慢性的な供給過剰がなくなり，政府の手による生産調整が不要になる．第2に技術革新が誘発され，コストダウンにつながる．価格を引き上げることができるときは技術革新は起きない．生産物の価格が上昇しないとき，コストアップを抑えるため，生産要素の最適組み合わせを実現し総合生産性を高めようとする努力が喚起される．また，ライバルの存在は新技術の伝播スピードを速める．日本農業の最大の病理が『高価格』である以上，この第2の側面こそより重要な機能である」（前掲『提言』32-33頁）．

ここで言わんとしている「競争原理」とは，諸生産者が相互に対立しつつ私的利益の追求を行えば，市場社会の中ではコストの高い経営は脱落しコストが低い経営のみが生き残る——という意味として理解しておいていいだろう．それは，需要と供給の量的関係を通じて価格が決まるという「市場メカニズム（価格機構）」とは違う概念——関連はあるが——なのだが，提言のなかでは混同されて用いられている．「競争原理の第1の意義」として述べられている「需要と供給の均衡」とは，本来「市場メカニズム」の機能であって，「競争原理の機能」ではない．「需給均衡価格」と「コスト価格」とが

原理的に異なっていることは，経済学の初歩的常識である．

ところで提言が想定しているのは，いうまでもなく有効競争がなされるような「完全競争市場」であって，具体的には貿易・資本の国境調整措置を廃止した，自由化された市場であり，国内的には政府等の価格介入がない市場である．このような自由市場の下では，生産者は相互にライバルの存在を意識し，競争に勝ち抜くために技術革新と生産要素の最適組み合わせを実現しようとする．その結果，コストダウンが進み，農産物価格を引き下げても大丈夫な経営群が育っていく——と提言はいう．しかし，一挙に輸入自由化などをしていけば，現状では「幼稚産業」の地位にある多くの作目には打撃が大きすぎるので，自由化は段階的に，タイム・スケジュールを発表して行うべき，とする．

これに対し，国内の自由市場化はすぐにでも実行すべきである，というのが提言の基本的方向であるようだ．事実，提言を中心になって取りまとめた叶芳和氏は，別の論稿で「私は国境オープンの前に"産地間競争"の自由が確保され，その競争のもとで技術革新を遂行させることを提案したい」[15]と言明している．

この「"産地間競争"の自由」は，提言の中では「農協間の競争」としていわれている．そのために提言は，「農協加盟に際しての実質的な地域ゾーニングの排除」を主張する（33頁）．「地域ゾーニング（zoning：区域制）」とは，総合農協の場合，農家が加盟できる農協の区域が限られており，原則として自分の住んでいる区域以外に存在する農協に加盟できないことをいう．こうした農協の地域ゾーニングを撤廃し，どの農協に加盟するかは農業者の自由にしておけば，農協同士の競争が発生し，農協間の優勝劣敗と弱小農協の淘汰が進むというわけである．

以上のように，NIRA報告『農業自立戦略の研究』は，徹頭徹尾，自由競争の論理（競争原理）で貫かれている．近年のスタグフレーションと財政危機の中で，先進資本主義国では，ケインズ流の国家の経済介入が批判され，ハイエク・フリードマン流の新自由主義——国家の経済介入を排除し，経済

第4章　農産物需給調整と価格政策

を自由競争と市場メカニズムにまかせる——が勢いを増しつつあるが，NIRA報告は，こうした新自由主義の農業版といってよい．

ところで，日本農業に徹底した競争原理を導入し，農家・産地間に際限のない競争を煽る結果はどうなるであろうか．いま産地間競争に問題を限定しても，それが有効であり，それを通じて国内の農業生産力を全体として高めることができるのは，農業に国境調整措置があり，しかも国内供給量の拡大が，並行した需要量の拡大をもたらすことができる時期に限られる．おおよそ1970年代の前半までの時期は，こうした枠内で産地間競争の論理が有効に働き，大幅な産地形成と総生産の増大が，比較的順調に進んでいた（副業的生産と零細産地の撤退をともなっていたが）．これには，その時期まで続いた高度経済成長が，農産物・食料需要の安定的拡大を可能にしていたことも作用していた．

だが，1970年代後半に入り，様相は一変する．その時期までに日本農業は，全体として高度な生産力（供給力）を身につけていたが，需要の方は長期不況の影響を受けて思うように伸びない．それに，前述のような農産物輸入の拡大や，国産農産物の買入れに対する食品産業の消極性などが加わって，多くの品目で過剰生産が発生するようになったのである．そのような過剰生産の時代に，産地間競争の促進，競争原理の導入を説くことは，必然的に限られた需要量＝供給量の中でのシェアの分捕り合戦を導くことにならざるをえない．そのような"コップの中の争い"の結果，競争力の弱い零細な産地が脱落し，競争力の強い大産地のみが生き残る．それによってわが国の農業生産力が総合的に強化されるかというと，そうではない．むしろ産地が少数に限定されることによって，気象災害などにともなう供給変動を激しくし，それが引き金になって農産物輸入の拡大が促進されることになりかねない．また，競争原理の徹底は，国内産地間の競争から容易に国際間の競争へとつながっていく．その行き着く先は，わが国農産物市場の外国農業への全面的開放である．

そうならない（させない）ために，すでに述べたような協調原理に立った

需給調整の必要が出てくる．それは，なによりも産地・農家の共倒れを防ぎ，わが国の農業生産力を総合的に発展させるために必要なことである．また，たとえば青果物における際限のない前進栽培（そのための余分な投資），厳選，過剰包装，広域輸送など，"行き過ぎた産地間競争"にブレーキをかけ，品質とコスト中心の"適正な競争"をもたらすために必要なことである．そして，なによりも農協組織における協同理念そのものが，協調原理に立った需給調整（産地間調整による総合的発展）を必要としているのである．

(2) 調整主体とその機能：わが国の需給調整の概要に触れて

ところで，「協調原理に立った需給調整」という場合，それは農協運動においては，なにも目新しいものではない．農協共販そのものが，出荷調整を軸とした調整販売（orderly marketing）を機能のひとつとしているのである．しかしここで「需給調整」と言うのは，とりあえずは複数の農協が協同して行う調整販売を指している．いわば「共販の延長としての需給調整」[16]である．

その具体的機能は，需給調整に参加する全農協が，統一された意思の下に，①あらかじめ生産出荷計画を作成して，それを遵守した生産出荷を行い，②出荷中の価格変動に対しては随時出荷調整（市場分荷調整，2級品・格外品の出荷カット，調整保管，用途変更，産地廃棄など）を行うことである．これらが需給調整の主な機能であるが，付随して品質・規格の統一，市況連絡，代金決済，共同計算など調整販売にともなう諸機能が必要である．

以上は，青果物など生食用農産物を念頭においているが，加工用農産物においては，②に代えて参加各農協が共同して取引先との交渉を行い，有利な販売価格を実現することが含まれる．また需給調整という以上，単に生産サイドの生産出荷調整だけでなく，需要拡大のための共同的取組も存在しなくてはならない．

このように需給調整の中身をみてくると，それらは，農協間協同を基礎とした系統共販が，本来果たさなければならない機能であることがわかる．も

ともと，県連・全国連といった農協の系統組織は，単位農協が自立完結的には果たせない機能を補完するところに，存在の意義がある．したがって，需給調整が単協による共販の延長として，農協間協同による調整販売をその中身としている以上，それは，第一義的には補完組織としての連合会の販売事業（系統共販）が果たすべき機能である．

　しかし，どの段階の連合会が需給調整を行うかは，対象となる農産物の市場圏によって異なる．地場流通，それも単協の区域内で流通している農産物については，言葉の本来の意味での需給調整は必要でない．需給調整が必要なのは，県内および近隣諸県に流通している品目（かりに地域流通品目と呼んでおく），および全国的・広域的に流通している品目（広域流通品目と呼ぶ）である．前者の地域流通品目の場合，需給調整の主体は県連である．また，そうした地域流通品目をめぐって複数の県連が競合する場合には，県連間の調整機関（全国連支所を含む）が必要である．広域流通品目も県連間の調整を必要とするが，そうした機能を果たすうえでは全国連の役割が大きい[17]．

　いずれにしても，調整主体は，下部組織の協同を基礎に，それら組織の共通の要求に立脚した機能発揮が求められていることを忘れてはならない．「共販の延長としての需給調整」とは，そういう意味である．

　需給調整への連合会の関わりをこのようにみてくると，そうした機能はなにも連合会でしか果たせないわけではない．農協ないし県連それぞれ関係する農産物において，自主的に需給調整のための協議会がつくられるならば，それでも十分である．そういう例は，現実にはかなりある．とくに，同一地域に存在する農協が協同して「広域営農団地」を形成し，統一ブランド・規格の下に調整販売を行うことも，一種の需給調整であるが，そうした試みを行い，成功している例は少なくない[18]．この場合，連合会はまったく無視されるわけではない．連合会の姿勢にもよるが，一般にはこうした農協間協同において，連合会は事務局の役割を果たすものとして欠かせない．県連間の協同による「生産出荷協議会」においても，全国連は事務局として重要な役

割を果たしている.

　このように,需給調整の主体は,既存の連合会がそのままなる場合と,別に農協(県連)間協同にもとづく協議会がなる場合と2通りあるが,その選択基準は,当該農産物の系統共販がどの程度の実を備えて行われているかに関わっている.県連共販ないし全国共販が文字通りその実を備えている(無条件委託・平均売り・共同計算など)場合には,需給調整はそれらの共販の機能として当然行われるものであって,別に協議会をつくり屋上屋を架す必要はない.しかし,現実にはこのような実を備えた広域共販(県連・全国連による)はきわめて少なく,それだけ協議会をつくって需給調整を行う場合の方が多いといえる.

　以上に加え,当該品目において農協共販の販売シェアが低く,共販機能の延長だけでは,需給調整がほとんど不可能な場合が,当然存在する.そのような場合には,農協以外の販売組織の協力を求めなければならないし[19],事情によっては政府の行政指導を必要とする.また,農協組織といっても,わが国では総合農協系統だけでなく,品目によっては専門農協系統も大きな力をもっていることが,考慮されなければならない.

　これら調整主体に関わる諸点を念頭において,現実にわが国で行われている需給調整の概要を示せば,以下のごとくである(なお,系統共販が通常の機能として行うものは除外した).

〈野菜〉秋冬だいこん,秋冬はくさい,冬キャベツ,春キャベツ,夏秋キャベツ,たまねぎ(周年)の6品目については,1980年度から「重要野菜需給調整特別事業」によって,政府の指導を受けながら全農が主体となった需給調整が実施されている[20].その柱は,「生産出荷計画の作成」と「緊急需給調整(分荷調整,産地処理)の実施」である.その他の指定野菜については,政府や都道府県が開催する指定産地協議会(関係農協・県連等で構成)を通じ生産出荷計画がつくられる.

　また,先の「重要野菜」に加え,冬レタス,夏秋きゅうり,冬春ピーマン,

夏秋キャベツなどについては，全農の下に関係県連・農協参加の全国部会または協議会がつくられ，生産出荷計画作成による事前調整と，価格低落時における下位等級品出荷抑制等の出荷調整が申し合わされている．

〈みかん〉温州みかんについては，全中，全農，日園連（日本園芸農業協同組合連合会），府県果実生産出荷安定協議会（みかん生産県において経済連，園芸連，農協等が参加）を構成員とする「全国果実生産出荷安定協議会」がつくられ，年間の需給見通し，改植および摘果の推進，生果および加工原料用果実の計画出荷，果実加工品の調整保管等が協議され，推進されている．1979年度からは，同協議会が推進団体となり，政府の指導・助成を得て「うんしゅうみかん園転換対策」が取り組まれている．これは，温州みかんが生産過剰であるとの認識の下に，晩かん類への高接・改植，その他果実・他作物への転換などを図るものである．

〈米〉1969年度の稲作転換パイロット事業を試行として，1970年度から本格的に米過剰対策としての稲作転換事業が実施されている．1978年度から事業の名称は「水田利用再編対策」となり，1981年度からその第2期に入っているが，同期の転作等目標面積は67.7万ha（田本地に占める割合23.9％）である．なお，稲作転換事業の実施は，国→都道府県→市町村の行政ルートによっている．

〈茶〉社団法人・日本茶業中央会のもとに需給安定対策会議がおかれ，毎年度，茶種別・茶期別の荒茶生産計画がつくられている．

〈こんにゃくいも〉財団法人・日本こんにゃく協会の手によって，こんにゃく原料の買入れと売渡し，精粉の保管を通じた需給調整が行われている．

〈葉たばこ〉日本専売公社によって国産葉たばこは全量買入れがなされているが，輸入葉たばこの増加や需要の減退の中で公社は大量の過剰在庫を抱え，その対策として1978年産から自然減を中心に5,500haの減反を行ってきた．1982年産ではさらに減反を強化し，減反協力金10a当り15万円を支給して，耕作面積の8.4％にあたる4,943haの減反を行った．そのうえ，「専売公社を当面は政府が株式を保有する特殊会社に，将来的には民営会社に移

管し，輸入たばこの取り扱いは別会社とする」という第2次臨時行政調査会の答申（1982年7月）が出されるに及んで，国産葉たばこの全量買入制度と耕作許可制度が廃止される方向に動きだした．そうなれば，国際的にみて割高な国産葉たばこの減反が強化されることは必至である．

〈生乳〉 直接的には加工原料乳の供給が補給金交付の限度数量を超える事態が続いたことに対する対策として，1979年度より，社団法人・中央酪農会議（都道府県指定生産者団体の代表者によって構成）の手によって，「緊急生乳需給調整（計画生産）対策」が実施されている．具体的には，①全国の生乳計画生産目標数量を設定し，これを都道府県指定団体別に配分し遵守を求めるとともに，②計画生産数量を超過した分は，中央酪農会議等を通じた委託加工として特別余乳処理（市場隔離のため保証価格の4分の1程度の乳代となる）され，③余乳処理をしなかった指定団体には，計画超過分に過怠金を賦課し，その分だけ次年度の割当量を削減する．また計画生産の達成手段としては，①全乳哺育，②低能率牛の淘汰，③粗飼料給与の増大などが採用され，国の「生乳計画生産推進対策事業」によって補助金が支給されている．

なお，生乳の需給調整対策を契機に，一部の指定団体の地区において，自県の生産者手取り乳価の向上を指向するあまり，飲用販売用を増やし，域外に安売りをする事態がみられるようになった．こうしたことを防止し，さらに計画生産の実を上げるために，1981年度から各指定団体に用途別販売数量の割当てを行い，飲用向販売実績が割当てを超過した指定団体には飲用販売課徴金を拠出させ，下回った場合，飲用販売保証金を支払うようにしている．保証金の不足分については，生産者からの積立てによって牛乳販売調整基金がつくられ，賄われている．

〈鶏卵〉 鶏卵の過剰生産が表面化した1974年から「鶏卵需給調整協議会」の手によって増羽の抑制がなされている．この協議会は，全国，地方農政局，都道府県，市町村などの各レベルにつくられ，そこには生産者団体，生産者・関連業者の代表が参加するが，実際の運営は行政ルートで行っている．

内容的には，農林省3局長通達によって，3,000羽以上層（1978年から5,000羽以上層に変更）の増羽を凍結しようとするもので，各協議会によって随時，動向把握のための調査が行われている．しかし，一部の企業的養鶏による無断増羽が絶えず，また鶏卵需給の緩和基調も依然継続していることから，1981年9月，新しい農水省3局長通達「鶏卵の計画生産の推進について」が出された．これよると，5,000羽以上飼養生産者の増羽を凍結する行政指導は従来どおりだが，①全国および都道府県の飼養羽数枠が1980年5月調査の確認羽数に改められた，②1,000羽以上（5,000羽以下の）飼養生産者については，鶏卵生産者台帳に記載された上で，各都道府県枠の範囲内において飼養羽数規模の変更ができるようになった，③それまでの無断増羽者については，増羽分の4分の1を削減した羽数を飼養の限度とした，④鶏卵の補助事業および融資事業の受益者については，計画生産への協力と卵価安定基金の加入を義務づけた，⑤無断増羽者については，卵価安定基金，配合飼料価格安定基金にその氏名等を通知するようにした，など行政指導が弾力的で現状追認的な方向に修正されている．同時に1981年通達では，それまでの行政主導型の生産調整が改められ，鶏卵生産者による自主的な計画生産の動きを援助する方向が打ち出され，現実に畜産振興事業団の1981年度事業から社団法人・日本養鶏協会が行う需給安定事業に対し助成を行うようになった．なお同協会は，1979年に成鶏めす1万羽以上飼養者に累進的な削減率を設定した自主減羽運動を行った経緯がある．

〈ブロイラー〉政府の指導の下に全国と各都道府県に「ブロイラー計画生産推進協議会」がつくられており，ここにはブロイラー関係の農協組織，商業組織と都道府県等が参加している．全国協議会では各都道府県協議会からの報告をもとに半期毎の出荷羽数見通しをつくり，需給バランスがとれるように生産の誘導を行っている．

これとは別に，全農と日本食鳥協会では，商系生産者の協力を得て，例年ブロイラーの不需要期である1～2月を対象とした減羽（平常月出荷羽数の10%削減）を行い，価格の維持に努めている．

〈豚肉〉豚肉の需給・価格の安定については，制度的には①指定団体（全農・全畜連・食肉加工メーカー・日本食肉市場共同（株）など）による価格低落時の自主調整保管，②畜産振興事業団による指定豚肉の売買・保管操作などがあるが，さらに豚価の価格低落が深刻化した1979年11月に，中央畜産会，全国養豚協会，全農など養豚関係の中央18団体によって「養豚経営安定推進会議」がつくられ，全国で8万頭を目標とした子取り用雌豚の生産調整が行われた．この調整は，価格低落による自然減もあって目標以上の達成となったが，同推進会議は，その後も子取り用雌豚飼養頭数の抑制ないし現状水準維持を指導している．なお同推進会議の運営費については，畜産振興事業団が助成している．

また，1981年度から国によって「子豚需給調整対策事業」が実施されているが，その内容は，都道府県が指定する団体に子豚需給調整基金を設立し，子豚の需給状況によって屠畜および導入の奨励を行おうとするものである．その際，指定団体は屠畜奨励交付金（1981年度は1頭当り2万円）および子豚導入奨励金（同2,700円）を交付する．同事業については，国庫ならびに畜産振興事業団による補助があり，先の「全国養豚経営安定推進会議」と連携を取りながら事業が行われている．

このように現在のわが国では，じつに多種類の品目で需給調整が行われている．しかも，それらの品目は多かれ少なかれ過剰基調にある．その点では，現在わが国で行われている需給調整のねらいが，第1には生産調整にあることは明らかである．

さらに需給調整の主体に注目すると，今日では生産者団体が中心となって行われているものが圧倒的に多いことがわかる．みかん，生乳，豚肉などは当初から生産者団体主導で需給調整が行われていた．これに対し，指定野菜や鶏卵では従来は国→都道府県の行政ルートで計画生産が指導されていたが，最近では生産者団体による自主的調整の比重が増大してきている．現在においてもなお行政による需給調整を行っているのは，米である．これはその品

目が重要食糧として食糧管理法によって国家管理の対象となっていることに由来している．

ところで，生産者団体主導といっても，いわゆる総合農協系統を通じ一本のルートで調整を行っているのは，一部の指定野菜のみであって，他の品目では，総合農協系統に加え専門農協系統または商社系団体，指導機関，関連団体などが別に第三者機関（協議会）をつくり，そこが需給調整の推進主体となる（みかん，豚肉）か，総合農協系・専門農協系双方が加入している既存の中央指導機関がその主体となっている（生乳，鶏卵）．これは，わが国ではまだ総合農協系統による共販の力が弱く，他方で専門農協などが無視しえない地位を占めていることの反映と理解できる．したがって，ひとくちに生産者団体主導といっても，組織を異にする生産者団体のあいだに複雑な利害の対立があり，そうスムースに需給調整が進展しているわけではない．

そのようなこともあって，表向き生産者団体主導の需給調整の形をとっていたとしても，その実ほとんどの品目で政府の指導・援助がなされている．具体的には，需給見通しや生産出荷計画の作成，需給調整基金の設立など，その要所に政府が介在し，需給調整の方向をリードしている．

もとより需給調整に政府が介在する背景には，農産物過剰基調の中で，それが価格政策とともに価格の安定化をはかる上で大きな意味をもつようになったという事情がある．しかしそれ以上にわが国では，生産側の需給調整推進機構が未整備・未熟であることが，行政機関のそれへの介在を必要としているように思われる．需給調整の推進機構が未整備で未熟であるということは，換言すれば，わが国では需給調整という本来生産者や関係の出荷団体すべてが参加して行わなければ効果が上げられない事業に，いわゆるアウトサイダーが存在していることを意味する．そこで次に，需給調整の遂行においてこの問題をどう考えたらよいか，若干の検討を加えておこう．

(3) アウトサイダー規制の問題：ミルク・ボード構想を手がかりに

実際，需給調整においてそれに参加しないアウトサイダーが存在すること

は，たいへん厄介な問題である．需給調整に参加する生産者や出荷団体が生産・出荷量を調整し，価格の浮揚を図ろうとしても，それに従わないアウトサイダーが存在することによって，その効果は大きく減殺する．また調整によって価格浮揚が実現したとしても，アウトサイダーは，みずから苦労していない成果をわが物とする．それは，労苦を共有しつつ全体の向上を目指す協調原理に照らしてみても，けっして等閑に付すわけにはいかない．

そのようなこともあって，需給調整を論ずる者は，必ずといってよいほどこの問題に触れている．その多くは，アウトサイダーの問題は，系統農協の組織強化の中で自主的に解消すべきとするものだが，一部には何らかの立法措置をもってアウトサイダーの規制をはかろうとする主張も存在する[21]．

後者の具体的内容については，現時点では必ずしも明確ではない．しかし，農産物需給調整に関わる特別のカルテル許容立法を制定し，その中で農協を中心とした特定の団体に需給調整実施の権限を付与するとともに，それ以外のアウトサイダーについては，権限を付与された団体に強制加入させ，供給のカルテル的一元化をはかろうとしていることは確かなようだ[22]．その場合，モデルとなっているのがアメリカのマーケティング・オーダー（marketing order：販売命令）やイギリスなどのマーケティング・ボード（marketing board：販売委員会）である．

これらの制度については紹介文献が少なくないので[23]，詳しくはそれらを参照してもらうことにするが，特徴的なのは，両者とも生産による一元的販売機関の設立や販売協定に対して法令に基づく強制力を与え，アウトサイダーによる自由な販売を一切認めていないことである．もっとも，そうした一元的販売機関の設立（マーケティング・ボード）や販売協定の実施（マーケティング・オーダー）に際しては，関係生産者による投票を行い，一定以上の生産者ないし一定数以上の販売量をもつ生産者（多くの場合3分の2以上）の賛成が，必要な条件となっている．しかし，その結果，少数派（アウトサイダー）が排除され，彼らが販売業務を引き続き行おうとすれば，ボードまたはオーダーへの参加が強制される．

供給管理の内容・方法については，マーケティング・オーダーとマーケティング・ボードとのあいだに違いがある．またそれらが実施されている国や州，さらに品目によっても異なっている．大雑把に言うと，オーダーでは総販売量は規制されるが，その枠内での生産者の活動は自由で，したがって価格引き上げにともなう新規参入や既存生産者の生産拡大を防ぐことができない[24]．これに対しボードでは，一般に関係生産者全員のこの組織への登録が義務づけられ，ボードは集荷と販売に関してほぼ一元的な権限を付与される．その意味でボードは，フュージの言うように「強制的協同組合」である[25]．また国や品目によっては，生産者への生産割り当ても行われるなど，ボードのもつ供給統制力にはきわめて大きいものがある．

ところで，わが国では生乳需給調整機構の検討の中で，このボードの日本版設立の構想が具体化してきている．1982年3月都道府県指定生産者団体会長会議（事務局・中央酪農会議）によって了承された「全国生乳需給調整機構の設置・運営基本大綱」がそれである．これも詳しい内容については省略するが，組織上重要な点を列挙すると次のごとくである．

① 法的な強制力をともなう酪農者主体の生乳販売業務を行う組織である．具体的には，ボードは特殊法人とし，その会員は酪農者（搾乳牛1頭以上飼養する者）の全員並びに政府（畜産振興事業団）により構成する．

② ボードの設立にあたっては，生乳を販売している酪農者全員による直接投票を行い，3分の2以上の賛成が得られた場合に設立できる．

③ ボードは全国の酪農者が生産する生乳について需給調整機能をともなう流通・販売から乳代支払い業務およびこれらに付随する業務を行う全国唯一の組織とする（したがってボード以外ではこれらの業務を遂行できない）．

④ ボードは酪農者を直接会員とすることから，既存の指定生産者団体（経済連など）および指定団体の会員（農協など）は，それらの機能（生乳受託販売事業）をボードに対して移管し，指定団体についてはボードの支所として位置づける．

⑤ ボードは基本的には全国単一の組織であるが，生乳の需給および流通圏に照らして必要がある場合には，ブロックを区域とするボードを設置することができる．

⑥ 資本金は政府および酪農者の出資金による．

⑦ 総代会を最高意思決定機関とし，議決権は乳牛頭数により割り当てる．

⑥ 生乳を販売しようとする酪農者は，無条件委託販売申込書を添えてボードに登録するものとし，登録した酪農者のみが生乳販売に関する権利を取得できる．

⑨ 登録酪農者に対しては，全体の生乳需給計画に従って生乳販売量の割り当てを行う．この割り当て量については，ボードの許可を得て他の登録酪農者に権利を譲渡することができる．

このような組織実体の下で，ボードは毎年の生乳需給計画と月別・四半期別の用途別配乳計画を策定し，乳業メーカーに生乳の一元的供給を行うとともに，販売乳価を決定する．この乳価の決定は，飲用向け・加工向け別々に行うが，生産者への乳代支払いは将来的に全国プールにより行うことを基本に，当面は現行支払い乳代や飲用需要地帯までの距離等を勘案して較差づけを行うとする．さらにボードは，メーカーへの配乳後の余乳処理（これを原料とした製品の製造・販売），および畜産事業団が行う輸入乳製品の放出払い下げ・販売などで独占的な権限を有する．

このように"日本型ミルク・ボード"といわれるものの内容をみてくると，これが総合農協系列（全農系）と専門農協系列（全酪連系）に分かれた既存の生乳販売体制を解体・再編し，アウトサイダーも一切認めない強力な一元的集荷・販売機関の設立を目指していることがわかる．

このミルク・ボード構想は，1979年に開始された生乳需給調整（計画生産）と並行し，中央酪農会議の中で煮つめられてきたものである．したがって，ボード構想が浮上してきた背景には，第1に生乳需給の安定を図るために生産者・取引メーカー双方に対して強力な権限をもった一元的需給管理機

関の設置が望まれるようになってきた，第2に飲用乳市場で乱廉売が続き，流通秩序が著しく乱れた状態になってきた，といった事情が存在する．

これに加え，農協中央には従前から全農系と全酪連系に分かれている既存の生乳販売組織を統合し，生産者団体の販売機能の一元化を図ることへの強い願望があった．ボード設立の真のねらいは，むしろこの最後の点を法令を後ろ楯に実現するところにあるように思われる．

しかし，このようなねらいと内容をもったボード設立構想には問題がないだろうか．

第1に，いかに投票手続きを経るとはいえ，ボードに生産者全員を強制加入させることは，「加入・脱退の自由」を定め，それゆえ自主的な協同組織である協同組合の本旨からいって問題がないか．かりに"3分の2以上"の生産者の賛成があったとしても，"3分の1以下"の生産者の「営業の自由」は保障されるべきであり，ボードに加入しないことには営業が継続されえないとすると，「職業選択の自由」（第22条）を定めた憲法にも違反する恐れが出てくる．なお「加入・脱退の自由」「営業の自由」制約の問題は，現行の指定生産者団体を含め酪農家が自主的に結成する団体活動の自由にも波及する．

第2に，独禁法（私的独占の禁止および公正取引の確保に関する法律）との関連である．ミルク・ボードが結果的に生産者に対しては"購買独占"を，需要者に対しては"販売独占"をもたらすものである以上，場合によっては「私的独占の禁止と公正取引の確保」を定めた独禁法に抵触する疑いがある．もっとも現行独禁法は，その第24条で協同組合に対する適用除外規定を設けている．しかし，この場合でも同法は，適用除外となる組合の要件として「加入・脱退の自由」や「各組合員の議決権の平等」などを掲げており，さらにただし書きで「不公正な取引方法を用いる場合または一定の取引分野における競争を実質的に制限することにより不当に対価を引き上げることとなる場合はこの限りでない」と，独禁法の本旨を明確に貫いている．このような独禁法の条項に照らしてみる時，構想されているミルク・ボードは，①生

乳を販売しようとする者はすべてボードへの登録を義務付けられ，実質的に「加入・脱退の自由」がない点や，ボードの議決権が構成員の「1人1票制」ではなく，乳牛頭数によって割り当てられている点など，独禁法の規定する組合に当てはまらない，②いかに適正価格実現を目的にしたとしても，ボードによる集荷・販売の一元化が，生乳取引分野における「競争を実質的に制限する」ことは明らかであるし，"独占体"として酪農生産者を逆に収奪する機関にならないという保証もないなど，独禁法による規制を逃れることは困難である．

そこで第3に，政府（具体的には畜産振興事業団）を構成員および出資者とする「強制権を持った特別立法にもとづく特殊法人」を設立するとしているのであるが，それは産業民主主義とは相容れない国家統制に道を開く危険性を持っている．

以上，構想されているミルク・ボードには，組織面に限ってみても，民主主義の基本に触れる問題を含んでいる．たとえそれが，乳業独占への対抗力を形成し，乳製品輸入への規制措置を保持したいという主観的意図から出されたものであったとしても，設立される組織の内部に民主主義が貫かれていないならば，それは容易に"独占体"に転化していく．

現下の酪農をめぐっては，非指定乳製品の野放し輸入による全体需給の混乱，指定生産者団体・アウトサイダー入り乱れての飲用牛乳の乱廉売，乳業資本による分断的乳価切り下げなど，緊急に解決が迫られている問題は少なくない．しかしそれらは，農協運動と共販の延長線上にひとつひとつ解決していくべきものである．さしあたって，①すべての乳製品輸入の畜産振興事業団による一元的管理，②全国の指定生産者団体を構成員とした「全国生乳共販連」の結成，③同「共販連」による生乳・飲用牛乳流通の地域間調整，④全国乳価プールの段階的実施，などが具体的検討課題となるであろう[26]．

以上，現在わが国で構想されているミルク・ボードを手がかりに，特別の立法措置をともなった需給調整の問題点を指摘してきた．明らかなように，それはたんなるアウトサイダー規制の枠を超えて，民主主義の基本に関わる

第4章　農産物需給調整と価格政策　　　　　　　　　　　　　　233

問題を含んでいる．ここからわれわれは，歴史と国情を異にする諸外国の制度を，安易にわが国に持ち込むことの危険性を知るべきである．

4. 小　　　括

　わが国では，農産物の需給調整が問題にされるようになってからまだ日が浅い．そのこともあってか，現状では"需給調整"の概念が系統農協中央や研究者のあいだで一人歩きしており，生産者や農協の現場で問題にされる状況にはいまだ至っていないように思われる．その意味では，全国農協大会で「需給調整の推進」が「決議」されたからといって，全国連が直ちにそれを実行することには慎重でなければならない．下からの盛り上がりがないままに，上から推進機構をつくれば，それは容易に統制と支配の道具に転化していく．この点では，戦前，昭和農業恐慌後の帝国農会による農産物販売統制（一種の官製的「需給調整」）が，容易に戦時農業統制につながっていったという歴史の教訓に学ぶ必要がある．

　今日，全般的な農産物過剰基調の中で"生き残り"のための産地間競争が激化し，それを打開し日本農業の総合的発展を図るための需給調整が必要になっていることは，言うを俟たない．そのための産地間協調の気運も，徐々にではあるが盛り上がってきている．だが，各産地・農協が手を結ぶためには，まずもって各単位共販の自立的・民主的強化がなされなければならない．それは，各農家の「生産・作付の自由」を基本に，その地域が相対的に優位性をもつ作目を中心に地域の農業生産力を総合的に拡大し，生産された農畜産物を農家の自発的協同の意志の下に農協に販売委託し，農協は委託された農畜産物をもっとも合理的な方法で商品化することが中身となる．この場合，同一品目を生産し，しかも出荷時期が近接している複数の産地・農協が事前に協議し，出荷市場と出荷時期を分担しあえば，それだけ無駄な競争が排されることになる．これは農協間・産地間協同による需給調整のもっともプリミティブな形態である．その他，その品目が加工・保管に適したものである

ならば，それらの行程を需給調整に活用することができる．この場合でも，近接した複数の産地・農協が協同しあえば，それらに必要な施設費の節減を図ることができ，さらに生食用農畜産物に加えて加工品・保管品の需給調整が可能となる．国内で過剰な農畜産物の消費拡大，他用途開発や輸出の促進，ないし農産物輸入の規制に協同した取組みを行うことも，進んだ需給調整の形態である．重要なことは，限られた市場を所与の前提として生産者・出荷団体間の調整を行うのではなく，前述の農業生産力の拡大に見合って国産農畜産物の市場を拡大していく方向をもつことである．とりわけ，国内市場の拡大は，国民の購買力向上と結びついているだけに，農業者側の農産物需給調整のための運動は，どうしても勤労消費者の生活防衛闘争と提携していかなければならない．

　ところで，これらの需給調整はいずれも農業者側からみれば市場対応の1つであり，その品目がいかなる市場圏（流通する範囲）をもっているかによって，需給調整の主体も異なってくる．これらの全過程を通じて農協間・産地間の民主的合意形成と実行がともなわなければならないことは，あえて言うまでもない．だが同時に，地域間・県間を流通する品目では県連の，広域・全国を流通する品目では全国連の，それぞれ固有な販売事業の機能を需給調整にも発揮することが求められる．需給調整は，言ってみれば個々の農協では実施が困難で非効率な機能を農協間・産地間の協同で補完する事業である．その意味では，需給調整は単協の補完組織としての連合会が本来果たすべき事業とも言える．しかし，大半の農協は現在の連合会に需給調整を行わせることに不安をもっている．農協中央の笛に単協が踊らない理由もここにある．この点では，農協間協同による協議会方式の需給調整を追求しつつ，同時に連合会を"上意下達"的な組織から真に構成農協が求める事業活動を行う組織として民主的に再編することが，これまで以上に重要になってきている．

　最後に，行政は農産物需給調整にいかなる関わりを持つべきであろうか．
　前述したように，政府は，生産者団体による農産物需給調整に大きな期待

第4章 農産物需給調整と価格政策

を寄せている．しかしこの期待は，第1にそれによって農産物価格政策にともなう財政負担を減少させることができること，第2に国の策定する農産物需給計画に"参加"させることによって，実際には生産調整と構造政策推進の手足とさせること，の2点から生まれてきているように思われる．すなわち，1970年代以降の長期不況の段階で，輸入農産物を拡大しつつ選択的に国内農業の生産力増強を押し進めてきた「近代化」農政と，低賃金体制とのあいだの矛盾が，農産物過剰問題として現われ，他方で，財政収支の不均衡を内容とした国家財政の危機が進行していったが，このことは体制側にとって「譲歩・妥協」としての農産物価格支持政策が足かせになってきたことを意味する．そこで70年代後半に入り支持価格の抑制が図られていくが，このことは社会的安定層たる小農の農家経済をいちじるしく悪化させ，彼らの体制への不満を呼び起こす．かくして財政危機と農業危機が同時に進行していくが，これらを構成部分とする体制的危機に対し，政府・独占が農業団体を巻き込みつつ周到に準備してきたのが農産物の「需給調整」である．政府・独占は，農業団体がみずから生産調整・出荷調整を行うことによって価格の安定化を図ろうとする「需給調整」に対し，これを"自助努力"として全面的な支持と奨励を行っている．その背景には，すでに述べたような，価格政策への政府の責任と財政負担を軽減できるという期待とともに，農業危機を農業団体の農政への"参加"によって回避し，進んで政府の農業再編政策に農業団体を動員しようとする目論見がある．後者の点は，現代の団体統合主義ともいうべきネオ・コーポラティズムの農業面への展開でもある．

　ともあれ，政府は国の農産物需給計画の推進にとって，余人をもって代え難い"翼賛"機関を得たわけであり，これにより「過剰」農産物の生産調整にとどまらず，政府の目指す構造政策に農業団体を動員させることが容易になった．

　このように政府による農産物「需給調整」への関わりには非常に危険なものがある．この点をきっちり批判し，農産物価格政策への政府の責任を十分果たさせることが必要である．また，政府が農産物の需給見通しをもち農政

の指針にすることは積極的といえるが，それはあくまでも自給率の向上と国民生活の豊かで健康的な発展を基本としたものでなければならないだろう．

注

1) 1982年10月第16回全国農協大会は，「農協の80年代対策」の具体的実践方策とみずから述べる「日本農業の展望と農協の農業振興方策」を決議した．そこでは前回の決議以上に政治的・政策追従的性格が濃くなってくるが，それはこの間に財界やNIRA（総合研究開発機構）による農業提言や第2次臨時行政調査会による答申が出され，農協中央としてもこれらへの対応を迫られたためと思われる．「需給調整」については，前回の決議「農協の80年代対策」の方が具体的に述べられているので，以下ではこれにもとづいて検討する．

2) そうであるがゆえに農政審答申は，「農産物価格の過度の変動の防止」のため，「生産者や生産者団体の自主的な計画生産・計画出荷や需給調整を推進する」と述べている．

3) 「ネオ・コーポラティズム」については，二宮厚美「台頭しだした『新保守主義の戦略』批判」『経済』1980年8月号，参照．

4) 同上 131 頁．

5) わが国で農産物過剰の構造的性格を最初に提起したのは常盤氏である（同氏「農業恐慌と農産物過剰」日本農業年報XIX『農産物過剰』御茶の水書房，1970年）．そこで同氏は，アメリカの二大政党の農産物価格支持政策の態様を紹介しながら，結論的に「価格支持＝生産制限政策によって農産物の需給関係を調整し，もって農産物の過剰生産に基づく恐慌的な価格下落を阻止しようとする国家独占資本主義の農業恐慌回避装置の存在そのものが，逆にかえって農業生産力を増大せしめて農産物過剰を生みだすポテンシャリティを累積している」としたうえで，さらにこうした「構造」的農産物過剰を輸出の増大によって「解消」しようとするこころみが，国家独占資本主義諸国の農産物過剰を激化させるとともに，同じくこれらの国での価格政策から構造政策への方向が，農産物過剰をかえって促進しているとしている（247-253頁）．なお最近の同氏の論文としては，「資本主義の展開と農業」暉峻衆三他編『日本農業の理論と政策』ミネルヴァ書房，1980年，および「日本資本主義の構造的危機と農産物市場問題」美土路達雄監修『現代農産物市場論』あゆみ出版，1983年，を参照のこと．

千葉氏は，以上の常盤理論をほぼ全面的に受け入れたうえで，「いまやわが国農業での農産物過剰はほぼ全面化し構造化するに至った」としている（同氏「わが国における牛乳・乳製品過剰問題の特質」『農業総合研究』第35巻第4号，1981年，4-14頁）．

6) 梶井功編著『農産物過剰—その構造と需給調整の課題』明文書房，1981年．これは全国農協中央会が最初内部資料として印刷したものを市販したこともあっ

第4章　農産物需給調整と価格政策

て，全体として系統農協の需給調整の取組みが「成果をあげることを期待」して書かれている．なお同書に対して私は，「紹介と批評」(『農産物市場研究』第14号，1982年）を書いたが，以下での叙述はこれにもとづき，さらに不十分であった点を補強したものである．

7) とりあえず花田仁伍『日本農業の農産物価格問題』農山漁村文化協会，1978年，第4章，参照．

8) ついでに言えば，農産物価格（支持）政策を国家独占資本主義のスペンディング・ポリシー（Spending Policy：有効需要政策）の一環とする梶井氏の捉え方は，ニューディール時代ならともかく，農業人口が激減した今日の国家独占資本主義の時代には，もはや正しくない．価格政策の機能は，所得補償による有効需要創出よりも，いまや低位安定的な価格での農産物供給の確保におかれているのである．

9) 梶井氏は前掲書において，構造的過剰が問題となる段階においては，農産物輸入問題の位置づけを変える必要があると述べている．これは，構造的過剰期において農業所得を高めるためには，輸入を抑え，国内農産物市場における国内農産物のシェアを高めることの必要性を述べたもので，それなりに説得的である（梶井前掲編著，7頁）．しかし，輸入規制の必要については，なにも「構造的過剰」論による迂遠な説明を施さなくても，すでに農民が熟知していることである．

10) 「増産メカニズム」というのは私の表現で，拙稿「北海道農畜産物の市場環境（中）―農産物過剰はどうして起きたか―」(『北方農業』1981年2月号，北海道農業会議）で，最初に用いたものである．

11) この点，前掲「紹介と批評」で私が，「梶井氏の『序章』では，『序章』という位置のためか部門を限定せず，稲作を含め日本農業全体に"増産メカニズム"が貫かれているかの印象を受ける」(78頁）としたのは，読み方が不十分であった．なお，「専業的生産体制の確立」についての梶井氏の指摘に関しては，前掲梶井編著第2章「牛乳需給の構造問題」（同氏稿）および「なぜ牛乳・乳製品は構造的過剰か」(『デーリィ・ジャパン』臨時増刊号―"牛乳"構造的過剰への具体的対応，1981年5月）参照のこと．

12) 山田定市「『牛乳過剰』と乳業資本」前掲日本農業年報XIX所収，228-231頁．

13) 以上4つの側面からの「過剰」は，いずれも国内の生産農民にとっては過剰ではないので，以下上記の意味で述べる場合には，過剰にカッコをつけることにする．

14) たとえば，1981年度の加工原料乳保証価格の決定において政府は，乳製品の「過剰」在庫を理由に4年連続の据え置きを行ったが，その直後，実は民間在庫は政府や乳製品メーカーが主張する量の半分しかないことが明らかとなり，価格据え置きのための"誇大宣伝"として問題となった．また翌1982年度の保証乳価決定に際しても，政府は「乳製品の民間在庫は減少したが，畜産振興事業団在庫が多い」との理由を挙げながら，酪農家の大幅値上げの要求を拒否し，わずか

0.56％のアップに抑え込んだ．だが，すでに前年から乳製品需給はひっ迫してきており，政府は保証乳価決定直後に5年ぶりの事業団在庫の放出を行わざるを得なかったし，同年9月には事業団の適正在庫さえ食い込んだことから，バターの緊急輸入を行う羽目に陥った．これらの事実は，政府の喧伝する「過剰」が，価格抑制の意図の下に，いかに予断と欺瞞をもったものであるかを示すよい例である．

15) 叶芳和「技術革新と市場原理」『農業と経済』臨時増刊，1980年6月，65頁．

16) 「共販の延長としての需給調整」という表現は，桐野昭二氏の諸論稿から示唆を受けている．「みかん・需給構造と危機打開への展望（上・中・下）」『経営実務』1981年1～3月号，全国農協中央会，「もう一つの需給調整―その方法と主体―」『農業と経済』1981年3月号，など．これらの諸論稿で同氏は，「法律や組織の締め付けで需給調整をはかることは，共販の基本にかかわる」とし，みかんを具体例として「共販の自主的再編を基礎とした需給調整政策」および「共販の延長としての加工，価格政策」を展望する．

17) 拙稿「農産物需給調整をめぐる論点と視点―『連合会』についての全農協労連特別委の答申をめぐって―」『農産物市場研究』第10号，1980年，参照．

18) たとえば，7農協で販売から加工までの協同を進めている仙南地区広域営農団地がよい例である．拙稿「農協間協同と広域営農団地」『農産物市場研究』第4号，1977年，参照．

19) とくに産地商人が一定のシェアをもっている場合，彼らとの連携が不可欠である．商人としても社会的流通の中で自己を主張する以上，たまねぎにみられるように商業協同組合を結成し，農協組織と連携していかなければならない．拙著『青果物の市場構造と需給調整―たまねぎを素材に―』明文書房，1982年，177頁，参照．

20) 「重要野菜需給調整特別事業」については，前掲拙著第3章参照．

21) たとえば，及川信夫「独占禁止法と農産物需給調整の問題」梶井功編著『農産物過剰』明文書房，1981年，梶井「農産物需給調整と農協の問題」農業問題研究会議編『農産物市場問題と農協の課題』時潮社，1981年，など．

22) 及川前掲論文，340頁．

23) マーケティング・オーダーについては，高橋伊一郎「米国の農産物販売命令による市場組織化の意義―その市場構造論的考察―」丸毛忍・山本秀夫編『現代世界の農業問題』亜紀書房，1970年，同「米国の青果物出荷調整政策―青果物販売命令の内容と性格―」『農業総合研究』第26巻第2号，1972年，小林康平「米国における牛乳流通調整―牛乳価格支持制度と連邦牛乳販売命令―」九州酪農調整研究会『九州における生乳の需給調整に関する研究』第2集，1979年．マーケティング・ボードについては飯島源次郎「イギリスにおけるミルク・マーケティング・ボードの組織と機能」『農経論叢』第33集，北海道大学農学部，1977年，高橋伊一郎「広域生乳出荷調整組織の地域価格差政策―英国ミルク・

第4章 農産物需給調整と価格政策　　　　　　　　　　239

マーケティング・ボードの経験―」的場徳造編著『現代農業論』御茶の水書房,1982年,白石正彦「イギリスにおけるミルク・マーケティング・ボードの組織と機能―EC加盟後の変容過程を中心に―」『農村研究』第51号,東京農業大学農業経済学会,1980年,など.また,桜井偵治「鶏卵需給調整をめぐるマーケティング・オーダーとマーケティング・ボード」東井正美編『現代日本農業経済論』富民協会,1981年,シドニー・フース著,桜井偵治他共訳『農産物マーケティング・ボード―世界各国の経験―』筑波書房,1982年,も参照されたい.
24) アメリカのマーケティング・オーダーを分析した高橋氏の前掲2論文において,この点が指摘されている.
25) 桜井前掲論文,235頁.フュージ (R.B. Fuge) は,オーストラリアン・エッグ・ボードの1980年のチェアマンである.
26) しかし,一気に「全国生乳共販連」を結成するのはむずかしいので,とりあえずは条件の整った地域の指定生産者団体間で「生乳需給調整機構」をつくり,流通調整と乳価プールを行うことから始めたらどうだろう.この点では前掲の『九州における生乳の需給調整に関する研究』第1,2集が参考になる.

II. 農産物価格政策の再編成と対抗論理

1. 農政審答申にみる80年代農産物価格政策再編成の方向

(1) 答申の要点

1980年10月,総理大臣の諮問機関である農政審議会は,「80年代の農政の基本方向」と題する答申を行った.審議会自体は各界代表や学識経験者からなるが,農林水産省が事務局を務め,原案作成に係わるなど,答申は文字通り政府が構想する「80年代の農政の基本方向」と受け取ってよい.答申は7章で構成され,「農業生産の展開方向」から「消費者対策」まで,農業・食料政策全般からなるが,ここで注目するのは第4章「農産物価格政策の方向」である.この中身は,これまで曲がりなりにも生産者保護の色彩を持っていた農産物価格政策を大きく転換させるものであり,今後の農業の発展と農民の生活にとって重大な影響を与えるものとなっている.その要点を紹介すると——

第1に,価格政策の機能として次の3点を挙げる.
① 農産物価格の過度の変動を防止することによって,農産物の生産と消費,農業所得および消費者家計を安定させる.
② 価格のもつ需給調整機能を通じて農産物の生産と消費の動向を誘導する.
③ 農業の交易条件の不利を補正して農業所得の維持に寄与する.

このなかで①の機能を「もっとも基本的な機能」として今後とも重視していくとする.

第2に,「農産物需要の伸びが鈍化し需給が緩和傾向で推移」しているとし,そのなかで「需要の動向に応じた農業生産の再編成を進めていくために

第4章　農産物需給調整と価格政策　　　　　　　　　241

は，価格政策においては，価格のもつ需給調整機能をより重視した運用を行っていくことが肝要である」とする．すなわち，「①供給過剰な農産物で需要が今後減退ないしは横ばいで推移すると見込まれるものについては，生産刺激的な価格の設定は厳に避け，②今後更に生産を振興する必要があるものについては，品質・数量両面で現実の需要に応じた生産が行われるよう配慮する必要がある」（傍点筆者）．そのため，場合によっては価格算定方式自体についても検討を加えることも必要で，「現在，生産性の向上が行政価格に反映されていない農産物については，生産性の向上が反映されるよう改善することも検討する必要がある」．さらに「経営規模，営農条件により収益性に地域差がある場合や技術の改善や規模拡大によって生産性の向上を進めることが必要で，しかもその可能性の高い場合には，価格を合理的な水準に設定する一方，価格がもっている機能の一部を過渡的に奨励金で代替させることによって，価格政策のもつ画一性と硬直性を避けることも大切である」．

　第3に，価格政策で農業所得の確保を図る場合は，「兼業度の高い農家も含めたすべての農家ではなく中核農家を中心に考えるべき」とする．なお，過渡的期間においては価格政策のもつ所得維持機能に留意しなければならないが，長期的には構造政策などにより生産性の高い中核農家を育成し，価格政策もこれに焦点をあわせ，必要があれば価格算定方式についても検討を行う．

　第4に，消費者利益の確保のため，「価格の決定に当たっては，生産面での単収の上昇や労働時間の短縮という生産性向上の成果をできるかぎり消費者に及ぼしていくよう努めていく必要がある」．さらに「価格安定制度と一体的に運用されている輸入制度についても適時に必要な輸入量の確保に努め」る．

　第5に，食料品の消費者価格については，一部の品目に割高感が存在し，食品工業も内外価格差のある高い国産農産物を使用しているので，今後，構造政策，価格政策などの総合的施策の推進により，できれば内外格差を縮小させる努力を払っていかなければならない．そして，このことは，「今後予

想される諸外国からの市場開放や農産物輸入拡大の要請の強まりによる貿易摩擦を回避するためにも必要」とする．

(2) 低農産物価格政策の全面的導入

格差是正をひとつの目標としていた農基法農政のなかでは，米価における「生産費・所得補償方式」の採用など，価格政策では曲がりなりにも農業所得確保の機能が貫かれてきた．しかし，米穀過剰が表面化した1970年以降"需給事情配慮"の価格政策が打ち出され，70年代後半の全般的過剰生産の段階では，米価のみならず畜産物・畑作物の行政価格も低位に抑えられてくる．そして，そのような地ならしの後に打ち出された80年の答申では，価格政策のもっとも重要な機能である農業所得確保の機能，がいちじるしく後退し，その対象も低コスト生産の可能な中核農家に限定される．そのうえで，価格政策の機能として価格変動防止機能と需給調整機能が前面に出されるのである．このなかで前者の機能は——輸入操作による価格の低位安定化をねらいとしているという問題はあるが——一般的には当然である．問題は後者で，"需給調整機能を重視した価格政策"となると，現在過剰基調にある農産物の価格は，すべて抑制ないし引き下げられることになる．

また，今後生産を振興する必要がある品目——「農産物需要の伸びが鈍化し需給が緩和傾向で推移する」とみている以上，そうした品目が少ないことは明らかだが——については，"配慮"した価格の設定を行うと言う．しかし，その"配慮"が誰に対してのものなのか，答申全体を貫く基調からして「消費者利益への配慮」，「農産物の内外価格差への配慮」など，要するに低農産物価格政策の枠組みを踏み外すものではなかろう．

言うところの価格算定方式の検討も，それが「生産性の向上が反映されるよう改善」するのであれば，生産コストを補償する限界経営の範囲は限りなく縮小していく．中核農家による生産性向上の成果さえ，よりいっそうの価格引き下げに用いられるわけである．その半面で，生産性が低く"改善"された価格に対応できない零細農家の脱落が促進されていく．

第4章　農産物需給調整と価格政策　　　　　　　　　　　　　　243

　ところで，答申がいう「経営規模，営農条件により収益性に大きな地域差がある場合」とは，具体的には北海道と府県との生産性の格差の存在を指しているように受け取られる．そうだとすると，小麦の買入価格で検討されているように，生産性の高い地域の価格を低く設定する「地域別格差価格」の採用や，買入基準価格を低くして，集団化で今後生産性の向上が期待される特定地域に過渡的に奨励金を出して対応するなどの措置が取られることになろう．いずれにしても，これらの方式では生産性の高さからくる「特別利潤」や「差額地代」は削り取られ，中核農家・優等地の規模拡大さえ大きく制約されることになる．

　ひとくちに言って，政府の考える80年代の農産物価格政策の方向は，農産物価格支持政策（農業所得の不利の是正）を後退させ，"価格のもつ需給調整機能"と"価格変動防止"を前面に出すことによって，結果として低農産物価格の実現を図るところにあるといえる．しかしながら，こうした方向は何も80年の農政審答申がはじめて打ち出したものではなく，農基法農政のなかでくり返し指摘され，部分的には実施または実施が図られようとしてきたものである．

　たとえば，1960年の農業基本問題調査会の答申では，価格政策によって支持すべき価格の水準は「需給の安定的な均衡のもとで実現される価格水準をいちじるしく逸脱するものであってはならない」「価格水準は，とくに供給過剰のおそれのあるものについては，非経済的生産を刺激するものであってはならず，また農業からの労働力の移動を阻害するほどのものであってはならない」とし，また「生産費を行政価格の決定のひとつの基準としてもちいるばあいには，生産条件のわるい農業者のそれではなく，正常な生産条件にある農業者のそれであるべきである」としている．

　さらに，1970年の農政審議会価格等専門委員会の報告では，「従来の行政価格の形成には，需給の実勢や相対収益性等について十分に考慮しなかったうらみがあるが，今後はできるだけ需給の傾向的実勢を価格形成に反映させ，価格の需給調整機能を活用することが肝要である」と述べている．

同様の主旨は,その他農林省関係の文書にみることができる.いずれも,価格の需給調整機能や中核農家の農業所得補償に視点をおいた80年の農政審答申と軌を一にしており,その意味ではこの答申に目新しさを求めることはできないかも知れない.しかし,今回の答申には従来とはトーンを異にする切迫感が満ちており,実現への姿勢も強気である.

もともと価格政策は,体制の政治的動揺を中間層である農民の組み込みによって回避するための譲歩としての意味をもっている.この点からすると,80年ダブル選挙後の政治情勢は,与党の絶対多数と一部野党の協力の下,いたって安泰であり,体制側が農民に譲歩をする必要は薄れている.そこに,農基法以来の懸案事項を一気に実現させたいという,政府・与党の強気な姿勢がでてくる背景があると思われる.だが,それ以上にこの答申を切迫感に満ちさせているものは,農産物価格をめぐる近年の経済情勢の厳しさである.この点を以下,「農産物価格政策の背景とねらい」として具体的に明らかにしておこう.

2. 農産物価格政策再編成の背景とねらい

(1) 農産物の需給不均衡と農業生産再編成への価格誘導

高度経済成長下で順調な拡大をみてきた国民の農産物・食料需要は,1973年の第1次オイル・ショックを契機とした長期不況への転換のなかで,急激なブレーキがかけられ,以後今日までほぼ横ばいで推移してきている.これが一因となって米をはじめ牛乳,ミカンなど主要作目の需給不均衡が顕在化しており,大幅な稲作転作など農業生産の再編成が現実の課題となっている.

いわゆる"需要の動向に応じた農業生産の再編成"いうことだが,これを推進していくため,価格政策において価格のもつ需給調整機能をより有効に発揮させていこうとするのが,農産物価格政策再編成の第1のねらいとなっている.その場合,過剰品目の価格抑制のみが強調され,その他の今後生産を振興する必要がある品目の価格については,たんに"配慮"されるだけで,

第4章 農産物需給調整と価格政策

価格の抜本的引き上げは図られない．したがって，政府のいう"農業生産の再編成"の行きつく先が，米をはじめとした過剰品目の生産削減のみに終わる恐れは十分あると見なくてはならない．

ところで，農政審答申が"需要の動向に応じた農業生産の再編成"を言う場合の"需要の伸び"について，答申はその第1章「日本型食生活の形成と定着」および同時に発表された「農産物の需要と生産の長期見通し」において，"国民飽食論"とも言える議論を展開している．それは，「高度経済成長の下で国民所得が急激に増加した」ことなどの結果として多様な食生活が形成され，「栄養的にも，熱量水準の上昇，動物性たん白質の増加等めざましい改善がみられ，近年ではかなり満足すべき水準に到達した．供給熱量水準は，……近年は，2,500kcal 程度の水準で横ばい傾向に推移しており，日本人の体位，体格からみて，ほぼ飽和点に達したとみられる」云々と言うものである．

しかし，はたして日本人の食生活は"すでに相当豊かになっており"，"かなり満足すべき水準"や"ほぼ飽和点に達して"いるであろうか．断じて否である．まず，そうした議論は，食料消費の伸びが，まさに長期不況によってもたらされた国民の実質収入の停滞のなかで鈍化・低迷してきている事実を無視している．また，ひとくちに食料消費と言っても，国民のあいだにはその収入格差に規定された食料消費の量的・質的格差が存在しているが，そのことがまったく考慮されていない．後者の点は文字通りの庶民感情であり，食料品店や飲食店に豊かな食料が満ちあふれていたとしても，庶民の懐具合からいって，"支払い能力ある需要"となってはいないのである．こうした庶民の生活実態を理解できない人のために，全国・勤労者世帯の年間収入階級別食料費の格差実態を掲げておいた（図1）．これは，世帯人員数の差や金額表示のため食料の質的側面の差が考慮されていないなどの限界があるが，それでも国民内部における食料消費格差の一端はうかがうことができよう．しかも，「税務統計から見た民間給与の実態」（国税庁）によれば，年間給与収入300万円以下の割合は，給与所得者全体の65.4％を占めている．400万

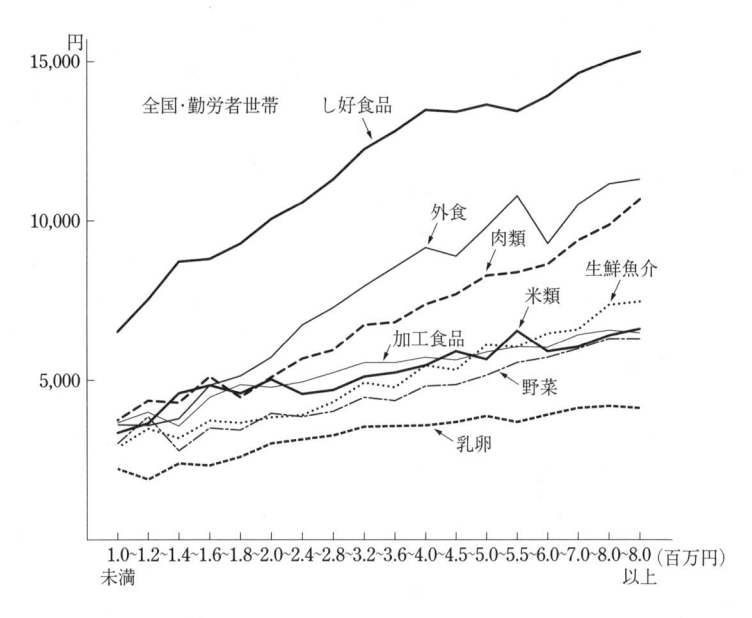

図1 年間収入階級別・類別食料費（1979年，1カ月平均）

注：総理府「家計調査」より作成．

円以下では実に83.1％である（いずれも1979年）．ということは，かりに1世帯が1人の給与収入でもって生活しているとするならば，図1から言って国民の大半が平均以下の食生活に甘んじていることになる．

いずれにしても，国民のあいだの収入格差とその下で生じている食料消費の格差は明瞭であり，農政審や政府は，そうした明瞭な事実を意識的に無視して"国民飽食論"を語っている．したがって，そうした議論は二重の意味で欺瞞的・イデオロギー的である．第1に，国民とりわけ低収入階級の食生活向上要求を抑え込み，国民内部の食料消費格差を固定化しようとしていること．第2に，そのようにして"鈍化"させられている農産物需要の動向を理由に，"農業生産の再編成"（実態は過剰品目の削減）が主張され，農民の営農要求が抑え込まれていることである．逆に，長期不況の打開の展望の下に国民の実質収入を増やし，食生活における格差是正と全体的向上が図られ

るならば,農産物需要は大きく増大し,農業生産の再編成も,増大する品目需要に応じて,より拡大的方向で取り組まれることになることは明らかである.

(2) 農業の構造問題と零細農家の切り捨て

　農基法以来の構造政策の展開にかかわらず,第2種兼業農家の滞留や高コスト生産など農業の構造問題は,依然わが国農業の足かせになっている.この原因として,政府・財界からつとに指摘されていることは,価格政策のもつ農業所得補償機能が,零細農家の農業離脱を妨げているということである.現実は,今日の農産物価格体系も農村労働市場の賃金体系も,それぞれ単独では零細規模農家の再生産を維持することができる高さになってはおらず,そこに広範な兼業化をもたらす原因があるのだが,他方で,零細農家の農業生産性が低く,これが農産物価格支持の水準を高めていることも事実である.農基法農政が一貫して掲げてきた構造政策は,零細農家の農業離脱を図ることによって農地を上層農家に集中し,高能率の生産手段を有した生産性の高い経営群をつくり上げて,これを低コスト・低農産物価格政策のテコにしようとするものであった.当初,構造政策は"自立経営"という家族労働力を基盤においた専業農家の育成を目指したが,その後の急速な兼業化がこの目標をあきらめさせ,現在では"中核農家"という専業・兼業を問わず男子専従者が1人以上存在する農家の規模拡大をはかることに,当面の課題がおかれてきている.

　80年の農政審答申は,価格政策で農業所得の確保を図る場合,構造政策が育成の対象とする上述の中核農家を中心に考え,兼業度の高い零細農家は価格政策の対象から除外するとしているのだが,このことは,第1に価格政策に選別性を持ち込むものであり,第2に価格政策における価格算定方式を"必要量確保基準"から"生産性基準"に変更しようとするものである.しかしながら,農業粗生産額に占める中核農家のシェアは,施設野菜や酪農,小家畜(養鶏・養豚)では70～90%を占めるが,稲作では31%にすぎない

(1978年度). 逆に言うと, 中核農家でない農家も依然わが国の食料供給・農業生産にとって無視しえない地位を占めているのであって, これらを切り捨てることは, それに見合う中核農家によるシェア拡大がない限り, それだけ外国農産物による国内市場進出を許すことになるのである.

(3) 低農産物価格・低賃金体系の再編

　第3に, 低成長下で"減量経営"に名を借りた賃金抑制策と消費者物価の高騰が続き, 1980年においては労働者の実質賃金が, この種の統計をとり始めて以来はじめて, 対前年比マイナスを記録するなど, 労働者の生活条件が様変わりに悪化してきている. もとより, 高度成長期においても低賃金は維持されていたが, 年々の賃金上昇率が消費者物価上昇率を上回ることを通じて, 実質賃金の上昇は確実に達成されていた. ところが, オイル・ショックを契機とした長期不況への突入は, スタグフレーションと呼ばれるように, 不況にともなう雇用環境の悪化, 賃金支払い額の停滞とインフレーションを同時並行的に発現させている. このことからひき起こされる実質賃金の低迷・減少に対し, 労働者の不満が高じているが, 財界や一部の右翼的労働組合では, この不満を正当に受けとめて賃金の引き上げでもって対応しようとせずに, 問題をわが国の食料品と農産物の価格にスリ代えようとしている. この点で, 賃金は先進国並みになったが, 食料品の価格が国際的にみて高いために実際の生活レベルはまだ低い, そうした食料品の国際的割高はわが国の"過保護農政"に原因があるとする,「国内農産物割高論」や「農業過保護論」がまことしやかに流されている. が, その真のねらいは, 低農産物・低食料品価格の体制をつくり上げることによって, それを低賃金維持のテコにしようとするところにある.

　これら財界・一部労働界の農業攻撃に対する農業側の批判についてはいくつか出されている[1]. 詳しくは, それらを参照してもらうことにして, ここでは農産物価格にかかわる議論の問題点を2点だけ指摘しておこう.

　第1は, 国内の農産物や食料品が国際的にみて高いという場合, 単純に特

第4章　農産物需給調整と価格政策

定の年月の対ドル為替レートで換算比較されており，為替レートや消費者物価指数の変動，国による食生活様式や食料品質の相違などが勘案されていないことである．円の対ドルレートが上昇すれば，農産物価格が1円も上がらなくてもドル換算価格は上昇するのである．それをもって農産物価格が「割高」となったと言うなら，それは円高にともなうドル換算賃金の上昇をもって，"わが国の賃金は先進国並みになった"と錯覚する馬鹿さかげんと同様であって，まともな議論に値しない．また，米を主食としたわが国の食生活とパン食の欧米のそれとの違いを考慮することなく，パンや牛肉の価格比較をやったところで，いったいどんな意味があるのか．しかも世界でも最高級肉といわれる日本の牛肉の品質は，比較の尺度に入らないのか．このように「農産物割高論」には，初歩的な問題点がある．にもかかわらず，国内農産物を"割安"にする努力は必要である．だが，それは農産物輸入の拡大や農業補助金の削減などを通してではなく，農業資材の引き下げや生産性の向上を通じてのコスト削減によってしか達成されないのである．

　第2に，「農産物」と「食料品」の区別があいまいにされ，「食料品」高騰の責任の大半が農業者に帰せられていることである．言うまでもなく，消費者にとっての関心は実際に消費者が支払う「食料品」の価格であって，それは現在の賃金水準とくらべて明らかに高く，しかも値上がりが激しい．しかし，国内の農業者が生産した農産物が最終的に消費者の口に入るまでには，さまざまな加工・流通・サービスが加えられ，それらに必要な諸経費（マージンを含む）全体が「食料品」価格を構成するのである．また，輸入農産物・食料の存在が末端消費者支払いに与える影響も無視できない．

　いま農林水産省「農林漁業を中心とした産業連関表」(1975)によれば，農産食料品の最終消費者支払額を100とした構成は，国内農業産出額29.2%，輸入農産物支払額4.2%，食品加工経費26.8%，流通経費25.2%，飲食店サービス支払額14.6%である．すなわち，食料品の最終消費者価格の中で国内の農産物価格が占める部分は約30%にすぎず，残りの70%が農民にとっては無関係な加工・流通・サービスの経費と輸入農産物価格で占められてい

表1 農産食料品価格上昇率の部門別内訳

(単位:%)

	年度	1973	1974	1975	1976	1977	1978
対前年度上昇率	農産食料品消費者価格①	18.1 (100)	23.6 (100)	11.8 (100)	8.0 (100)	3.3 (100)	2.9 (100)
	食料農産物生産者価格	20.6	25.6	11.3	8.4	△1.5	1.5
	食料農産物輸入価格	24.0	67.9	11.7	△12.7	△6.0	△19.6
	製造食品加工費	15.6	23.6	4.4	6.5	5.1	2.4
消費者価格の上昇に対する寄与率	食料農産物生産者価格②	36	35	28	30	△12	14
	食料農産物輸入価格③	6	11	4	△6	△9	△28
	加工費④	25	30	10	21	42	21
	流通・飲食店サービス (①−②−③−④)	33	24	58	55	79	93

注:1) 出所は農水省監修『昭和54年度農業白書付属統計表』.
  原資料は農林水産省「農村物価賃金調査」,同「農林水産物輸出入の数量,価格指数」,総理府「小売物価統計調査」,日本銀行「卸売物価指数」,行政管理庁ほか10省庁「産業連関表」.
 2) 農産食料品消費者価格上昇率の部門別内訳は,各部門における価格上昇率に産業連関表の最終消費支出に占める各部門の受取金額比率(下記)を乗じて算出したもの.

	生産者価格	輸入価格	加工費	
1970年	31.8	4.0	29.7	73〜74年度に適用
1975年	29.2	4.2	26.8	75〜76年度に適用

 3) 製造食品加工費の上昇率は,産業連関表のウエイトにより「製造業部門別物価指数」の算出指数から農畜産物投入指数を差引いて算出した.

るのである.

　食料品価格上昇の"犯人"を探っていく場合,こうした「食料品」の価格を構成する諸部分・諸部門の比重とそれぞれの価格・経費の上昇率を考慮に入れなければならない.この点については昭和54年度の『農業白書付属統計表』が適当なデータを示してくれているので,それを見ると(表1),最近では国産農産物の生産者価格よりも,加工費および流通・飲食店サービス経費の方が,農産食料品の消費者価格上昇への寄与率が高いことが分かる.

(4) 食品工業における低廉原料の確保要求

　第4は,食品工業の低廉原料に対する安定確保の要求から,農産物価格政策の再編成が迫られていることである.低廉原料の確保要求は従来からの食

品工業の要求であるが,最近では日本経済調査協議会(財界の調査機関)による『国民経済における食品工業の役割』(1978年11月),経団連農政問題懇談会『食品工業から見た農政上の諸問題』(1981年2月)などで,この点を強調している.前述の「国内農産物割高論」「農業過保護論」の急先鋒は,財界ではこの食品工業である.この背景として,近年,加工食品市場が拡大し,一部では輸入製品との競争が激しくなっているが,食品工業の場合,その最終需要者は賃金労働者を中心とした国民であり,しかも彼らが長期不況下の賃金抑制によって消費購買力を弱めているので,原料高を安易に製品価格に転嫁できないといった事情が上げられる.したがって,食品工業にとって製品コストの大部分を占める原料価格の低廉化が切実な要求になっているのだが,一般に国内産原料の価格は海外産のそれにくらべて高く,しかも品質が必ずしも加工に適していないと言われている.これに対し,海外産の原料は一般に品質が加工に適し,価格も安いのだが,これにはさまざまの輸入制限措置(関税・外貨割当など)があり,加工業者の手元に来るまでに"割高"になってしまう.

そこで食品工業の要求は,第1に輸入制限措置を撤廃ないし緩和し,原則として原料農産物の流通については輸入品を含め市場メカニズムに委ねるとともに,第2に国内産農産物で生食・加工の両用途がある場合には,それぞれの用途別の価格形成を行い,加工用途の部分についてはそれだけ安く提供させるようにする,の2点となって現われる.以上との関連で,現在,大豆・なたね・原料乳で実施されている不足払い制度の拡充や,用途間の価格プールの実施の検討の必要性が出されているが,80年の農政審答申では,それらが明瞭に位置づけられているわけではない.

いずれにしても,一方で稲作転換作物として麦類・大豆など土地利用型作物の生産が急増しており,他方でそれらの作物に価格・品質における内外格差が存在している以上,これらを原料とする食品工業の要求を無下に一蹴することができない状況になってきている.品質・生産性向上の努力とともに,不足払い制度や用途別価格形成,価格プールの導入に,思い切った検討をす

ることが，農業側に求められているのである．同時に，現在，過剰問題を抱える農畜産物の加工用途への拡大が必要となってきており，この点からも加工用途を包含した価格政策の再編成が今後の課題となってきている[2]．

(5) 貿易摩擦の回避と「内外価格差」の縮小

第5に，貿易摩擦の回避の必要からも農産物価格政策の再編成が求められている．

自動車・電機・鉄鋼などわが国の先端重化学工業は，長期不況にともなう国内市場の低迷の中で海外市場への進出を強め，それらの部門において今や海外市場は再生産の不可欠・決定的な条件になっている．これを可能にしたのは，わが国の先端重化学工業における超高能率の生産設備と，"減量経営"を理由に維持されている低賃金体制の存在である．そのため，わが国製造業の労働生産性の伸びは抜群で，日本銀行の『国際比較統計』(1980)によると，1970～78年の労働生産性上昇率は，西ドイツ39.8%，アメリカ27.3%，イギリス24.0%に対し，日本は実に59.2%にも達している．同期間，日本の輸出は数量指数で2.2倍（うち自動車4.1倍，鉄鋼1.8倍），金額指数（ドルベース）で5.0倍もの拡大を遂げたが，その基礎には上述の高労働生産性・低コストに裏打ちされた国際競争力の圧倒的な高さがあるのである．

ところで，わが国における先端重化学工業を先頭とした輸出の急増は，反面で輸出国とのあいだに貿易収支の不均衡を背景とした貿易摩擦を生み出している．とくに，アメリカ・EC・オセアニア諸国との貿易収支は，日本の圧倒的な出超になっており，これらの国からの貿易バランス回復の要求は強い．しかもこれら諸国は，いずれも農産物を重要な輸出物資にしており，したがってわが国の農産物市場開放をつよく迫っている．日本としても貿易摩擦を回避する上で，これらの国々からの農産物輸入を拡大せざるをえない．また，食品工業を含めたわが国の財界や一部労働界には，低価格の外国農産物に対する輸入拡大の声がつよい．とくに，つい最近までは貿易収支・総合収支の黒字基調がもたらす円高によって，農産物・食料品の「内外価格差」

が拡大し，先の「国内農産物割高論」を生み出す背景となっていた[3]．いずれにしても，これら内外の農産物輸入拡大要求に促迫されて，「農業保護」の基軸をなす農産物価格政策の再編成が必至となってきているのであるが，80年代の農政審答申では，「内外価格差」の縮小の名のもと，国際価格にスライドした低農産物価格政策の実現に向け一歩踏み出そうとしているのである[4]．

(6) 財政危機と価格政策関連予算の削減

　第6は，80年代の最大の内政問題である財政再建を遂行するうえで，農業関係予算のなかでかなりの割合を占める価格政策関係予算の削減が求められていることである．いうまでもなく農産物価格支持政策は財政負担をともなうものだから，そのかぎりでは政府・独占にとってはマイナスの政策となる．そのため，これまでも支持価格の抑制は図られてきた．だが高度経済成長期で財政にも比較的余裕のあった時期には，農民の価格引き上げ要求にもある程度応じることができた．むしろ，行政価格は与党の農民対策に最大限利用され，これに必要な財源はあらかじめ用意されていたといえる．

　ところが70年代後半になって財政収支の不均衡が顕現し，これに対応した特例公債（赤字公債）が発行されるに及んで，様相は一変した．1975年度補正予算に発行された特例公債はその後年々膨張し，79年度当初予算においては，歳入における公債依存度は，建設公債を含め実に40％にも達した．公債発行額の急増は当然過年度の公債に対する償還や利払いを増大させるが，それら一般会計から支出される国債費は，1980年度には歳出の12.5％にも達してしまった．同年度末の国債残高の累計は約71兆円に上るが，これは国民1人当り約60万円にも及ぶ巨額なものだ．しかも85年度には特例公債の償還が始まり，すでに進行している「借金を返すために借金をする」という悪循環が，いっそう深刻化していくことが予想されているのである．

　このような財政危機の進展の一方で，軍事費・エネルギー対策費・経済協

力費・公共事業費など，政府・独占の80年代戦略である「総合安全保障」を達成するうえで欠かせない財政需要が増大している．こうした状況のなかで政府は，大増税（とくに一般消費税の導入），政府関係公共料金・保険料の引き上げ，福祉・教育・農業等民生予算および人件費の削減，を3本の柱として財政再建を押し進めている．いずれも国民からの収奪の強化をねらったものだが，その3番目の歳出削減の一環に，現行の農産物価格政策を財政負担が軽減されるように再編成することが含まれている．その再編成の方向は，ひとくちに言って，財政の負担によって生産者の農業所得を一定の範囲内で維持しておくことを目的とする価格支持政策を後退させ，需給の調整によって価格を一定の範囲内に維持し，それに必要な財源は生産者の積立金を含めて賄う，価格安定政策に重点を移していくことである．

前者の価格支持政策の代表は，食管制度のもと再生産を考慮した公定価格によって政府買入れがなされる米である．その他，麦類・大豆・なたね・加工用原料乳なども，生産費など農家の再生産を考慮して「基準価格」が決められ，市場での取引価格がそれに満たない場合，多くは予算の範囲内ではあるが財政によって差額が補塡される．いも類やてん菜・サトウキビも再生産を考慮して「基準価格」が決められるが，その価格支持は，加工製品の買入れを通じて間接的になされる．

後者の価格安定政策の代表は指定野菜で，その他加工原料果実・鶏卵・子豚・子牛などがこれに当る．これらは，いずれも「保証価格」が需給実勢を基準に決められ，したがって過剰のなかでは「保証価格」といえども引き下げられることがある．市場価格が「保証価格」を下回った場合，一定の範囲内で価格補塡がなされるが，その財源は国・自治体・生産者等によって積み立てられた基金によっている．また，いずれも自由農産物であるので，生産者団体による供給調整が価格安定に少なからぬ影響を与える．そのこともあって，これらの品目の多くで，いわゆる「需給調整」が取り組まれている．なお，指定食肉は，基金によらず畜産振興事業団による買入れ・売渡しと自主調整保管によって価格安定が図られているが，目安となる安定帯価格が需

給実勢を基準にしているところから，後者の価格安定政策に入れることができる．

価格支持政策，価格安定政策の2つに大別されるわが国の価格政策は，それぞれの商品特性（主食用・加工用・生食用等）や重要性を加味しつつ歴史的変遷を経て確立してきたものであるがゆえに，一概にそのプラス・マイナスを判断することはできない．しかし，今日の時点において（とくに農産物過剰と輸入農産物の増大というなかで），前者の価格支持政策が，後者の価格安定政策にくらべより多くの財政負担をともなうようになってきていることは明らかである．それゆえ，財政再建という体制側の至上命令のなか，価格支持政策のためのあらゆる財政負担の削減をはかる農産物価格政策の再編が，これまで以上の切迫感をもって提起されているのである．とりわけ，農産物価格政策関連予算の大宗をなす食糧管理費の削減が焦眉の課題となっており，そのため転作奨励金・自主流通米助成金の縮減とともに，政府米売買逆ざやの解消，米穀全量管理方式の見直しなど現行の食糧管理制度の根本にメスが入れられようとしている[5]．

以上，6点にわたって今日における体制側の農産物価格政策再編成の背景とねらいについて述べてきた．その基調に，低価格による農産物価格の安定をもっとも安上がりに実現しようとする，独占資本主義の「経済合理性」が貫かれていることは，繰り返し述べるまでもない．低農産物価格政策の推進という点では，すでにここ数年の行政価格を据え置き・抑制することによって，目標の第一歩は達成されている．そして今や財政負担を伴う価格支持制度そのものの再編成が課題となっており，その照準は食糧管理制度におかれている．それはまさしく，農産物価格の支持・安定に対する政府の責任の放棄であり，日本農業を全面的に市場メカニズムの修羅場に投げ込もうとするものである．そうなれば，わが国の圧倒的多数の農民が農業生産からの撤退を余儀なくされるばかりか，政府が育成の対象とする中核農家さえ，その基盤の脆弱さゆえに存立が危ぶまれる．その行きつく先は，外国農産物による

日本市場の支配であり，食糧供給の民族的基盤の崩壊である．

こうしたことは，たんに農民だけではなく良識あるすべての国民の望む方向ではない．ここに，国内農業生産力の総合的発展と食糧自給率の向上を展望した，農産物価格政策の民主的方向が対置される理由がある．以下はそのための試論的提起である．

3. 民主的農産物価格政策の基本論理

前項の最後で，農産物価格政策の民主的方向は，国内農業生産力の総合的発展と食糧自給率の向上を展望したものであることを述べた．ここで「民主的方向」というのは，実施される農産物価格政策が，実際に農業経営に携わる生産者のみならず，勤労消費者および農産物の実需者（とくに中小加工業者）の要求にも答えたものであることを含意している．逆に言うと，民主的な農産物価格政策は，輸入農産物への依存と国内農業の縮小再編を進めつつ低価格による農産物の確保をはかろうとする独占資本が求める価格政策とは，真正面から対立する．2つの立場が併存するような価格政策などはありえない．そこには，農産物価格政策をめぐる2つの方向が相対峙しているのである．それでは，そのような農産物価格政策の民主的方向において，立脚すべき論理とはいかなるものであろうか．

(1) 農産物価格形成における「限界原理」

第1に，価格政策は農産物価格形成における経済学の原理に沿ったものとして展開される必要があることである．農業（とくに本来的農業である耕種農業）では，工業とちがって土地がもっとも主要な生産手段として直接的に生産過程の中に入り込む．しかしながら，土地（この場合は農地）には，さしあたって人力ではどうすることもできない豊度および位置の差，すなわち「一般的で，資本とは係わりのない原因」[6]からもたらされる自然的土地的条件の差異が存在する．その結果，かりに同一の資本投下がなされたとしても，

まちまちの土地条件の差異（優等地か劣等地か）によって生産される農産物の個別的生産価格（C＋V＋M）は異なる．他方で当該農産物に社会的需要がある限り，その需要の範囲内では劣等地で生産される農産物も社会的必要財となる．農産物価格の形成においては，こうした社会的需要を満たすに足る最劣等地（限界地）の個別的生産価格が第1の基準となる．言い換えれば，農業における一般的生産価格においては，それが最劣等地（限界地）の個別的生産価格によって規定されるという意味において，限界原理が作用する．この点は，一般に工業では当該の財貨をもっとも大量に供給する平均的で標準的な企業の個別的生産価格が一般的生産価格となる（すなわち「平均原理」が作用する）ことと対比される農業の特殊性である[7]．

ところで，今は資本制農業を念頭においているのであるが，この農業では一般に耕作主体（農業資本家）は土地を排他的に所有する地主から土地を借り受け，その代償として地主に地代を支払う．そうした資本制地代への第1のタイプは，前述した最劣等地の個別的生産価格（＝一般的生産価格）と，優等地の個別的生産価格の差としての差額地代である．しかし最劣等地は原理的に言って差額地代がゼロとなるわけだから，そのような最劣等地を所有する地主から耕作主体が土地を借りるためには，別の形で土地所有そのものに対する地代を支払わなければならない．これが絶対地代と言われるものであり，資本制地代の第2のタイプを構成する．こうして資本制農業における農産物価格形成は，先の最劣等地の個別的生産価格で規定される一般的生産価格に，絶対地代がプラスされた水準で決められることになる．もとより，現実の市場価格は需給関係によって変動していくが，「最劣等地の個別的生産価格（一般的生産価格）＋絶対地代」は，市場調整的価格として長期的に農産物価格形成の基準として貫かれる．そうでないと，社会的に必要な限界農産物の供給がはかれないからである．

資本制農業における農産物価格形成原理の中で，前述の「限界原理」の作用は，わが国のような自作農的農民経営が支配的な国においても貫く．だが，最劣等地を耕作する自作農民は，利潤を含む生産価格や絶対地代が実現され

なくても,彼の生産を継続していく.「小資本家としての彼にとっての絶対的制限として現象するのは,本来の費用を控除したのち彼が自分じしんに支払う労賃にほかならない」[8] からである.かくして,自作農的農民経営が支配的な国における農産物価格は,社会的需要を満たすに足る最劣等地の費用価格 ($C+V$) を基準として形成される.この場合,V は自家労賃であって農民にとっては所得をなすものであるがゆえにフレキシブルである.その結果,「この労賃はしばしば肉体的最低限度まで下ることがある」[9].だが,こうしたことはあくまで最劣等地を耕作する農民について言えることであって,これより優等な土地を耕作する農民には,より低位な個別的費用価格を超える部分が差額地代として彼のポケットに入る.これは,優等地を耕作する農民の崩芽的利潤として,追加投資のための源泉をなすものである.この追加投資が技術革新的な生産手段の導入に向けられ,生産された農産物の費用価格が低下していくとするならば,彼は「特別剰余価値」を取得することになる.このことは,かりに自作農的農民経営のもとにおいても,そこに「限界原理」が貫かれているならば,優等地農民の上向的発展が保証され,ゆくゆくは資本制的農業に移行していく展望が存在していることを示唆している.そして,農業生産力の総合的発展も,農民のこのような上向発展を起動力としてなされていくのである.

(2) 農工間等価交換の論理

農産物価格政策の民主的方向において立脚すべき第2の点は,それが農工間の等価交換を展望して実施されることである.

かりに自作農的農民経営の農産物価格形成が,原理どおり最劣等地の費用価格 ($C+V$) を基準としたものであったとしても,そこにおける V 部分は当該農産物の生産に要した労働時間(または日数)を,社会一般の賃労働者に対して支払われた時間当たり(または1日当たり)労賃でもって乗じて求められたものにすぎない.だが,社会一般(この場合資本主義的生産部門)の労賃は,労働力の価値あるいは労働力の価格としてのそれが,支出された

「労働の価格」としての仮象をもち，資本家のための剰余労働（剰余価値M となって実現する）も「支払労働」として現象する．そのため最劣等地の農民に「C＋V」の農産物価格が形成されたとしても，その「V」は賃労働者が擬制的に受け取る「労働の価格」の単なる適用であり，賃労働者の剰余労働に当たる部分は実現されない．これを価値論的に言うと，資本制商品では，その生産に要したすべての労働が商品の価値を構成し，「C＋V＋M」の価格形成すなわち生産価格として実現されるのに対し，「C＋V」すなわち費用価格による価格形成論理が支配する小農制商品では，労働の生産物として本来その商品が有する価値のすべてが実現されず，農民の剰余労働に当たる部分（M）は最初から価格形成に参加しないことを意味する．ここに，一般に資本制的に生産される工業製品と，小農によって生産される農産物とのあいだの不等価交換（「C＋V＋M」と「C＋V」との交換）の理論的基礎がある[10]．

そのうえに，小農によって購入される工業製品の多くは独占的大企業による商品であり，それらは生産価格以上に吊り上げられた独占価格で売られているので，農工間の不等価交換はさらに拡大する．このような不等価交換を是正し，等価交換（価値どおりの交換）を実現するためには，小農の農産物価格が「C＋V」を超えて大幅に引き上げられなければならず，また独占的工業製品の価格が引き下げられなければならない．民主的農産物価格政策は，このように異部門労働における価値評価の同一性を求めて実施される必要がある．（だが，日本の場合には一般に最劣等地の「C＋V」以下でしか価格が実現されておらず，その水準への引き上げが当面の課題である．）

さて，民主的農産物価格政策の基本論理を以上のように設定したとしても，それだけではまだ"机上論議"の域を出ない．そこで次に，現実の農産物価格政策の中では中心的な問題である「限界地」確定と価格算定方式をめぐるわが国の議論を紹介し，これらへの批判的検討を試みてみよう．

4. 「限界地」確定と価格算定方式をめぐる理論的諸問題

(1) 「限界地」確定の理論的諸問題 (A)：白川理論

　農産物の国民的需要の見通しがなされ，それぞれの農産物に対する自給目標が策定されれば，自動的に国内生産の目標量は決まる．そして，それらの需給計画が国民的合意の下で作成される限り，とりあえずは生産目標を達成するうえで必要な最劣等地の費用価格（以下「限界生産費」と呼ぶ）が社会的に保障されなければならない．この場合，最劣等地（限界地）を何を基準にして確定するかがたいへん難しい問題となる．農産物価格論を現実に適用しようとする試みも，その中心はこの点におかれていた．

　たとえば白川清氏は，「現実の問題においては，この位置をもふくむ最劣等地を一般的に統計的基礎をもったものとして画定することは，およそ不可能」[11]として，氏独特の「限界生産農家階層」を農産物価格の規制者とする．これは，栗原百寿氏の「いわゆる限界生産費は，概念的には最劣等地の平均生産費ということがあっても，事実上は，最劣等地の平均的農業経営が一般的に最劣等規模の生産費であり，またそれゆえ，最大限の生産費に外ならないということができる」[12]という指摘にヒントを得たものであるが，実際の価格規制的農家階層の確定に当たっては，栗原氏の「最劣等規模」層とちがって，エンゲルスの規定した「小農」の最下限とする．周知のごとく，エンゲルスの「小農」規定は「通例自分自身の家族とともに耕せないほど大きくはなく，家族を養えないほど小さくはない一片の土地の所有者または賃借者——とくに前者——」[13]というものである．この規定から類推して白川氏は，「限界生産農家階層」を「通常自分自身の家族とともにたがやしうるよりは大きくない『耕作規模』であり，その耕作による『所得』は家族をやしないうるよりは小さくなく，かつ，生産物の半ばを『商品化』しているというように，3指標の統一として規定」[14]した．

　明らかなとおり，白川氏の「限界生産農家階層」は，「限界」という言葉

第4章　農産物需給調整と価格政策　　　　　　　　　　　　261

がついているが，実際には「最劣等規模経営」ではなく，一応農業所得だけでもって家計費を充足しうる家族的小農の最下限というような意味で用いられている．また「限界生産農家階層」の指標のひとつに「商品化」の程度を挙げたのは，氏がのちの著書[15]で述べるように，競争機構の中では競争に参加できるだけの最低必要資本量がなければならないという主張の前提といえる．けだし，「限界生産農家階層は，価格の上昇局面で追加投資または生産拡大をする諸経営階層のうち最下層で，低下局面では生産を縮小する諸階層のうち最下層で，需給調節に積極的に参加しかつ最大の費用価格を有し，しかも市場競争場裡における最低必要資本量を有」[16]しているからである．かくして白川氏による「限界生産農家階層」は，「家族小農的商品生産者」の最下限といえるような，わが国の現実では比較的規模の大きい農家階層ということになる．そして，彼らは「農産物価格の変動に対して，もっとも敏速に対応しないと最低生活水準を維持できず，その意味で需給調節の最劣等地に近似した機能を果たさざるをえない」[17]がゆえに，市場調整的価格の規制者となる．こう白川氏は結論しているようである．

　白川氏による農産物価格論の現実適用への真摯な試みには敬意を表せざるをえない．この白川理論に対してはすでにいくつかの批判が出ており[18]，私としてもだいたい当を得ていると思っている．しかし本節の問題関心からいって，次の3つの点はぜひ述べておかなければならない．

　第1に，農産物価格論でいう最劣等地に近似したものとして具体的な規模をもった農家階層を設定する意義は大きいが，これが現実の限界農家（必要需要量に対して最大の費用価格を有している経営）から離れて，一般的にはより優等地に存在し規模の大きい「限界生産農家階層」として設定されるとなると，小農（分割地農民）のもとでの農産物価格は最劣等地の生産物の〔C〕+〔V〕で決まるという，白川氏も認める価格形成の法則[19]に背馳してくることである．この点では，「（「限界生産農家階層」によって）画定される価格規制的な自家労賃部分のうちには，とうぜん地代所得が織りこまれているのである．このように価格形成のうえでの限界価格が地代をふくめて規

定されるものであれば,それは限界価格としての意味をもたない」[20]とした鈴木博氏の批判は完全に的を射ている.これに対し白川氏は,「現実は……最劣等地だけを耕作する経営体を見いだすことは不可能である」「現状において……最大の費用価格は検出し規定しえない青い鳥だから」[21]と逃げているのだが,これでは理論に忠実たらんとするものは納得できない.

とまれ「抽象理論における最劣等地概念を断ち切った」[22]白川氏の第2の問題は,言うところの「限界生産農家階層」が,「農産物価格の変動に対して,最も敏速に対応し」需給調節と調整的市場価格(限界価格)の規制者にならざるをえないという氏の主張は,それこそ「検出し規定しえない青い鳥」であり,「見いだすことは不可能」である.にもかかわらず,これを当然のこととして理論を展開しているのである.限界生産費論に立つ以上(氏は断ち切ったのかもしれないが),農産物の需給調節は最劣等地の移動によって行われ,そこでの費用価格が小農による農産物の調整的市場価格を規定する.この原理が土地を主要な生産手段とする農業においては「断ち切れ」ない以上,この原理を現実の農産物価格形成メカニズムにいかに適用するかが,およそ理論家たるものの務めではないだろうか[23].

第3に,氏の主観的意図はどうあれ,農産物価格の規制者として比較的規模の大きい「限界生産農家階層」を設定することにより,現在政府が新しい農産物価格算定方式として検討を進めつつある「中核農家基準論」に道を開くことになることである.政府のいう「中核農家」とは「男子基幹労働力が1人以上いる専従経営」を指すわけであるが,これと白川氏の述べる「主幹労働力が自家農業に専従しており,ほぼ都市労働者の年間労働時間と等しい農家階層,いわゆる限界生産農家階層」[24]とはなにほども変わりがない.「限界生産農家階層」あるいは「中核農家」を価格政策の対象とすることによって,彼らより費用価格の高い,とくに稲作においては大宗を占める零細農家・兼業農家の再生産が保障されなくなる.もっともこれら零細農家・兼業農家は価格の低落に対しては強靱であり,ただちに生産を縮小することにはならないと,言われるかもしれない.しかしかりにそうだとしても,彼ら

のV部分が補償されないことは社会的公正に反するし,長期的に見れば農業離脱の原因になることは,明らかである.

このように白川氏の「限界生産農家階層」論には,基本的な点で問題があり,これを現実の「限界地」確定に援用することはできない.

(2) 「限界地」確定の理論的諸問題 (B):梶井理論

梶井功氏は1960年代後半以来少なからぬ論稿[25]において政策価格算定上の理論的諸問題に言及してきているが,その基本的論点は白川氏のように現実の「限界地」を「限界農家」で代置することに反対し,「限界地」をあくまでも豊度差における限界地として確定することにおかれている.その骨格となる論旨は,たとえば次のように明快である.

> 「最劣等地での費用価格で農産物価格がきまるということをいうとき,その最劣等地での農業経営は,通常の資本装備,技術構成でいとなまれていることが当然の前提となっている.その意味で,このばあいの費用価格は,個別費用価格のうちの最高費用価格と一致するものではない.個別の費用価格は,すぐれた資本装置,技術構成と高い土地豊度との両者から結果する低い費用価格から,劣った資本装備,低い技術構成と低い土地豊度から結果する高い費用価格までさまざまあるわけだが,価格規制的役割をはたす最劣等地での費用価格というときは,資本条件としては通常の状態が前提とされ,土地豊度のみが最劣等地であるという農業経営が問題とされなければならない.」[26]

この場合氏が「最劣等地」と呼ぶのは,言うまでもなく社会的需要量に対するそれである.とくに氏は自らの政策価格論を主として米を対象にして展開しているが,その理由はわが国では一貫して米については自給政策がとられてきており,「政策的需要量にたいする供給量を生産するために,どの等級の土地まで生産可能にしなければならないか,という問題」[27]が立てやすいことにあるように思われる.以下,氏による「政策米価の算定要領」を示せば,次のごとくである[28].

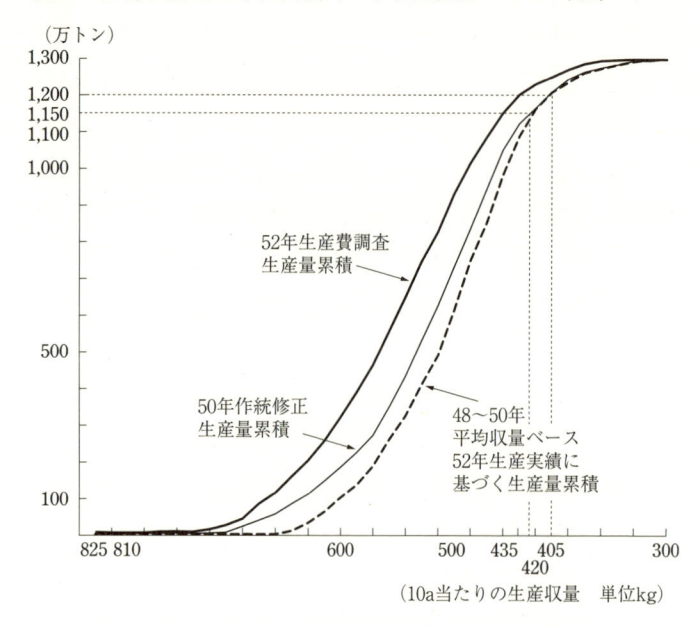

図2 限界供給地の単位面積当たり収量把握のための梶井モデル

注：梶井功監修『80年代日本農業の諸問題と農協の課題』136頁.

① 需要量を供給するのに必要な限界収量を確定するために，農水省「作物統計」における市町村別10a当たり収量と作付面積から，最近3カ年平均値の10a当たり収量階層別生産量累積曲線を描く（図2，なお同図はあくまでモデルであって，参考までに昭和52年の「生産費調査」や50年の「作物統計」から修正した生産量累積曲線を描いている）．

② 需要量（生産必要量）は需給事情を参酌して可変的なものとし，これをかりに1,200万トンとすれば，図では405kg（10a当たり）の収量地点が需要を充足する限界収量となる．この収量で10a当たり費用を除せば求める米価は得られる．

③ 10a当たり費用は，全国平均10a当たり第1次生産費に水田の固定資産税とその他の公租公課，資本利子をプラスした額とする．その場合，第1

次生産費は物価修正するが，自家労賃については都市均衡賃金による評価替えは行わず，農水省「生産費調査」そのままの農村賃金によって労働時間を評価する．また水田固定資産税とその他の公租公課は，絶対地代相当額として計上するもので，差額地代としての意味はまったくない（一方で限界地による価格算定を行いながら，差額地代相当額を計算に入れるとなると，地代の二重計算になるから）．

　この梶井氏による米価算定方式は，それまでの抽象理論による限界地規定性を一歩前進させたものとして，農業団体の新価格算定方式に影響を与えている[29]．その特徴の第1は，実際の農林統計からいわゆる「収量階層別生産量累積曲線」を描くことによって，必要需要量に対する「限界反収」地点を確定することに成功したことである．しかも「反収における限界地」をとることは，1960年から69年までの政府による米価算式が，平均収量から1標準偏差ぶんだけマイナスした低い収量をとることによって，それだけ生産費をふくらませていたという経緯があることから言っても，政府に実現を迫りやすいものである．第2に，こうした確定される「限界反収」でもって平均生産費を除することにより，豊度差のみに原因が帰せられる限界生産費を算定しようとしたことである．この点について梶井氏は，「反当平均生産費をとるということは，平均的資本装備による反当費用をしめしていると一応はいえる」[30]としているが，これがここでの限界生産費算定の根拠になっているのであろう．

　第3に「限界反収」で修正された「第1次生産費＋資本利子＋絶対地代相当額（固定資産税等）」を算定の基礎とすることによって，「(差額)地代の二重計算」（地代を含む第2次生産費をとればそうなることは明らか）という批判をかわしつつ，限界生産費論における原論的正当性を貫こうとしていることである．

　第4に，自家労賃評価を農水省「生産費調査」における原生産費をそのまま用い（すなわち農村労賃で評価），1960年以来の「生産費・所得補償方

式」が曲がりなりにも追求してきた都市均衡賃金による評価替えを排していることである．この点について梶井氏は，「(都市均衡賃金での評価替えによって) 優遇策をとっているなどというゴマカシの論理が出る余地のないかたちで，農産物価格運動を組む必要がある」こと，および「(農家が) 農業委員会の協定賃金あるいは農協の協定賃金自体を低くきめておいて，米価など農産物価格の要求でのみ高い賃金を主張するというのは矛盾している」との理由を挙げている[31]．

以上4点の特徴のうち，第3，第4の点についてはのちのわれわれの検討の中で取り上げることにして，ここでは「限界地」と限界生産費確定に直接かかわる第1，第2の点について検討しておこう．

いま限界生産費算定における梶井氏の基本的考え方を式で示せば，次のようになろう．

$$\frac{10a \text{ 当たり平均生産費}}{「限界反収」} = 単位生産物当たりの限界生産費$$

ここで分子に10a当たり平均生産費をとることについては何ら問題はない．だがそれは，氏の言うように「平均的資本装備による反当費用」を示しているからではなく[32]，「同等面積の相異なる地所に充用された，同等分量の資本の不等な収穫」[33]を問題とする差額地代論が前提としている「同等面積に対しての同等分量の資本投下」ということに，一応，代位できるからである．原論では，こうした「同等面積に対しての同等分量の資本投下」を行っても，その地所が自然的に有する豊度の差異によって「不等な収穫」がもたらされることを明らかにしている．そして「不等な収穫」の結果，単位生産物当たりの個別的費用価格は異なってくる．これを式で示せば次のごとくである．

$$\frac{単位面積当たりの同等資本量}{単位面積当たりの収穫量} = 単位生産物当たりの個別的費用価格$$

そして社会的需要の範囲内で，最劣等地の単位面積当たり収穫量で単位面積当たり同等資本量を除したものが，単位生産物当たりのいわゆる限界生産費となる．すなわち原論的に言って，限界生産費には次の式が成立する．

第4章　農産物需給調整と価格政策

$$\frac{単位面積当たりの同等資本量}{最劣等地の単位面積当たり収穫量} = 単位生産物当たりの限界生産費$$

　くり返し述べれば，分母になっている「最劣等地の単位面積当たり収穫量」とは，「同等面積に対しての同等分量の資本投下」のうえで，もっぱら自然的豊度が最劣等であるがゆえにもたらされるもっとも低い収穫量（便宜上「最劣等地単収」と呼んでおく）である．

　以上の原論の教えるところにしたがって，梶井氏の算定式を再度みてみると，分子については前述のごとく「10a当たり平均生産費」が「単位面積当たりの同等資本量」に代位しているので問題はない．問題なのは分母になっている「限界反収」である．この「限界反収」は，いわゆる「収量階層別生産量累積曲線」を基礎に求められたものであった．ところが累積される反収には，「同等資本投下量の下での不等な収穫量」とともに「不等な資本投下量にともなう不等な収穫量」も含まれている．すなわちここでの反収には，自然的豊度の差からくる反収の多寡だけではなく，反当たりの投下資本量の大小にもとづく反収の多寡も含まれているのである．したがって，この2つの原因から結果する反収を累積して描いた「収量階層別生産量累積曲線」を基礎に求められた「限界反収」なるものは，自然的豊度のみを原因とした「最劣等地単収」とは別ものであるがゆえに，単位農産物当たり限界生産費算定式における分母にはなりえない．

　ここにおいて，価格算定の基礎となる「限界地」をあくまで豊度差のみをメルクマールにして把握しようとする梶井理論は，限界にぶち当たる．氏の算定方式を成立させるためには，次のような条件が現実に存在していることが必要であった．すなわち，優等地，劣等地を含めすべての地所に同等分量の資本が投じられており（梶井算式に沿うとすべての地所の10a生産費が平均化していることが必要），「限界反収」がそれら同等分量の資本投入（平均生産費）に対する「最劣等地単収」として現われること，これである．しかし，このような条件を，わが国の現実において見出すことはできない．わが国においては，地域別・作付規模別に生産費がいちじるしく相違してい

とは周知である[34]．すなわち，地所によって10a当たり生産費（資本投入量）は均等化しておらず，したがって個別地所の反収も，言うところの「限界収量地点」の反収も，自然的豊度差に加えて投入資本量の差を反映したものとして現われているのが，わが国の現実である．

　以上で，梶井理論に拘泥しているかぎり，わが国の現実では「限界地」の確定もそれにもとづく限界生産費の算定もできないことが明らかになった．そこで，わが国では（他のほとんどの国でも同様だが），自然的豊度差のみに立脚した「限界地」の確定ではなく，資本条件の差も包含したより現実的な「限界地」の確定を行うことが必要になる．それが次の課題である．

(3) 限界生産費と「最大生産費」

　農産物価格を規定する，したがって政策価格の基準となる，より現実的な「限界地」の確定において，次のマルクスの指摘はきわめて示唆的である．

> 「資本制的生産様式は徐々にかつ不均等にしか農業をつかまないということは，農業における資本制的生産様式の古典国たるイギリスで見られうるとおりである．自由な穀物輸入が実存しないかぎりでは，または，自由な穀物輸入の——その範囲のゆえに——作用が制限されたものたるにすぎぬかぎりでは，劣等地で作業する生産者，つまり平均的生産条件よりも不利な条件をもって作業をする生産者たちが，市場価格を規定する．農業に充用される——また総じて農業によって自由にされる——資本総量中の一大部分はこうした生産者たちの手にある．
>
> 　たとえば，農民はその小分割地に多大の労働を用いるということは正しい．だがそれは，孤立化された，生産性の客観的な——社会的ならびに物質的な——諸条件を奪われた，それらを失った，労働である．
>
> 　この事情こそは，現実の資本制的借地農業者たちは超過利潤の一部分を取得しうる，ということを生ぜしめる．資本制的生産様式が農業でも製造業でも同じように均等に発展するならば，少なくともこの点が考察されるかぎりでは，こうしたことは見られないであろう．」[35]（傍点筆者）．

第4章 農産物需給調整と価格政策

　これは差額地代の第II形態を論じた部分に出てくる文章であって，ここで「劣等地で作業する生産者，つまり平均的な生産条件よりも不利な条件をもって作業する生産者たちが，市場価格を規定する」と述べていることは，その前後の文脈からみて，農業の資本制的発展が未熟・不均等であり（したがって農業に充用される資本量の一大部分が資本制的借地農業者ではなく農民の手にある），なおかつ自由な穀物輸入が存在しないか，その作用が制限された国においては，資本条件が劣等な生産者たちが農産物（穀物）の市場価格を規定する，というふうに読むことができる．それゆえ，現実の資本制的借地農業者たちは，資本条件の優位さのゆえに「超過利潤の一部分を取得しうる」のである．

　わが国の米をめぐる状況は，このイギリスを対象とした記述に類推しうる．すなわち，わが国の米は国家貿易品目として自由な輸入が存在せず，その生産者は，一部に資本条件の優位な大規模経営を発生させてはいるが，大部分は劣等な資本条件にある零細・小規模な経営である．そのようなわが国における米の市場価格は，後者の資本条件の劣等な多数の生産者の費用価格でもって規定される，と言えないだろうか．この粗削りな仮説が承認されるとすると，政策米価算定の基礎となる「限界地」を，たんに国内需要量における自然的豊度の限界地としてではなく，それらの自然的豊度の低さと資本条件の劣等さの両面から規定されるものとして措定してよいのではなかろうか．もちろん政策価格であるかぎり，資本条件の劣等さ，経営の非効率性からもたらされる高コストは，社会的に補償され得ないという批判は起こるものと思われる[36]．しかし，それが完全に自給品目で，国内で生産されるものすべてが需要を見出すとなると，いかに高コストであっても社会的にそれを償わなければならない．

　このことは，社会的需要量の範囲では，それを満たす生産農家の個別生産費の最大のものが限界生産費となる，という論理を内包する．その点では，「いわゆる限界生産費は，概念的には最劣等地の平均生産費ということであっても，事実上は，最劣等地の平均的農業経営が一般的に最劣等規模のもの

であることによって，最劣等規模の生産費であり，またそれゆえ，最大限の生産費に外ならないということができる」[37]という栗原百寿氏の指摘は，一定の留保をつければ賛成できる．「一定の留保」というのは，「最劣等地の平均的農業経営が一般的に最劣等規模のものである」とは，一般的に必ずしも言えないからである[38]．しかしながら，「最劣等規模の農業経営の生産費が最大の生産費となり，（農産物価格形成の基準となる）限界生産費となる」という栗原氏の指摘は，現実的で妥当性をもつ．

　すなわち，氏がこの論文を書いた1950年代中頃に限らず，現在のわが国においても，「小農的な小商品生産が一般的に行われている日本農業においては，生産規模の平均化ということは，必ずしも一般的に貫徹するものではない」[39]．そのため，資本装備，技術構成の差に加えて，小規模経営は，作付面積規模が小さいがゆえに面積当たりについてみれば過剰投資になり，しかも労働時間が長く労働費が高いというのが，わが国現在の農業たとえば稲作における一般的な姿である．しかも単位面積当たり収量については，階層間で目立った差はない．それらの結果として，図3のように，単位農産物当たりについてみると作付面積規模別に明瞭なコスト序列ができあがる[40]．最劣等規模の農家の生産費が，すなわち最大の生産費になるのである．

　政策価格論，したがってあるべき価格を算定する作業は，すべてこの現実から出発しなければならない．しかし，「最劣等規模の農家による最大生産費」は，そのままの形では政策価格の基準になりがたい．なぜならば，こうした「最大生産費」は，多くは資本条件の劣悪さ，経営の非効率の結果によるので，それをそのまま決定価格において容認するとなると，社会はそれだけ高い負担を強いられることになるからである．そこから「最大生産費」を引き下げるための生産者の努力と政策的援助が求められる．農業の構造改善とは，本来そのような「限界地」を対象としたものとしてなされるべきであろう．それが結果的に農産物価格決定の基準となる「最大生産費」を引き下げ，社会的負担を少なくする道である．もっとも，「最劣等規模農家による生産費＝最大生産費」，と傾向的に言えるからといって，生産費引き下げの

第4章　農産物需給調整と価格政策　　271

図3　作付面積規模別の60kg当たり米生産費（昭和55年産，全調査農家）

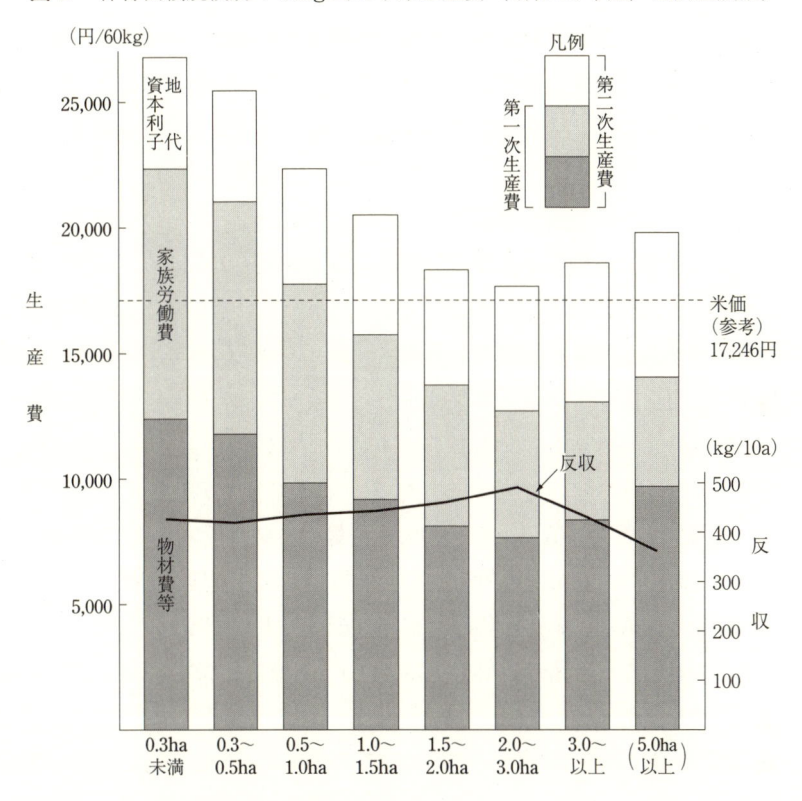

(円/60kg)

凡例：第二次生産費／第一次生産費

構成：物財費等／家族労働費／地代資本利子

米価（参考）17,246円

横軸：0.3ha未満，0.3～0.5ha，0.5～1.0ha，1.0～1.5ha，1.5～2.0ha，2.0～3.0ha，3.0ha以上，(5.0ha以上)

反収 (kg/10a)

注：1）農水省「米生産費調査」等より作成．
　　2）米価は昭和55年産の基準価格17,536円より運搬費172円を差引いたもの．
　　3）「物財費等」には副産物価額を差引いてある．

方法が「より大規模な農家の形成」だけにあるとは，必ずしも言えない．だが，この点については今は立ち入らない．

　いずれにしても，「限界地」の農産物コスト引き下げの努力が払われ，現実にコストが低下したとしても，なおかつ「最大生産費」は存在する．そして，その「最大生産費」の農産物に対する需要があるかぎり，その費用がいわゆる限界生産費となって市場価格を規定する．政策価格もこの市場価格に規制されざるをえない．その場合，市場価格したがって政策価格を規制する

のは，その農産物に対する社会的需要の程度であることはいうまでもない．生産量が一定であるかぎり，社会的需要が減少していけば，並行して市場価格は低下する．逆の場合は逆である．かくして，市場価格を規定する限界生産費は，需要変動の影響を受けて可変的である．その農産物の生産量に対して100％の需要があれば，文字通りその「最大生産費」が限界生産費となる．しかしその農産物の需要量が実際の生産量よりも少ないならば，限界生産費は現実の「最大生産費」よりも低下する．政策価格もこのようにして決まっていく限界生産費に規制されざるをえない以上，常に需要量の動向を把握し，それを充足する生産量における「最大生産費」の発見に努めていかなければならない．なおここでいう「需要量」が，自給率の低い品目では「目標生産量」に置き換えられるものであることは言うまでもない．

(4) 生産費・所得補償による「80％生産量バルクライン方式」の提起

さて，「限界地」・限界生産費確定をめぐるわれわれの理論的検討も終盤にさしかかり，進んであるべき価格算定方式を提起する段階を迎えた．ここで，これまでの検討を「あるべき価格算定方式」という観点から整理してみると次のようになる．

① 政策価格の決定にあたっては，国内で確保すべき生産量の目標が明示されなければならない．その目標生産量は，需要変動の影響を受けて可変的である．

② その目標生産量の範囲内で「最大の生産費」をもった農産物が政策価格の基準となる（ただし「最大の生産費」を低減するための努力が払われなければならない）．

③「最大の生産費」は，一般には最劣等規模の農家（以下「限界農家」という）が生産する農産物単位当たりの生産費がこれに当たる．

以上簡単に言うと，限界農家の農産物単位当たり生産費が政策価格の基準になる，ということである．すなわち，限界農家が生産する農産物の再生産を保障するような水準で政策価格が設定されなければならない．だが具体的

第4章　農産物需給調整と価格政策　　　　　　　　　　273

に政策価格を算定するためには，さらに次の諸点が加味される必要がある．

　第1にこの限界農家は現存する最劣等規模の農家と必ずしもイコールではない．それは，あくまでも目標生産量に対して可変的であり，その限度内で農産物を低い生産費をもったものから累積し最大の生産費に至る，その限界生産物を生産する農家という意味である．一般的にこうした農家は小規模農家であるがゆえに，まずは小規模農家の生産費が価格算定の基礎になる．

　第2に小規模農家の生産費といってもそれには幅（高低）があり，価格算定の基礎となる生産費はそれら階層の平均的なものでなければならない．

　第3に小規模農家層の平均生産費を既存の農林統計（農水省「生産費調査」）から類推しようとする場合，地代・資本利子ともに含む第2次生産費ではなく，第1次生産費（費用合計－副産物価額）に資本利子をプラスしたものが採用されるのが適当である．限界生産費を確定しようとする以上，差額地代的なものを含む第2次生産費をとることによって，限界農家以上の「地代」が二重計算されるからである．この点では，前述の梶井氏の指摘（特徴点の第3）は妥当性をもつ．

　第4に，費用合計のうち物財費に当たるものは価格決定年の物価で修正される必要があるだけではなく，労働費については家族労働力，雇用労働力とも当年の都市均衡労賃（時間当たり）で評価替えされなければならない．後者の点は，限界農家といえども社会的一般的な労賃水準が保障されなければならないという思想をその内にもつ（農業雇用労賃も同様）．また農業労働費を都市均衡賃金で評価することは，低位な状態にある農村雇用労賃の引き上げにつながり，ゆくゆくは社会一般の労賃水準の向上に結果する．その際，現在のわが国の農産物価格が都市均衡労賃を保障した限界生産費で算定されていない以上，「（農家に）優遇策をとっているなどというゴマカシの論理」（梶井）にかかわる必要はない．その点から言うと，価格算定の基礎となる労働費は「生産費調査」の原生産費（労働時間を農村雇用労賃で評価）のままでよいという梶井氏の主張（特徴点の第4）には納得できない．

　以上で具体的な政策価格算定に必要な理論的検討は，一応すべて終わった．

そのうえでわれわれは，現実の政策米価算定に当たっては，生産費・所得補償の「80％生産量バルクライン方式」を提起したい．以下便宜的に「昭和55年産米生産費調査」（農水省）にもとづき同年産のあるべき米価を算定すれば次のごとくである．

同「調査報告」には，販売農家の60kg当たり第2次生産費の低いものから戸数，作付面積，生産数量，販売数量それぞれについて順次累積した度数が示されている．このうち生産数量の累積度数をとり，その約80％に当たる60kg当たり第2次生産費を析出すれば23,000円という数値が得られる．このことは，「生産費調査」によって，米販売農家の生産量をコストの低いものから80％まで累積した結果，限界点に当たる第2次生産費が23,000円であることを意味している．

次に作付規模別の生産費調査結果から，この60kg当たり23,000円の第2次生産費が，どのような規模の作付農家（販売農家）の第2次生産費に近いかを推定する．そうすると，昭和55年産では30〜50aの作付規模の販売農家のそれ（23,559円）に一番近いことがわかる．この30〜50aの作付規模農家は，販売農家の全生産量の約80％を充足する「限界農家」に類推しうる．

この30〜50a層の第1次生産費（60kg当たり）は19,547円であるが，このうち労働費を同年の製造業5人以上規模の時間当たり賃金1,248円で評価替えした第1次生産費は24,169円となる．これに同作付規模層の資本利子1,382円を加えると25,351円になる（現実の米価算定では水田固定資産税およびその他の公租公課を含める必要があるが，ここでは省略した）．この金額が「限界農家」の生産費・所得（都市均衡労賃）を補償した「限界生産費」と，一応は言いうるであろう．

なお，以上はあくまでも限界生産費算定の考え方を示したものであって，より精緻なデータを有する政府では，なにも第2次生産費の度数分布から迂回的に「限界農家」と「限界生産費」の確定を行わなくても，より直接的にこれらのことを求めうるであろう．要は，生産目標を充足する「限界農家」を措定し，その農家層における都市均衡労賃を補償した「限界生産費」が，

第4章　農産物需給調整と価格政策　　　　　　　　　　275

表2　稲の作付面積規模別農家戸数及び米の売渡数量（割合）

作付面積規模	作付農家戸数（%）			売渡数量（%）		
	昭45年産	昭52年産	昭56年産	昭45年産	昭52年産	昭56年産
0.3ha 未満	34.3	32.5	37.4	2.3	2.4	3.1
0.3 ～ 0.5	23.1	22.3	22.6	8.6	8.0	9.3
0.5 ～ 1.0	26.9	26.4	24.3	29.4	25.7	27.0
1.0 ～ 1.5	8.9	9.7	8.4	21.8	19.8	19.9
1.5 ～ 2.0	3.5	4.3	3.5	13.7	13.6	13.2
2.0 ～ 3.0	2.3	3.1	2.5	13.4	14.7	14.1
3.0 ～ 5.0	0.8	1.3	1.0	7.6	9.5	9.0
5.0 ～ 10.0	0.2	0.4	0.3	2.9	5.5	3.8
10.0ha 以上	0.0	0.0	0.0	0.3	0.8	0.4
計	100.0	100.0	100.0	100.0	100.0	100.0

注：出所は農水省監修『昭和56年度農業白書付属統計表』．原資料は食糧庁「米麦の集荷等に関する基本調査結果」，「米穀生産者の階層別売渡状況調査」．

政策価格の基準になるということである．

　ところで，なお残る疑問点としては，「限界農家」の確定に当たって何ゆえに販売農家の「80％生産量バルクライン」を取るかということであろう．この「バルクライン方式」は，系統農協が昭和52年産米価まで（全日本農民組合連合会では現在まで）要求価格の算定方式としてきた「80％バルクライン方式」とは違う．第1に後者における「80％」という数値は，生産費を低い方から累積した農家のバルクラインであり，第2にそれらの「バルクライン農家」の生産費は第2次生産費が基礎になっている．われわれの場合のバルクラインは生産量であり，価格算定の基礎になる生産費は第1次生産費である．

　では，どうしてバルクラインを販売農家の生産量の80％とするのか．この点では確たる理由はない．これは90％でも，場合によっては70％でもよいだろう．問題は目標生産量をほぼ確保しうる水準にラインを設定すればよいのである．われわれが先に販売農家の生産量の80％をバルクラインに設定し，そこにおける第2次生産費から推定して30～50a層を「限界農家」としたのは，ひとつには表2にあるように，それら30a（0.3ha）以上層で米の

全国売渡数量の97％をカバーしている（昭和55年産）ことを根拠としている．しかしその反面でわれわれは，30～50a層を「限界農家」と措定することによって，同表にあるように稲作付農家の37％に当たる30a未満層を，結果的に価格政策の対象外に追いやることに目をつぶったのである．そこには，これらの零細稲作農家のほとんどは飯米農家であり，兼業収入や他の農業収入に依存しているので，かりに米価が生産量を割るようなことがあっても生活に大きな影響を受けない，との見通しがある．

これらの政策価格算定における考え方が正しいかどうかは，大方の判断を待たなければならない[41]．

注
1) 農業側の反論としては，全国農協中央会「財界・労働界の農政批判に対する系統農協の見解」(1979年4月)，全農林労働組合「農業及び農政批判と提言に対するわたくしたちの見解」(1979年8月)などがある．
2) 用途別の価格体系は今までのところ生乳で実施されているが，現在検討が進められているのは「過剰」問題を抱える米である．この点で先鞭をつけたのは系統農協であり，ここは1982年10月の第16回全国農協大会における決議「日本農業の展望と系統農協の農業振興方策」の中で，「工業原料用，アルコール用，飼料用など米の他用途需要を開発し，主食米との収益差補てんは，国と農家の"とも補償"で行う」ことを打ち出している．また，同年8月の農政審議会報告「『80年代の農政の基本方向』の推進について」の中でも，他用途米実現のための条件整備を今後の検討課題として上げている．米が構造的に過剰基調になっている中では，「水田を水田として利用する転作である他用途利用米」の生産は大いに進められて然るべきであるが，そのためには今日のように主食米との収益差が懸隔している現状がまず改善されなければならない．"とも補償"によって農家の実質米価が切り下げられるやり方のみでは長続きしない．国の補助金や実需者の応分の負担が必要であろう．
3) 1982年に入って国際為替相場は円安で推進しているが，これはアメリカの高金利政策や国際的金融不安，さらには財政危機に象徴される日本経済への先行き不安などが，長期資本の日本からの流出を促した結果と言われている．とまれ円安によってわが国工業製品の輸出にドライブがかかるであろうから，それだけ貿易摩擦も激しくなり，農産物の市場開放要求も厳しさを増していくことが予想される．しかしわが国の農業にとっては，円安によって農産物の「内外価格差」が縮小した今日こそ，食糧自給基盤の確立をはかる好機である．

4) 前出注2の農政審報告（1982年8月）では，初めて農産物の価格水準目標を打ち出し，10年後には生産者価格，消費者価格とも「西欧諸国と同水準程度の実現をめざす」とした．その"大目標"の前に価格政策は後景に退き，生産性向上，コスト引き下げのための構造政策が前面に出されている．しかし，価格政策の役割を軽視して，言うところの農産物の「内外価格差」の縮小ができるのであろうか．

5) 政府・独占の側が食糧管理費の削減にいかにやっきになっているかは，1982年7月の第2次臨時行政調査会（土光敏夫会長）による基本答申の「農業」の項を見れば瞭然である．そこでは，「生産者米価の抑制」，「政府米の売買逆ざやの解消とコスト逆ざやの縮小」，「自主流通米助成の縮減合理化と自主流通米の量的拡大」，「転作物の奨励金依存からの早期脱却」，「米の全量管理方式の見直し」など，食糧管理費の削減と食糧管理制度の改変に通じる諸方策によって，スペースの大部分が占められている．

6) K.マルクス著，長谷部文雄訳『資本論』角川文庫版（8）58頁．

7) 常盤政治『農産物価格政策』家の光協会，1978年，58-63頁，参照．政府・独占の側から事実上は「平均原理」の作用を意味する「競争原理」を農業にも導入しようとする動きがある中では，この点は強調しておいてよい．

8) マルクス前掲書282頁．

9) 同上．

10) 以上の農工間不等価交換の理論的基礎については，花田仁伍『日本農業の農産物価格問題』農山漁村文化協会，1978年，第1章第4節，参照．

11) 白川清『農業経済の価格理論』御茶の水書房，1963年，167頁．

12) 栗原百寿『農業問題の基礎理論』時潮社，1956年，116頁．

13) F.エンゲルス「フランスとドイツにおける農民問題」『マルクス・エンゲルス全集』第22巻，大月書店，483頁．

14) 白川前掲書192頁．

15) 白川清『農産物価格政策の展開』御茶の水書房，1976年，第3章第2節．

16) 同155頁．

17) 同上156頁．

18) 鈴木博「最近の農産物価格論の動向」『農業問題研究』No. 5，1962年，同「1962年主要文献解説と批評」日本農業年報XII『自由化にゆらぐ農村』御茶の水書房，1963年，梶井功『基本法農政下の農業問題』東大出版会，1970年，第2章第1節，常盤政治『農産物価格政策』家の光協会，第1章3，など．

19) 白川前掲『農業経済の価格理論』113-117頁．

20) 鈴木前掲「最近の農産物価格論の動向」参照．

21) 白川前掲『農産物価格政策の展開』154頁．

22) 同上．

23) この点から言うと，白川氏が，競争機構の中では価格変動に対応して追加投資

や生産の縮小を行いえるだけの最低必要資本量を有するものが競争資格をもち，彼らが農産物需給競争調節と市場価格の規定者となると述べていることも同様に問題である．というのは，確かに工業では「最低必要資本量以上を有する個別資本」（白川同上書 148-149 頁）の競争によって得られる一般的生産価格が市場価格を規定していくが，農業における価格形成においては「限界原理」が作用し，「最低必要資本量を有し競争資格をもつ，自作小生産農家階層」（同上 150-151 頁）による個別的費用価格ではなく，「限界地」における限界生産費によって市場価格が規制されるからである．ただし，最低必要資本量を有する自作農家階層の追加投資も，いわゆる差額地代の第Ⅱ形態がゼロとなるかぎりにおいては価格規定者となる．

24) 白川前掲『農産物価格政策の展開』60 頁．
25) 梶井前掲『基本法農政下の農業問題』第 2 章，梶井『小企業農の存立条件』東大出版会，1973 年，第 4 章第 3 節，梶井「農業再編成と農産物価格政策の転換」『80 年代日本農業の諸問題と農協の課題』全国農協中央会，1979 年．
26) 梶井前掲『基本法農政下の農業問題』59 頁．
27) 同上 75 頁．
28) 梶井前掲「農業再編成と農産物価格政策の転換」135-141 頁．
29) たとえば，全国農協大会が 1979 年に決議した「1980 年代日本農業の課題と農協の対策」の中で，「戦略作目の行政価格は，国内で確保すべき全国生産目標に基づく年次別計画の数量を充たすに必要な限界地の生産費（通常の資本装備と技術をもって営まれる標準的な経営が前提となる）を償うよう決定すべきである」としたのは，梶井理論の影響と思われる．なおこの考え方は 1982 年の全国農協大会の決議「日本農業の展望と農協の農業振興方策」にも「必要量限界生産費方式」として引き継がれ，同決議案の内部検討資料では，実際に梶井氏の「収量階層別生産量累積曲線」によって要求米価の試算がなされている．
30) 梶井前掲『基本法農政下の農業問題』74 頁．
31) 梶井前掲「農業再編成と農産物価格政策の転換」139 頁．
32) 反当平均生産費が「もろもろの相異なる『資本』条件の経営によって投下された相異なる反当生産費の平均でしかない」ことは，常盤政治氏の指摘するとおりである（前掲『農産物価格政策』49 頁）．
33) K. マルクス著，長谷部文雄訳『資本論』角川文庫板 (8) 58 頁．
34) なお梶井氏は「米生産費調査」の個表を収量階層別に再集計した結果として，「平均化してみれば，優等地を耕作する農家も劣等地を耕作する農家も，今日の標準的な技術を駆使しているその表現として単位面積あたり投入費用には差がない」（前掲「農業再編成と農産物価格政策の転換」119 頁）と述べているが，これは氏自身が言うように「経営規模がほぼそろったから」（同上）であって，経営規模の異なる階層間には依然として単位面積当たり投入費用に顕著な格差があることは，「米生産費調査」を一見すれば明らかである．

第 4 章　農産物需給調整と価格政策　　　279

35) マルクス前掲書，角川文庫版 (8) 97-98 頁．
36) たとえば，梶井前掲「農業再編成と農産物価格政策の転換」124 頁．
37) 栗原前掲書 115-116 頁．
38) この点については白川・梶井両氏とも批判するところである．白川前掲『農業経済の価格理論』167-168 頁，梶井前掲『基本法農政下の農業問題』70-72 頁．
39) 栗原前掲書 115-116 頁．
40) 同図では 3.0ha 以上の作付農家の 60kg 当たりコストが反転して高くあらわれているが，これは調査年（昭和 55 年産）に 3.0ha 以上層が多い北海道・東北を襲った冷害凶作の結果として，数値的にはこれらの階層の 10a 当たり収量が低くなったためと思われる．
41) なお本節では現行の農産物価格政策再編成の背景とねらい，および政策価格決定における理論的問題に力点をおいたため，価格政策が当面するその他の具体的課題——需要見通しと自給目標の策定，二重価格制，コスト引き下げの方策，周年農業体制の構築による農業所得の維持，市場メカニズムと用途別・品質別価格の問題，など——については触れることができなかった．これらの諸点については，さし当たって拙稿「農産物価格政策再編成の方向」『農産物市場研究』第 13 号，1981 年，を参照願えれば幸いである．本節の前半部分（1，2）も，同論文の一部を修正したものである．

III. 農政転換と農産物価格政策

1. 問題の経過と課題

　わが国の農産物価格政策は，1950年代以降，とくに農産物自由化が開始される60年代初頭から主要品目別に整備がすすめられた．また，61年に制定された農業基本法（以下，旧法と呼ぶ）では，「農業の生産条件，交易条件等に関する不利を補正する施策の重要な一環として」，重要農産物の価格安定政策を位置づけた．わが国でもっとも重要な農産物である米については，1960年から「生産費所得補償方式」に基づいて政府買入価格の算定がなされるようになり，その後の物財費・賃金水準等の上昇も反映し1970年代後半期まで，ほぼ毎年のように引き上げられてきた．この時期までは農民団体や農協組織による米価闘争も盛んで，政府の米価決定に少なからぬ影響を与えた．価格政策の対象になっている他の主要農産物の行政価格も，同じく70年代後半期までは，おおよそ米に連動して引き上げられてきた．
　だが，80年代に入るとともに農産物価格政策をめぐる環境は大きく変わり，米を始めとした農産物の行政価格は同年代の前半には据え置きへと向かう．さらにその後半期には，生産者米価が20数年ぶりに引き下げられ，他の農産物価格も追随する．
　また，86年から7年越しの協議の結果，93年12月に決着をみたウルグァイ・ラウンド農業協定では，輸入アクセスの拡大，輸出補助金の減額とともに，農業に係わる国内助成（市場価格支持，不足払い等）の削減が合意された．この合意内容は，94年4月にモロッコのマラケッシュで締結されたWTO協定の中に含まれ，日本も同年12月の国会でこれを批准した．こうした「国際約束」に従って政府は，価格支持や不足払いを伴う農産物価格制

度の改正に動き出し，94年12月の食糧管理法の廃止と食糧法（主要食糧の需給及び価格の安定に関する法律）の制定を皮切りに，その後，麦類，大豆，生乳・乳製品，甘味資源などの「新たな政策」を次々と打ち出していく．それらの新政策に共通する方向は，価格支持や不足払いを廃止し，対象農産物の価格を需給実勢と品質評価に委ねる一方で，価格下落に伴う生産者の所得減少の一部を，基金による価格補填あるいは財政からの直接交付金によってカバーしようとしていることである．

こうした価格政策再編の方向は，99年7月に制定された「食料・農業・農村基本法」（以下，新基本法）によっても条文化された．すなわち，同法第30条で，「国は，消費者の需要に即した農業生産を推進するため，農産物の価格が需給事情及び品質評価を適切に反映して形成されるよう，必要な施策を講ずるものとする」と明記し，その第2項で「国は，農産物の価格の著しい変動が育成すべき農業経営に及ぼす影響を緩和するために必要な施策を講ずるものとする」との条文を加えたのである．これは農産物価格政策に市場原理を全面的に導入すると同時に，価格下落時に何らかの所得確保対策を担い手に限って実施することを示唆している．程度の差はあるが，上記の米およびその他品目の「新たな政策」は，こうした方向に沿っている．

また，新基本法の制定前後から食料自給率の向上対策が政策的な課題となり，麦類，大豆，飼料作物を対象とした「新たな助成システム」が導入されたが，この実質は担い手・地域を限定した所得確保対策である．中山間地等を対象に2000年度から導入されることになった，農業生産に対する直接支払いも，金額的には不十分ながら一種の所得確保対策とみることができる．

このように，WTO協定受け入れ後の日本は，農産物価格政策にいっそう市場原理を導入する一方で，価格低落を部分的に補填する所得確保対策に農政の軸足を移しつつある．こうした方向は，WTO農業協定が認めた，いわゆる「緑の政策」の枠内で，生産刺激的でない「直接支払い」を行おうとするもので，欧米や韓国においても多かれ少なかれみられる方向である．

そこで本節は，80年代初頭以降に強まってくる農産物価格政策の縮小再

編を中心とした農政転換の過程とその政治経済的背景について，わが国資本主義の構造変化の観点から明らかにし，WTO体制下における「新たな価格・所得政策」の性格づけを行うことを課題とする．叙述の順序は以下のとおりである．

第1に，マルクス経済学による農産物価格政策論の代表的理論を紹介し，その今日的評価を行う．そこでの国家独占資本主義的農産物価格政策論は，農産物価格政策の縮小再編が進む80年代以降の動向を分析する上でも，依然として有効であると考えるからである．

第2に，61年の農業基本法制定以降の農産物価格の動向を大数的に把握した上で，80年代初頭以降の行政価格の抑制と市場原理農政の展開の過程を概括し，新基本法の到達点を確認する．

第3に，80年代以降の農産物価格政策の縮小再編の経済的政治的背景について，わが国の資本主義体制の構造変化に即して明らかにする．ここが本節の枢要部分である．

そして最後に，価格政策を再構築し，所得確保対策を充実するための政治的展望について述べる．

2. 農産物価格政策の政治経済的機能：国家独占資本主義論的アプローチの有効性

農産物価格政策については，わが国のマルクス経済学ではこれまで「国家独占資本主義の譲歩の政策」として位置づけられてきた．

たとえば，農産物価格論の代表的な論者である御園喜博氏は，国家独占資本主義の農産物価格政策のねらいについて次のように指摘している．「(農産物価格政策の……引用者挿入) 究極的な意図ないし目的は，……全体として資本 (総資本・独占資本) のための安定した低農産物価格＝低賃金の体系をつくりだし，それを維持し，そうすることによって個別独占資本では乗り切ることのできない独占体制の危機への対応，その糊塗を可能ならしめ，それに

よって独占資本・国家独占資本主義の体制——その再生産と循環の体制——を経済的に維持安定化せしめようとはかるところにあるといっていい．農産物価格政策はまた，国際的に低廉な海外農産物の輸入拡大に対する調整弁の役割を果すものであり，一方でますます増大する低価格の農産物輸入を安定化円滑化させると同時に，他方それらの低価格農産物の輸入増大による国内市場価格の低位不安定化を一定の限度で底支えし，安定化させ，そうすることによって一面では国内生産者農民の不満を可能なかぎり宥和もしくは緩和しようとする．……農産物価格政策は，同時にまた他面では，国民生活の基本物資である農産物の価格を政策手段によって低位に安定化させ，そうすることによって消費者としての国民勤労大衆の不満を，可能なかぎり緩和ないし宥和しようとする強い意図をあわせもっている．——総じてこういった二つの側面を通じて，全体として独占資本・国家独占資本主義の体制を政治的にも維持安定化せしめようとするねらいをもっているのが，農産物価格政策なのである．」[1]

　ここから明らかなように，御園氏は国家独占資本主義の農産物価格政策のねらいを，「低農産物価格・低賃金体系」の維持という経済的ねらいと，「体制維持のための宥和策」[2]という政治的ねらいの両面から論じている．こうした御園氏の国家独占資本主義的農産物価格政策論に対して，常盤政治氏は，「国家独占資本主義も独占資本主義であるかぎり，その農産物価格政策は，むろん後者（引用者注—「低農産物価格・低賃金体制」の維持という経済的ねらい）のような積極的な意味をもって展開されることもけっして少なくないが，しかし，国家独占資本主義の農産物価格政策の特質は，むしろ，経済的利害としては資本にとって不利な，その意味で譲歩を意味するが，それなしには体制的維持が不可能なるがゆえに行われる政策たるところにあるといえよう．……それゆえにこそ，農民の積極的な農産物価格運動が一定の成果を結びうる可能性をもっている」[3]と指摘している．

　すなわち，常盤氏は「独占資本の譲歩」という政治的側面に，国家独占資本主義的農産物価格政策の特質を求めようとする．常盤氏の「譲歩」として

の農産物価格政策は，農民に対してのものであり，御園氏の「体制維持のための宥和策」は，農民および勤労消費者に対するものであるという違いがあるが，いずれも体制的危機に対応した国家独占資本主義の政策とみている点では共通性がある．

ところで，独占資本の「譲歩」ないし「宥和策」としての農産物価格政策は，当然ながら体制的危機が深まった局面でなされるわけで，政治的危機が緩和し，体制が安定している局面では，その必要性は薄れる．したがって，農民の要求である行政価格の引き上げを実現させるためには，当事者である農民が果敢に農産物価格闘争を展開し，国家独占資本主義体制に譲歩を行わせるような政治情勢をつくることが必要なのであって，この点を強調する常盤氏の理論は，実践的にも意義あるものといえよう．

しかし，常盤氏は他方で，御園氏が前半で指摘する「独占資本・国家独占資本主義体制を経済的に維持安定化させる」，換言すれば個別独占資本の経済的利害を補強するような）農産物価格政策（低農産物価格・低賃金体系をつくりだすための政策）について，これは「むしろ独占資本主義一般の農産物価格政策の特徴であって，国家独占資本主義の農産物価格政策の特質は，経済的には独占資本の譲歩を意味するが，それなしには体制的危機を乗り切れないがゆえにうたれる政策というところにある」[4]と，あくまでも農産物価格政策の政治的側面を強調しているのである．

これは，国家独占資本主義の経済的機能をどの点に求めるかということとも関わって重要な論点である．一般に国家独占資本主義の経済的機能としては，管理通貨制度への移行によって可能になった，「主として通貨の側面からおこなわれる経済への介入，あるいは広義のフィスカル・ポリシーを媒介とした経済の国家管理」[5]が指摘されている．この場合，「経済の国家管理」には，国民経済上，重要な物資やサービスの価格管理も含まれると理解すべきであろう．実際，準戦時体制・戦時統制から戦後に至る，わが国の国家独占資本主義の経済的機能の1つに，主要食糧やエネルギー・肥料などの生産財を典型とする価格管理があったことは周知である．もっとも，こうした価

格管理は，経済社会の安定化とともに漸次緩和されていったが，周知のように食管法による米麦の価格管理や鉄道・航空その他の運賃認可制などは，最近に至るまで行われていた．

　わが国の場合，経済成長・高度蓄積を支える低賃金体系の維持のために，食料の低廉化が必要であった．そのため，すでに1950年代から農産物価格の低位安定化をはかることを目的とした農産物価格政策が開始された．とくに，主食である米を国民に低価格で安定的に供給することは，経済復興期および高度成長期の日本においては最重要な課題であった．だが，米の安定供給のためには，生産者である農民の再生産を確保する価格の設定が必要である．こうして52年に二重価格制度を明記した食管法の改正がなされ，幾多の曲折を経て60年の生産費所得補償方式の導入へと結実していくのである．現実に生産者米価は60年産米以降，年ごとに上昇していくが，半面で消費者米価は抑制され，いわゆる逆ざやが拡大していく．当然，財政負担は増えていくが，経済成長の過程で潤沢な税収を得た国家独占資本主義は，このための支出を許容したのである．

　このような経過から明らかなように，農産物価格を管理し，農民の再生産を保障するとともに，勤労消費者に食料を低価格で安定供給し，結果的に低賃金を維持することは，国家独占資本主義の経済的機能の1つであり，わが国では少なくても70年代末まで行われていたと解することができる．

　しかしながら，80年代に入って農産物価格政策をめぐる事情は一変する．後述するように80年代以降，日本資本主義の海外展開が本格化し，この半面で低価格の農産物輸入の増大が進んでいくからである．このような変化は，農民の再生産確保のための農産物価格政策の必要性を低めることになった．こうして80年代初頭以降，行政価格の水準を低価格の輸入農産物にシフトさせ，これに対応できない「高コスト」の農産物については，輸入品に代替する政策が実施されるようになる．これも国家独占資本主義による食料・農産物の価格管理といえる．

　いずれにしても，「高」価格政策だけが，国家独占資本主義の農産物価格

政策ではなく，状況によっては輸入政策と連動した低食料・低農産物価格政策も，国家独占資本主義的農産物価格政策として実施されるのである．こうした事実経過を踏まえるならば，農産物価格政策の「究極的な意図ないし目的」を，国家独占資本主義体制を経済的に維持安定化させることに求める御園氏の見解は今日でも首肯できるものと言える[6]．

したがって以下では，農産物の価格管理による独占資本主義体制の経済的維持安定化の側面と，国家独占資本主義による政治的譲歩（およびその後退）の側面との，両面に注目し，現実のわが国農産物価格政策の縮小再編の過程，並びにその政治経済的背景を順次明らかにしていく．

3. 市場原理農政の展開と新基本法

(1) 新基本法と農政転換

99年7月の新基本法とこれに基礎をおく新しい農政は，旧法に基づく従来型農政を継続する側面と転換させる側面の両面をもっている．ここで農政転換と呼ぶのは，後者の側面に注目したものであり，具体的には次のような中身を有している．

イ．農産物価格政策の縮小再編と市場原理の全面的導入
ロ．所得補償政策・経営安定対策の導入
ハ．農業・農村の多面的機能，農業の自然循環機能の評価
ニ．中山間地等を対象とした直接支払いの導入
ホ．農業生産法人形態を通じた株式会社の農地取得の容認

以上の中で，もっとも注目されるのは，イ，ロである．すなわち，新基本法では，農産物の価格形成について，「需給事情及び品質評価を適切に反映して形成される」ような施策の展開，すなわち価格形成に市場原理（需給に応じた価格メカニズム）を全面的に導入する方向で「価格政策全般の見直し」を図ろうとする一方で，市場価格の著しい変動が農政の期待する担い手農業者の経営に影響を与える場合には，何らかの所得補償措置がとられるべ

きことを示唆している．後者は，「価格低落時の所得確保・経営安定対策」の導入を含意しており，98年12月に決定した「農政改革大綱」と「農政改革プログラム」では，当面は品目別の経営安定措置の導入を図りつつ，将来的には「意欲ある担い手の経営全体をとらえた経営安全措置」の導入を検討するとしている．

このように新基本法は，市場原理の全面的導入の方向での「価格政策全般の見直し」を図ろうとしているが，これは，旧法が「農業の生産条件，交易条件等に関する不利を補正する施策の重要な一環」とした価格政策の位置づけを，根底から覆すものである．言うならば市場原理農政への移行を宣言したのが新基本法だが，実はこうした変化は，新基本法でにわかに打ち出されたものではなく，現実の農政ではすでに80年代初めから着々と実績が積み重ねられてきたことでもある．以下では，こうした市場原理農政の展開過程について，その時々の農政審議会の答申・報告を中心に振り返り，新基本法下の農産物価格政策再編の到達点を確認しておきたい．

(2) 農業基本法下の農産物価格の動向

初めに旧農業基本法下の農産物価格をめぐる統計的動きをみておきたい．

図1は，旧法に基づく農政が実質的に開始される62年以降の農産物生産者価格指数の推移を示す．生産者価格指数とは，農業者が実際に販売した金額の伸び率を表すが，一見して明らかなように，農産物総合（これには畜産物総合を含む）の価格指数は，80年代初めにかけ顕著な上昇を示す．だが，82～85年には横ばいに転じ（畜産物総合では81年から下落に向かう），さらに86～87年では下落に向かう．88年以降再び上昇していくが，91年をピークにその後は低位な水準のまま維持されている．

こうした変化は，農産物行政価格の実際の水準に大きく規定されている．というのは，わが国では価格政策対象品目の農業粗生産額に対する割合は，95年で約73％に上っているからである[7]．だが，これは，対象品目・数量を間接的なものまで含めた数字であり，直接的なものに限定した場合，同年で

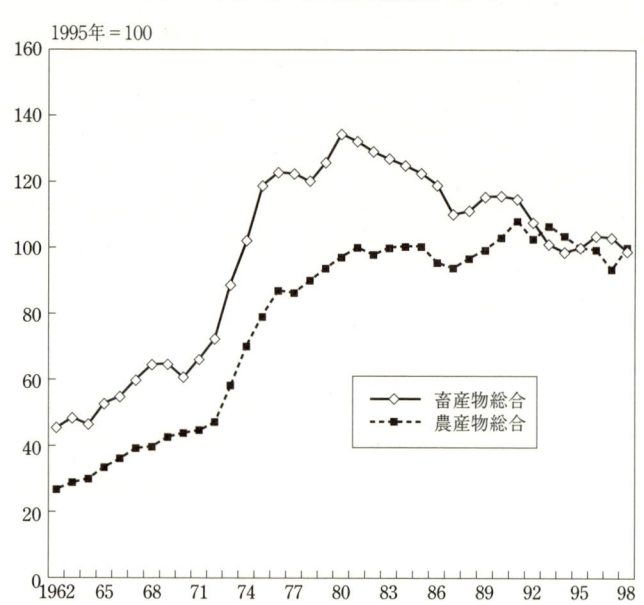

図1 農産物生産者価格指数の推移

資料：農林水産省「農村物価統計調査」．
注：1990年までは年度，91年以降は暦年である．

約19％に過ぎない[8]．とくに，農産物生産者価格指数のウエイトで30％を占める米において，近年，価格支持のある政府米の割合が減少し，自主流通米および自由米（計画外米）のそれが増加したことは，生産者価格指数の変化に及ぼす行政価格の影響力を弱めている．だが，少なくても80年代初頭までは，米を含め多くの農産物が価格支持制度の影響下にあった．そのため，62〜81年度における農産物価格指数の顕著な上昇は，オイル・ショックの影響を受けた74年度を除き，全体として行政価格の引き上げによるものと見てよい．また，その政治的背景として，農工間の所得格差是正を掲げた旧法をテコに，農民と農協組織が，生産費の上昇に見合った農業所得の確保を求め，農産物価格闘争を果敢に繰り広げてきた事実を指摘できよう．

(3) 行政価格の抑制と「80年代農政」答申

だが，70年代末に突如巻き起こった，財界・右翼的労働界・マスコミによる「農業過保護論」「農産物割高論」の大合唱を契機に，農民・農協による価格闘争は低迷していった．そして，80年代に入ると行財政改革を旗印にした行政・財界の攻勢の中で，ほとんどの農産物の行政価格が据え置かれた．さらに，その後半期には，86年の「米価据え置き」を機に再び引き起こされた農政・農協批判を背に，政府による行政価格引き下げが断行された（表1）．

農産物行政価格の据え置き・引き下げは，「農産物の価格の安定及び農業所得の確保を図る」とした旧法が規定した「国の施策」の必要性が，その後の政治・経済情勢の変化の中で薄れていっただけでなく，むしろ足かせになってきたことの反映でもある．そのため，政府は農産物価格政策そのものについての見直しを行い，「農業所得の確保」に代わる新たな位置づけを価格政策に求めてきた．そのことを農政審議会答申という形で最初に示したのは，80年10月の答申「80年代農政の基本方向」である．

詳細は別稿[9]を参照していただくが，この答申でもっとも注目されるのは，価格政策の機能として，第1に「農産物価格の過度の変動を防止する」こと，第2に「価格のもつ需給調整機能を通じて農産物の生産と消費の動向を誘導する」ことを挙げ，この2つを第3の「農業の交易条件の不利を補正して農業所得の維持に寄与する」機能の上位においたことである．そして，今後の価格政策の方向として，引き続き価格安定の機能を重視するとともに，価格政策の第2の機能に沿って「価格のもつ需給調整機能をより重視した運用を行っていくことが肝要である」とした．これは，需要に対して供給が過剰になっている農産物価格の引き下げを含意している．

さらに，価格政策で農業所得の確保を図る場合にも，兼業農家を含めたすべての農家を対象としたものではなく，「中核農家を中心に考えるべき」として，選別政策の実施を公然と唱えた．だが，現実には差別的な価格設定が不可能な以上，これが意図するものは，価格設定の基準を限界的な農家から

表1 農産物の

	米政府買入価格 (玄米 60kg)		小麦政府買入価格 (60kg)		大豆基準価格 (60kg)		馬鈴薯原料基準価格 (1t)	
1971	8,522	(3.0)	3,788	(6.6)	5,440	(8.6)	8,010	(4.0)
72	8,954	(5.1)	3,931	(3.8)	5,800	(6.6)	8,230	(2.7)
73	10,301	(15.0)	4,466	(13.6)	6,750	(16.4)	9,160	(11.3)
74	13,615	(32.2)	5,685	(27.3)	8,850	(31.1)	12,000	(31.0)
75	15,570	(14.4)	6,129	(7.8)	9,672	(9.3)	13,110	(9.3)
76	16,572	(6.4)	6,574	(7.3)	10,433	(7.9)	14,140	(7.9)
77	17,232	(4.0)	9,495	(44.4)	14,846	(42.3)	15,070	(6.6)
78	17,251	(0.1)	9,692	(2.1)	15,133	(1.9)	15,360	(1.9)
79	17,279	(0.2)	9,923	(2.4)	15,638	(3.3)	15,870	(3.3)
80	17,674	(2.3)	10,704	(7.9)	16,780	(7.3)	17,030	(7.3)
81	17,756	(0.5)	11,047	(3.2)	17,210	(2.6)	17,480	(2.6)
82	17,951	(1.1)	11,047	(0.0)	17,210	(0.0)	17,480	(0.0)
83	18,266	(1.8)	11,092	(0.4)	17,210	(0.0)	17,480	(0.0)
84	18,668	(2.2)	11,092	(0.0)	17,210	(0.0)	17,480	(0.0)
85	18,668	(0.0)	11,092	(0.0)	17,210	(0.0)	17,480	(0.0)
86	18,668	(—)	10,963	(▲1.2)	16,925	(▲1.7)	17,190	(▲1.7)
87	17,557	(▲6.0)	10,425	(▲4.9)	15,935	(▲5.8)	16,184	(▲5.9)
88	16,743	(▲4.6)	9,945	(▲4.6)	15,060	(▲5.5)	15,300	(▲5.5)
89	16,743	(0.0)	9,597	(▲3.5)	15,060	(0.0)	15,300	(0.0)
90	16,500	(▲1.5)	9,223	(▲3.9)	14,397	(▲4.4)	14,600	(▲4.6)
91	16,392	(▲0.7)	9,110	(▲1.2)	14,218	(▲1.2)	14,410	(▲1.3)
92	16,392	(0.0)	9,110	(0.0)	14,218	(0.0)	14,410	(0.0)
93	16,392	(0.0)	9,110	(0.0)	14,218	(0.0)	14,410	(0.0)
94	16,392	(0.0)	9,110	(0.0)	14,218	(0.0)	14,410	(0.0)
95	16,392	(0.0)	9,110	(0.0)	14,218	(0.0)	14,410	(0.0)
96	16,392	(0.0)	9,110	(0.0)	14,218	(0.0)	14,410	(0.0)
97	16,217	(▲1.1)	9,023	(▲1.0)	14,160	(▲0.4)	14,270	(▲1.0)
98	15,805	(▲2.5)	8,958	(▲0.7)	14,082	(▲0.6)	14,150	(▲0.8)
99	15,528	(▲1.8)	8,893	(▲0.7)	14,011	(▲0.5)	14,050	(▲0.7)
2000	15,104	(▲2.7)	8,824	(▲0.8)				

資料:『ポケット農林水産統計』(各年版).
注:1) 当年度(産)の実額,カッコ内は対前年増減率(%).
    2) 1989年以降については,消費税額分を含む.
    3) 米の政府買入価格は,1977年産まではうるち1~4等平均,78年産はうるち1~2等平
    4) 小麦の政府買入価格は,1982年産までは2類2等,83~86年産は2類1等,87年産
    5) 大豆の基準価格は,1987~92年産は農産物検査規格その1の2等,93年産以降はその
    6) てん菜の最低生産者価格は,1986年度は糖度16.3~16.9度,87年度は16.5~16.9度.
    7) 加工原料乳保証価格は,工場渡し価格で,86年度までは乳脂分3.2%,87年度以降は
    8) 豚肉の安定基準価格は,皮はぎ法による豚半丸枝肉価格である.
    9) 牛肉の安定基準価格は,1987年度までは乳用種去勢牛枝肉,88年度以降は去勢牛枝肉

第4章　農産物需給調整と価格政策

行政価格の推移

(単位：円，%)

てん菜最低生産者価格 (1t)		加工原料乳保証価格 (1kg)		豚肉安定基準価格 (1kg)		牛肉安定基準価格 (1kg)	
8,000	(3.1)	44.48	(1.7)	355	(2.9)	—	(—)
8,250	(3.1)	45.48	(2.2)	360	(1.4)	—	(—)
8,560	(3.8)	48.51	(6.7)	380	(5.6)	—	(—)
11,110	(29.8)	70.02	(44.3)	507	(33.4)	—	(—)
12,140	(9.3)	80.29	(14.7)	556	(10.0)	—	(—)
13,100	(7.9)	86.41	(7.6)	601	(8.1)	—	(—)
16,040	(22.4)	88.87	(2.8)	627	(4.3)	—	(—)
17,410	(8.5)	88.87	(0.0)	627	(0.0)	—	(—)
17,990	(3.3)	88.87	(0.0)	601	(▲4.1)	—	(—)
19,380	(7.7)	88.87	(0.0)	588	(▲2.2)	—	(—)
19,920	(2.8)	88.87	(0.0)	600	(2.0)	—	(—)
20,180	(1.3)	89.37	(0.6)	600	(0.0)	—	(—)
20,260	(0.4)	90.07	(0.8)	600	(0.0)	—	(—)
20,260	(0.0)	90.07	(0.0)	600	(0.0)	—	(—)
20,260	(0.0)	90.07	(0.0)	600	(0.0)	—	(—)
20,010	(▲1.2)	87.57	(▲2.8)	540	(▲10.0)	—	(—)
19,060	(▲4.7)	82.75	(▲5.5)	455	(▲15.7)	—	(—)
18,260	(▲4.2)	79.83	(▲3.5)	410	(▲9.9)	—	(—)
18,260	(0.0)	79.83	(0.0)	400	(▲2.4)	—	(—)
17,530	(▲4.0)	77.75	(▲2.6)	400	(0.0)	985	(—)
17,310	(▲1.3)	76.75	(▲1.3)	400	(0.0)	960	(▲2.5)
17,310	(0.0)	76.75	(0.0)	400	(0.0)	935	(▲2.6)
17,310	(0.0)	75.75	(▲1.3)	400	(0.0)	905	(▲3.2)
17,310	(0.0)	75.75	(0.0)	400	(0.0)	875	(▲3.3)
17,310	(0.0)	75.75	(0.0)	400	(0.0)	840	(▲4.0)
17,310	(0.0)	75.75	(0.0)	390	(▲2.5)	820	(▲2.4)
17,140	(▲1.0)	74.27	(▲2.0)	385	(▲1.3)	810	(▲1.2)
16,880	(▲1.5)	73.86	(▲0.6)	380	(▲1.3)	805	(▲0.6)
16,770	(▲0.7)	73.36	(▲0.7)	370	(▲2.6)	795	(▲1.2)
		72.13	(▲1.7)	365	(▲1.4)	785	(▲1.3)

均．79年産以降はうるち1～5類1～2等平均包装込み価格である．
以降は銘柄区分Ⅱの1等の正味価格．
1，その2を統合した価格である．
88年度以降は16.6～16.9度の価格．
3.5%のものの価格である．

の中規格の価格である．

コストの低い中核農家にシフトさせることであり，結果としてもたらされるのは農産物行政価格水準の引き下げである．

こうして，答申は「価格のもつ需給調整機能を重視した価格政策の運用」を強調することによって，価格政策の農業所得維持機能を形骸化させようとしているだけでなく，価格算定の基準を生産性の高い中核農家に置くことによって，その後における行政価格据え置き・引き下げの路線を敷いたのである．旧法における価格政策の積極的位置づけは，ここにおいて事実上の凍結宣言がなされ，これ以降，「市場原理を重視した価格政策の展開」が農政の基調になっていく．

(4) 経済構造調整と「国際協調型農政」の展開

こうした市場原理農政の展開は，85年9月のプラザ合意を契機とした内外情勢の変化の中でいっそう強まっていく．プラザ合意を境にわが国の経常収支の黒字と円高基調が定着し，日本資本主義はいわゆる国際協調型経済構造への変革（経済構造調整）が迫られたが，これに対応して，86年4月にいわゆる「前川リポート」が発表され，黒字減らしのための産業構造の転換，輸入および海外直接投資の拡大などが課題として提起された．

「前川リポート」に対応した農政転換は，同年11月に出された農政審報告「21世紀に向けての農政の基本方向」の中で具体化される．同報告は，副題に「農業の生産性向上と合理的な農産物価格の形成を目指して」とあるように，経済構造調整政策の農政版（国際協調型農政）であり，市場原理の全面的な導入をテコに，「合理的な農産物価格」（＝内外価格差の是正）に対応できる農業構造への改革を迫る内容になっている．

同報告では，「価格政策の展開方向」として，イ．構造政策の助長及び生産性向上の促進，ロ．需給均衡を図るための市場メカニズムの活用，ハ．価格の有している機能の奨励金による代替，の3点を挙げた．いずれも前述の「80年代農政の基本方向」の中で示された方向に沿ったものである．ロの具体化として，a．価格のもつ需給調整機能の発揮，b．品質格差を反映した価

格形成, c. 価格政策の対象の限定, を挙げているが, これも前述の答申内容を引き継いでいる.

このように80年代中葉以降の経済構造調整期の農産物価格政策は, 基本的に「80年代農政の基本方向」が敷いた路線を走っている. だが, プラザ合意以降, 顕著になった農産物の内外価格差の拡大の下で, 農業構造を国際協調型に再編することが提起され[10], 行政価格引き下げがそのリード役になることが迫られた. こうして, 86年から80年代末葉にかけ農産物行政価格の連続的引き下げが実施され, 市場原理農政はその第1のピークを迎える.

(5) 食糧管理法の廃止と食糧法の制定

前述した86年の農政審報告は, 食管制度について「今後中長期的に更に検討を深めるべき問題である」としたが, 89年6月に「今後の米政策及び米管理の方向」と題する農政審報告が出され, この時点での米管理の方向が提示された. そこでは,「今後とも需給及び価格の安定を図るという食糧管理制度の基本的役割を維持することが必要である」としつつも, 同時に自主流通米を中心とした民間流通米の拡大と, 自主流通米を対象としてその需給動向や品質評価を価格に的確に反映させるための「価格形成の場」の設定が打ち出された. そして小委員会での具体的なあり方の検討を経て, 90年8月に「財団法人自主流通米価格形成機構」が設立され, 同年の出来秋から公開入札による自主流通米の価格形成が開始された. 他方で前記の農政審報告に沿って, 政府米の縮小と自主流通米の拡大が図られ, 稲作農家の収入は, 基本的に自主流通米の市場価格に左右されるようになった.

だが, 政府米の買入価格は90年代に入って据え置きが続き, 他の行政価格も追随した. それには, 農産物価格の連続的引き下げが, 農業所得を低下させ, これに危機感を抱いた農協組織が政府・与党に政治的圧力を強めたことも影響している. しかし, 94年12月に食糧管理法が廃止され, 新たに自主流通米と計画外米(自由米)を米流通の大宗とする食糧法が制定されたことによって, 市場原理農政はその第2のピークを迎えた.

食糧管理法は，その実体が次第に形骸化してきたとはいえ，依然として農産物価格制度の象徴であった．食管法の廃止は，米以外の農産物価格支持制度の見直しをスタートさせる号砲になったのである．

　食管法の廃止は，直接的には93年12月のウルグァイ・ラウンド農業合意の中で，日本政府が米のミニマム・アクセスを受け入れたことを契機としている．だが，政府はいきなり食管法を廃止するのでなく，ミニマム・アクセス受け入れに伴う食管法の部分改正で当面対処しようとした．そうした政府の方針を転換させたのは，93年産米の凶作と大量の米輸入を契機に発生した，いわゆる「平成コメ騒動」と，この尻馬に乗ったマスコミによる食管批判のキャンペーンであった．米不足の真の原因は，米の安定供給をうたった食管法の目的を踏みにじり，過大な減反と綱渡り的需給操作を行ってきた政府の米政策にあることは明らかである．が，マスコミや一部の学者・評論家は，食管制度を"つくる自由""売る自由"のない"硬直化した制度"と描きつつ，米不足の原因を食管制度自体になすりつけ，その廃止を求めたのである．

　こうした食管批判に押される形で，政府は食管法の廃止と「新たな米管理システムの構築」を決意し，94年8月に発表された農政審議会答申「新たな国際環境に対応した農政の展開方向」の中で，その具体的方向を示すことになったのである．

(6) ウルグァイ・ラウンド農業合意と新基本法の制定

　上述の農政審答申は，前年のウルグァイ・ラウンド農業合意に対する農政の対応方向を示したもので，国内支持の削減と市場原理の導入が一本の太い線となっている．答申は，先のように「新たな米管理システムの構築」を打ち出すと同時に，「新たな国際的枠組みの下における価格政策の展開」を示し，そこで「内外価格差の縮小」と「市場原理の一層の活用」を軸にした価格政策の再編，具体的には麦，生乳・乳製品，生糸などを対象にした価格政策関連法の改正を促した．さらに答申は，農業基本法の見直しに触れ，その

第4章 農産物需給調整と価格政策

検討体制の整備を提起した.

　また，政府は94年10月に農業関連の公共事業を中心とした6兆100億円の予算規模を盛り込んだ「ウルグァイ・ラウンド農業合意関連対策大綱」を閣議決定したが，大綱の中で「農業基本法に代わる新たな基本法の制定に向けて検討に着手する」とした一文が書き込まれた．こうして新基本法の検討が，農林水産省内部で始まった.

　同省の内部検討を経たのち，97年4月に食料・農業・農村基本問題調査会が設置され，新基本法の本格的検討がスタートする．そして，約1年半にわたる論議を経て98年9月に同調査会の答申が出されることによって新基本法の骨格が決まり，同年12月の農政改革大綱・同改革プログラムの省議決定を前後して新基本法の法案化がなされ，同法は翌99年7月の国会において成立・公布となった.

　このような経過を経て書き込まれた同法第30条の規定は，短いものではあるが市場原理農政の制度的完成を意味すると言ってよいだろう．また，価格低落時の所得補償措置の導入を示唆した同条第2項の規定は，市場原理農政を補完する，セーフティ・ネットの整備を意図するものと言える．食糧法体制の下で米価暴落に危機感を深めた農民と農協組織は，新基本法に所得確保政策の導入を求めて運動を展開した．後者の規定は，こうした運動に対する政府側の答えでもある．が，実際に書き込まれた条文は，「育成すべき農業経営」に限定した価格補填対策であり，再生産確保のための本格的な所得補償政策を求めた農民の期待は裏切られたといってよい.

　その他，新基本法は，農業・農村の多面的機能や農業の自然循環機能の評価，中山間地域を対象とした直接支払いの導入など，従来の政策路線を一部変更しようとしてはいるが，80年代初頭以降，とりわけその後半期以降その程度を強めてきた市場原理農政は，依然として新基本法の基調にあると言ってよい.

　次に，こうした市場原理を基調とした農政転換，とくに農産物価格政策の縮小再編をもたらした，政治経済的要因を順次明らかにしていきたい.

4. 農産物価格政策再編の政治経済的背景：日本資本主義の多国籍企業化と新自由主義的改革

(1) 日本資本主義の多国籍企業化

　農産物価格政策の縮小再編を中心とした農政転換の要因には，第1に日本資本主義の構造変化とこれに対応した新自由主義的改革の促迫がある．

　図2にみられるように，日本資本主義は86年以降急激に海外投資（対外直接投資）を増大させ，90年代初めまでに多国籍企業化段階ともいえる，帝国主義の新たなステージに到達した．多国籍企業化の動きは電機・自動車などわが国の主要産業を中心に進展し，とくに85年9月のプラザ合意を契機とした円高の定着の中でその速度が増していった．そして89年度には単年度の直接投資額でアメリカを抜いてトップに立ち，91年度には累積投資額でイギリスを抜き，アメリカに次ぐ世界第2位の資本輸出国となった．だが，多国籍企業化を強めたとはいえ，日本の大企業が商品輸出を蓄積の基盤にしていることには変化がないばかりか，むしろ80年代の後半から輸出増大のテンポが年を追って高まっていった（図3）．輸出の伸びに牽引される形で輸入も増大していったが，そのテンポは輸出のそれに大きく立ち遅れた．かくて日本は，貿易黒字を構造的に累増させる国として，アメリカなど貿易赤字国からの批判を繰り返し受けるようになった．

　ともあれ，日本資本主義の構造は，80年代後半以降，大企業による海外投資と輸出を急増させ，国外市場を蓄積の不可欠な基盤とするものに変化した．その反面で，個人消費を大宗とする国内市場の相対的地位が低下した．大企業の投資の場としても国内より外国に比重が移り，生産性の低い産業部門を中心に，いわゆる産業空洞化現象が顕現するようになった．特筆すべきことは，製造業においては，96年以降，海外に進出した現地法人の売上高が，日本からの輸出額を上回るようになったことである[11]．また，現地法人の売上高における業種別構成（97年度，製造業）では，電気機械33.6％，

第4章　農産物需給調整と価格政策　　　　　　　　　　　　297

図2　日本の海外投資（対外直接投資）の推移

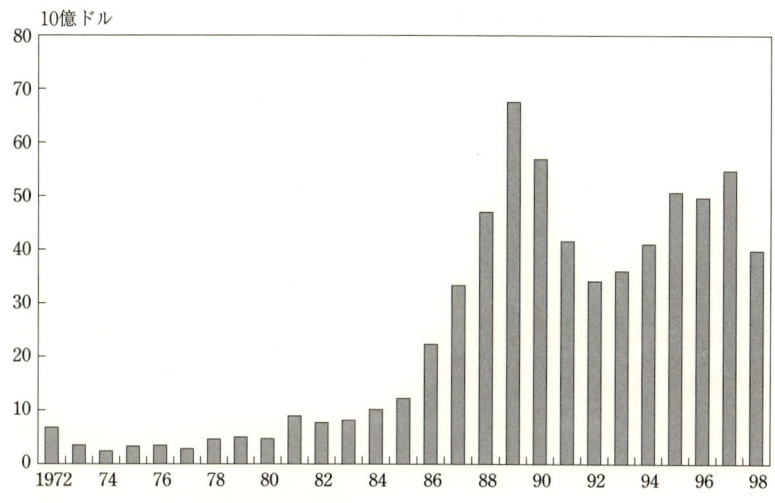

資料：大蔵省「海外直接投資届出実績」．
注：1972年度は1951～72年度の累計額である．

図3　日本の貿易額の推移

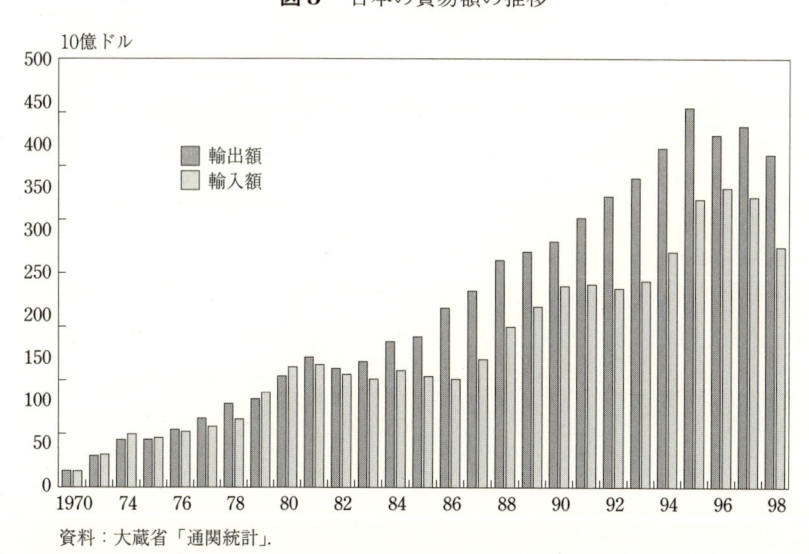

資料：大蔵省「通関統計」．

輸送用機械29.5%と,この両業種で全体の6割以上を占める[12].これらの両業種を中心に,現地法人の従業員数も90年代に急増し,97年度には製造業で232万人,全産業で283万人を数えるようになった.これに対し,従業員4人以上の国内の製造業の従業者数は,93〜97年の4年間に95万人も減少し,97年では994万人になっている[13].90年代における多国籍企業化と産業空洞化は,このようにすさまじいものであったのである.

(2) 「高コスト体質」の問題化と新自由主義的改革

日本の多国籍企業化は,わが国に先行してそれをすすめてきた欧米の大企業との激しい競争の中で遂行された.しかし,競争の舞台である世界市場は,89年のベルリンの壁崩壊以降の「社会主義」の市場経済化と,アジアNIES,ASEANを中心とした経済成長の中で大きく拡大し,いわゆる「大競争時代」を迎えている.

だが,欧米の多国籍企業がわが国を模倣したリストラを通じて競争力を強めている反面で,日本企業の競争力の低下が表面化してきた.とくに90年代に入りアメリカ資本主義が企業競争力の回復によって史上かつてない繁栄を続けているのとは対照的に,日本はバブル経済の破綻を契機に長期の不況に呻吟することになった.そうした状況の中で財界は,日本社会の「高コスト体質」を問題にするようになり,その是正のために新自由主義的な改革,すなわち保護と規制の撤廃を通じての市場・競争原理の例外なき導入を求めてきた.

財界が「高コスト体質」の事例としてとくに槍玉に上げたのは,農業や中小商業者に対する,各種の「保護」政策である.農業においては,農産物の価格支持制度,輸入規制であり,中小商業においては,大型店の進出を規制した大店法(大規模店舗における小売業の事業活動の調整に関する法律,1973年制定)が,その代表的なものである.これら低生産性部門の「保護」は,これまで自民党の利益政治の柱になってきたもので,日本資本主義がまだ多国籍企業化を達成していなかった70年代までは,そのコストはそう負担には

ならなかった．だが，「大競争時代」を迎えた 90 年代に入り，低生産性部門の「保護」が総資本にとって二重の意味で「高コスト」なものと映るようになった．

「二重の意味」とは，第 1 に低生産性部門の「保護」に必要な財政支出が少なくなく，これを負担する企業の法人税が高く維持されていることによる「高コスト」であり，第 2 に，こうした「保護」政策の結果，本来，淘汰されるべき弱小産業が生き残り，巨大企業による原料・部品の調達や賃金負担の面で「高コスト」になり，企業競争力で不利になるということである[14]．

経済同友会は，この「二重の高コスト」克服の課題を次のように定式化している．

> 「21 世紀の我が国が活力ある経済基盤を保持し，国民生活の豊かさと安全を確保していくうえで，我が国が現在直面する最大の課題は，第一に我が国経済の高価格・高コスト構造であり，第二に，公的部門の肥大化による負担増大である．これらの課題を克服しないかぎり，世界的な大競争に勝ち抜いていける強い経済基盤も，豊かな高齢社会も作ることができない．」[15]

「豊かな高齢社会」といったレトリックを割り引けば，ここには「大競争時代」を迎えた財界の危機感が素直に表現されている．ここで「公的部門の肥大化」といっているものの中に，社会保障，文教，中小企業，農業など民生部門に関連した政府の保護と規制があることは明らかである．「高コスト構造」と「公的部門の肥大化」の是正のために，政府が行うべきことが規制緩和と行政改革，すなわち新自由主義的な改革なのである．

(3) 「二重の高コスト」と農業

以上の「二重の高コスト」論を農業部門に敷衍するならばこうなろう．第 1 に国内農業が「保護」されている結果，食品産業の農畜産原料が高価格になるとともに，「高い食料」を通じて労働者の賃金も高くなる．経済学の言葉で言うと，日本企業の「$C+V$」が国際的に割高になるのである．第 2 に，

農業の「保護」政策の継続のために，毎年度，相当額の財政負担が必要であり，その財源確保の目的で，国際的に高い法人税[16]が企業に課せられ，それが製品のコスト増にはねかえる．結果として，利潤の縮減をもたらし，企業収益を悪くするというものである．

農業に関わるこうした「二重の高コスト」の是正のために，財界が求めるのは，農産物価格支持制度の撤廃と輸入自由化の促進を含めた規制緩和，すなわち新自由主義的な行政改革の推進である．財界は93年に経団連が農業に関わる規制緩和要求リストを政府に提出して以降，折りに触れてこれらの要請を行い，97年9月には「農業基本法の見直し」に関する提言も行っている[17]．

財界のこうした要求を実現させるためには，自民党の利益政治の基盤になっていた農業部門における保護と規制を緩和・撤廃し，市場・競争原理を全面的に導入しなくてはならない．新自由主義的行政改革の結果，国内で競争力のない品目や農業者は脱落していくであろうが，そうした摩擦は大企業の競争力引き上げにとってはやむを得ないとする．低生産性，したがって高コストの国内農業がつぶれ，国内の食料や原料が低価格の輸入品に置き換えられるならば，それだけ企業の労賃と原料費負担が軽くなるからである．また，財政において農業「保護」のための支出が減れば，企業の税負担も軽減される．こうして「二重の高コスト体質」の是正がなされるならば，わが国の大企業は再び世界市場で競争力を回復できる．農産物価格政策の縮小再編を中心とした農政転換には，こうした財界の思惑が色濃く反映されているのである．

(4) 農政転換の国際的要因：グローバリゼーションとWTO協定

前述のように，日本資本主義はその伝統的な輸出志向に加えて，1980年代初頭以降，海外直接投資を急増させ，多国籍企業化の傾向をつよめていったが，多国籍企業化の舞台となる世界市場は，パックス・アメリカーナと呼ばれる，アメリカ支配による世界「平和」の下で，自由通商体制が地球規模

で拡大(グローバリゼーション)している.86年から開始されたGATTのウルグァイ・ラウンドは,こうした自由通商体制の国際的枠組みづくりを目指したものであり,94年4月にマラケッシュにおいてWTO協定の締結がなされた結果,わが国もこの協定に縛られることになった.

1995年1月にスタートしたWTOとその農業協定は,イ.輸入アクセスの拡大,ロ.輸出補助金の削減,ハ.農業に関わる国内支持政策の縮小,を3つの柱にしている.ロについては,主にEUとアメリカの問題であり日本には直接関係がないが,イとハは輸入制限と価格支持制度によって国内農業を「保護」してきた,わが国の農政転換をつよく迫ることになった.イについては,最低輸入機会(ミニマム・アクセス),現行輸入機会(カレント・アクセス)の提供に加え,コメを除くすべての品目で関税化(86~88年の内外価格差分を関税相当量[TE]として課税できる)が導入され,関税水準についても期限を定めた削減(全品目の単純平均で6年間に36%,1品目で最低15%)が求められた(99年度からコメについても関税化が実施される).ハに関わっては,国内支持の指標として86~88年基準のAMS(内外価格差+価格支持助成金)が設定され,2000年までの6年間にこの20%の削減が約束させられた.

食糧法の制定(食管法の廃止)に始まる,一連の農産物価格政策関連法の改正(前述の「新たな政策」)が,こうしたWTO農業協定に対応したものであることは明らかであり,ここに農政転換の第2の要因(国際的要因)がある.しかし,この第2の要因は,これまで述べてきた農政転換の第1の要因(国内的要因)と峻別されるものではない.日本資本主義が多国籍企業化を強め,アメリカが主導するグローバリゼーションに融合していく中で迫られた,「国際協調」型の農政転換であり,その路線はすでに86年の農政審報告から敷かれていたからである.

(5) 農政転換の政治的背景

以上みてきた農政転換の要因はいずれも経済的なものであり,日本資本主

義の構造変化とアメリカ主導のグローバリゼーションに規定されたものであった．だが，80年代初頭以降におけるわが国の農産物価格政策の縮小再編過程をリアルにみるならば，80年の「社公合意」を契機に社会党の右旋回と"革新退潮"が進行したことによって，それだけ政治的拮抗状態の緩和と体制の安定化がはかられ，「独占資本の譲歩」の必要性が薄れたという，政治的背景があることに注目しなければならない．

総資本の対極にある労働界においても，80年代初頭以降，民間大労組に主導された右寄り再編が動き出し，87年の全民労連の結成を経て，89年に「連合」の誕生をみる．その過程で労使協調路線が定着し，いわゆる大衆社会統合政策[18]が日本の政治支配の前面に出る．前述した新自由主義的な行政改革も，81年の臨時行政調査会の第1次答申を嚆矢に，労働界を巻き込んで進められていったが，そこには農業「保護」政策批判と食料費の低廉化という労使共通の利害があった．

長く政権与党にあった自民党の支持基盤も，86年7月の衆参同時選挙による同党の大勝以降，意識的に都市部に移されるようになった．同年8月の"米価据え置き劇"を契機に巻き起こった農政・農協批判は，以上のような政治情勢の変化を反映したものであった．単刀直入に言うと，高いコストをかけて国内農業を「保護」するよりは，農業を切り捨て，円高によって割安となった外国産農産物の輸入を進めた方が，自民党や右より野党にとっては「票」になるのである．

農業界の最大の圧力団体であり，自民党への政治的影響力がつよい農協が，79年の農協大会で「1980年代日本農業の課題と農協の対策」を決議し，米の大胆な生産調整と農協自身による農産物需給調整の推進を打ち出した反面で，価格要求を後景に追いやったことも，政府と農民の政治的緊張状態を緩和する上で，少なからぬ意味があった．これは自民党政府との"協調"の下に，政策要求を実現するいわゆる「コーポラティズム」(団体協調主義)の開始であり[19]，農協の体制内化である．98年12月にはWTO次期交渉への対応協議の場としてつくられ，新基本法制定過程で提携が強まった政府，自

第4章 農産物需給調整と価格政策

民党,農協中央による「三者合意」の体制は,農協「コーポラティズム」の完成形態である.

農協組織は,かなり以前から価格引き上げの要求を行っていない.政府・与党に陳情し,価格据え置きと僅少の政治加算を実現することが,農協中央の要請行動として定着している.かつての農協は,米価闘争をはじめとする農産物価格闘争を運動の軸に位置づけ,他の農民団体もこれに歩調を合わせていた.だが,79年以降の農協の路線転換によって,政府・与党は農民の政治的離反をあまり顧慮することなく,価格政策の縮小再編ができるようになった.

ともあれ,上述したような様々な政治動向は,「独占資本の譲歩としての農産物価格政策」の必要性を低め,その縮小再編を可能にする."釣った魚にエサをやる"ものはいないからである.財界・政府・与党に労働界を加えた農業の包囲網の中で,農協組織の要請活動はその網の中で"おこぼれ"をもらうものに矮小化されてしまった.高度経済成長以降つづいた農業人口の減少も,こうした政治的力関係の変化に影響している.価格政策を柱とした「保護」農政の解体の背景に,こうした80年代以降の政治情勢の変化があることは明らかであり,農政転換の第3の要因として注目しておいてよいだろう.

以上,価格政策の縮小再編を中心とした農政転換の要因を探ってきたが,注意すべきことは,こうした政策転換が国内農業の全面的切り捨てを意味しないということである.産業構造の中での比重を低下させたとはいえ,資本にとって国内農業は魅力的な投資の場であり,安定的な利潤確保の場を提供する.農業は漁業とともに毎日の生活に欠かせない食料の素材を提供する産業であり,国民の国内農業に対する期待も高いからである.そのため,一部の企業は以前から国内農業への進出を指向していたが,農地取得には農地法の制約があり,これまでは拱手傍観せざるを得なかった.一方,バブル経済崩壊後の日本資本主義は膨大な過剰資本を抱え,農業をビジネス・チャンス

としてとらえる企業も多くなった．こうして財界による農地法制の規制緩和要求が高まり，具体的には株式会社による農地取得の容認を求めるようになったのである．これは，耕作者主義を原則とした従来の農地法制の改革を目指すものであり，農政転換のもう1つの要因として追加しておこう．

5. 価格政策再構築と所得政策充実のための政治的展望

　1989年の"ベルリンの壁"崩壊を契機とした東欧の「社会主義」政権の崩壊と，1992年のソ連の解体は，資本主義的市場経済を地球規模に広げるターニング・ポイントになった．これ以降，アメリカと多国籍企業が主導する資本主義的市場経済のグローバリゼーションが進展し，95年1月には自由主義的通商体制を監視するWTOも発足する．一方，日本資本主義は，85年のプラザ合意を契機に多国籍企業化をすすめ，グローバリゼーションと融合した体制の形成が迫られた．同時に，世界市場を舞台とする「大競争時代」への突入の中で，日本企業の「高コスト体質」が問題化していく．とりわけ財界が問題としたのは，「二重の高コスト」をもたらしている農業・小売業などの低生産性部門であり，90年代の初めから規制緩和が強く求められた．いわゆる「例外なき規制緩和」であり，その本質はグローバリゼーションとの融合を目指した新自由主義的改革である．

　こうした新自由主義的改革の中で，農業は内外価格差の是正を目指した構造改革が迫られた．低価格に対応できない品目・部門は撤退させられ，それらを輸入に依存する「国際協調型」農政が80年代後半期から始まった．それには農産物価格の引き下げ政策が先導役を果たした．さらに，93年12月のウルグァイ・ラウンド農業合意を契機に価格政策自体の「見直し」が進められ，94年12月の食糧法の制定（食管法の廃止）を皮切りに，一連の農産物価格政策関連法の改正（「新たな政策」）が進行する．その照準は，WTO農業協定にある輸入アクセスの拡大と国内支持の削減（価格支持制度の廃止と国内助成の縮減）に合わされている．

だが，価格支持を廃止し，農作物の価格形成を基本的に市場原理に委ねることは，当面する需給事情の下では，価格引き下げと農家手取りの減少に結果せざるを得ない．WTO農業協定によって，程度の差はあるが国内市場が輸入農産物に開放され，全般的に供給圧力が強まっている一方で，長期の不況とリストラ・低賃金の中で，消費者の購買力が低下しているからである．現に，政府管理の縮小と市場原理導入を内容とする食糧法の下で，自主流通米価格が暴落し，稲作農家は家族労働費に食い込む低価格に喘いでいる．現在，価格支持がある畑作物や酪農も，これを外す「新たな政策」が実施されることによって，コメと同様の憂き目にあう可能性が高い．青果物や畜産物も，輸入の増大と購買力の低下の中で価格の低廉化傾向が強まっている．

このように，WTO農業協定に対応した農産物価格政策の縮小再編は，農業者との間の矛盾を深めている．それは，伝統的に保守政党の金城湯池であった農村を動揺させ，革新勢力を台頭させる契機となる．現に98年夏の参議院選挙では，農村部において自民党の得票数・率が後退し，共産党のそれらが増大した．こうした政治的力関係の変化は，「独占資本の譲歩」としての農産物価格政策の再登場を促すものだが，これはWTO協定によって制約されている．そのため政府は，同協定が認める「緑の政策」の枠内で可能な所得確保対策の実施に努めざるを得ない．99年7月制定の新基本法が，価格形成に市場原理を導入する一方で，価格低落時の所得補償を明記し，さらに「直接支払い」という形で中山間地等の農業や循環性農業の支援を打ち出し，食料自給率についてもその向上をうたわざるを得なかった背景には，実はこうした政治的事情が存在するとみてよい．これは，体制危機の下での国家独占資本主義の譲歩とみることができ，国民の支持を得た農業者の運動いかんによっては，農産物価格政策の再構築を図ることも不可能ではない．

ここで言う体制危機の中には，多国籍企業化の中で新自由主義的行政改革と規制緩和が進められた結果，農業のみならず，小売業・サービス業などあらゆる「低生産性」部門が優勝劣敗の過当競争にさらされ，その多くが経営と生活の危機に苦しんでいるという現実も含まれる．これは自民党・公明党

など保守政党の後退を必至とし，体制の不安定化をもたらす要因となるからである．

しかも，今日の体制危機はここに留まらない．多国籍企業化と長期不況の下で相次ぐ大企業の経営破綻と合併・統合，および国境を超えた巨大企業のM&Aと業務提携は，リストラの名による解雇と賃金カットおよび労働強化をもたらし，大企業労働者を苦しめている．これは，体制の政治的安定を支えた労使協調路線および大衆社会統合政策の亀裂を深め，体制危機深化の一要因となっている．

上述の体制危機は，いずれも日本の独占資本が多国籍企業化し，アメリカ主導のグローバリズムに融合する中で引き起こされており，相互に連動している．かくて国民各層の立場では今日の危機の根源は明らかであり，政治変革の条件は熟している．これは対抗軸形成の弁証法である．農産物価格政策の再構築と所得政策の充実は，こうした政治変革の一環としてなされるであろう．

注
1) 御園喜博『農産物価格形成論』東京大学出版会，1977年，277-278頁．
2) 同上280頁．
3) 常盤政治『農産物価格政策』家の光協会，1978年，103頁．
4) 同上103頁．
5) 大内力「戦後改革と国家独占資本主義」東大社会科学研究所編『戦後改革』第1巻，東京大学出版会，1970年，36頁．
6) 国家独占資本主義的農産物価格政策の経済的機能は，「低農産物価格・低賃金」体系の維持にとどまらない．政治的譲歩として実施される農産物の価格支持には，国家独占資本主義のスペンディング・ポリシー（有効需要創出政策）としての意義もある．こうした目的をもって実施される農産物価格政策の典型は，アメリカの農業調整法（1933年制定，38年改正）による価格支持（農産物担保融資）である．だが，これは一般に国家独占資本主義の初期に実施され，経済成長と農業就業者の減少に伴って，その意義を失う．詳しくは，三島徳三「食料・農業・農村基本法と価格・所得補償政策」『農業市場研究』9巻1号，2000年，参照．
7) 農林水産省資料（ホームページ）による．
8) 同上．
9) 美土路達雄監修／御園喜博・三島徳三ほか編著『現代農産物市場論』あゆみ出

第4章　農産物需給調整と価格政策　　　307

版，1983年，（本書第4章Ⅱ）参照．
10)　1984年9月，日米の経済人や政治家・学者からなる日米諮問委員会は，「よりよき協調を求めて──日米関係の課題と可能性──」と題する報告書を日本の首相とアメリカ大統領に提出し，貿易摩擦が激化した中での新たな日米関係の方向を打ち出した．農業については，「国際的比較優位と特化に基づいて農産物貿易拡大の継続的方策を講ずる」という基本視点に立って，日本は集約的な野菜・果樹・草花栽培・養豚・養鶏など小規模農地でも効率的に生産できる農業構造に特化すべきとしており，小麦・大豆・とうもろこしに加え，わが国の基幹作物であるコメについても，内外価格差の存在を理由に暗にアメリカに依存することを求めている．
11)　通産省「海外事業活動動向調査」．
12)　同上．
13)　通産省「工業統計表」．
14)　渡辺治・後藤道夫編『講座　現代日本4　日本社会の対抗と構想』大月書店，1997年，57-58頁．
15)　同上58頁．原文は，経済同友会『市場主義宣言』1997年，5頁．
16)　法人税，法人住民税，法人事業税の法人3税の合計税率は46.4％である．
17)　参考までに，経団連が行った「農業基本法の見直し提言」は，おおよそ次のようなものである．イ．農産物価格支持制度を「5年程度を目途に，原則廃止」，これに代わるものとして財政負担による所得補償制度の導入を提唱．だが，離島・中山間地域など「産業としての農業」が難しい場合に限る．平場での所得補償は時限的に実施．ロ．行政価格・国境措置の段階的引き下げ．ハ．食糧法は，価格形成を全面的に市場原理にゆだねる．生産調整は生産者の自主判断に任せる方向で見直し．ニ．株式会社の農地取得解除．ホ．全国連については独禁法適用除外の対象から除くことを検討すること．
18)　「大衆社会統合政策」とは，後藤道夫によれば「労働者階級が資本主義社会の社会的諸過程に参加すること，つまり，一定の民主化を前提としたうえでの体制の論理に対する「同意」の調達を中心とする支配への転換である」（渡辺治・後藤道夫編『講座・現代日本2　現代帝国主義と世界秩序の再編』大月書店，1997年，110頁）．また，労働者階級の「同意」をとりつけるためには，「労働者階級の必要あるいは要求に対して一定の「妥協」を行い，その「妥協」をつうじて資本主義的な社会秩序に対する基本的な信頼を確保し，資本主義的な競争秩序のなかで彼らが自らの生き方を位置づけるよう誘導することが必要となる」（同上35頁）．
19)　増田佳昭「食料・農業・農村基本法の政治過程」『日本農業年報46　新基本法──その方向と課題』農林統計協会，2000年，37頁．

第5章
学説批判

I. 農産物自由化論議の系譜

1. 自由化論議の号砲:「牛肉輸入自由化」提案

　日本資本主義がIMF・GATT体制の下で，国内市場内のバランスを超えて余りある重化学工業の肥大した産業構造を形成し，工業製品の大量輸出を機動力とした海外進出に高蓄積と再生産の基盤を求めているかぎり，輸入制限の撤廃を含むわが国農産物市場の完全自由化の道は，遅かれ早かれ日本政府の「国策」として敷かれていかざるをえない．しかも日本が「盟主」として仰ぐアメリカは，構造的に農産物過剰を抱えており，そのはけ口を1億2千万人を有する日本の市場に求めているだけでなく，近年では日米間の貿易収支をめぐる不均衡が激化し，日本製品のアメリカへの輸出規制とともに，農産物輸入の増大をわが国に対して執拗に要求してきていることは周知である．

　こうして日本資本主義のおかれた環境からして，農産物の輸入自由化に対する「内圧」「外圧」は避けられないのであるが，他面で日本国内には農業者をはじめとする自由化反対勢力の存在があり，現実の農産物輸入自由化の過程はジグザグかつ段階的なものにならざるをえない．加えて1973年の第1次オイル・ショックと前後した国際穀物価格の急騰は，日本政府内に一時

的に「自給力強化」に対する関心を呼び起こし，それだけ輸入自由化のテンポを遅らすことになった（農産物の残存輸入制限品目は1974年に22品目になって以降，数のうえでは変化がない）．しかし，日本資本主義は第1次オイル・ショックを契機とした不況を，低賃金・首切り・下請け単価の切り下げを中心とした"減量経営"によっていち早く乗り切り，内需減退による設備過剰・遊休化の回避をもねらった"集中豪雨"的な輸出攻勢をテコに，1976年以降貿易収支・経常収支の黒字額を異常に拡大していった．だが，その半面でアメリカの国際収支は貿易赤字の急増によって悪化，これに投機筋の動きも加わって円の為替相場が急騰し，78年10月には1ドル＝180円を切るに至るまで上昇していった．

　このような貿易摩擦・円高問題の激化をひとつの重要な背景として，1978年，それまで声を潜めていた農産物輸入自由化を求める主張が，一斉に砲門を開いていくのである．

　その号砲となったのが，その後も重要な局面でたびたび登場する「政策構想フォーラム」（村上泰亮，速水佑次郎氏ら近代経済学者のグループ）による「牛肉輸入自由化案」（78年4月）である．その提案の骨子は「輸入割当制を即時廃止し，一定の関税・課徴金のもとで輸入を自由化する．肉牛生産者には不足払い制によって所得を補償し，国内牛肉生産を維持・拡大する」というもので，牛肉価格の高値を不満とする消費者・マスコミの歓心を買うように，「消費者・生産者・輸出国に共に利益を与える"三方一両得"の提案」として喧伝された．資本主義的自由競争の枠組みの中で，他に犠牲をもたらすことなく"三方一両得"なるトータル・メリットを想定すること自体が一般常識を超えるものがある．だが，この提案の誤りを指摘するのは他に譲るとして[1]，ここでは「政策構想フォーラム」の「牛肉輸入自由化提案」が，わが国の牛肉の異常な高価格にメスを入れるポーズを取りつつ，実は，経済摩擦によって動揺が見え始めた自由貿易体制の維持・拡大のために，日本が応分の負担を覚悟する方向で国民の意識を洗脳するという，その意味ではきわめて政治的性格をもったものであったことに読者の注意を喚起したう

2. 「農産物割高論」「過保護農政論」と農業側の反論

1978年の貿易摩擦・円高問題の発生は，アメリカを先頭とした諸外国のわが国に対する市場開放要求を一段と強めるとともに，国内でも日本の工業製品に対する輸出国からの保護主義的報復を恐れる財界，および輸出市場が規制されることにより場合によっては自らの賃金水準にマイナスの作用を受けかねない輸出関連の大手労働組合の危機感を強め，その不満のはけ口を，国際化への対応が遅れ，依然として少なからぬ輸入制限品目を残存させている日本の農業に求めてきた．それが，78年末から79年前半にかけて財界・右翼的労働界をあげての「過保護農政」「農産物割高」論の大合唱となって現われる．

例えば，それまでもたびたび日本農業再編の堤言を行なってきた経済同友会は，「新たな社会のダイナミズムの追及」と題する「昭和54年年頭見解」の中で，「主食の安定供給に果たしてきた役割は大きいものの，今や農業保護政策は国民経済的に大きな負担となっているばかりか，国際分業の推進，対外不均衡是正の観点からも，抜本的な再検討が迫られている．政府は問題解決のためのタイムスケジュールを明示し，解決のための第一歩を踏み出すべきである」と，政府に対して暗に農産物輸入の完全自由化を求めて発破をかける．

自由化に対しては右翼的労働組合の提言はより直截的である．鉄鋼労連・自動車労連・電機労連など輸出関連の大手21単産で構成する政策推進労組会議は，「昭和53〜54年度政策・制度要求と提言」（78年11月発表）の中で，「なぜ，日本国民は，外国の5倍も高い牛肉，2倍も高い米や麦を食わされつづけねばならないのか」「貿場摩擦の緩和は，国際経済調整にとって必要不可欠であり，かつ国民の圧倒的多数の実際的利益にもつながる農産物輸入の自由化について，わが国はなぜかくも抑制的であらねばならないのか」

云々とあけすけに不満をぶちまけたうえで,「①牛肉については,『政策構想フォーラム』の提言（略）の線にそって,輸入自由化を即時断行すること．②その他の農産物・加工食品についても輸入制限措置の全面的なみなおしをおこない,果実類の季節自由化の拡大をふくめ,できる限り自由化を促進すること」と,政府に迫っている．時あたかも牛肉・オレンジの輸入枠拡大を主なねらいとする日米農産物交渉の真っ最中であり,同労組会議の対米追随・財界癒着の姿勢がみえみえである．また,その「牛肉輸入自由化提案」が同会議に持ち上げられた「政策構想フォーラム」なる学者グループの客観的役割も,ここで改めて確認しうる．

　このような財界・右翼的労働界に一部学者グループの加わった農業攻撃に対し,農業側は決して拱手傍観していたわけではない．79年の中ごろになって,全国農協中央会（全中）,農林行政を考える会,全農林労働組合などが相次いで「反論」を発表していくが,ここで救われるのは,全国農協組織の頂点に位置し,農業界最大の圧力団体である全中が,79年4月発表の「財界・労働界の農政批判に対する系統農協の見解」の中で,次のように実に的確で問題の本質を衝く批判を行っていることである．

　「今回の農政批判の最大のねらいは,対外経済摩擦を農産物の輸入拡大によって乗りきろうというもので,一方的に農業に犠牲を強いるものである．対外経済摩擦を引き起こした貿易不均衡の発生は,重化学工業を中心とした輸出拡大路線にある．われわれは,異常なまでに輸出に依存した歪んだ経済体質を大胆に変革すべきだと考える．内需拡大を中心に,工業と農業とのバランスのとれた産業構造に転換させることこそ,経済摩擦解消の根本的な解決策である．」そのうえで,雇用確保の場および食糧の安定供給などにおける農業の役割を堂々と主張していく．こうした原則的考えは,その後,全中が農外への広報活動の一環として取り纏め,公表した「『過度に輸出に依存しない日本経済』を求めて」（82年6月）,および「国民にとって農業とは」（84年6月）に受け継がれ,中身を深めていくのである．

　ところで,78年の円高問題の中で登場した日本農業の「過保護・割高」

論は，その後も繰り返し国内農業に対する攻撃と自由化要求の材料に使われていく．これについては，先の全中による「見解」などでも批判がなされているが，この点では農業経済研究者によるそれが本格的で正鵠を射るものがある[2]．だが財界側の攻撃も執拗なものがある．そして，例の「政策構想フォーラム」が再びしゃしゃり出て，学問的装いのもとに「過保護・割高」のキャンペーンを張ったのが「国際比較からみた日本農業の保護水準」(83年11月) である．その論旨の中心は，国際価格に比して割高に消費者が農産物を買わなくてはならない分（消費者負担）と，価格支持にともなう政府の財政支出（国庫負担）の総計からなる農業生産者への移転所得が農業所得に占める比率を「農業価格支持率」とすると，80年における日本のそれは45.5％で，これは農業に比較優位を持つアメリカに比べてはいうまでもなく，農業保護主義の強さをもってなるECの26％と比べても倍に近い水準である，というものである．

「政策構想フォーラム」が，「過保護・割高」論を感覚的・感情的レベルから，客観的に一歩進めようとした努力はそれなりに評価しなければならない．だが，国民的価値水準と物価体系を異にする国際間で農産物価格の比較を行なうこと自体，非常に無理があるだけでなく，さらに「農業の保護水準」なるものの比較の尺度を何に求めるかが問題であり，これまた一定の予見された結論を導くための詐術に終わる危険性を秘めているといえなくはない．この点にかかわって，重富健一氏が雑誌『経済』で2回にわたって「政策構想フォーラム」による「国際比較」論の誤りを指摘し，日本農業が「過保護」どころか「過搾取」の状態におかれていることを，事実をもって論証しているが，これは学問的にも貴重で実践的意味をもつ労作として注目しておいてよい[3]．

3. 食品工業資本からの農産物輸入自由化論

「農産物割高」や「過保護農政」を攻撃材料とした農産物輸入の自由化要

求は，すでに示唆しておいたように，1977年頃より顕著になった貿易摩擦に対する諸外国からの保護主義的報復を恐れる財界と，いわゆる"減量経営"の展開の中で打ち出された資本の賃金抑制攻撃に屈服し，労使協調路線の枠内で「実質購買力の向上」を理由に食料品価格の引き下げを求める一部労働組合の利害を反映したものであった．だがほぼ時を同じくして，財界の側からは，食品工業資本の利害を前面に出した農産物自由化の提言が続いたことに注意を払っておかなければならない．

その点で社会的にも大きな反響を呼んだのは，78年11月に財界の調査機関である日本経済調査協議会（日経調）が発表した「国民経済における食品工業の役割」と題する報告書である．この報告書は2年がかりの調査研究によって作り上げたと自負するだけあって，資本の側からではあるが，食品工業の現状と役割，それの今日抱える諸問題と政策的課題が豊富なデータをもって示されている．だが結論的に述べていることははっきりしており，低廉な食品原料確保のため，価格支持など「農業保護」的な国内の諸制度を見直し，輸入自由化や関税引き下げなどにも前向きに取り組めということがポイントである．折しも日経調の「提言」が出された時期は，円高によって食品の「内外比価」が拡大していたこともあって，食品工業資本には市場競争の視点からも低廉な原料確保の要求が切実であったのである．

食品工業資本の側からの低廉原料確保の要求は，その後，検討の場を財界の中枢である経済団体連合（経団連）に移し，より細部にわたって煮詰められていく．その検討機関として80年1月に経団連に農政問題懇談会が設置され，早くも同年7月に食品工業をめぐる問題点と政策要求をまとめた「中間報告」がなされた．この「中間報告」は，ちょうど「80年代農政の基本方向」を検討中の農政審議会に，財界側の要求を反映させることを目的に急遽取り纏められたものである[4]．そこには，冒頭「食品工業が，国内の農業政策のために，このまま推移すれば存廃の危機にさらされようとしている」と述べているごとく，全体を通し生々しい表現で食品工業資本の直面する問題点と当面の課題が指摘されている．

同報告書は食品工業資本側の問題意識を次のように率直に語っている．
「その共通する問題点は，全体的な需要の伸び悩みの中で輸入品あるいは代替品との競争が激化する一方，原料調達面などのさまざまな諸制約のためこれらと同一条件の下で競争を行ない得ないことである．わが国の食品工業は，国内農業の保護育成の見地から，割高な原料の取引を要請され，そのため今日概ね国際競争力を失いつつある．安い原料を使った安い外国製品が自由に輸入されることは望ましいことであるが，他方，安い海外原料の使用を制約されたわが国の食品工業に，これと対等に競争しろというのは，そもそも無理な話である」――これは農業側から言わせれば"身勝手な話"かもしれないが，食品工業側から言わせれば至極"もっともな話"である．

　ともあれ以上の認識に立って，報告書は食品工業にかかわるさまざまな問題点と課題を提起していくのであるが，農産物輸入政策については，「原料輸入に対する制限を出来る限り撤廃し，食品工業の原料が国際価格で自由に調達出来るようにすべきである」とし，国内農業に対する政策として，「たとえば不足払い制度などの活用を考えるべきである」としている．

　なお，経団連農政問題懇談会による食品工業に対する提言は，81年2月に本報告が出された．その後この問題では表だった動きは見られなかったが，83年9月になって再び経団連農政問題懇談会によって「国際的に開かれた経済社会における食品工業政策のあり方―原料対策の推進を中心として―」と題する堤言がなされている．これは前回の提言から2年半を経過しているにもかかわらず，「原料調達面については様々な農政上の制約（高水準の農畜産物価格支持制度，割高な国内農畜産物の引取り義務，安い海外原料の輸入制限等）が課せられたままであり，有効な対策が講じられていない」ことに対する食品工業資本側の不満の表明であり，前回提言と同じく業種別に低廉原料確保のための提言を行なっている．なお83年の「提言」に対しては，全国農協中央会がその原案の段階で経団連に対して「申し入れ」を行ない，「提言」の細部にわたって批判している．だが，その内容は農業側の一方的な主張を並べるだけで，「食品工業政策のあり方」をめぐる噛み合った議論

が展開されているとは言い難い.

　また,国内農業の保護的諸制度の撤廃と輸入自由化を求める食品工業資本側からの一連の提言は,今後の日本の農業と産業構造にとって重大な影響をもつものであるにもかかわらず,これに対する研究者の議論もごく一部[5]を除いて見られない.これは食品工業に対する研究の立ち遅れを反映したものとみられ,早急な克服が求められる.

4.「食糧安全保障論」と80年代農政

　もうひとつ輸入と食糧自給をめぐっては,80代劈頭に日本の「安全保障」とのからみで重大な議論が展開されていることに注目しておかなければならない.

　元来「安全保障」とは軍事的内容をもつものであるが,1973年のオイル・ショックを契機に,日本の支配者側では政治的・社会的・経済的なあらゆる危機に対処できる「総合安全保障」体制の構築に向けた検討を進めていった.その中で食糧の「安全保障」も不可欠な検討事項になり,80年4月に発表された日経調の「わが国安全保障に関する研究会報告」や同年7月の故大平首相の私的諮問機関である「安全保障研究グループ」報告書では,この点にひとつの視点をおいた検討結果を打ち出している.また同年3月に総合研究開発機構(NIRA)が刊行した「国際化時代におけるわが国農業のあり方―資料整備を中心に―」(政策科学研究所受託)も,「食糧安全保障」に大きな頁数を割いている.これらの3つの報告書はこと「食糧安全保障論」に関するかぎり大同小異なので,ここでは日経調の報告書を中心に,彼らの言う「食糧安全保障」の概要を紹介しておこう.

　①軍事的脅威によってわが国が脅かされる時には,軍事的な安全保障体制が最も重要なプライオリティをもつが,危機のレベルが低い段階においては,むしろわが国が,経済的な関係,例えばその国に対する市場を与えるなど貿易・経済関係が,その国との関係における安全保障の重要な手段となりうる.

②わが国の農業は，石油を中心とした輸入エネルギーに全面的に依存して成り立つ「高エネルギー消費型農業」であり，その点では，国内生産すらも，海外に依存することなしにはあり得ない．③また，努力して自給率を高めたとしても，わが国では耕地面積の拡大の点からいって限度があり，海外に食糧供給の一部はどうしてもあおがねばならない．そのためには，食糧輸出国と友好的協調を維持し，安定的輸入の確保をはかるとともに，多国間の国際食糧備蓄，開発途上国への食糧生産増大のための援助などを通じ，食糧供給の安定化を図る必要がある．④日本経済の国際的立場を考えた場合，生産力の高いアメリカを中心に，国際収支バランスも考慮に入れ，供給の一部を現在のように任せてしまっている方が，例えば石油輸入制限などがあった時のことを考えると，安全保障が高い．⑤問題となるのは，通常の状態における自給度ではなく，いざという時にどこまで生産を高めて，国民生活を守ることができるかということである．そのため平素から農業生産の担い手，種子，農用地面積を確保しておき，いざという時は，米，麦，いもなどを中心に農業生産を高められるようにしておく（潜在生産力の維持）ことが必要である．

　以上長々と紹介したのは，ここに「食糧安全保障」なるものに対する体制側の考えが，実にはっきりと，ある意味では国民に分かりやすく語られているからである．だがこれは，第1に「総合安全保障」という一見ソフトな形で軍事的安全保障を経済的安全保障と結び付けている点で，第2に国際協調，より直接的には対米協調の名のもとに，民族の生存に欠かせない食糧とエネルギーを他国に依存する体制を固定化してしまっている点で，第3に平常時における食糧自給のための努力を放棄し，戦争勃発などの有事の際の「自給」を計画している点で，実に危険な内容をもっている．そして，これら3つの危険性の背後に日米安保体制が存在していることを，賢明な国民が気づかないはずがない．

　ところで，このように危険な内容をもつ「食糧安全保障論」に対し，農業界はもとより研究者の側でもほとんど批判らしい批判がなされていない[6]．その理由としては，「食糧安全保障」なるものがきわめて政治性の強いデリ

ケートな内容をもち，これを批判することは，ストレートに日米安保体制を問題にすることに通じていたところにあるように思われる．むしろ農業界の一部には，「食糧安全保障論」に乗っかりながら，「食糧自給力」の向上を要求するという傾向さえあった．そうした歪んだ形での「食糧安全保障論」は，先の農政審議会答申「80年代農政の基本方向」の中でもわざわざ1章が設けられ，「食料の安全保障―平素からの備え―」と題して展開されている．だがこの内容たるや，先の財界調査機関の「食糧安全保障」論とウリ2つであり，その危険性はあえて繰り返すまでもない．

5.「国際化」の新段階と「完全自由化・産業調整論」

「80年代農政」は財界側の「低廉食品原料確保」や「食糧安全保障」に対する要求を受け入れスタートしたことは前述したが，すぐ直面した課題は，いかにしてわが国の農産物価格を引き下げ，「内外比価」を縮小するかということであった．この農政的課題にかかわって，81年8月に鳴り物入りで発表されたNIRAの「農業自立戦略の研究」（国民経済研究協会受託）は，「輸入自由化のスケジュールを明示し，国内農業には全面的市場原理を導入することによって低コストの先進国型農業への道が切り開かれる」と大胆な提言を行ない，農業内外に大きな反響を巻き起こした．この提言が，農産物の輸入自由化を前提としている点では，ここでも取り上げないわけにはいかない．だが，同提言をめぐる問題はすでに論じつくされた感がある．ここでは，同提言をきっかけに政府や系統農協の側にも，コスト低下のための方策が具体的に検討されるようになったことを確認したうえで，次に進みたいと思う．

またNIRA「提言」の翌82年は，アメリカからの執拗な農産物市場開放要求に対し，全国農協中央会を中心に「対策本部」が設置され，ここが消費者団体などに「自由化反対」への支援要請を行ったことも影響して，巷間では消費者・マスコミを巻きこんでの「自由化」論議が行われるようになっ

第5章　学説批判　319

た[7]．だが，これらの論議についても紙数の制約から省略せざるをえない．
　しかし，次の点だけは最後にどうしても触れておかなければならない．それは，80年代に入っても日本の貿易黒字は輸出増大をテコに増加のテンポをゆるめず，半面でアメリカや開発途上国等の経常収支が悪化の一途を辿っていったことから，日本資本主義としても，自らの存立基盤である自由貿易体制の推持・強化のため，国際分業の新たな展開と，これに対応した国内の「産業調整」を迫られてきたことである[8]．具体的にはこれは，海外への直接投資をいっそう進める一方で，多少の犠牲を払ってでも農業や石炭業，中小企業の一部などわが国の産業で比較劣位のものの転廃業に大胆に取り組み，それらの製品を外国からの輸入に委ねることを含意している．農業について言うと，農産物輸入の完全自由化と「保護」的農政の撤廃を進め，諸外国との競争を通じて日本農業が比較優位産業にならないかぎり，切り捨てを覚悟してもらうということである．
　80年代初頭より財界では上のような意味での「産業調整」の必要を，折に触れて匂わせていたが，82年12月の経団連・稲山会長の「市場開放に聖域がない」との発言を皮切りに，83年劈頭より堰を切ったように「自由化」と「産業調整」の断行を求める提言が相次ぐ．
　まず経済同友会は，「世界国家への自覚と行動」と題する83年の「年頭見解」で，「かつては世界経済の享受者であったわが国は，今や世界経済発展の担い手にならなければならない立場に立っている」と大国意識を鼓舞したうえで，農業およびサービス産業の完全自由化を提起する．また同年2月の経団連の提言「1980年代を通ずる日本経済の課題」は，「1980年代のできるだけ早い時期までに残存輸入制限品目をすべて自由化し，誰の目にもはっきり世界第1の自由貿易国であると認められる体制をつくっていくべきである」と，実施期限を明示した「完全自由化」提案を行う．また例の「政策構想フォーラム」も，「日本の安全と繁栄を世界とともに」と題する「国際経済政策についての提言」を発表し（83年1月），わが国の果たすべき国際的責任を次のごとく"明快"に言ってのける．

「それは第1に,自由貿易体制を維持するためのコストの負担である.自由貿易体制が機能するためには,生産力の最も高い国が自国の市場を完全に開放し,比較劣位にある産業を他国にまかしていかねばならない.それには当然,すくなからぬ産業調整のコストがかかる.つまり,自由貿易体制を維持するためのコスト負担とは,輸入自由化を徹底し,そのための産業調整費用を引受けることに他ならない.わが国の果たすべき責任の第2は,自由諸国の安全保障のコストを応分に負担することである.」

こうした「提言」は国内からだけではない.80年代に突入して以降のひとつの特徴は,「自由化」とそれにともなう日本の「産業調整」を求める「提言」が,日米の財界人グループ合作の形で出されてくることである(81年8月日米賢人会議「日本国首相および米国大統領への提言」,84年9月日米諮問委員会報告「よりよき協調を求めて―日米関係の課題と可能性―」).とくに後者の日米諮問委員会報告が,「日本は集約的な野菜栽培,果樹栽培,養豚・養鶏,草花栽培など小規模農地で効率的に生産しうる農産物への農業生産構造への転換を目指すべき」と,わが国に対して「農業調整」を露骨に迫り,米作についても国際価格との差を縮小できないかぎり,暗に撤退を求めているのである.

「完全自由化」と「産業調整」を求める声は,85年9月の先進5カ国蔵相・中央銀行総裁会議を契機に進展した異常な円高をバックにして,いっそうボリュームを上げていく.

「国際分業の進展は,いわゆる産業調整を必然とする.活動を縮小しあるいは廃止せざるを得ない業種も生ずるであろう.しかしながら,『世界のための新しい日本』という認識に立ち,こうした課題に対して積極的に立ち向かっていかねばならない.」(86年1月経済同友会「『世界のための新しい日本』の構築―昭和61年年頭見解―」)

「自由貿易体制の維持・強化,世界経済の持続的かつ安定的成長を図るため,我が国経済の拡大均衡及びそれに伴う輸入の増大によることを基本とする.……『国際的に開かれた日本』に向けて『原則自由,例外制限』という

第 5 章　学説批判

視点に立ち，市場原理を基本とする施策を行う．そのため，市場アクセスの一層の改善と規制緩和の徹底的推進を図る．……世界経済の発展には，各国の努力と協力が不可欠であり，構造調整などの政策協調の実現が必要である．」(86 年 4 月「国際協調のための経済構造調整研究会」報告，いわゆる前川レポート)

　もはや回りくどい説明は要しない．日本資本主義は，一方では貿易摩擦を逆手にとってわが国の「完全輸入自由化」と「産業調整」を促進しつつ，他方では資本輸出と製品輸入の拡大によって経常収支の不均衡是正を図り，自らの存立基盤である自由貿易体制の維持・強化に努めようとしているのである．農業について言えば，日本資本主義の帝国主義的海外進出に対応した国内農業の縮小再編が，貿易摩擦・円高にも促迫されて，まさに現実のものになろうとしている．その点では，わが国の基幹作物である米といえども例外ではない．

　かくて農産物の輸入自由化問題は，食管制度の改廃問題と並んで，日本農業の命運を左右する大問題になりつつある．だが，この点を意識した農業側の論議は，まだ著しく遅れているといわなければならない．

注
1) 例えば宮崎宏『日本型畜産の新方向』家の光協会，562 頁以下参照．
2) 例えば，『農業と経済』1981 年 8 月号における，井野隆一「日本の農業は果たして"過保護"か」，花田仁伍「財界提言の農産物価格問題をめぐって」，など．
3) 重富健一「日本農業『過保護・割高』論の盲点」(『経済』1984 年 4 月号)，同「ふたたび日本農業『過保護』論の盲点について」(同誌 1984 年 9 月号)．
4) その成果であろうか，農政審の答申では食品産業を農業との"車の両輪"としてとらえ，両者を踏まえての総合的食料政策の展開を今後の課題としている．
5) 御園喜博「日本経済調査協議会提言と系統農協の課題」(『農業協同組合』1979 年 2 月号)，後藤治郎「経団連『提言』のねらうもの―経団連『食品工業政策のあり方』を読んで―」(『労農のなかま』1983 年 10 月号)，など．
6) そうした中で，鈴木文熹氏の「『食糧安全保障論』批判」(『経済』1980 年 9 月号)，と関恒義氏の「『国際化時代におけるわが国農業のあり方』批判」(『農業協同組合』1980 年 8 月号) は注目される．
7) とくに 1982 年末から 83 年初めにかけての『エコノミスト』誌上での牛肉・オ

レンジの自由化をめぐる唯是康彦氏と藤谷築次・武部隆両氏らの論争は，世間の注目を集めた．
8) こうした財界側の動きを「新国際分業論」としていち早く批判したのは林信彰氏である．同氏「新国際分業論批判」（『農業と経済』1982年臨時増刊）．

II. 農産物価格と価格政策

1. 価格問題と構造問題：農工間等価交換論と零細農耕止揚論

 第2次世界大戦後の農業経済学の歴史において，農産物価格論は農民層分解論と並んで大きな地位を占めていた．もっともそうした傾向はマルクス経済学による農業経済学においてであったが，犬塚昭治が的確に整理しているように，「小農制と価値法則」をめぐっては，鈴木鴻一郎，大島清，大内力，硲正夫らが，また「日本の農産物価格形成」をめぐっては，石渡貞雄，新沢嘉芽統，暉峻衆三，田代隆，磯辺俊彦らがそれぞれ独自の理論を論争的に展開してきた（詳細は犬塚［1982］を参照）．また，このいずれの分野においても白川清は，鋭い問題提起を行ってきた（白川［1976］など）．

 農産物価格論をめぐるこうした論争は，昭和50年代（1975～1984年）の少なくともその前半まで続く．これらの論争をリードしたのは，梶井功，仙田久仁男，東井正美，白川清，御園喜博，花田仁伍，常盤政治，保志恂らである．とりわけ花田の価値論を土台においた重厚な研究（花田［1978］［1985］）は，その提起自体が論争的であり，賛成・反対を含めその後の農産物価格論の展開に少なからぬ影響を及ぼしたといえる．

 花田のひとつの問題意識は，「わが国農産物価格分析への適用に際して，マルクスのそのC＋V・費用価格規定説が殆ど無批判的に価値規定との関連を明確にしないままで適用されていたことであり，とくに，それが価値法則を否定するような理論展開のもとで適用される傾向があった」（花田［1978］24頁）ことである．これは，マルクス経済学による農産物価格論の通説であった，『資本論』第3巻の分割地所有論を援用した小農の農産物価格の規定（限界地における費用価格（C＋V）を基準（あるべき価格水準）とする）に

ついて疑問を呈したものである．花田自身の言い方によればこうである．

「マルクスが分析した「分割地所有」農民の場合は，マルクス自身によって与えられている前提を検討すれば明らかなように，農業では小経営＝小商品生産が支配しているけれども，「他の生産諸部門」では「資本分散が優勢」だとはいえ「ともあれ資本制生産様式が支配的に行われている」のであって，したがって，そこでの農民の生産物の価格形成は農民（小商品生産者としての小農）と資本（非農業人口の圧倒的部分を占める賃労働者は可変資本として資本に包摂される）との間の商品交換における価格形成にほかならない．小農の生産物の価格形成がC＋Vの費用価格水準で規定されるとすれば，相手の資本の生産物の価格は剰余価値＝利潤を含む価値水準で規定されるのであるから，小農のC＋V価格形成は資本のC＋V＋M水準との不等価交換を表現するものにほかならない.」（同上25-26頁）

このように花田は法則的な「不等価交換」を指摘したうえで，マルクスの「小資本家としての彼にとっての絶対的制限として現象するのは，本来的費用を控除したのち彼が自分自身に支払う労賃に他ならない」という有名な記述について，「分割地農民の生産物価格は費用価格水準で決まる」というように単純に理解すべきではなくて，「小資本家としての彼にとっての絶対的制限として現象する」（傍点は花田）という点に注意を向ける．つまりマルクスの前述の指摘は「限界に関する規定であって，正常的，支配的形態がそうだといっているのではないと理解さるべきであろう」とするのである（同上311頁）．

もっとも花田は，わが国の小農における現実の価格形成が，限界地のC＋Vを割り込む水準で決められていることを認めている．同氏が強調したいことは「小農価格は範疇として費用価格であるというように固定的に理解さるべきではない．費用価格はその最低限であって，理論的には資本制商品の場合と同様の範疇を想定するのを妥当とする」（同上314頁）ということである．ここで「理論的には資本制商品の場合と同様の範疇を想定する」とは，筆者の読み方に誤りがなければ次のようである．すなわち，小農の生産物が

「C＋V」で価格形成される場合でも，農民の受け取るVは，資本主義社会のなかで労働者が受け取る労賃（本来「労働力の価値」であるものが「労働の価格」としての仮象をとる）を疑制的に適用したものである．したがって，農民が支出する剰余労働部分は実現されない．しかし，等価交換の原則からいうと，農民が剰余労働を行う以上，資本制商品と同じようにC＋V＋Mが範疇的に要求されるべきである，というのである．

以上は膨大な花田価格理論の一部ではあるが枢要な部分を示したのだが，この限りでもいくつかの批判が寄せられている．

第1に仙田久仁男からのもので，簡単にいえば「剰余価値生産はうたがいもなく資本制生産に固有な機能」なのであり，「小農においては剰余価値の生産は絶対に行われない」（仙田［1975］35頁）というものである．もっとも，仙田は小農の労働のなかにも「剰余」部分があることを認めている．だが同氏は，「はじめからその部分も結局は自分の消費のため，つまり決して「剰余」などではなくVの一部として生産されている」（36頁）としているのである．

第2は保志恂からのものであるが，花田がマルクス「分割地所有論」における前述の引用部分について「限界に関する規定であって正常的支配的形態がそうだといっているのではないと理解さるべきであろう」と言っていることをとらえ，次のように批判する．

「この部分の，ほんの1行だけもってくれば，何とでも言える．しかし，マルクスのこの部分の文脈は，総じて，分割地所有における土地所有の制限，絶対地代，土地価格などの関連で論じられているので，その全体的関連で理解するならば，とうてい花田氏のようには理解しがたい」（保志［1979］53頁）として，「マルクスの叙述（引用者注— Das Kapital, Bd. III, S. 857–858）を素直に読めば，分割地所有における生産物の価格は，価値まであがって超過利潤を保証することもなく，平均利潤を保証して生産価格まであがることもなく，労賃部分を保証するのが通常であるといっているとしかとりようがない」（54頁）と，花田理論に対して根底的な疑問を提起するのである．

以上の両氏の批判のうち，仙田のそれは「小農には剰余労働は存在しない」という特異な主張であり，ここでは取り上げない．

保志の花田批判の背景には，農工間の付加価値格差（1時間当たりの農業純生産と工業付加価値が，例えば1968年度では約4倍になっていること）が，「分割地所有の低価格だけで理解できるであろうか」（保志 [1979] 56頁）という認識がある．その上で保志は，「（わが国の）零細農耕の再生産基盤の狭隘性，低位生産性は，分割地所有とも範疇的異質性をもち，単なる価格政策による問題解決の枠を越えた構造問題を分割地所有よりも，よりきびしく持ちこむことになる」として，次のように述べる．

「家族労働の圧倒的比重をもつ零細農耕労働に対して，そのような評価（引用者注——価値，生産価格なみの評価）を与えるならば，極度の高農産物価格となり，国際的競争下にある資本主義の耐え得るところでなく，仮に社会主義になったとしても，高農産物価格の長期固定化は，国民経済の再生産条件を悪化させる．零細農耕止揚の展望と結びついた価格政策ならば意味があるが，零細農耕固定化の展望での価格政策はおよそ現実性がないであろう（短期改良の意味あいは別として）．」（同上61頁）

こうした保志の批判に対して，花田は『経済』1983年3月号において長文の「回答」を行っているが（花田 [1983]），その中心は資本論47章の「分割地所有論」の解釈，位置づけをめぐるものであって，結果的には自説を再確認している．

だが，保志による「高農産物価格の長期固定化」という構造問題打開の視点からの批判に対しては，花田は同論文でも答えることなく，その後，不幸にも長期の病床につくことになった．だが，花田の「すべての種類の生産的労働は，「人間労働」として「平等」であり，「同等」である」（花田 [1970] 111頁）とする「民主主義的平等原則」に立った「農工等価交換論」と，保志の生産力視点からの「零細農耕止揚論」は，問題把握・解決の視点の違いであって，対立的にとらえるのは正しくないように思われる．しかし，1961年の農業基本法制定以降の政治過程では構造政策と価格政策が二律背反的に

とらえられ，結果的には後者の軽視がすすんでいる．また，農業経済学界においても，花田のような価値論をベースにした農産物価格論はその後少なくなっていくが，花田・保志論争には現在でも変わることがない重みがある．

2. 「限界地」確定と価格算定方式

周知のように，マルクス経済学においては，農産物価格は一般に『資本論』における地代論や分割地所有論を軸に展開されている．すなわち，土地の有限性と土地経営の独占化の結果，かりに農業が資本主義的に経営されていた場合でも，農産物の価格形成は中位の質の土地における個別的生産価格ではなく，社会的な需要を満たすうえで必要な限界地（最劣等地）の個別的生産価格（C＋V＋P）プラス絶対地代の水準によって規定されるとする．これに対し，わが国のような小農制農業においては，農産物価格は限界地における費用価格（C＋V）の水準で規定される．なぜならば，小農は自らが労働主体になっているかぎりでは一般に平均利潤を要求せず，自ら土地所有者であるかぎりでは絶対地代を要求しないからである．

いずれにしても，農業では土地の有限性と土地経営の独占化によって，資本の自由な移動が制限されていることから，劣等な土地で行われる農業であっても，そこで生産される農産物が社会的に必要なかぎりでは，その限界条件をもった農業生産の個別的生産価格（または費用価格）が全体の価格形成を規定するのである．こうした農業における価格形成の特徴を「限界原理」と呼び，工業製品の価格形成で作用する「平均原理」（当該財貨を大量的に供給する平均的・標準的生産条件をもった企業の個別的生産価格によって一般的生産価格が規定される）と区別したのは常盤政治であった（常盤［1978］58-63頁）．もっとも常盤の説明は厳密で，「資本条件に関するかぎり農業でも当然平均原理が貫徹するのであり，ただ土地条件の差異のみが相異なる生産価格を生みだしているというかぎりでのみ「限界原理」が作用するということなのである」（同上63頁）．

この「土地条件の差異」に徹頭徹尾こだわり，政策価格の基準となるべき限界地（最劣等地）の確定に努力されたのは梶井功である．小農制農業の政策価格形成における氏の基本的立場は，次のごとくである．「個別の費用価格は，すぐれた資本装備，技術構成と高い土地豊度との両者から結果する低い費用価格から，劣った資本装備，低い技術構成と低い土地豊度から結果する高い費用価格までさまざまあるわけだが，価格規制的役割をはたす最劣等地での費用価格というときは，資本条件としては通常の状態が前提とされ，土地豊度のみが最劣等地であるという農業経営が問題とされなければならない」（『基本法農政下の農業問題』東大出版会，1970年, 59頁）．すなわち，限界地・標準経営論である．

こうした基本的立場で梶井は農林統計を駆使し，政策米価の基準となる「限界地」の確定と，その地点における必要価格水準の算定を行ったのが，梶井［1979］である．そこにおける米価算定の方法を簡潔に述べるとこうである．

第1に農林統計の数値（市町村別10a当たり収量，作付面積）からいわゆる「収量階層別生産費累積曲線」を描くことによって，必要需要量に対する「限界反収」水準を確定する．第2に，農林省「生産費調査」における全国平均の10a当たり第1次生産費に水田の固定資産税とその他の公租公課，資本利子をプラスした金額を計算し，この数値を先の「限界反収」で除することによって，単位農産物当たりの「限界生産費」を算定する．これは資本装備は平均的で，豊度差のみに原因が帰せられる生産費であると一応は言える．第3に，10a当たり第1次生産費は物価修正するが，自家労働費については都市均衡賃金による評価替えは行わず，「生産費調査」における家族労働費（農村賃金によって労働時間を評価）をそのまま用いる．この点について氏は，「（都市均衡賃金での評価替えによって）優遇策をとっているなどというゴマカシの論理が出る余地のないかたちで，農産物価格運動を組む必要がある」などの理由を挙げている（同上139頁）．

この梶井論文について犬塚［1982］は，「価格政策にひとつの指針を提示

するという，すぐれて実践的な意義をもつ論文である」(384頁)としたうえで，とくに「この論文の要である政策米価算定要領は一定の需要をみたす供給を確保するにたる限界地平均的費用価格を最も近似的にかつ技術的にも簡潔に算出する方式である」(386頁)と，高い評価を与えている．

だが，その後，梶井論文は三島徳三によって根本的批判にさらされることになった．三島［1983］は，梶井の論旨を逐一検討したうえで，とくに梶井価格論の要である「限界反収」について，「ここでの反収には，自然的豊度の差からくる反収の多寡だけではなく，反当りの投下資本量の大小にもとづく反収の多寡も含まれている」(407頁)と疑問を投げかける．その根拠として三島は，「経営規模の異なる階層間には依然として単位面積当たり投入費用に顕著な格差がある」(416頁)ことを指摘する．

こうして三島は，「自然的豊度差のみに立脚した「限界地」の確定ではなく，資本条件の差も包含したより現実的な「限界地」の確定を行うことが必要」(408頁)として，栗原百寿の「限界生産費」＝「最大生産費」論（「最劣等規模の農業経営の生産費が最大の生産費となり，(農産物価格形成の基準となる) 限界生産費となる」）を根拠とした「80％生産量バルクライン方式」を提案する (412-415頁)．わが国の稲作経営の実態に即してみると，反収については作付面積規模別に目立った階層差がないが，単位生産物当たりについてコスト比較をしてみると，作付面積規模別に明瞭な序列ができあがる．しかし，コストの高い階層（一般に小規模経営）が生産する生産物であっても，それに対する社会的需要があるかぎり，その費用がいわゆる限界生産費となって市場価格を規定し，政策価格もこの市場価格に規制されざるをえないという，限界地・限界経営（最大生産費の農家）論が三島の主張である．

もっとも，三島のこうした主張については「限界生産費」低減の方策に具体的に触れていないこともあって，のちに宇佐美繁によって間接的批判を受けることになる（宇佐美［1984］）．宇佐美は，社会的にコスト補償を要求できるのは技術的に中位の構成をもった経営であるとして，限界地・標準経営論を主張するのである．

3. 最劣等追加投資生産物の費用価格論

　限界地・標準経営論にせよ限界地・限界経営論にせよ，そこで含意されているのは社会的需要に対する限界生産物を，最劣等の生産性をもった土地または経営から生産される生産物と捉える点にある．だが，限界生産物をこのように捉えることに異議を唱えるのは犬塚昭治である．犬塚は，「市場価格論における標準的生産条件と地代論における限界投資という二段構えの論理構造」（犬塚 [1988] 9頁）をとり，この問題に解答を出そうとする．氏の農産物価格論の集大成である犬塚 [1987] から，その論理展開を追って行けばこうである．

　第1に「市場価格論」の観点から標準的生産条件をもった「標準的農家層」の概念規定を行い，「追加供給量において大量を占める部分」あるいは「大量を占めつつある部分を供給する生産条件の資本」であるとする（26頁）．稲作においては「米価が上昇したとき，それに応じる追加供給をもっとも容易に行い，その米価を生産の側から支える役割を果たすものが，標準的生産条件をもつ経営である」（27頁）．簡単に言うと，追加供給において大量を供給する標準的経営をまずもって価格規定者として措定する必要があるというのであろう．

　第2に，稲作において具体的に「標準的農家層」の検出を行い，1970年代前半においては2ha以上層，とくに2〜3ha層といった上層を，「価格に応じて生産を調節し追加供給を大量になしうる層」（=「米価規定層」）（43頁）とする．

　第3に，上層が価格規定者である「標準的農家層」だとしても，その層の平均生産費によって米価が規制されるわけではなく，「既耕地への追加投資のうちいちばん効率の悪い最終追加投資」（45頁）の生産物の生産費（費用価格）で決まるとする．ひとことで言えば最劣等追加投資生産物の費用価格論であり，これより生産性の高い投資から得られる生産物には第二形態の差

第5章 学説批判　　　　　　　　　　　　　　　　　　　　　331

額地代が得られるとする．その際，小農における追加投資の主体となるのは流動資本であって，固定資本は含まれない（93頁）というのが，犬塚の理解である．

　第4に追加投資による追加労働は，農外の日雇労働と代替関係にあり，費用価格の労働費部分は低賃金の日雇労賃水準の影響を受けて低く設定される（106頁）．（もっとも氏によるこの部分の説明は必ずしも明快でなく，筆者の解釈を加えてある．）

　ともあれ，「市場原理のもとで米価上昇が発現するまでの経路」は，「社会的労賃水準の上昇―農民労働力の農外移動―稲作限界投資の引き上げ―米の供給現象―米価上昇，というように回り道を通る」（268頁）．

　第5に，この回り道をとっているうちに，上層農家では「資本構成を高度化し，労働生産性を引き上げる過程がすすむはずで」「規模拡大も要請されて，結局構造変革への誘因が形成される」が，「このとき政策によって価格上昇が先取りされるならば，生産過程への回り道を省略するのだから，構造はそのまま温存される」（268頁）．

　第6に価格政策の目的であるが，「第一義的には特定農産物にたいする一定の国境保護措置をとったのちに，国内の需給均衡を安定的に達成するところにおかれざるをえないのであって，農民の所得を保障したり，削減したりすることになるのはその結果でしかないのである」（267頁）．要するに農民の所得保障としての価格政策に反対し，価格を通じて需給調整をはかることに価格政策の目的を求めるのである．

　この最後の点にかかわって，かつて犬塚は次のようにも述べた．「問題はある一定の価格では供給不足あるいは供給過剰がおこるところにある．国内で自給すべき量はまさに「政治」によってきまる．その量を確保するのにいかなる価格水準であるべきかは不足であれば上げ，過剰であれば下げて様子をみつつ決定するほかない．」（犬塚［1982］392頁）

　以上でみたように犬塚は，市場価格論と差額地代の第二形態論を軸に，かなり複雑なプロセスによって独特な農産物価格論を展開した．だが，氏の理

論が必ずしも現実適合的でないことについては,河相一成がコメントしている(犬塚[1987]286-287頁の編者あとがき).そのひとつは,上層農家による追加投資による追加供給という犬塚の認識に反して,第2次大戦後の実態においては,東北などかつての低反収地での追加投資による反収増と,北海道への耕境拡大によって追加供給がなされてきたのではないかというものであり,ふたつは1970年代以降の減反政策の作用をどうみるかという,かなり根本的なものである.

筆者には,そうした見解のギャップを,単に事実認識の相違にしてよいものだろうかという疑問がある.基本的な問題は,上層であれ下層であれ,犬塚が前提するような,価格変動に対応して供給を調整する農家層がわが国の稲作農家に存在するかどうかである.価格の変化に対して供給が非弾力的であるがゆえに,割り当て的な減反政策がとられたのではないか.また,低米価によるコスト割れから,農外兼業や他作物への転換などを強いられた農家層の存在や,技術水準の全般的向上による全階層的な反収の増加など,犬塚理論では説明できない事実が山積している.

結局,犬塚の農産物価格論からは有効な政策価格論は生まれてこない.その結果,氏は政策価格の科学的設定自体を否定し,前述のごとく「価格のもつ需給調整」論に大きく傾斜していくのである.

4. 農産物価格の需給論的接近:佐伯尚美「農産物価格論の破綻」をめぐる『農村研究』誌の論争

1980年代の中頃から農産物過剰を背景とした価格抑制政策が続き,86年産米価においては30数年ぶりの引き下げ答申がなされた.こうした状況を背景に,東京農業大学の『農村研究』誌(64号,1987年3月)に,突如,「農産物価格論の破綻」というセンセーショナルな論文が掲載された.執筆者は,それまで一貫して低米価論批判を展開してきた佐伯尚美である.

佐伯がこの論文を書いた動機は,氏によると,「現在の日本農業の最大の

焦点である農産物過剰問題——とくに米過剰問題——について，農産物価格論のサイドからほとんど有効な接近がなされないまま，研究の混迷と沈滞が続いていることによる」(佐伯 [1987] 1 頁)．その点について佐伯は，農産物価格論の展開自体のなかに過剰問題との正面きった取り組みを避ける要因があったとして次のように言う．「低米価論がそれであり，わが国の米価は理論的にみて，あるべき水準をみたしえていない低米価であるということが，従来の農産物価格論研究の不動の結論として据えられていたのである．問題はまさにその点にある」(2 頁)と．

こうして佐伯は，低米価論者をいくつかのタイプに分け，なで斬りにしていくのだが，批判のポイントは，マルクス経済学による従来の農産物価格論が，「わが国の米価は費用価格（C＋V）以下の"低米価"であり，限界農家の再生産を補償しえないものであった」としているが，「とするならば，そのような"低米価"の下でなぜ米過剰が生ずるのか」(3 頁) という 1 点にあるとみてよい．

要するに従来の農産物価格論が"現実離れ"した主張をしていると言いたいらしいが，そうした「難点」が生じる理由は，氏の表現によると，「農産物価格論がいわば経済原論の応用問題として極度の抽象レベルで展開されてきたため，その現状分析への適用にさいしても，現状分析として当然おさえられておかねばならない社会経済的前提ないし枠組みが見失われ，いわば原論と同レベルのものとして展開されていったのではないか」(7 頁) ということにあるようである．

具体的な「難点」として氏が挙げる第 1 のものは，「需要の問題を完全に無視して，価格水準はもっぱら供給サイドの条件のみによって決定されるとしてきた」(7 頁) ことである．第 2 点は，農産物価格の現状分析において，農産物の輸出入など国際関連を無視してきたことである．第 3 点は，これまでの農産物価格論においては，理論的な「あるべき価格」と政策的価格と現実の価格との三者が混同して論じられる傾向が強かったことである．

3 番目の点に関わって，氏が次のように述べていることは注目しておいて

よい.「強いて現実の米価の高低を判断するとすれば, 一定時点における米価が生産拡大的に作用したか, それとも縮小的に作用したかによっていうしかないであろう. ……現実の米価水準についていえば, 米輸入があろうとなかろうと, それによって米生産が拡大し, 需給が緩和するようになれば, それは"高米価"だといわざるをえない」(9頁).

ここから明らかなように, 佐伯は, 農産物価格の現状分析論としては, 価値論をベースとしたマルクス経済学による価格論から決別し, 需給論の枠組みで価格の高低を論じる立場に身を投じていくのである.

ところで, こうした挑戦的な佐伯の「農産物価格論批判」については, 次号以降の『農村研究』誌において, 常盤政治, 犬塚昭治, 梶井功の3氏から相次いで反論が寄せられた.

いまはそれらの反論を詳しく紹介する余裕がないが, もっとも批判が集中したのは,「農産物価格論＝農産物価値論と現状分析論との峻別」(常盤[1987] 2頁) という佐伯の方法論をめぐってである. そこには経済理論と現状分析との関係をめぐる本質的な問題が横たわっているが, その点については読者の判断にまかせたい. ここでは佐伯に対する反批判3論文のなかで, 農産物価格論の発展のうえから筆者がとくに重要と考える論点を整理しておきたい.

第1は, 佐伯の批判する従来の農産物価格論においても, 需要の問題が理論の枠に入っていなかったわけではないことである. 常盤は, 価格規制的なC＋Vの水準自体は, 需要の変動に応じて変化していくことを, 理論モデルを用いて説明し (同上4-5頁), 犬塚も大筋においてこれを支持している.

第2に, 従来の農産物価格論がよく使う表現である,「理論的に『あるべき価格』」とは, 社会的必要需要量の確保という政策意図を達成するうえで, どのような階層の費用価格を補償すればよいかという, 限界生産物の理論から出たものであって, 佐伯が批判するように,「理論的に『あるべき価格』と政策価格と現実の価格との三者が混同して論じられ」ているわけではないことである. この点について常盤は,「政策的前提たる一定の需要を満たし,

第5章　学説批判　　　　　　　　　　　　　　　　　　　　　335

それ以上に米生産が拡大するようになったときこそ，はじめて"高米価"といえるのである」(同上7頁) と明快であり，梶井も「需要を充足するに足る量の安定的な供給を可能にするという政策目的にあう米価こそが『あるべき米価』になる」(梶井 [1988] 8頁) と正論を述べている．

　第3に，佐伯は，現実の米過剰を理由に暗に米価の引き下げを主張するのだが，これによってわが国農業の懸案である構造改善がすすむのかどうかという問題である．この点については，梶井が，「不採算農家の脱落による過剰の解決が念頭にある（佐伯）教授のばあいには……不採算農家の水田が上層経営に集中して稲作生産が行われたのでは，過剰問題の解決にはならない」(同上3頁) と鋭く問題点を抉っている．かくして梶井は，佐伯のような「米価引き下げ論」では，「上層農家の営農意欲を削ぐことになろう．佐伯教授の『価格論』の帰結は，したがって日本農業の縮小後退である」(同上3頁) と追及の手をゆるめない．

　3氏の反批判論文には以上の論点以外にも，興味ある多くの主張が展開されている．読者は具体的にこれらの論文に直接目を通すことによって，3氏の農産物価格論の真意を探ることができよう．

5. 低迷下の農産物価格論の再構築

　この『農村研究』誌の論争を契機に，その後，農産物価格論の研究業績は激減していく．とりわけ価値論をベースにした農産物価格論においてそうである．こうして本格的な農産物価格論は「冬の時代」を迎えることになったが，90年代に入って出版された次の2つの著作は，こうした農産物価格論の空白を埋めて余りある力作である．

　ひとつは岩谷 [1991] で，独占資本主義体制下の農工間不等価交換論を軸に，現実の米価水準の低位性を実証し，これが農民層分解の歪曲化をもたらす条件になっていることを豊富なデータ分析をもとに検証している．

　もうひとつは安部 [1994] であるが，これは前述した花田の価値論的農産

物価格論の視点からわが国の農業構造問題を照射したもので，同時に，"農産物価格論・価格政策論の総決算"とも言うべき多彩な論点を提示している．そのひとつに国家独占資本主義の農産物価格政策の性格をめぐる議論がある．これについて，例えば，常盤［1978］は，農産物価格政策の根拠を，価格暴落に対する国家の介入として，すなわち所得補償的な農民保護政策の一環としてとらえている．これに対し，安部は，「農民層の競争と分解の経済的基準を決めるのが政策価格である」「価格政策は，農民層分解促進による構造再編の経済的手段となる」（安部［1994］121頁）と，農業構造政策と連動したわが国の低農産物価格政策の進展に注目した現実的解釈を示している．

このように一部の研究者の奮闘によって，農産物価格論の灯はともしつづけられている．だが，農業経済学界全体としては，佐伯の言うような価格論の「混迷と沈滞」が続いている．この点は否定しようがない現実であるが，その要因は何であろうか．筆者は，これを農業経済学者の政策追随傾向の結果ととらえている．すなわち，1980年代の中頃から農産物過剰や内外価格差是正論を背景として農産物価格政策の抑制がすすめられ，いわゆる「価格引き下げ時代」に入った．また，農政審議会答申『80年代農政の基本方向』（1980年）以降，政策レベルでは価格政策による所得維持機能が後退し，価格のもつ需給調整機能が前面に出てきた．こうした政策動向は，農業経済学者の研究にも微妙な影響を与えていったように思われる．

だが，農産物価格の低迷に合わせ，「農産物価格論」まで低迷していってよいものだろうか．現実の農村に入ってみれば明らかだが，長年にわたる価格抑制政策のなかで農家の経営危機は深刻になり，価格の適正な引き上げが農家の切実な要求になっている．また，50％を下回った食糧自給率の再度の引き上げが国民的要求であるかぎり，自給率の具体的引き上げのための生産目標が品目ごとに設定されなければならないし，その達成のための長期的な価格政策の確立が欠かせない．

こうした現在的課題に具体的に答えていくためには，低迷しつつある農産物価格論の再構築が緊急にはかられなければならないのである．

引用・参考文献

安部淳 [1994]『現代日本資本主義と農業構造問題』農林統計協会
石渡貞雄 [1948]『農産物価格論序説—日本農業への一考察—』中央公論社
石渡貞雄 [1958]『農産物価格論—その問題意識—』東京大学出版会
犬塚昭治 [1982]「農産物価格論の展開と課題」犬塚昭治編集『農産物価格論』［昭和後期農業問題論集］農山漁村文化協会
犬塚昭治 [1987]『農産物の価格と政策』［食糧・農業問題全集 12］農山漁村文化協会
犬塚昭治 [1988]「原論無用の農産物価格論は可能か—佐伯・常盤論争によせて—」『農村研究』66 号
岩谷幸春 [1991]『現代の米価問題』楽游書房
岩谷幸春 [1992]「農産物価格問題」『農業市場研究』1 巻 1 号
宇佐美繁 [1984]「政策米価の考察」『農村と都市をむすぶ』1984 年 11 月号
大内力 [1948]『日本資本主義の農業問題』日本評論社
大内力 [1951]『農業問題』岩波書店
大内力 [1958]『地代と土地所有』東京大学出版会
大島清 [1962]『資本と土地所有』青木書店
梶井功 [1970]『基本法農政下の農業問題』東京大学出版会
梶井功 [1979]「農業再編成と農産物価格政策の転換」梶井功監修『80 年代日本農業の諸問題と農協の課題』全国農協中央会
梶井功 [1988]「佐伯教授の論難に応える」『農村研究』67 号
栗原百寿 [1956]『農業問題の基礎理論』時潮社
佐伯尚美 [1987]「農産物価格論の破綻」『農村研究』64 号
佐伯尚美 [1989]『農業経済学講義』東京大学出版会
白川清 [1963]『農業経済の価格理論—農産物・農地・自家労働価格形成の基礎理論—』御茶の水書房
白川清 [1976]『農産物価格政策の展開』御茶の水書房
鈴木鴻一郎 [1952]『地代論論争』勁草書房
仙田久仁男 [1975]「小農における価値生産と農産物価格形成に関する一試論」『農業経済研究』47 巻 1 号
仙田久仁男 [1981]『地代理論の諸問題』法律文化社
田代隆 [1984]『地代論・小農経済論』九州大学出版会
田代洋一 [1984]「農産物価格論」久留島陽三ほか編『資本論体系 7 地代・収入』有斐閣
暉峻衆三 [1957]「マルクス経済学における農産物価格論の若干の問題点」『農業経済研究』29 巻 3 号
暉峻衆三 [1957]「農産物価格論における若干の問題点」玉城肇ほか編『マルクス経済学体系（下巻）』［宇野弘蔵博士還暦記念］岩波書店

暉峻衆三［1964］「戦後における農産物価格政策の展開」『経済』9号
暉峻衆三［1967］「農産物価格政策の理念と現実」加藤一郎・阪本楠彦編『日本農政の展開過程』東京大学出版会
東井正美［1972］「農民的分割地所有のもとでの農産物価格形成」山雲会編『現代農業と小農問題』［山岡亮一先生還暦記念］有斐閣
常盤政治［1978］『農産物価格政策』［今日の農業問題4］家の光協会
常盤政治［1987］「農産物価格論の『破綻』論によせて」『農村研究』65号
新沢嘉芽統［1986］『農産物価格論―米価形成の機構に関する研究―』有斐閣
硲正夫［1944］『農産物価格論』成美堂
花田仁伍［1970］「農産物価格問題」『経済』1970年10月号
花田仁伍［1971］『小農経済の理論と展開―日本農業における価値法則の展開とその論理―』御茶の水書房
花田仁伍［1978］『日本農業の農産物価格問題』農山漁村文化協会
花田仁伍［1983］「マルクス経済理論と今日の農業問題―小農価格論を中心に―」『経済』1983年3月号
花田仁伍［1985］『農産物価格と地代の論理―農業問題序説―』ミネルヴァ書房
保志恂［1979］「構造問題と価格問題―戦後における農産物価格問題把握の視角についての覚え書き―」湯沢誠編『農業問題の市場論的研究』御茶の水書房
三島徳三［1983］「農産物価格政策の再編成と対抗論理」美土路達雄監修『現代農産物市場論』あゆみ書房
御園喜博［1977］『農産物価格形成論』東京大学出版会

III. 米流通と食管問題

はじめに

　本節の課題は，米の流通と食管制度をめぐる近年の議論について整理し，同時に私見を提示することにある．対象とする米流通および食管制度の現状分析は，1970年代以降に限っても膨大なものがある．だが，正確に言うと「食管制度」を扱った論稿が圧倒的に多く，「米流通」のそれは非常に少ない．しかも，前者には，米価問題，米輸入自由化問題，減反問題など政治的にも焦点になっている諸問題を含んでいる．ここで取り上げる「食管問題」の論稿は，「米流通問題」に関わるものに絞っているが，事柄の性格上，食管制度の変質をめぐる議論に多くの紙数を費やしている．したがって，この間に出版された持田 [1970]，鈴木 [1974]，北出 [1991] のような，米穀市場の歴史的展開と食管制度の制定過程をめぐる貴重な業績については，残念ながらここでは取り上げることができなかった．

　ところで，「米流通問題」も「食管問題」も，経済学においては現状分析の分野であるが，これを行う目的は，問題の所在や対抗関係をできるだけ正確に把握し，問題解決と実践の展望を打ち出すことにある．また，現状分析においては，必ず事実が先行し，分析が後追い的になされるが，政策的展望を含め，分析の結果が正しいかどうかは，事後的に検証が可能である．食管問題についても，それぞれの分析の当否は，その後における事実の経過のなかで確かめることができる．以下で紹介する諸論議についても，本節のむすびで現時点における一定の検証がなされよう．

1. 食管制度の「形骸化」論と「追認」論

(1) 食管制度の変質をどうみるか

　1970年代以降の食管制度をめぐる諸論議の背景を知る意味で，表1を掲げた．この時代の食管論の最大の争点は，1969年に開始される自主流通米制度と減反政策，さらには80年代後半に本格化する米流通の規制緩和や米価政策の変容のなかで，食管制度が大きく変質していったことを基本認識としつつ，この変質を「食管制度の形骸化」として批判的にとらえるか，あるいは「米の生産・流通の変化に対する制度の追認」として肯定的にとらえるかにある（以下，前者を「形骸化」論，後者を「追認」論と呼ぼう）[1]．なぜ，こうした点が争点になるかというと，制度の変質を「形骸化」とみれば，食管制度はそれが本来有していた民主的な内容に復帰するように建て直しや抜本的改革が必要になるが，「変化への制度的追認」とみるならば，現在の食管制度は当面，そのままの形で肯定され，状況が変化すれば，さらなる手直しが求められるからである．また，後者の見方では，食管制度は実態の変化に対する一種の自動調節機構を有しており，具体的には制度内に「市場的な部分」を取り入れることによって，今日まで生き残り，現実的に機能してきたことになる（吉田［1992］116頁）．

　ところで，あらかじめ誤解のないように言っておけば，いわゆる「形骸化」論者が指摘する「食管制度の形骸化」とは，「中身が失われて外形だけが残っているもの」（広辞苑）という意味での「形骸」に転じたと言っているわけではないことである．もともと「形骸化」とか「空洞化」という表現は，「形骸」や「空洞」を完了したという意味ではなく，「化」という接尾語がついていることから明らかなように，現在進行形にある状態を指している．三島［1990：262頁］でも，誤解を避けるために，わざわざ「形骸化の度を強めている」といった言い回しをしているのだが，「追認」論者にはその辺の言葉の機微が分からなかったらしい．

表 1 米・食管問題関連年表（自主流通米制度導入以降）

1969 年	自主流通米制度発足
70 年	米生産調整・稲作転換対策スタート（1 年目緊急措置，71 年から本格実施）
71 年	米売渡予約限度数量制実施 第 1 次過剰米処理対策実施（74 年までに処理費 1 兆円）
72 年	米販売価格の物価統制令適用廃止
76 年	政府・自民党，政府米の売買逆ざや解消方針決定
77 年	政府米売買損失額 6,066 億円でピークに
79 年	政府米買入価格に品質格差導入（1〜5 類） 第 2 次過剰米処理対策実施（83 年まで）
80 年	日本経済調査協議会「食管制度の抜本的改正」提案 転作等目標面積算定に単年度需給均衡方式を採用（減反面積，677 千 ha に）
81 年	食管法改正（厳格な配給統制の停止，自主流通米の法認など）［82 年 1 月施行］
82 年	臨時行政調査会基本答申（全量管理の見直し，米価の引き下げなど）
84 年	韓国米緊急輸入 他用途利用米制度発足
85 年	米穀の流通改善措置大綱決定（政府売却の弾力化，複数卸など） 政府米買入価格据え置き（86 年まで）
86 年	全米精米業者協会（RMA），日本の米貿易の通商法 301 条適用を求めて，米国通商代表部（USTR）に提訴（88 年再提訴） GATT，ウルグァイ・ラウンド開始 マスコミの農業批判，高まる
87 年	生産者米価 31 年ぶりに引き下げ（92 年までに 12% 引き下げ），順ざや米価に移行 経団連「米問題に関する提言」
88 年	米流通改善大綱決定（自主流通米の拡大，新規参入，営業区域拡大，など）
89 年	農政審報告「今後の米政策および米管理の方向」（民間流通米の拡大など） 水田農業確立後期対策決定（減反目標面積，過去最大の 83 万 ha に）
90 年	(財)自主流通米価格形成機構設立（一定量を入札取引），米市場開放論高まる
92 年	米需給の逼迫により減反面積の一部緩和（単年度措置） 水田営農活性化対策決定（減反目標面積 67.6 万 ha に緩和） 政府米，他用途利用米の不足から「制度別・用途別生産・集荷目標」策定
93 年	戦後最大の凶作（作況指数 74），米緊急輸入決定，減反面積さらに緩和（60 万 ha） ウルグァイ・ラウンド合意（日本政府，コメのミニマム・アクセス受け入れ）
94 年	平成コメ騒動起こる，戦後最大（255 万トン）のコメ輸入，作況指数 109 の豊作 農政審議会報告「新たな国際環境に対応した農政の展開方向」 「主要食糧の需給及び価格の安定に関する法律」制定（「食糧管理法」廃止）

なぜ，こうした点にこだわるかというと，三島を含めた「形骸化」論者は，食管制度が度重なる改変の結果，まったくの機能不全に陥り，今日では形骸しか残されていないと認識しているわけではなく，二重価格制や国家貿易などを規定した食管法自体は廃止されることなく現在でも存在しており，国民運動と政府の姿勢いかんによっては，それが本来有している目的に沿って機能させることが可能であると考えているからである．また，食管法の運用においても，すべてが改悪になっていると短絡的にとらえているわけではない．そこにはもともと食糧の公平配分のための統制システムとしてスタートした食管制度を，時代の変化に対応させて改善していった面が明らかに存在している．

　当然のことながら，食管制度の目的も1942年の制定当初から変化してきている．1982年1月に施行された改正食管法では，米麦の需給と価格を調整し，流通を規制することが主な目的になっている．だが，財界やアメリカに従属した近年の政府・与党の動きをみると，現行の食管法の目的さえ邪魔になり，同法を骨抜きまたは廃止することによって，米輸入の完全自由化に道を開き，米市場を大資本による高利潤取得の場として再編しようとしているように窺える．これに対し，国民の主食である米の安定供給を図り，水田農業を守る立場から，現在の食管法の目的をとらえ直し，二重米価制など民主的条項の実質化を目指す動きも脈々と続いている．

　このように食管制度の目的や役割は，彼我の対抗関係のなかで変化しているのであり，これが機能しているかどうか，また，どのように機能させるべきかの判断は，同制度の目的や役割をどうみるかによって異なってくる．いわゆる「形骸化」論者のように，米の安定供給や水田農業を守るテコとして食管制度を活用しようとする立場からすれば，自主流通米制度の導入や稲作転換政策開始以後の食管制度の変質は，明らかに形骸化の度を強めている．なぜならば，大幅で強制的な減反と米価の抑制政策，および政府米の順ざやへの移行などの結果，今日では水田生産力の低下と不正規流通米の増大が進み，米の安定供給の基盤が大きく揺らいでいるからである．しかしながら，

吉田［1986］のように，同制度の役割を，米の生産や流通および消費の変化に対応した「新たな流通秩序」（285頁）の形成や，「生産調整とセットとなった最低価格支持機能」（292頁）などに求める立場からすれば，食管制度は現在に至るまで十分に機能しているということになろう．そのいずれが正しいかは，読者の判断に任せるが，前者の立場に立つ筆者として一言述べておくならば，「新たな流通秩序」や「（生産者米価の）最低価格支持機能」といったところで，国内の水田農業が衰退し，米の自給体制が崩れた後では，そうした制度の機能は文字どおりの形骸に転じてしまうことになろう．

(2) 「制度」の理解をめぐって

ところで，「形骸化」論と「追認」論という2つの対立する考えは，その目指す方向や政策・制度に対する見方がかなり異なることもあって，必ずしもかみ合っていない．「追認」論には，政策や制度は，つねに実態の変化に対応して修正されていき，しかもそれが国民の利益と合致するという，（当面，食管制度に限ったものではあるが）驚くべき楽観論が横たわっている．具体的に食管制度の変質過程についていうと，これは米生産者や流通業者の構造変動，さらには米消費の質的変化や構造的過剰に対応したもので，基本的に評価し得るものとなる．他方で「形骸化」論はどうかというと，吉田［1992］の表現を借りると，「コメ消費，流通の社会的な変化さらには食管制度の担い手（生産者，消費者，卸，小売，農協）の経営の多様化や構造変動，あるいは需給事情つまりコメ過剰という現実を軽視もしくは制度の変化によってもたらされた受動的なものとしてとらえて」（112-113頁）おり，これは「生産者，流通業者の主体を軽視した制度史観ともいえる」（113頁）ことになる．

「制度史観」というのは，かつて犬塚昭治が三島［1988］に対する「編者あとがき」のなかで指摘された表現である．同氏は同書の内容を一方で評価しつつも，他方で「食管形骸化の事実がもっぱら制度の改悪によってもたらされたと理解する制度史観」（295頁）に立っていると，根源的な批判を行っ

ている.

　ここでは「制度」の理解について，犬塚・吉田と，三島を含めた「形骸化」論者との間に天と地ほどの違いがあることに瞠目せざるを得ない．私の理解によると，制度はつねにその体制を支えるものとして作られており，国家独占資本主義の体制にある現在の日本の諸制度も，同様に現行体制の維持・強化が目的になっている．だが，国家独占資本主義というのは，その歴史的移行の背景からして二面性を有している．いうまでもなく，ひとつは独占資本の利益擁護と体制の補強という側面であり，もうひとつは社会的弱者に対する保護と救済を掲げた「福祉国家」という側面であり，どちらの性格が前面に出るかは，国民の運動と体制危機の進展いかんによる．こうした国家独占資本主義の二面性に対応して，その体制下で作られ，運用される制度も二面性をもつことになる．すなわち，国民の運動や体制危機の進展いかんによって，制度は国民の立場からみて改悪されたり，支配者側の譲歩のうえで改良されたりするのである．

　三島は，制度というものを，上記のような階級闘争史観と国家独占資本主義論に立って二面的にとらえているのであり，「制度史観」などという意味不明の「史観」に立っているわけではない．想像するに，「制度史観」とは「制度と政治を同一次元でとらえ，制度の変質を時の政府の"悪い政策"の結果としてのみ理解する一面的考え方」のようである．食管制度について言うと，制度改変の背景には，米消費・流通の変化や米過剰の顕現という事実があったにもかかわらず，「制度史観」では，それらの動きを軽視ないし無視し，政府による"悪い政策"の結果，食管制度の形骸化が進んだとみていることになる．

　だが，唯物史観を持ち出すまでもなく，経済的な下部構造と政治的上部構造との間には，相互規定的な関係がありつつも，基本的には前者が後者を規定している．したがって，"悪い政策"が展開される背景には，多くの場合，経済的下部構造における深刻な矛盾が存在している．国家独占資本主義の体制においては，そうした矛盾は国家の政策によって先取りされ，一定の解決

が与えられる．大内［1968］も述べているように，わが国では食管制度は国家独占資本主義の体制にビルド・インされた制度であり（28頁），同制度に発生した矛盾や問題点は，制度の改変や運用によって解決していくメカニズムが機能しているのである．

こうして，問題の焦点は，食管制度の改変の動因になるような矛盾や問題とは，具体的にどのようなものであったのかという点に移って行く．以下では，食管制度の変質をめぐる議論のなかで，「形骸化」論と「追認」論が真っ向から対立している，自主流通米制度導入の背景について検討してみよう．

2. 自主流通米制度をめぐる議論

(1) 自由米の増大を要因とした吉田理論の破産

吉田［1990］の中では，「この（自主流通米—筆者注）制度なしには，現行の食管制度は存続しなかったと思われる」（263頁）と大胆な指摘がなされている．その根拠について，吉田は別稿で「自主流通米の導入は，財政赤字の歯止めという側面もあるが，構造的過剰，良質米志向に沿った自由米の増加という事態に直面して，食管制度の枠内での改善であり，生産調整の前提条件なのである．まさに，自主流通米は原形としての食管制度のもとでの諸矛盾を食管制度の枠内でする改善策，延命策なのである．したがって，自主流通米制度がないならば，構造的過剰のもとで，生産調整や品質の差別化が不可能となり，自由米が増大し，食管制度の存続が困難になったと予想される」（吉田［1992］118-119頁）と述べている．難渋な文面だが，つづめて言うならば，自主流通米制度がなかったならば，政府米以外の自由米流通や減反割当を無視した自由作付が増大し，結果として生産調整は水漏れになり，食管制度は内部から崩壊していったであろうとするのである．

だが，全量政府買入れの体制を維持したならば，食管制度の存続は本当に困難であったのであろうか．この点については，自主流通米制度が導入される1969年以前に遡って，政府米の集荷状況を検討してみる必要がある．結

論だけを述べるならば，1960年代を通じて政府米集荷率（米収穫量に対する政府米買入量の比率）は顕著に増大し，反面で自由米の発生源である「農家消費等」は，その量・比率とも確実に減少していったのである．具体的に言うと，政府米集荷率は，1950年代中頃の40％弱の水準を底に，以後，一直線に上昇し，自主流通米制度導入の前年である1968年には70％にまで高まった（食糧庁資料）．こうした，政府米の増大を支えた要因は，この時期，とりわけ1961年以降における政府買入米価の連年の引き上げと政府米売買逆ざやの拡大にあった．言い換えると，政府買入価格の引き上げと売買逆ざやの存在のために自由米の増大が困難であったのがこの時期の特徴であり，吉田の論拠は事実によって破産を宣告されるのである．

　もっとも，精米の販売過程，すなわち卸・小売の段階では「配給米の横流し米」としての「自由米」はかなりの量に上っていた．こうした「自由米」の増大が，政府の流通管理に面倒な課題を投げかけたことは事実だとしても，それは食管制度の存続を危うくするような問題ではない．なぜならば，政府による全量管理の要(かなめ)は集荷段階にあり，これを政府が掌握している限り，制度の根幹は維持できるからである．また，格上げ混米など末端流通の乱れも，政府米の買入・売渡価格に適正な品質格差をつけた上で，行政による監督をきちんと行えば，全部とはいわないまでも，かなりの程度は防止することができる．

　ところで吉田は，「自主流通米が生産調整とセットあるいはその前提条件」であったとして，「自主流通米制度抜きに果たして生産調整が可能であったであろうか」と自主流通米制度の導入を批判する三島に疑問を投げかけている（吉田［1992］118頁）．これは自主流通米制度導入当時の食糧庁長官・檜垣徳太郎氏（後に自民党代議士）らの発言を根拠に言っていることだが，政府買入・売渡米価に前述のような適正な品質格差を設け，同時に一定幅の逆ざや米価体系を存続させる限り，いわゆる水漏れは最小限に抑えることが可能である．まして，政府がその後実施した買入制限とセットとなった強制減反ではなく，米以外の農産物の価格保障を条件とした自主的な稲作転換方式

が取り入れられたならば，自由米ルートは事実上，遮断できたであろう．

こうして自由米の増大や生産調整の水漏れを根拠とした吉田氏の主張が崩れた以上，自主流通米導入の真のねらいは別なところに求めなくてはならない．端的に言うと，それは日本資本主義のアキレス腱の1つである財政問題である．

(2) 間接統制移行を目指した自主流通米

日本資本主義が"戦後最大"といわれた1965年不況を，赤字国債とベトナム特需で乗り切りつつあった67年末に，財政硬直化問題が顕在化し，その象徴として，国鉄，健康保険，コメの，いわゆる"3K赤字"が攻撃の矢面に立った．そして，68年には総合予算主義が導入されたが，その直接のねらいは公務員給与と生産者米価の抑制にあった．さらに，大蔵省の諮問機関である財政制度審議会は，68年11月に，財政硬直化の打開策として，食管制度，国鉄，地方財政，さらに社会保障制度の改革案を相次いで提出した．食管制度についての財政審の報告は，米管理制度の将来のあり方として「自由流通を原則とした間接統制」を明確に打ち出している．その上で，当面とるべき改善措置（準備段階）として，生産者米価の抑制，生産の抑制，配給制度の自由化など，いくつかの具体的対策を示すのだが，そのひとつに「米の政府買い入れの調整」ということがあげられた．それは，「消費者の選好に合った良質の米で高く売れるものは自由に直接，米販売業者または消費者に売却できるよう米の自由流通を認めることを前提とし，政府と生産者団体と協議，政府に売り渡すべき米と自由米の数量を協定で取り決めるという方法」（財政審の「食糧管理制度改善についての報告」日本経済新聞，1968年11月23日付）である．さらに，財政審報告から約1カ月後に，自民党の総合農政調査会は，「自主流通米を導入し，政府買入量を事実上減らす」ことを柱とした中間報告をまとめている．こうした財政審や自民党の動きは，この時期，財界によって相次いで発表された食管制度の間接統制移行への提言（67年12月経済同友会，68年8月関西経済同友会，同年9月日本商工会議所）に沿った

ものである．

　ともあれ，こうした財界や大蔵省の動きに呼応する形で，農林省は68年12月に自主流通米制度の構想をかため，翌69年5月に閣議決定される．だが，「食管法第3条（全量政府売渡しを規定）との関係で疑問がある」（高辻法制局長官の国会答弁）同制度の導入は，"食管制度のなしくずし的改変"として農業団体や野党の激しい反発を呼び，導入後しばらくは政府米主体の流通は変わらなかったのである．

　自主流通米制度決定に至る以上のような経過を見るならば，そこには間接統制移行をめざす財界と大蔵省の強い要求を窺い知ることができる．そして，この時期に間接統制があらためて提起された背景に，1967年頃から顕在化し始めた米過剰と，それに伴う食管「赤字」の増大があることは明らかである．すなわち，「米需給の面からも，財政負担の面からも，食管制度の運営を従来通りの方法で継続することはもはや不可能な事態に達している」（財政審報告）というのが，彼らの認識になったのである．

　このように自主流通米制度が，財界や政府（大蔵省）によって「間接統制移行への準備段階」（同報告）として明白にとらえられている以上，この制度の導入をもって「消費者選好への対応」「自由米の食管への取り込み」などと言うのは，"木を見て森を見ない"認識の最たるものである．自主流通米は近い将来に自由米に移行することが予定されている米であり，これを「第二政府米」（吉田俊幸）「準政府米」（佐伯尚美）などと言うのは，この米の存在を過大評価することに通じる．その点では，自主流通米制度の導入にあたって，農民や農協組織がこれを"食管のなしくずし的改変"としてとらえ，強く反対したのは，まったく正当であった．のちに系統農協は条件つきでこれを認めていくことになるが，こうした反対運動があったからこそ，指定法人による自主流通米の一元販売や各種助成金の獲得が可能になったともいえる．

　実際，政府米の逆ざや体系の存続の中で，自主流通米の拡大は困難をきわめ，政府は多大な助成金の支出を余儀なくされた．その結果，"近い将来に

自主流通米を自由米へ移行させる"という，政府の当初の目論みは崩れ，自主流通米は一見，定着したかのような印象を与えている．しかし，最近では，自主流通に関わる助成金の削減が，順ざや米価への移行と連動しながら，急速に進んでいる．そして，助成金が全廃された時，自由米とのあいだの垣根はなくなる．その時点で米流通の主体になるのは，「民間流通米」（1989年農政審報告）であり，政府米の地位は著しく低いものになる．部分管理ないしは間接統制の完成である．

このように自主流通米制度の導入とその後の経過をとらえるならば，同制度が食管を形骸化させ，最終的には全量管理体制の解体を指向したものであることは火をみるよりも明らかであろう．

3. 食管制度無機能論：からめ手の食管廃止論

食管制度の「変質」に対する評価の違いはあれ，同制度が現実に機能しているという点では「形骸化」論も「追認」論も同じなのだが（もっとも，機能の中身はかなり違っている），数多い食管論の中には，いまや食管は無機能化し，歴史的にその役割を終えたとの議論を展開するものが存在している．とくに，コメ問題が社会の注目を浴び出した1980年代中頃から，現行食管制度の矛盾点を突きながら，食管は農民のためにも消費者のためにもならないとする，いわばからめ手から食管を攻撃する論調がマスコミ関係者を中心に登場してきた．その先陣を切ったのは長谷川［1984］である．長谷川は朝日新聞の当時の編集委員であるが，1984年の韓国米の緊急輸入や臭素米問題（米不足の中で臭素によってくん蒸した超古米を政府米に混入していたこと）を例に挙げながら，安心して食べられる米の安定供給の責任を政府が事実上放棄してしまっていると糾弾し，返す刀で，食管制度が「農政当局，与党，農協組織」の三者の利益を図るだけの腐敗構造になっていると，切り捨てる．このように舌鋒するどく食管制度の矛盾点を批判したうえで，同氏は「食糧管理法は，すでに無用であるばかりか，極めて有害でさえある」(244

頁)と結論するのである.

 このように長谷川は,食管制度の運用のまずさや同制度の骨抜きが原因となって発生した"事件"を,あたかも食管制度そのものの矛盾であるかのように針小棒大に描き出し,制度の廃止を主張する.その手法は実に巧妙である.筆者が「からめ手の食管廃止論」とした所以である.また,臭素米問題にみられる政府の不手際や,食管を通じた"三者の腐敗構造"をするどく批判して,国民の共感を得る一方で,食管制度が現実に米の安定供給に寄与している面を無視するやり方は,"虚実ないまぜで結論に導く"論法といってもよいだろう.

 この点から言うと,「米輸入を規制する役割を除いて,食管の経済福祉的機能がすべて失われている」と断定した上で,「新食管制度(1981年の食管法改正後の制度—筆者注)とその組織は,社会的目的を失った抜け殻でありながら,自己維持を自己目的とする強固な官僚装置である」として,その廃止を主張する大崎[1987]も長谷川と同様な論法を取り入れているといってよい(174頁).もっとも正確に言うと,大崎が廃止すべきとしているのは,「減反,予約限度数量システム,国家による米の需給操作,自主流通米制度,政府米価格の逆ザヤ制度,米統制に伴う奨励金」であり,政府米を利用した備蓄と価格調整,国境措置は残すとしているのだが,後者の措置は食管でなくてもできることから,氏の主張は実質的には食管廃止論と言っていいだろう.また大崎は,大潟村のヤミ米流通を高く評価しながら,「国民の側は,提携米・縁故米の普及,自主的備蓄,それらに基礎をおいた米の地域別需給調節に取り組む必要がある」(191頁)と「食管是非を超える自給と自立の論理」(188頁)なるものを説く.だが,米の安定供給における国家の役割を否定し,国民の側の提携米(自由米)運動のみで,「自給と自立」ができるなどと言うのは,ドンキホーテなみの滑稽な主張である.

 このように食糧管理における国家の役割を否定し,「生産者,消費者による自主管理の思想」(林[1980]208頁)の確立をいち早く主張したのは,近藤康男,林信彰らをメンバーとする協同組合経営研究所・食管問題研究委員

会による「国民食糧確保のための食糧管理制度への提案」(1979年3月)である。これは「農協食管論」として食糧政策研究会 [1987] (53-56頁), 河相 [1987] (262-270頁) などで批判がなされている[2]ので, ここでは直接触れることはしない. この提案の背後にあるのは,「食管堅持の名のもとに, 生産者米価の据置きが行われ, 米の生産調整はますます拡大されている」(林 [1980] 195頁) という現状認識である. 事態はそのとおりであろう. だが, そうだからといって,「食管堅持」の主張が意味を失ったというのは, きわめて短絡した考えである. ここでも, 食管制度が本来有している機能と, これが政府の施策を通じて空洞化されている実態が混同され, 国家による管理の必要性自体を否定してしまう手法がとられている. とくに提案の中心的メンバーである林は, 1979年産米から採用された政府買入価格に対する品質格差の導入をもって,「食管制度の部分管理への移行を決定づけ, さらに間接統制の方向に一歩進めた」(同上198頁) としているのだが, このような評価は, 第1に品質格差の導入を部分管理や間接統制といった管理方式の移行と結び付けてとらえている点で, また第2にそうした評価の上で食管制度堅持論の無意味さを指摘する点で, 二重の誤りを犯しているように思われる.

4. 部分管理論

最後に「流通としての食管制度」論を, 近年, 精力的に展開されている佐伯尚美の主張に触れておこう. すでに1980年に発表された佐伯 [1980] において, いち早く,「実態論としていえば, 現在の食管は間接統制とほとんど大差ないものに変質してしまっている」(20頁) との認識を示した同氏は, その後, 出版された佐伯 [1986], [1987] などにおいて自説を発展させていった. とくに後者の著書において佐伯は, 食管制度は, 1970年代前半の時期において,「ある種の間接統制の段階に入っていった」(3頁) と明確に規定し,「問題は現在の食管制度が間接統制であるか否かにあるのではない. 間接統制であることを当然の前提として, むしろ重要なのはその特殊性を問

うことである」(11頁) と問題を提起している．その場合，同氏にあっては「理論的には市場原理を全面的に否定するのが直接統制，なんらかの程度・形態においてこれを利用するのが間接統制」(2頁) と，間接統制についてかなり幅のある概念規定をしているのが特徴的である．間接統制という言葉は，一般には，自由流通と市場原理の全一的支配を前提にしたうえで，政府が必要に応じて市場介入を行うシステムとして，財界などが現行の食管制度の廃止以後に描いている米管理方式として理解されているわけだから，佐伯による上記の「間接統制」の定義は一種独特なものである．また，佐伯 [1987] では，「現実の米流通がすでに部分管理化しており」(271頁)，その「方向を徹底させ，それに一元化すべきだ」(はしがき) とも述べられている．すなわち，佐伯によると，1980年代後半の食管制度は，すでに間接統制の段階にあり，政府の米管理は部分管理化されていると評価されるわけだが，その一方で完全自由化を否定し，「望ましいシステムとは市場原理を主，統制原理を従とした価格・流通システムでなければならない」(271頁) として，氏の命名による「混合流通システム」を提起するのである．

　佐伯の食管論は，現状評価と将来展望が混濁しており，また同氏独特の概念規定を用いているのでフォローするのがたいへんだが，氏が望む今後の米管理の方向を一言でいうならば，それは部分管理の徹底ということになろう．この点では，1989年の農政審報告[3]を羅針盤として政府が進めている食管「改革」の方向と基本的には一致する．現に，生産者米価の引き下げ，政府米の縮小，正米市場の創設，流通規制の改革など，佐伯の主張した今後の「基本方向」(佐伯 [1987] 272-278頁) のかなりの部分は，その後，政府によって採り入れられ，実施されていった．だが，このことは今はどうでもよいことである．問題は，佐伯の主張する部分管理や生産者米価の引き下げ，さらには流通規制の緩和によって，いまや国民の合意になっている米の自給体制の堅持，および供給と価格の安定が図れるかどうかである．

　この点では，佐伯を含めた現状分析家の鼎の軽重が問われるわけであるが，冒頭に述べたように，その評価は現実の展開自体が決することになるのであ

る．

5. 米不足・自由化問題と食管制度のあり方

　再び表1に戻ってもらえば明らかなように，今日，食管制度は，戦後最大の1994年凶作に端を発した米不足と，これに便乗した節がみられる政府による米のミニマム・アクセス（最低輸入義務）受け入れによって，あらためてその役割が問われている．一部の学者やマスコミは，食管制度本来の主旨を歪め，系統的に制度の形骸化をすすめてきた"政策の失敗"を追求することなく，米不足の原因を食管制度自体の存在に求め，その改廃を主張している．政府によるミニマム・アクセス受け入れも，食管制度にもとづく緊急輸入政策を「部分市場開放」と誤認させる，常軌を逸したマスコミの情報操作が最大限利用されている．かの"虚実ないまぜで結論に導く"論法によって，日本の命運を左右する重大問題が決せられていくことは，民主主義と学問の危機の深まりを示す．

　こうした情勢の急展開の中で，三島[1993]は，今日の局面を「『構造的過剰』から『構造的米不足』時代への転換」としていち早くとらえ，「これまで続けられてきた食管『改革』の結果，同制度はいまや機能不全をきたしつつあり，米の安定供給は重大な局面を迎えつつある」ことを強調した（5-6頁）．1970年代以降の食管制度をめぐる議論の多くは，米の構造的過剰を当然の前提とし，「現行食管制度の流通および消費面での役割は，コメ過剰の発生とともに終わっている」として，減反政策とミックスした生産者米価の引き下げ，さらには流通規制の緩和を主張してきた（たとえば松島[1992]98頁）[4]．

　だが，1990年代初頭に明らかになった「米構造的過剰の終焉」は，これらの主張の前提そのものを崩している．今日の米不足を異常気象に伴う一時的なものと，あくまで抗弁するならいざ知らず，食管制度が次々と形骸化されてきた中で，米づくりに対する生産者の意欲が失われ，稲作生産力が構造

的に弱化してきたことが，米不足の背景にあることは，現状分析家が一般に認めることではないだろうか．

これに対し，食糧政策研究会［1987］や河相［1987］では，いわゆる「米過剰」は政策的につくられてきた面があるとして，米生産調整目標面積の大幅削減と棚上げ備蓄方式による「ゆとりある需給計画」を主張してきた．同時に，生産者米価の設定においては，社会的必要量の中で「限界条件にある農家層の，労働者なみの労賃を償う生産費を保障する水準」で行うことが必要であるとして，当面，その引き上げをつよく求めてきた．

三島［1988］は，政府米の逆ざやや米価体系の復活が，「政府管理米のヤミ米化を防ぎ，政府の流通管理を徹底させるためにも必要である」(284頁)との主張を行った．また同書では，米流通業者（農協を含む）における「営業の自由」と社会的規制について考察を加え，「食管制度のなかに『公正で自由な競争』を行える仕組みを導入することは，今日的情勢の下では不可避になっている」(276頁)と述べた．さらに，論議の多い自主流通米について三島［1990］は，食糧政策研究会編［1987］のように，これを廃止するのではなく，経済原理に従って政府米に回帰する条件をつくることが，何にもまして必要であると主張し[5]，生産者米価の引き上げによる相当幅の逆ざやの復活と自主流通奨励金の削減がそのカギであるとした（278頁）．

近時の米不足は，つきつめていけば国産政府米の不足である．生産者米価の連続的引き下げによる生産者の意欲減退と，自主流通米・自由米（ヤミ米）へのシフトが，政府米在庫の異常な減少をもたらした．他面で消費者は，政府米主体の安い米を買いたくても買うことができず，やむを得ず割高な自主流通米や自由米を購入している．政府は内外価格差を縮小するとの理由で政府買入価格の引き下げをはかったが，結果的には安い政府米が減少し，相対的に高い自主流通米と自由米が消費市場に定着することによって，内外価格差はむしろ拡大していったのである．

いわゆる"平成コメ騒動"は，国民の大多数が米自給と安定価格での国産米の供給を求めていることを明白にしたが，こうした国民世論に応えるため

には，政府米供給の再度の増大と，それを促進する政府買入米価の引き上げが必要になってきている（三島 [1994]）．

だが，こうした食管制度立て直し論に対抗する形で，市場原理の大幅な導入や食管制度の廃止によって，日本稲作の体質強化が可能になり，輸入自由化にも対抗できるとの主張も強まっている．

1994年の秋には，ウルグァイ・ラウンドの批准とともに食管法の改正が国会に上程されることになろう．こうした情勢下で食管をめぐる議論も活発になっているが，94年の前半期に相次いで出版された臼井・三島編著 [1994]，河相編著 [1994] は，自由流通下のタイ，部分管理下の韓国，および自主流通米価格形成機構の設立によって変貌を遂げつつある日本の米市場構造と管理の実態を客観的・実証的に分析した研究書であり，食管論議に重要な一石を投じている．

注
1) 「食管形骸化論」なる言い方をしているのは，吉田 [1992] である．同論文は，その副題にあるように三島徳三を「食管形骸化論」の代表的論者としている．さらに，吉田 [1990] によると，「形骸化」論者として他に河相一成，北出俊昭などが上げられているが（2頁），各氏の見方は微妙に異なっている．なお，吉田 [1992] では，「現実の食管制度の変質過程は，実態面が先行し，それを制度が対症療法的に追認・整備することによって，さらに実態的な変化を加速するという構造にあったことが大きな特徴点である」（114頁）としている．ここでは，こうした見方を，簡略化のため「追認」論と表現しているが，佐伯尚美を中心とした研究グループは基本的に「追認」論に立っているとみてよい．
2) なお，食糧政策研究会 [1987] では，農協食管を批判する一方で，米穀の管理主体を国家としているが，この点は財政的裏付けを得て現状の打開を図るうえで決定的に重要である．
3) 農政審議会「今後の米政策および米管理の方向」1989年．同報告では，今後の米流通の主体を「民間流通米」に求め，同時に自主流通米の「価格形成の場」の設立を提案するなど，実質的に部分管理の方向を打ち出している．
4) 同様な主張は，佐伯，吉田のほか農業経済学者を含む多くの学者，およびマスコミが行ってきた．
5) なお，吉田は，この三島 [1988] の片言隻語を取り上げ，「全量政府米による流通，管理を理想としている」（吉田 [1992] 117頁）と決めつけているが，三

島は同論文を含め，これまでに「全量政府米の状態が理想であり，その状態に戻せ」などとは一度も言っていない．三島 [1987] では，「制度要求というのは決して硬直的であってはならない．時代の変化とともに要求自体が変わっていくことは，当然ありうることである」(247頁) と述べている．米流通に関する吉田の精力的な研究は認めるが，論述にあたってはもう少し細心さが必要なようである．

引用・参考文献

臼井晋・三島徳三編著 [1994]『米流通・管理制度の比較研究―韓国，タイ，日本―』北海道大学図書刊行会

大内力 [1968]「国家独占資本主義と食管制度」日本農業年報17集『食管制度―構造と機能―』御茶の水書房

大崎正治 [1987]「食管制度のパフォーマンス」坂本慶一・大崎正治ほか編著『米――輸入か農の再生か』学陽書房

河相一成 [1987]『食糧政策と食管制度』農山漁村文化協会

河相一成編著 [1994]『米市場再編と食管制度』農林統計協会

北出俊昭 [1991]『米政策の展開と食管法』富民協会

佐伯尚美 [1980]「食管制度と農業・農政」日本農業年報28集『食管―80年代における存在意義―』御茶の水書房

佐伯尚美 [1986]『米流通システム―流通としての食管制度―』東京大学出版会

佐伯尚美 [1987]『食管制度』東京大学出版会

食糧政策研究会編 [1987]『日本の食糧と食管制度』日本経済評論社

鈴木直二 [1974]『米――自由と統制の歴史』日本経済新聞社

長谷川熙 [1984]『コメ国家黒書』朝日新聞社

林信彰 [1980]「食糧の自主管理構想」今村奈良臣編著『転機にたつ食管制度』家の光協会

松島正博 [1992]「現状復帰論者の現状認識―河相一成氏の食管論批判―」『現代農業』臨時増刊「どうする日本農業 論争・日本の農政」，1992年3月

三島徳三 [1987]「米流通と食糧管理制度」川村琢監修『現代資本主義と市場』[改訂版] ミネルヴァ書房

三島徳三 [1988]『流通「自由化」と食管制度』農山漁村文化協会

三島徳三 [1990]「食管制度をどう改革するか」農産物市場研究会編集『自由化にゆらぐ米と食管制度』筑波書房

三島徳三 [1993]「『新農政』における市場再編―食管制度と卸売市場制度を中心にして―」『農業市場研究』第2巻第1号

三島徳三 [1994]「構造的コメ不足への移行と食管制度の再構築」1994年『現代農業』臨時増刊「どうするコメ」1994年2月

持田恵三 [1970]『米穀市場の展開過程』東京大学出版会

第5章 学説批判

吉田俊幸 [1992]「古い理念で現実を裁断する『食管形骸化』論―三島徳三氏批判―」『現代農業』臨時増刊「どうする日本農業 論争・日本の農政」, 1992年3月

吉田俊幸 [1990]『米の流通――「自由化」時代の構造変動』農山漁村文化協会

吉田俊幸 [1986]「米流通の変化と食管制度」梶井功監修『稲作農業の展望とポスト水田利用再編対策』全国農協中央会

補論

正米市場に関する歴史的研究

はじめに

　いわゆる正米市場の淵源は，幕藩体制期において大坂や江戸にあった諸藩の蔵屋敷から民間に払い下げられる米（これを蔵米といった）の売渡し場所に求めることができる．とくに全国の藩米が集中した大坂には，すでに1730年（享保15年）堂島米会所が設立され，正米取引（米の現物取引）とともに期米取引（先物取引）を行っていた．この堂島米会所は明治維新後にも形を変えて存続するが，それは先物取引を行う米穀取引所に純化したものであった．

　明治以降の時期において，正米取引を行う具体的市場として最初のものは，明治19年に東京廻米問屋組合が開設した深川正米市場である．その後，東京には問屋の河岸から発展した神田川正米市場が生まれ，明治期には両市場で東京の米流通の過半を担っていた．

　同様な市場は，大阪や神戸にもつくられ，東京の2つの正米市場とともに明治・大正期の米の消費地流通で重要な役割を果たしていた．また，米穀取引所とともに公定相場形成の機能も大きく，とくに深川の正米相場は，全国の米取引の基準とされた．

　だが，米の輸送や取引方法の変化とともに，米流通における正米市場の比重が漸次低下し，昭和に入って以降は，米穀の価格統制のつよまりの中でその存在意義が薄れていく．そして米の価格・流通統制を目的とした昭和14年の米穀配給統制法の施行によって，正米市場は米穀取引所とともにその廃

止がなされ，新たに国策会社である日本米穀株式会社がつくられるのである．

かくして正米市場は，明治19年の深川正米市場の設立から数えて50年余りしか存続しなかったことになる．しかし，その前半は，米の自由流通の全盛期であり，その後半は大正7年の米騒動を転機に，米価統制とともに流通規制がなされていく時期である．そうした歴史的な動きに正米市場も無縁ではなく，大正中期から，その取り締まりを目指した正米市場の法制度化の検討が政府内部（農商務省）でなされていく．幾多の事情から当局策定の「正米市場法案」は日の目をみることがなかったが，その法律精神は残り，昭和5年に「正米市場規則」（商工省令）の制定をみる．しかしながら，その後の戦時体制と米穀統制の本格化は，この規則の生命をわずか9年で断ち切り，以後，この種の法制度はつくられていない．

だが，正米市場規則を廃止した米穀配給統制法の公布から数えて，奇しくも60年後の平成6年12月の国会で，「主要食糧の需給及び価格の安定化に関する法律」（食糧法）が成立し，米の現物市場の法制度化が再びクローズアップされることになった．周知のように，食糧法は米の自由流通を促進する一方で，自主流通米価格形成センターなる自主流通米の現物市場の法定化を図ったからである．一種の「国営コメ市場」の復活である．しかし，米流通の規制緩和の結果，民間米市場も自由に設立できるようになった．現に商系の米卸団体が大同団結して「日本コメ市場株式会社」の設立がなされ，規模は小さいが「疑似的」な米の現物市場が全国各地に生まれている．かりにこうした民間米市場の取扱量が増えていくならば，「国営コメ市場」である自主流通米価格形成センターの機能は十分に発揮できないことになる．

そのため，客観情勢としては食糧法施行後に生まれた民間米市場について何らかの規制が必要になってきている．だが，政府は一方で米流通の規制緩和を言っていることから，規制には二の足を踏んでいる．そして現実には，自主流通米価格形成センターにおける取引にいっそうの市場原理を導入する方向で，民間の米流通を包摂しようとしている．しかしながら，自主流通米取引の改革方向に確たる着地点はみられず，価格の乱高下のみが目につくよ

うになってきた.

　こうした米流通における現状況を念頭におきながら，本研究は，戦前の正米市場の歴史的経緯と取引の実態，および政策的措置について，明らかにすることを目的としている．

　民間米流通が主流になれば，正米市場のような現物の売買施設が発生せざるを得ないことは，自由流通が全盛をきわめた明治・大正期の米の歴史をみれば明らかである．したがって，食管法を廃止し，再び自由な米流通を導入しつつある政策方向からすれば，戦前の正米市場の歴史と実態についてもっと知る必要がある．だが，米流通や行政の関係者がそれを行っているようには見えない．その原因のひとつは，戦前の正米市場を直接対象とした研究書が，渉猟の限りほとんど存在していないことにあるように思われる．本研究は，そうした研究の空白部分を少しでも埋めることを意図している．

　各節の構成は次のとおりである．

　1節では，戦前の正米市場を消費地市場と産地市場に類別して概説する．2節では，東京における正米市場の歴史的経緯について述べる．3節では，深川正米市場を中心に，正米市場内部における取引の実態を明らかにする．4節では，正米市場に対する政府の政策措置について，米穀統制の進展と関連させつつ明らかにする．

　本研究は末尾に示した参考文献に依拠したものである．参照箇所は必要に応じて本文中に注記してあるが，それを省略したところも少なくない．戦前の正米市場の関係者のほとんどが，すでに幽明境を異にしている状況の中で，これらの参考文献はたいへん助けになった．この場を借りて，各著者に衷心より感謝するものである．

1. 消費地正米市場と産地正米市場

(1) 消費地における正米市場

明治の中期以降，昭和14年の米穀配給統制法の公布までの時期，東京，

大阪，神戸のような大消費地では米穀の現物取引の場である正米市場が存在していた．消費地の正米市場は，消費地問屋が荷受した正米を小売商に販売する機関であり，米流通の分散機能をつかさどるものである．

正米市場では卸売業者（問屋）と白米小売商との間の「縦の取引」がなされるだけでなく，問屋同士の「横の取引」もなされていた．これら「縦横の取引」を通じて，多数の需給が会合し，消費地における公正な価格形成と円滑な流通がなされたのである．

消費地の正米市場の特質について，戦前米流通研究の泰斗・鈴木直二氏は次の6点を挙げている（参考文献 [20] 50–51頁）．

　イ．売り手である卸売業者によって設置される販売市場である．
　ロ．買い手の大部分が小売商である．
　ハ．買い手の信用確保，取引価格の駆け引き，およびすべての卸売業者の売り物を知る便宜を与えるものとして，市場仲次人が存在した．
　ニ．見本取引，銘柄取引を行うことが可能であった．
　ホ．倉庫並びに着駅中心に正米市場の発生がみられた．
　ヘ．未着取引が存在した．

これらの特質の詳細については後に説明するが，あらかじめ消費地正米市場についての概要を述べれば，次のごとくである．

戦前の消費地正米市場の代表例は，東京の深川，神田川の両正米市場，大阪の道頓堀正米市場，および神戸米穀市場であり，ここでは表1のように，内地米だけでなく朝鮮米や台湾米といった植民地からの移入米の取引も行っていた．これらの正米市場は深川正米市場のように早くも明治19年から開設されたものもあったが，多くは大正期以降に設立され，昭和5年制定の正米市場規則によってあらためて国の認可を得ることになった．開設者はすべて組合であり，組合員の大部分は米穀問屋（卸売業者）であった．それは正米市場規則が，非営利法人および米穀の売買・仲介を行う商人の組合にしか，市場の開設を認めていなかったからである．

消費地の正米市場では，市場開設者である組合の構成員でもある米穀問屋

表1 正米市場における米の売買高表
(昭和12年中)

(単位:俵)

正米市場名	内地米	朝鮮米	台湾米	計
大曲正米市場	70,399	0	0	70,399
茨城正米市場	9,382	0	0	9,382
水戸正米市場	44,588	0	0	44,588
深川正米市場	939,608	1,035,117	1,075,822	3,050,547
神田川正米市場	1,310,717	179,133	330,268	1,820,118
直江津正米市場	29,007	0	0	29,007
甲府正米市場	58,689	0	21,256	79,945
津市正米市場	8,198	0	0	8,198
大津正米市場	46,560	0	0	46,560
道頓堀正米市場	173,904	832,676	24,440	1,031,020
神戸米穀市場	308,118	1,168,176	89,017	1,565,311
鹿児島正米市場	123,006	0	0	123,006
合計	3,122,276	3,215,102	1,540,803	7,878,181

備考:旭川・青森両正米市場における米の売買はない.
(商工省商務局取引所一覧・付正米市場一覧—昭和13年—73頁)
出所:鈴木直二「米穀流通組織の研究」柏書房,昭和40年,54頁.

(消費地問屋)が売り手となり,開設区域に存在する白米小売商が買い手となる.米穀問屋はもともと倉庫を有して,産地から委託または買付けで仕入れた米の店舗販売を行っていた.そのため,新たに開設された正米市場は,米穀問屋の共同売捌き場でもあった.だが,正米市場の最大の機能は,多人数が公開の場で大量の荷を売買することによって得られる,公正な相場形成である.代表的な正米市場の標準価格は,ラジオや新聞等で即座に全国に伝えられた.正米市場規則では,取引方法について,受渡期限(売買成立後5日以内)の取り決めと差金決済の禁止のほか目立った規定がない.しかし,定期取引(先物取引)を行う場である米穀取引所が,一部で投機市場化していることについての懸念が政府内部にあった.そのため,現物の引き渡しを時期をおいて行う延取引や差金決済など,取引所類似の行為は厳しく取り締まりがなされた.ただし,売買成立後5日以内に現物の引き渡しを行う未着

取引は認められていた．また，市場内の売買は通常は市場専属の仲次人を通じての相対取引であり，セリや入札はほとんど行われていなかった．

(2) 産地の正米市場

産地の正米市場は，産地における米の取引機関のひとつである．米穀統制がまだ本格化していなかった大正期から昭和初期の産地の取引方法は，竹澤篤二氏によれば次のごとくである（[12] 34-35頁）．

　イ．生産者は2，3の地方問屋に問い合わせ，その中で高価な方に販売する．
　ロ．買出商人の来るのを待って，数人の買出人中高価の方に販売する．
　ハ．買出人は地方問屋に売り込む者である．
　ニ．農業倉庫に委託して販売する．
　ホ．肥料と交換し，または収穫前に先約取引をなす．
　ヘ．買入市場である産地正米市場において販売する．

地方問屋は地元の白米小売商に対する分散機能を果たすだけでなく，遠隔の消費地に対する移出機能を果たす．移出を専門とする地方問屋は移出問屋と呼ばれる．また，ニの農業倉庫とは，多くが農会や産業組合のような共同販売組織が建設するものであり，これらの組織は委託された米をいったん倉庫に保管した上で平均販売する．

産地の正米市場は，生産者からの収集機能を果たすわけだが，以上の移出問屋や共同販売組織とは真っ向から競合する．そのため，産米を広範に集荷する大規模な移出問屋が存在していたり，産業組合のような生産者の共同販売組織が強固に組織されているところでは，一般にその設立は困難である．

歴史的には水戸，豊橋，秋田県大曲等に産地正米市場の実例をみる．そのうち大曲市場は大曲移出米商組合の組織したものである．市場における買い方は組合員である移出商人に限られ，売り方は地主，自作，小作の生産者および産地仲買人である．市場は毎日一定時間に開始され，市場に搬入された現品について，買い方をして順次セリ買いさせた（[20] 22頁）．

補論　正米市場に関する歴史的研究

　米は戦前においても零細農家で生産され，したがってこれを買い集める業者（仲買人）の数も多かった．これら多数の業者は無秩序に取引を行っていたので，取引価格は統一がとれず，取引上の不正も絶えることがなかった．これに対し，産地市場に多数の売り手と買い手が集まり，集団的に取引されることは，公正な価格形成と円滑な流通を可能にしていたのである．

　先の鈴木直二氏は，産地正米市場の特質として次の8点を挙げる（[20] 22-23頁）．

　イ．生産地市場は集荷市場である．
　ロ．生産地の背後地，すなわち米産地の農村を広く持つこと．
　ハ．売方が生産者であるから少量ずつ多数の供給となり，買方は商人で売方より少数の者である．
　ニ．先物取引市場としてよりも現物市場としての意義が大きい．
　ホ．実在取引であるから市場仲立人の必要がない．
　ヘ．実在取引のため倉庫施設が伴わねばならない．
　ト．生産地市場は積出駅に近接している必要がある．
　チ．生産地市場の存在は仲買人排除の傾向となる．

　これらの特質から言えることは，産地の正米市場は，仲買人によって錯綜・分断されていた米の集荷組織を合理化するもので，地方問屋や農会・産業組合のような共同販売組織が存在しないところでは，設立の必然性があるということである．

　しかし，戦前においては，全国的に産地の正米市場の設立は少なかった．これには，戦前の日本では米の移出産地における地方問屋の力が強かったことが影響しているように思われる．また，大正期以降，米集荷に産業組合が参入し，政府も農業倉庫への補助金交付などを通じてこれをバックアップしたことも，産地正米市場の設立を妨げる事情として作用したものと考えられる．

　こうした事情の中で，北海道に存在した旭川正米市場は，産地の正米市場の実例として貴重なものなので，以下で紹介しておく．

(3) 旭川正米市場の概要

　旭川市は北海道第1の米の生産地である上川の中心にあり，従来からその集散の衝を占めていた．上川の産米量は100万石を超え，旭川市内への出回り量も30～40万石に上ると推定されていた．ところが，市内の米穀取引は路傍や店頭等で相対で行われ，価格形成は公平を欠いていた．そのため，大正6年以来，旭川市商工会議所では，米の標準価格の公正を期し，売買の円滑化に資せんがために，正米市場の設置を関係当局に要望していた．

　その結果，昭和5年の正米市場規則の制定・公布後の同年10月18日，全国に先駆けて設立認可を得，同年11月11日に開場し，農家から持ち込まれた昭和5年産米の取引を開始した．場所は旭川駅に近い宮下通りにあり，開設者は旭川正米市場組合である．組合員の資格は，旭川市または接続町村において店舗を設け，米穀または肥料の売買あるいは仲介を業とする者，すなわち米肥商と呼ばれる商人であった．組合規約により，組合員には1名当たり50円の醵金が求められていた．設立当時の組合員数は44名（会社を含む）であったが，その後減少し，閉鎖される直前（昭和14年10月現在）の組合員数は36人であった．

　市場組合の業務規定の主な内容は下記のとおりである．

　イ．売買物件　米穀及び肥料

　ロ．米及び雑穀については売方は組合員以外は何人たるを問わずも，買方は組合員に限る．

　ハ．肥料については，買方は組合員以外は何人たるを問わずも，売方は組合員に限る．

　ニ．売買方法　米及び雑穀は現品により競売．肥料は現品または見本により相対売買．受渡は即日終了，売買数量制限なし．

　ホ．市場手数料　米及び雑穀については買方より1俵につき2銭，肥料は売方より海産肥料10円につき4銭，人造肥料，豆粕及び米糠，1個につき6厘．

　ヘ．委託手数料　米及び雑穀，1俵につき5銭，肥料は，海産肥料10円

につき 10 銭，人造肥料，豆粕及び米糠，1 個につき 1 銭 5 厘．
ト．玄米標準値段　旭川 4 等米，当日の出来値段を平均して算出．

(『旭川市史』378 頁)

　このように，米穀等の買い手は市場組合員に限られており，それらの売り手は，農民や仲買人であろうから，先の鈴木直二氏による整理から言うと，この市場は産地の正米市場により近い．しかし，旭川市は北海道第二の都市でもあり，米穀の消費人口も多かったことから，米穀商人が正米市場で買付けした米の一部は，市内の白米小売商に再販売されたものと思われる．したがって，消費地の正米市場の機能も併せもっていたと推定される．

　記録によれば，旭川正米市場の米穀の取引数量は，昭和 6 年 12,532 俵，7 年 9,583 俵であり，年間を通じコンスタントに取引がなされていた（帝国農会『地方産米ニ關スル調査』昭和 8 年）．

　北海道では，すでに小樽取引所が米穀の取引を行っていた．同所は明治 27 年に株式会社形態で設立され，大正 13 年に会員組織として再編されたが，ここは基本的に定期取引（先物取引）の場であり，現物取引はなされていなかった．こうした中で，北海道初の米の現物市場である旭川正米市場の，設立後の動きは注目に値するが，残念ながら関係者すべてが幽明境を異にしており，また資料も存在しないことから，これ以上の紹介はできない．

2.　東京における正米市場の設立と展開

(1)　深川正米市場設立の経緯

　正米市場と名のつくものは，東京廻米問屋組合が明治 19 年に設立した深川正米市場を嚆矢とする．

　深川正米市場は，正式名称を東京廻米問屋市場と言い，明治 19 年 12 月深川佐賀町 2 丁目に呱々の声を上げた．この地区は，幕藩時代から諸藩の蔵屋敷の米倉庫があったところで，いわゆる蔵米の現物取引が行われていた場所であった．深川正米市場は，明治維新後，東京への廻米の荷受と市中販売を

行っていた．廻米問屋・澁澤喜作ほか5名が創立した廻米問屋組合によって経営された．その背景には米穀流通の整備を図ろうとする維新政府の後押しがあった．当時，新政府は，東京市内の玄米問屋の統一を図ろうとし，明治17年に東京府知事に命じ，深川に米穀取引所を設けた．新設された東京廻米問屋市場は，この施設を引き継ぐ形をとった．

廻米問屋組合の構成員は，正米を産地からの依頼による販売，すなわち委託取引を行う消費地問屋であった．組合員の数は明治末で36軒であり，それに問屋と買い手の取引を仲介するほぼ同数の取次人が存在していた．

ところで，その当時（明治中後期），産地から東京に輸送される米の多くは，船舶を輸送手段としており，品川沖や横浜沖に錨を降ろした大型船から艀によって深川の米倉庫群まで搬送されていた．開設された深川正米市場は，これらの着荷について，組合を構成する問屋仲間に分配し販売することを本来の機能としていた．すなわち問屋同士の「横の取引」である．取引は公開の場で行われることから，上場される米の評価も比較的公正であり，深川市場で形成される価格は全国の取引価格の標準となった．

もっとも，深川市場では問屋から白米小売商への「縦の取引」も行われていた．当時，東京における卸売組織は深川のほかに神田川，亀島，竪川，新橋，田町などいずれも河川輸送が可能な河岸に存在し，前倉問屋または脇店と称して，深川正米市場から米穀の供給を受け，これを白米小売商に販売していた．だが，こうした「縦の取引」は深川正米市場においては付随的なものであり，市場における取引の中心はあくまでも問屋間の「横の取引」であったのである．

(2) 取引方法の変化と神田川正米市場の設立

しかし，明治の末期から消費地問屋の取引方法が，委託から買取りに変化し，正米市場の取引の中心は，問屋間の「横の取引」から，買付問屋と白米小売商の間の「縦の取引」に移っていく．その背景には，明治30年頃から鉄道の整備がすすみ，それに応じて産米の輸送方法も，従来の船舶によるも

のから次第に汽車輸送に変化してきたことが上げられる．東京においても，上野駅から鉄道を延長して貨物専用の秋葉原駅がつくられ，それまで海路によって深川へ入津していた関東米，東北米，北陸米が，鉄路経由で秋葉原駅に到着するようになった．このことは，もともと秋葉原駅の近くで営業していた神田川筋の前倉問屋に有利に作用し，明治後期には問屋間の「横の取引」と白米小売商への販売を行う「縦の取引」を共に行う，事実上の「正米市場」が生まれていた．

船舶から汽車へという米穀の輸送方法の変化は，米穀の取引方法や取引組織に多大なインパクトを与えた．従来の船舶輸送の場合には，1 船当たりの積み荷は大量であり，荷受けした問屋だけでは売り捌くことができないために，問屋仲間への分配が必要であった．取引単位も最低 500 石と多く，資金力や倉庫があるものが買い手となった．しかし，汽車輸送では 1 貨車の積み荷は少なく，取引の最低単位は 1 貨車で 10 トン（64 石），すなわち大雑把に言って船舶輸送の約 10 分の 1 に減少した．そのため，買い手の運転資金も少額になり，前倉問屋による産地からの直接買入も容易になった．

こうした事情は，東京の米穀流通における深川正米市場の地位低下と市場内問屋間の「横の取引」を減ずる結果をもたらした．加えて，その頃より問屋と白米商との取引が，旧来のような固定的な関係でなくなり，白米商が自由に複数の問屋と取引関係を結ぶようになったことも，「横の取引」を少なくした要因のひとつになっている．白米商と問屋との問屋関係が固定的であった時代には，白米商の欲する米がその問屋にない時は，「横の取引」を通じて他の問屋から取り寄せていたからである．

ともあれ，明治末から，正米市場の取引の主体は，問屋間の「横の取引」から，問屋と白米小売商との間の「縦の取引」に比重が移り，正米市場の機能も少しずつ変化してきたのである．

ところで，明治 19 年に設立された深川正米市場（東京廻米問屋市場）は，明治 39 年 3 月の農商務省令第 1 号によって，改めて政府の許可を受け，明治 41 年に秋葉原駅近くに神田川正米市場が開設（正式な認可は大正 2 年 11

月）されるまで，東京で唯一の米穀の現物取引を行う市場として繁栄をきわめた．

しかし，前述のように鉄道の整備による米穀の輸送方法の変化にともない，汽車輸送に便利な秋葉原駅周辺に米市場開設の必要が生じ，前記のごとく神田川正米市場の開設となったのである．神田川正米市場を開設したのは，同地区で営業していた蔵前問屋がつくった組合であり，市場はいわば問屋の共同店舗であった．しかし，神田川筋のそれぞれの問屋は，各店舗で従来どおり白米小売商への販売を行っており，正米市場との間には最初から一種の競合関係があったのである．

その後，大正12年の関東大震災によって，深川市場は倉庫その他一切の施設を灰燼に帰した．しかし，幸いにも神田川方面はその災禍を免れたので，震災後しばらく東京の米集散は神田川市場に依存せざるを得なくなった．このような天変地異も重なって，大正末から昭和初期にかけては，汽車積みの売買の多くは神田川市場で行われるようになった．他方，船積みのもの，具体的には朝鮮米，台湾米の売買は，その多くが深川市場で行われた．そのため，前掲表1のように，深川正米市場では外地米の売買が多く，神田川正米市場では内地米の売買が多かったのである．ただし，これは正米市場が廃止される2年前の売買実績であることに注意を払う必要がある．

(3) 正米市場取引の後退とその要因

なお，東京のこの2つの正米市場は，開設当時からそれぞれの組合組織で運営されていたのだが，昭和5年の正米市場規則の施行後に株式会社東京米穀商品取引所に併合され，資本金を増加させた上で，同取引所の正米部として経営されるようになった．だが，実際の市場運営は，所有者である同取引所から深川，神田川の問屋組合が市場の建物施設を借り受けて行っていた．しかしながら，昭和5年の正米市場規則施行を前後して，正米市場をめぐる環境が大きく変化し，その結果として両市場の取扱数量が減少し，東京における米流通の要の地位から追われていく．

表 2 東京における市場別・問屋組合別米穀取扱量の推定
(昭和 12 年頃)

(単位:千俵)

市場または組合名	内地米	朝鮮米	台湾米	総数量
深川米穀市場(市場外の扱高を含む)	1,000	2,800	3,200	7,000
神田川米穀市場(市場外の扱高を含む)	1,600	600	600	2,800
東京山之手米穀問屋組合 (昭和 12 年度に於て王子組合と合併す)	2,000	1,150	600	3,750
城南米穀問屋組合	650	150	100	900
芝米穀問屋組合	260	400	100	760
亀島米穀問屋組合	500	400	100	1,000
江東米穀問屋組合	770	430	140	1,340
王子米穀問屋組合	170	100	60	330
合計	6,950	6,030	4,900	17,880

出所:西田龍八著『東京に於ける米の配給』大日本米穀會,昭和 13 年,66 頁.

環境変化の第 1 は,関東大震災後に山の手の鉄道各駅に米穀の問屋組織が展開するようになり,従来から存在していた倉前問屋とともに,次第に深川・神田川市場の商圏を侵食していったことである.これらの新しい問屋組織は新宿,池袋,渋谷,恵比寿などに相次いで生まれ,後に合併して山之手米穀問屋組合(組合員 43 名)に発展していった.これらはほとんど倉庫をもたず,産地から直接買付けた米穀を白米小売商に相対で売却することによって営業を行っていた.通信手段の発達や米穀検査制度の普及とともに,品物が着駅に到着する前に,買い手との間に取引契約を結ぶ,いわゆる未着取引も発展していった.この場合,現物の引渡しは到着駅のホームで行われたため,倉庫は不要であった.

昭和に入って以降,輸送方法の変化の追い風を受けて,山之手米穀問屋組合の取扱量は急速に増大し,反面で,この影響をまともに受けた深川,神田川の両正米市場の取扱量は減少の一途を辿っていった.

昭和 12 年頃の東京の組合別取扱数量を推定した表 2 によれば,内地米の取扱いでは東京山之手米穀問屋組合がトップであり,神田川市場と深川市場を引き離している.外地米の取扱いでは,深川市場が優位を占めているが,

神田川市場のそれは落ち込み，山之手問屋組合の後塵を拝している．同表には，東京のその他問屋組合の取扱数量も推計されているが，東京全体における深川，神田川の両市場の地位は，内地米で4割弱，外地米を含めた総数量で5割強に落ち込んでいる．

第2の変化は，産地における米穀保管倉庫の整備が，深川廻米問屋のような倉庫を併設した消費地問屋の必要性を低下させていったことである．とくに大正6年に農業倉庫法が制定されて以降，産業組合を中心とした産地の米穀倉庫の整備が急速にすすみ，鉄道による小口輸送の増加と結び付いて，消費地の正米市場を経由しない取引が次第に主流になっていった．

第3の変化は，大正10年の米穀法の制定によって口火を切られた米穀の価格安定化政策の展開が，正米市場における問屋間取引（いわゆる「横の取引」）のうま味を減じていったことである．

自由流通が全盛をきわめた時代には，米穀取引所とともに正米市場を一種の投機の場とする者も少なくなかった．この頂点が大正7年夏の米騒動直前の米価の暴騰であり，この社会的大事件を契機に政府は本格的に米価安定政策と流通組織の規制に乗り出していく．とくに昭和8年公布の米穀統制法は，政府が公定した最低価格で買入れ，最高価格で無制限の売渡しを行うことを内容としているため，利鞘を求めた米穀商人の行為は事実上封じ込められた．この結果，米穀取引所や正米市場の取引は次第に低調になっていった．

さらに通信機関の発達やラジオの普及は，中央市場の相場を短時間で生産地へと伝え，産地と消費地の間の価格の開差を縮小させる方向で寄与した．いずれにしても，価格の安定化と産地・消費地間の価格開差の縮小は，産地から消費地への米穀流通ルートを短縮・合理化させる契機として働き，それだけ正米市場の利用者を減らしていったのである．

昭和14年の米穀配給統制法の制定と国策会社である日本米穀株式会社の設立によって，米穀取引所とともに正米市場も廃止の憂き目に会ったが，そうした強権的措置がなくても，正米市場に関しては，すでにその歴史的使命を終えていたのであった．

3. 正米市場における取引の実態：深川正米市場を中心に

正米市場において行われていた取引の実態については，あまり知られていない．ここでは，正米市場内の米取引についての第1級の資料である下記の文献を参考にしながら，戦前の代表的正米市場であった，深川正米市場における米取引の実態について紹介することにしたい．

日本銀行調査局『東京深川市場ニ於ケル正米取引ニ関スル調査』大正8年10月 [1]

日本銀行調査局『東京深川市場ニ於ケル正米取引ニ関スル調査』大正14年5月 [3]

日本銀行調査局『米の取引事情』昭和7年10月 [7]

注：[ ] の数字は巻末の参考文献の番号である．

以上3つの資料は，深川正米市場の開設者である東京廻米問屋組合に属する問屋の職員として，実際に米取引に関わっていた車恒吉氏より提供された材料や寄稿文を基に日銀調査局が編纂したものであり，以上の3文献には重複するところが多い．ここでは [7] を中心に記述し，補足的に [1]，[3] の文献を用いることにする．なお，以下の説明の基礎になっているのは，「深川正米市場業務規程」であるが，資料の掲載は省略した．

(1) 消費地問屋

深川正米市場の建物内では，市場を開設する東京廻米問屋組合の構成員である各問屋が店舗を設け，彼らが売人となって，買人である玄米卸商，白米商，その他消費者の購買組合などに販売する．

① 問屋の3タイプ

問屋は，産地の問屋とは区別される消費地問屋で，東京廻米問屋組合には30余名の問屋が所属していた．正米市場内の問屋については，「委託問屋」「買付問屋」「委託兼買付問屋」の3つのタイプに区別することができる．

委託問屋とは，産地の売り手の依頼を受け，委託者の指図に従って荷受けおよび売却に至る一切の行為を行うものである．そのため，相場の下落による損失はもとより，荷物に対する各種の費用もすべて委託者において支弁し，委託された問屋は単にこれらの取扱いに対して一定の手数料を得るに過ぎない．

買付問屋とは，自己の思惑によって産地から買付け，これを市場または場外において任意に販売するものである．そのため，相場の騰落による損益はすべて自己の責任となる．

最後のタイプの問屋は両者を兼ねる問屋である．深川市場においては以前委託を専門にした問屋もあったが，その後産地と消費地の値鞘が縮小するにつれて思惑観念も減退し，今日では委託問屋も買付けを兼営するようになった．以下では，最初の2つのタイプの問屋の機能を詳しく述べることにする．

② 委託問屋とその機能

これには産地に存在する委託者から正米の販売依頼を受けるものと，消費地の委託者から産地での買付けを依頼されるものとがある．後者の委託者はほとんどが東京の商人であるが，実際に委託するケースは少ない．問屋への委託の大部分は，米産地の米取扱業者，具体的には産地問屋，地主，倉庫業者，産業組合などからの委託である．

産地の米取扱業者が消費地に米を廻送し，問屋に販売を委託しようとする場合，委託者は，あらかじめ品銘（米の種類，銘柄），俵数，到着地等を記載した積付案内を作成し，荷受する消費地問屋に送付する．積付案内を受け取った問屋は，委託品を収容する倉庫その他の準備をし，委託品の正米が着船あるいは着車した後は，ただちに積付案内と照合し，容量・品質等について厳重な検査を行った上で受入れ保管する．

こうして正米市場への上場の条件が整うわけだが，実際の売付けにあたっては，上場当日の等級別相場を委託者に対し電信によって通知し，委託者から販売上の指図を受けて行う．販売指図には，成行売，指値売，平均売の3つがある．

成行売とは，相場の成行に応じて売却するもので，その中には売却量が多かったり売却を急ぐ事情のために，多少安値で売られるものも含まれる．

指値売とは，委託者が一定の売却値段をあらかじめ問屋に指示しておくもので，市場の相場がこの金額に到達するのを待って売却するものである．

平均売とは，相場の高低にかかわらず，1日に売却する数量を決めておき，ある一定期間にわたって平均して売却するものである．この最後の売付方法は，これが数日間にわたれば，その間の相場の高低を自然に平均することになるので，危険負担を避けたい産地取扱業者の歓迎するものとなる．

問屋が委託された正米を売却した時は，それらの数量および値段を当日の午後1時に電信によって委託者に通知し，同時に売付けた米の数量や売却値段を記載した案内書を送付する．さらに，委託品のすべての売却が完了し，買人への現物の引渡しと代金の受取りをなした後には，売却代金から手数料，倉敷料，利子等の販売諸掛を差し引いた計算書を作成し，計算書と証拠書類および差引残金を委託者に送付する（代金送付の方法は後述する）．

このように委託問屋は，正米市場において重要な仲立機能を果たしているが，これに対する報酬（手数料）は，廻米組合の規約によって売却代金の1000分の15（売却代金100円に付き1円50銭）と決められている．

③ 買付問屋と買付方法

買付問屋は，自己の計算によって売買を行う消費地問屋である．買付問屋が正米を買入れしようとする場合，まず産地に存在する「買次問屋」[注]と売買契約を結び，買次問屋はその契約に基づいて現品の受渡しを履行する．買次問屋との交渉は普段は電信によって行われ，売買が成立した時，買次問屋は買付問屋に「買付報告書」を送付する．

注) 買次問屋とは，各産地における正米収集の機関であって，生産者と買付問屋の間に立って，売買の取次ぎをなすものである．したがって，自己の計算によって売買を行うことがなく，手数料に相当する金額を適宜売買値段に加算する．買次問屋の買付問屋に対する関係は，前述した委託問屋の委託者に対する関係と同じであり，売買はもちろん現品発送の時もその都度通知書，明細書を作成し，これを買受人に送付する．

売買契約と値段の決め方には，「居払値段」「乗値段」「着値段」「先約値段」の4つの種類がある．

居払値段とは，産地において現品所在のまま売買契約を行うもので，いままで言う「在姿価格」である．売渡人は，産地における積出し等の費用がかかるが，積出地から到着地までの運賃等の一切の費用は，買受人が負担しなくてはならない．このような売買は，産地において思惑で売買したり，米券を売買する場合に行われるケースが多い．

乗値段とは，産地において現品を船や汽車に乗せた状態で売買契約をするもので，産地の積込費用は売渡人の負担となるが，輸送運賃その他到着までの諸費用は買受人が負担する．

着値段とは，産地における積込費用および到着地までの運賃を売渡人の側で負担するもので，売買契約は，到着した積み荷の状態でなされる．汽車積みの場合は，いまで言う「オンレール価格」であり，したがって，着駅における積降費用は，買受人の負担となる．船積みの場合，本船は横浜や品川沖に投錨するが，それより深川までの艀賃は，売渡人の負担となる．

先約値段とは，例えば1カ月後渡し，何カ月後渡しのように，一定の期日に現品の受渡しをする内容で契約するものである．いわゆる「先渡価格」であるが，この種の売買は，富山や新潟の早場米産地に多くみられ，例えば8〜9月頃に，10〜11月渡しの売買契約を結ぶなどである．

正米の売買契約を結んだ場合，買受人は，現品の受渡しが完了するまでの間，買付頭金を売渡人に支払う．その金額は普通，買付代金の1〜2割である．

買付代金は原則として現品引渡しと同時に（先約値段の場合は，受渡しの期日に）送金しなくてはならないが，実際には多くの場合，荷為替を利用して決済している．具体的には，売渡人は売買契約に基づき，その売却価格および立替金を計算し，もし買付頭金が送付されている時は，これを差し引き，その残額に対して荷為替を組み，同時に明細書を作成し，これを買付問屋に送付する．

(2) 買人と仲次人

① 買人としての玄米卸商, 白米商

買人の中で数が多いのは玄米卸商と白米商である. 前者は, 買入れた玄米を小口にして白米商に転売するのであるが, 船舶輸送が主流であった時代には, 売買単位が大きかったため, 玄米卸商は買い手として大きなシェアをもっていた.

これに対し, 白米商は鉄道貨物を通じた小口輸送が主流になって以降, シェアを拡大してきた買い手である. 彼らは問屋より玄米を買入れ, これを白米にして消費者に販売することを主な機能としているが, 大きな白米商の中には, 市場に来ることのできない小さな白米商に転売するものも存在していた.

昭和初期においては白米商と呼ばれるものは, 精米所, 白米商, 白米小売商の3つの形態があった. このうち精米所については, 以前には精米所が問屋から玄米を仕入れ, これを自身の大型の精米機で精白した後, 白米商に販売することによって, 存立の条件が与えられていた. しかしその後, 摩擦式の小型精米機が出回るようになり, 白米商自身がこれを備え付け, 自由に米を調合して新鮮な白米を消費者に供給するようになって以降, 精米所は急速に衰退していった. だが, 小型精米機を備え付ける余裕のない白米商も少なくなく, 彼らは精米機を設置した白米商から白米を買受け, これを消費者に販売することによって営業していた. こうした零細な白米小売商は, 東京では市内の一部と近接した郡部に多数存在していた.

② 仲次人とその機能

正米市場では売買当事者間の直接取引は行われず, 市場に常置する仲次人を媒介して取引を行っていた. 仲次人は複数の問屋から販売品のサンプルを集め, 自身の店舗にそれらを陳列して買人と相対し, 問屋との間を仲介するのである.

問屋と仲次人それぞれの店舗の配置は, 図1のように2～3軒ごとに近接している.

図1 深川正米市場の配置図

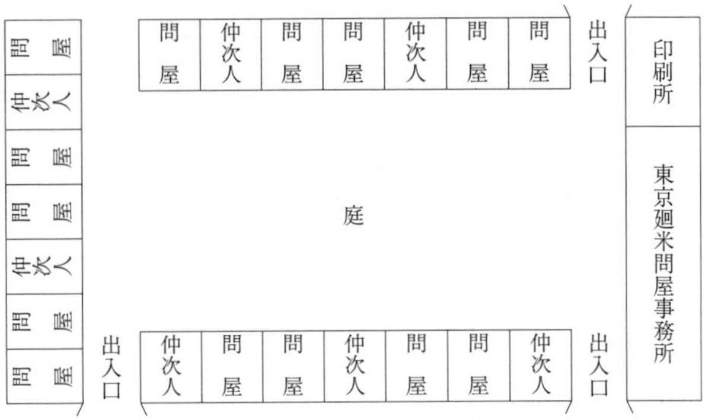

問屋	問屋	仲次人	問屋	仲次人	問屋	問屋	出入口	印刷所
仲次人								東京廻米問屋事務所
問屋			庭					
仲次人								
問屋	出入口	仲次人	問屋	問屋	仲次人	問屋	問屋	仲次人	出入口

出所：日本銀行調査局『東京深川市場ニ於ケル正米取引ニ関スル調査』昭和7年，17頁．

　買人は一応馴染みである仲次人の店舗に来て，自分の希望する品物を言う．これを聞いた仲次人は，早速各問屋に向かって適当な品物の有無を尋ねる．その結果，問屋から各種の品質と値段のサンプル（見本米）が集まってくる．買人はこれらの中で気に入ったものがあれば買約するのであるが，もし値段等で自分の希望に沿わない場合には，仲次人をして何回でも問屋に交渉させることができる．

　売買が成立すれば，問屋と買人両者が手を打って意志表示を行うのが，深川市場の長年の習慣である．なお，売り物が多い時などは，問屋は仲次人の店舗に出向き，直接買人と交渉する場合があるが，売買上の手続きはあくまでも仲次人を通して行った．

　売買が成立した時は，仲次人は問屋に代わって，品銘，俵数，値段等を記入した「米穀蔵出通知書」（この様式は市場によって決められている）を買人に交付する．売買が成立した場合，仲次人は問屋から売買俵数に応じた報酬（手数料）を受け取るが，買人はこれを支払う必要はない．なお，大正8年の参考文献［1］によれば，仲次人の手数料は，1俵について1銭であった．

　仲次人は，正米市場で売買される多数の米の鑑別を行うので，米穀の取扱

いに多年の経験がなくてはならない．さらに売買の仲介者という仲次人の責任を担保するため，市場に対して一定額の信任金（保証金）を納めさせている．新たに仲次人になるためには，2〜3の同業者の紹介を得た上で，併せて問屋組合一同の承認を得る必要がある．

　正米市場が仲次人を必要とする理由はこうである．まず，買人にとっては，彼が一軒の仲次人店舗に来れば，その市場全体の売米について，見本米を通じ，品質上の優劣を比較することができるという便益がある．仲次人は，買人に対して日々相場の動きを報告し，あるいは訪問して詳細な市場の状況を説明する等の便益も提供している．

　一方，問屋にとっては，直接買人と取引するとなると，幾百千人の買人について一々その信用や取引状態を調査しなくてはならないが，こうしたことは事実上不可能である．その点，仲次人は各々専属の買人があり，これらの買人は日々仲次人の店舗に出入りしているのみならず，仲次人もまた買人と頻繁に往復するがゆえに，自然と彼らの状態を知るようになるからである．

(3) 市場内の取引方法

① 開市の日時

　開市日時は，時を経るにつれて少しずつ変更されているが，昭和初期には，日曜，祭日，年末3日，年始3日，を除く毎日で，これ以外にも臨時休業する場合があった．開市時間は，3月〜8月午前8時開市，正午閉市，9月〜翌年2月午前9時開市，正午閉市であった．

　開市時間は午前中に限られているが，これは「米の如き取引には価格の構成上微妙な人気の競合が必要であって，それには勢い一定時間になるべく多くの人が集まり，売買を集中する必要がある」（[7] 63頁）との説に従ったものである．

② 見本取引と売買単位

　正米市場での取引は，前述のようにすべて見本米によってなされていた．それぞれの仲次人の店舗には，各問屋の見本米が多数置かれ，一見して正米

市場全体で売られる米の優劣を比較できる．複数の買人がこれらの見本米の品質上の優劣と値段を見積もるわけだから，そこには競売買にも似た比較的公平な価格形成ができることになる．

　そのため，見本米の採取はきわめて重要であり，普通は販売される銘柄米の1～2割の現物の中から，それぞれの俵につき1刺しのサンプルを取り集め，これらを平均に混合したものを見本米として納める．

　正米市場においては，売買量はすべて個数をもって計算し，内地米は俵，朝鮮米は叺，台湾米は袋など容器によって異なるが，取引1口の最低単位は20個である．そのため，小さな白米商にとっては取引単位が大き過ぎることから，買人の多くは玄米卸商または白米商の比較的大きなものである．後者の中には，前述のように深川市場で仕入れたものをさらに小さな白米商に転売するものもある．

　なお，その後，取引単位は25表となり，建値については最初は石建てであったが，後に俵建てに改められた．

　③　入札売買

　正米市場の事務所では，問屋の依頼があれば，入札売買の取扱いも行っていた．入札売買とは，あらかじめ売却すべき品銘，数量その他入札に必要な事項，例えば入札の月日，入札保証金の有無，現品受渡方法などを詳細に市場に提示し，かつ見本米を陳列して一般の観覧に供し，入札当日は既定の時間までに買入値段の申込みをさせる．開札の結果，価格のもっとも高いものから順次売却する．市場事務所は，これらの手数に対して，依頼先である問屋から一定の費用を徴収していた．

　入札者は何人でも差し支えないが，必ず市場の仲次人の手を経る必要がある．入札をしようとする者は，現品の受渡しを終了するまでの間，1俵につき1円ほど（相場激変の場合は2円くらい）の入札保証金を市場事務所に納めなくてはならない．現品の受渡期日は普通は市場取引と同様に5日目であるが，都合によっては多少伸びることもある．

　入札によって売買される米の多くは，地方における品評米または生産者の

共同販売米等であって，一般商人の委託米は少ない．

④ 代金決済と現品の引渡し

深川市場における売買はすべて実物取引であるから，売買が成立すれば直ちに現品と代金の引き替えをなすのが普通である．ただし，買人の都合により売買日より起算して5日目までは期間に余裕が与えられており，さらにその期間内に引き取ることができない場合には，一応相手方の承諾を得て，多少の期間はそのままにしておくこともできた．もっとも，その場合には倉庫保管料，その他の費用に対する延滞利子等を買い方において負担しなければならなかった．

通常は，市場で売買したものは一定の期間内に買人に現品の受渡しを行い，買人は仲次人の発行した「米穀倉出通知書」にその代金を見積もり，これを問屋に入金する．問屋は現金の受領と引替えに，現品保管倉庫に宛てた出庫請求書と「桝廻計算書」を添えて買人に渡す．買人はこの出庫請求書をもって保管倉庫に赴き，現品受取りの手続きをする．倉庫業者はこの出庫請求書と引替えに所属の受渡係に宛てた出庫指図書を発行し，これをもって買人は初めて現品を受け取ることができる．

だが，後述のように問屋が倉庫業者に対して代金の引替方を依頼した場合には，買人は直接倉庫業者に見積金を入れ，これと引替えに出庫指図書ならびに「桝廻計算書」を受け取ることになる．このような場合の見積金の入金先は，売買の際に発行する米穀倉出通知書に指定してある．

⑤ 消費地問屋と銀行および倉庫業者との関係

市場内の取引を円滑にすすめるためには，銀行からの融資が欠かせない．現品の販売の前に，委託問屋は委託品に対し多額の立替払いをなし，また買付問屋は買入品に対し多額の資金を要するからである．これらの場合の融資は，普通は貨物を担保とした銀行融資の形で行われるが，具体的には貨物を寄託した倉庫業者の発行した倉荷証券を担保として約束手形または為替手形を作成し，割引の方法により銀行から融資を受ける．

したがって，貨物の出庫の場合には，その出庫個数に応じて銀行に借入金

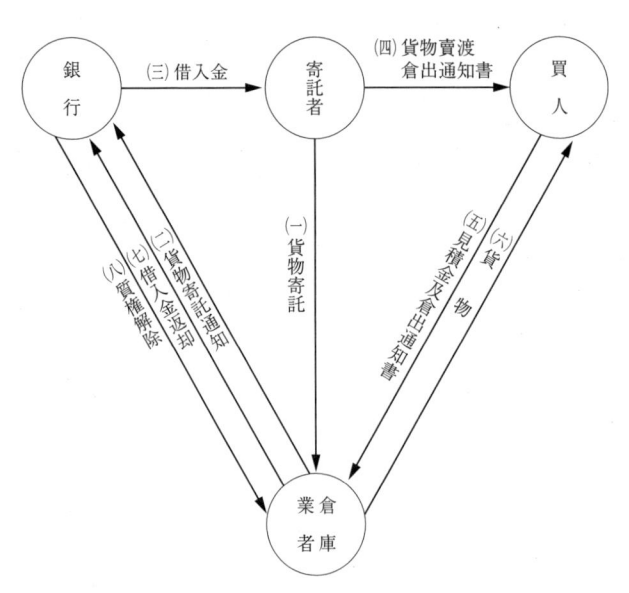

図2　貨物受渡しと代金決済システム

[図：銀行・寄託者・買人・倉庫業者の四者間の取引関係図
 (一)貨物寄託　(二)貨物寄託通知　(三)借入金　(四)貨物賣渡倉出通知書
 (五)見積金及倉出通知書　(六)貨物　(七)借入金返却　(八)質権解除]

出所：日本銀行調査局『米の取引事情』昭和7年，101頁．

を返済し，質権の設定を解除した上で，出庫するのが正当な手続きである．しかし，毎日多数出入りする貨物に対し，このような手続きをとることは繁雑であるので，倉庫業者は銀行と特殊な契約を結び，消費地問屋が銀行より借入をする場合，寄託を受けた倉庫業者は銀行に対して入庫の通知を行い，銀行はこの通知によって担保の手続きをとる．

　そして出庫の場合，問屋が市場において売却した際に，入金先を指定した倉出通知書を買人に交付し，買人はこの通知書に見積代金を添え，指定された倉庫業者に対して出庫の手続きをとる．買人より代金を受け取った倉庫業者は，出庫数量に応じて銀行に借入金を返済し，もし残金がある時には，寄託者の銀行口座に入金する．これと同時に銀行は，倉庫業者より受け取った金額に応じて，質権解除の手続きをとるのである．倉庫業者は，以上の手続きに対し「代金引替手数料」と称して，寄託者より金額に応じた手数料を申

し受ける．

　図2は，これら寄託者（消費地問屋）と銀行および倉庫業者をめぐる現物受渡しと代金決済のシステムを図示したものである．

(4) 神田川正米市場の取引概要

　以上，わが国でもっとも歴史が古く，東京における米穀の分散で中枢を占めてきた深川正米市場の取引の実態をみてきた．しかし，東京にはもうひとつの正米市場として神田川市場が存在しており，貨車輸送が一般化した段階では，地の利を生かして内地米の取扱数量では深川正米市場を凌駕する勢いを示していた．次に，その概要を紹介するが，もとになった文献は，西田龍八著『東京に於ける米の配給』大日本米穀會，昭和13年（参考文献［14］）であり，数値等はすべて昭和12年頃のものと思われる．なお，引用にあたっては，できるだけ現代的な表現に改めた．

　① 市場の組織

　神田川正米市場組合の経営に係わり役員として，組合を代表する幹事長1名及び幹事数名を置き，市場の管理及び組合事務に当らしめている．本市場における売主は本組合の組合員に限られ，買主は本組合員以外の何人でもよい．なお本市場における売買の全部は市場仲次人を通じて行われる．

　イ．組合及び組合員

　神田川正米市場組合は神田川正米市場を開設し，米及び雑穀の取引上の便益を図ることを主な目的として設立せられたもので，本組合員たらんとするものは東京市またはその接続町村において店舗を設け，米の売または仲立を業とする者にして，本組合員2名以上の紹介により，組合員総会の決議を経て組合に加入することになっている．組合員は，市場における売買に関する債務の履行を確保するため，信認金百円を組合に供託し，組合を脱退または除名せられた時は，これを返付される．なお，組合員は組合加入の際，組合資金の分担金を納入し，脱退その他の事由によりその資格を喪失したる時は，資金分担金の7割以内の額を返付される．

ロ．仲次人

　市場仲次人と称し5名あり．売買の円滑を図るため，売買または仲立の業務に経験ある者であることを要し，身元保証金として千円を市場に供託し，その取り扱った売買については身元保証金の限度において，買方の違約につき売方に対し保証の責に任ずることとなっている．なお，仲次人は自己の名義もしくは計算において売買取引を行ったり，売方が本組合の組合員でない場合の売買の媒介をすることはできない．仲次人は市場に店舗を設け，市場内の売買はすべてこの手を経て行われる．

② 営業態様

　組合員は，産地より直接または産地ブローカーの手を通じて買付けをするが，直接買付けは漸次減少し，内地米は7割，台湾・朝鮮米は約9割5分まで産地ブローカーを通じている．その手数料は産地売主の負担で，内地米は俵当たり約3銭，台湾・朝鮮米は叺または袋当たり2銭前後である．なお，組合員は，産地で買付けを行った時は，定期市場に売り繋ぎ，相場の下落に備えるのを普通とする．なお，組合員は，買付米は原則として市場において売買すべきものであるが，実際には市場を通さず，簡易な受渡しを行うものが相当数量に達したようである．

イ．売買方法

　市場内における売買は見本にもとづく相対売買で，売買単位はすべて20俵以上であるが，必要な時は入札売買の方法によることもできる．入札売買は300俵以上まとまることを要件としている．売買が成立した時は，売方は蔵出通知書を買方に交付する．ただし仲次人の媒介によるものは仲次人をして買方に蔵出通知書を交付し，同様の事項を記載した売付報告書を売方に交付させる．

ロ．受渡し

　受渡しは即日を原則とするが，売方に異議のない限り買方の都合により売買成立の日から5日以内の範囲で受渡しを延期することができる．買方は蔵出通知書に約定代金を添えて売方に差出し，これと引替えに荷渡指図書を受

取り，所在倉庫より現品の引渡しを受ける．受渡場所は秋葉原駅ホーム，神田下谷及び深川の各区内における本市場の指定倉庫，王子倉庫株式会社，池袋所在秋田県販売組合連合会倉庫，神田川河岸，芝浦沖及び横浜沖舷側の艀(はしけ)等である．

ハ．歩合金・仲次人口銭

売買が成立した時は，市場は，相対売買については1俵2厘5毛，入札売買にあって1俵につき5厘の歩合金を，売方たる組合員より徴収する．仲次人が売買を媒介した時は，1俵につき8厘5毛の仲次口銭を売方より収受する．組合員への委託手数料は売代金の千分の12とされている．

ニ．神田川市場取扱高

昭和10年6月より1カ年間の取扱高は，内地米93万俵，朝鮮米33万叺，台湾米35万袋である．市場を通さない前倉売買も相当多く行われており，その数量は内地米64万俵，朝鮮米26万叺，台湾米24万袋と推定される．次に市場における売買分のうち，内地米の産地は新潟，山形，宮城，秋田等が主であり，朝鮮米は鎮南浦，仁川を主とし，また台湾米は蓬莱米が大部分を占めている．

ホ．廻着状況

内地米はそのほとんどが秋葉原駅より廻着のもので，昭和10年6月より1カ年の実績によれば，秋葉原駅着205万俵のうち約160万俵は神田川市場で取扱われている．朝鮮米は芝浦沖本船より艀によって廻漕され，その数量は年間約60万叺に達し，台湾米も同じく約60万袋の廻漕がある．

ヘ．倉庫事情

神田川市場における主要倉庫は，秋葉原鉄道倉庫で坪数5,300坪に達し，外に営業倉庫7で坪数約2,000坪あり，合計で約7,000坪である．常に10万～20万俵程度の在庫米がある．

ト．配給区域

市内各地域にわたり，四谷，牛込，荒川，足立，本郷，下谷，小石川，麹町等を主とする．

4. 正米市場についての政策措置

(1) 概　　史

　明治維新以降の米穀取引に関する法制度で最初のものは，明治7年5月の米商会所準則である．これは堂島米会所など幕藩体制期から存在している米穀取引所を対象としたものであった．同準則は明治9年8月に米商会所条例へと変わり，さらに明治20年5月には欧米の取引制度をモデルとした取引所条例が制定された．この条例は，従来の株式会社組織による取引所を廃止し，非営利の会員組織のもののみを認め，取引方法も実物取引を原則とする内容であった．それは，その当時の取引所の組織と取引慣行を全面的に変更するものであった．そのため，既存の取引所関係者から反対が相次ぎ，結果的に旧制度による営業が継続された．この間，政府は欧米の取引制度の再調査を行う一方で，国内の関係者から意見を聴取し，法律手続きを経て明治26年10月から新しい取引所法を施行した．

　取引所法では，取引所を設立できる主体として会員組織とともに株式会社も認め，設立にあたっては農商務大臣の承認を必要とした．また，取引方法については，直取引（売買契約後，5日以内の受渡し），延取引（同じく150日以内の約定日），定期取引（3カ月以内の取引所指定の期限に精算，単位売買，標準品取引，転売・買戻し可）の3種とされ，その方法は勅令で定められた．その当時は，定期取引（先物取引）の場である米穀取引所に正米の取引施設が併置している場合が多く，法制度の上でも取引所法で統一的に対処していたのである．

　なお，この取引所法の対象商品には限定がなく，同法施行以後，米穀以外に雑穀，肥料，繭糸，綿糸，金属，米油および証券などを対象とした取引所の設立が相次ぎ，明治31年までに開業した取引所の数は184にものぼった．このような取引所の乱立の中で，大規模取引所で決まった相場を利用した投機的取引がしばしば行われ，政府も取引所の規制に乗りだした．その結果，

明治32年以降，取引所の解散が相次ぎ，明治37年末にはその数は全国で54になった（[28] 155-156頁）．

このように取引所に対しては明治維新後早くから取り締まりがなされていたが，正米市場に関する法制度の整備は遅れ，明治29年制定の農商務省令第1号によって初めて公に正米市場の設立が許可されるようになった．その後，大正中期になって後述のように「正米市場法案」の検討がなされたが，種々の要因からこの法律案は日の目を見ず，昭和5年4月にようやく商工省令第4号をもって「正米市場規則」の制定をみた．しかし，同規則はわずか10年しか機能しなかった．戦時統制の一環として昭和14年に米穀配給統制法が制定され，米穀取引所とともに正米市場を廃止，両者の機能を統合した国策会社である日本米穀株式会社が創設されたからである．

(2) 大正期の米価調節案と正米市場整備意見
① 米価変動と米価調節調査会

明治の末年から大正の初期にかけ米価は乱高下を繰り返した．とくに，明治43年から急騰した米価は，大正3年1月から一転して急落し，生産者に大きな打撃を与えた（図3参照）．そのため，地主団体の突き上げもあって，政府は大正4年10月の勅令で米価調節調査会官制を公布し，農商務大臣自らが会長となり，委員総数70人に上る米価調節調査会を発足させた．これは米価の常時調節を図るための方策を検討するもので，その多人数の委員会構成からして政府の並々ならぬ決意を感じさせる．

だが，こうした勅令による調査会の設置の前に，実は農商務省内には農務局長（道家齊）を会長とする，同名の調査会がつくられ，大正3年12月から大正4年2月まで計17回の会議を開催し，2月25日に「米価調節に関する意見書」をまとめ，農商務大臣に建議していた．その主な内容は次のとおりである．

第1に，国立米券制度を実施することである．具体的には政府が買上げ・貯蔵する米の数量を最大300万石とし，米価が1石当たり15円に下落した

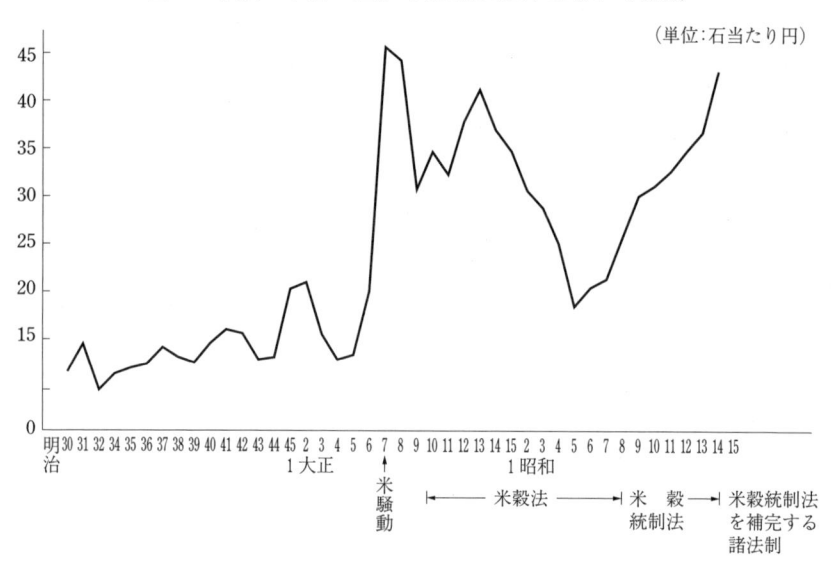

図3 戦前の米価の推移（東京深川正米市場平均相場）

（単位：石当たり円）

明治30 31 32 34 35 36 37 38 39 40 41 42 43 44 45 / 大正2 3 4 5 6 7 8 9 10 11 12 13 14 15 / 昭和2 3 4 5 6 7 8 9 10 11 12 13 14 15

↑米騒動　←米穀法→　←米穀統制法→　←米穀統制法を補完する諸法制

出所：食糧管理制度研究会編集『食管読本』創造書房，昭和61年，21頁．

時に買上げを行い，20円に騰貴したときにそれを売渡すというものであった．米券とは，米の現物と引替え可能な一種の倉荷証券であり，政府がこれを発行・売買することによって，米価の調節を図ろうとするものである．

　第2は，輸移入米の数量を調節することである．具体的には，米価暴落の場合には，外米の輸入を禁止し，米価暴騰の場合には，外米関税の撤廃および台湾・朝鮮米の買入れによって米価の調節を図ろうとするものである．

　第3は，米穀倉庫の一層の発展を図ることである．

　意見書の第1の国立米券制度の実施に際し，付帯して実施すべことのひとつに，「正米ノ公定相場の正確ヲ期スルコト」が上げられた．すなわち，「国立米券制度ノ実施上，米ノ買上又ハ賣却ヲ爲スニ付テハ正確ナル公定相場アルコトヲ要スルカ故ニ，政府ニ於テ正米市場ニ對シ監督権ヲ有スルコト必要ナリ」とされたのである（[15] 152頁）．

　ここで，前述の大正4年10月の勅令による米価調節調査会（会長　農商務

大臣・河野広中)に戻る.調査会では「米価の恒久調節策特別委員会小委員会」を設置し,検討を重ねた結果,大正5年7月に次の7つの方策をまとめ,調査会に報告した.調査会はこの小委員会報告を承認し,同年9月に「米価ノ常時調節スルノ方法」について次の8項目からなる答申を農商務大臣に行った.

　一　低利資金を融通スル事
　二　關税制度ニ改正ヲ加フル事
　三　米ノ輸出ヲ奬勵スル事
　四　農業倉庫ノ設置を奬勵スル事
　五　正米市場ヲ整備スル事
　六　田租納期ノ繰下ヲ爲ス事
　七　米ノ加工及利用方法ノ研究ヲ爲ス事
　八　米作ニ關スル統計ヲ改良スル事

このうち5番目の「正米市場ヲ整備スル事」の中に,後の正米市場法案の作成につながる,次のような注目すべき建議がある([16] 238-239頁).

　　　　五　正米市場ヲ整備スル事
　第一　米ノ現物取引ヲ爲サシムル爲正米市場ヲ設置セシメ主務官廳ノ監督ノ下ニ正米ノ公定相場ヲ作成セシムルコト
　正米市場ハ営利行爲ヲ爲スコトヲ得サルコト
　第二　組織
　(一)正米市場ハ會員組織トシ米ノ販売ヲ業トスル者ヲ以テ其ノ會員ト爲スコト
　(二)正米市場ニ於テハ會員又ハ特ニ市場ノ許可ヲ受ケタル者ニ非サレハ賣方ト爲ルコトヲ得サルコト,又買方ト爲ル者ハ延取引ニ付テハ會員ニ限リ,現物取引ニ付テハ制限ヲ爲スコトヲ得サルコト
　第三　賣買方法
　(一)賣買取引ハ見本賣買ニ依ルコトトシ現物取引及五十日以内ノ延取引

ニ限ルコト
　(二) 解約，預合又ハ差金授受ノ目的ヲ以テ賣買取引ヲ爲スコトヲ禁スルコト
　(三) 格付賣買，單位賣買等定期取引ト類似ノ取引ヲ爲スコトヲ禁スルコト

　すなわち政府（農商務省）は，米価が激しく変動した明治から大正の交替期に，米価調節（安定）のための政策手段を具体化し，その一部として正米市場の規制を強化しようとしたのである．しかし，規制の方向は，正米市場を禁止または制限するのではまったくない．正米市場に「公定相場作成」の機能を十全に発揮させるため，非営利の米穀販売業者の会員組織にのみその設置を認め，定期取引や差金取引など，米穀取引所類似の営利行為を禁止しようとするものである．このように，「公定相場の作成」という正米市場の公共性を評価し，その機能発揮のために同市場を政府管理の下に置こうとする政策方向は，その後の正米市場政策の基調となっている．

　もっとも，米価調節調査会の答申自体は，その当時，米価の攪乱要因になってきた朝鮮・台湾からの植民地米の移入の規制に手をつけず，低利資金の融通，地租納期の繰り延べ，農業倉庫の設置など主に国内を対象とした小手先の対策に終始し，農商務省の事務当局が作成した「国立米券制度」案もしりぞけられた．

　② 米騒動と臨時財政経済調査会

　だが，この調査会の答申後，事態は予想外の方向に展開していく．大正5年の秋以降，米価は豊作にもかかわらず上昇していった．そうした動きは翌6年になっても止まないばかりか，同年産米の不作も加わって7年に入ると暴騰といってもよい様相を呈した（前掲図3参照）．そうした米価急騰の要因のひとつに，米穀取引所を舞台とした買占めや投機があったことは公然の秘密であった．現に，東京米穀商品取引所の米の先物相場は，大正5年3月の安値12円98銭（1石）から大正7年末の38円69銭まで，2年9カ月で実

に3倍近い高騰を示したのである（[28] 248頁）．とくに大正7年1月以降の相場はうなぎ登りといってよく，8月2日にロシア革命干渉のためのシベリア出兵が決定した前後には，「発狂相場」と言われる事態になった（[29] 68-69頁）．

こうした米価急騰を背景に米騒動が勃発した．大正7年7月22日，富山県魚津町の婦人沖仲仕による「移出米積込み拒否」を皮切りに，約1カ月にわたって全国主要都市に米騒動が吹き荒れた．記録では，検挙された民衆数万人，起訴された者も8千人近くに上った．運動の矛先は米商人にとどまらず，警察や行政機関にまで及んだ．その背景には大正6年10月のロシア革命の影響もあると言われている．

ともあれ，近代史上稀な民衆暴動に震撼した政府は，米価急騰の要因に悪徳商人による米穀の買占めや売惜しみ，さらには取引所を舞台にした投機があるとして，大正7年9月に暴利取締令を公布し，さらに主要な取引所の一時閉鎖を行った．だが，実米が不足している現実の中ではあまり効果がなく，正米市場の価格は引き続き上昇していった（[29] 69-70頁）．

米騒動の勃発は，政府をして米価の恒久的調節策の検討を急がせた．その当時の寺内正毅内閣は，大正7年9月に臨時国民経済調査会を設置し，そこに事務当局が策定した「米価調節綱領」を諮問した．それは，政府に米の買入れ，貯蔵，売渡しを行わせる，一種の「常平倉」案であり，大正4年の米価調節調査会による「国立米券制度」案を修正したものである．

だが，「米価調節綱領」を諮問した寺内内閣は，米騒動の責任をとって総辞職し，米価調節の具体案の作成は初の政党（政友会）内閣である原敬内閣の手にバトン・タッチされた．その原内閣は，大正8年7月，臨時国民経済調査会を解散して，新たに総理大臣自身を会長とする臨時財政経済調査会を設置し，まず「糧食の充実に関する根本方策」を諮問した．調査会では特別委員会（委員長　林博太郎博士）をつくって検討し，委員会は同年12月に次の9項目にわたる答申案を調査会に提出した（[29] 111-115頁）．

第一　耕地の拡張に関する方策

第二　耕地の維持及改良に関する方策
　第三　農業水利法制定に関する方策
　第四　耕作法の改良に関する方策
　第五　農業金融に関する方策
　第六　常平制度の設置に関する方策
　第七　取引機関の改善に関する方策
　第八　輸出入に関する方策
　第九　米麦の混食其の他麦の食用増進に関する方策
　項目の多くは農業生産力の増強および消費・輸出入に係わるものだが，第六と第七については米穀の需給調整機関と流通に関するものである．

　第六の方策の「常平」とは穀価を常に平準にするという意味で，常平倉とは穀価を調整するための官倉のことである．これは古くは奈良時代に淵源が求められ，江戸時代に諸藩で設置された（『日本史広辞典』1097頁）．答申案が提案した常平制度とは，農商務大臣の管理の下に，米麦の買入れ，売渡し等の需給調整を行う特設の機関を設置することによって，米麦など主要食糧価格の安定を図ろうとしたものである．

　答申案の常平制度案については調査会の中で激しい論議があったが（[29] 121-140頁），結果的に原案どおり承認され，その後「米穀法」と名称を変え，大正10年4月より施行されることになった．米穀法は全部でたった5条の法律であるが，政府に米穀調節のための直接介入（買入れ，売渡し，貯蔵など）を認めたもので，わが国の米穀管理の歴史において画期的なものである．

　ところで，上述の同調査会の答申の中で，本研究の目的からみて注意しておきたいことは，常平制度設置の最後の項に「正米市場其の他の取引市場に関する監督権は之を常平制度の特設機関に属せしむること」とある点である．また，第七の「取引機関の改善に関する方策」の中では，「米麦の売買取引を迅速確実に且低廉なる費用を以て行はしめむが為正米市場及取引所の改善を図り，取締を厳にし十分に其の機能を盡さしむること」という一文もある．

　このように，大正5年の米価調節調査会の答申に続き，臨時財政経済調査

会（大正8年）の答申案でも，取引所とともに正米市場の監督と改善の必要性が述べられているのである．しかし，すでに法律が施行されている取引所にくらべ，正米市場については政府による「監督と改善」の根拠になる法制度が整備されていない．そのため，農商務省の事務当局では大正6～8年にかけ，以下に詳述するような「正米市場法案」の作成に取りかかったのである．

(3) 正米市場法案の顛末（大正6～8年）

大正中期（6～8年）において農商務省内で行われた「正米市場本案」の検討作業については，鈴木直二氏が編纂した貴重な資料が残されている（鈴木直二編『米穀法制定の経緯資料』昭和13年，参考文献 [15]，156-265頁）．これは法案作成に係わった農商務省官僚・河合良成氏所有の資料を鈴木氏がまとめたもので，他に米穀法関連の資料も収録されている．

① 法案の目的と検討課題

この資料から「正米市場法案」作成の目的を窺うと以下のようである．

「正米市場ニ関スル制度ヲ立ツルノ目的ハ主トシテ正米ノ現物取引ニ付其ノ需給ノ關係ヲ適當ニ按排シテ，不自然ナル取引若クハ相場ノ發生ヲ矯正シ，平明ナル米價ヲ公表シテ賣買双方ノ利便ニ資セントスルニ在リ，詳言スレハ正米市場ノ機能ニ依リ，（一）正米ノ公定相場ヲ確立セシメ，（二）現在都會ノ商人ト生産地ノ商人若クハ生産地ノ商人間ニ於ケル不健全ナル取引ヲ少カラシメ，（三）中間商人ノ間ニ生スル無用ノ費用ヲ省キ以テ生産者及消費者ノ利益ニ資シ，（四）小賣商人カ價格ノ變動ニ因ル差損金ノ負擔ヲ消費者ニ轉嫁スルノ弊ヲ防ク等，專ラ正米相場ノ統一及需給ノ調節ヲ企圖スルニ在リ」（原文のまま，[15] 160-161頁）．

以上のうち（二）（三）（四）は関連しているのでこれをまとめ，正米市場制度策定の目的を現代風に表現すると，大きくは次の2点に整理できる．第1は，正米市場に正米の公定相場を形成させ，これを公表して取引の指標とすることである．第2は，米穀取引の明朗化と流通費の縮減をすすめ，生産

者，商人，消費者の便益を向上させることである．

　この目的を達成するための法案作成にあたってとくに検討課題となった点を，上記資料からみると，おおよそ次の3点である．

　第1は，正米市場を一種とするか，あるいは甲乙両種のものにするかという問題である．具体的にいうと，正米市場の設立許可を大きな交易がなされている大消費地あるいは大集散地に地域限定するか，あるいは各地方に設立を認めるべきかということである．

　後者が乙種市場として設立を認めるものの多くは，産地の小市場（産地市場）であるが，これは当時，政府が奨励しつつあった産業組合または農会等による米穀共同販売事業と直接競合することになる．また，地方に小市場を設置すると，当時の実態としてそこが投機と賭博の場となる恐れがあった．そのため，甲乙両種の市場を区別し，総計で比較的多数の正米市場を認める案には慎重論が多かった．

　この問題については，かりに甲乙両種の市場を認めるとした場合でも，甲種市場は農商務大臣の許可のうえで1地区1カ所に限りこれを認め，乙種市場は地方長官（現在の知事）の許可を受けるがその数は限定しないことにする方向でまとめられた．

　第2は，正米市場の経営主体を業者の相互的組織とすべきか，あるいは公共団体，公益法人，農会等にするかの問題である．

　営利的主体が市場を経営するならば，手数料を高く設定したり，投機的売買を奨励する恐れがある．しかし，全く営利的観念をもった事業経営を許さないならば，正米市場の設立は困難になる．また，正米市場は営利事業である倉庫事業を兼営する場合が多い．そのため，正米市場をどのような主体に経営させるかの問題とのからみで，市場経営に営利目的を禁ずべきかどうかについて，慎重な検討が求められた．

　第3は，正米市場にどのような種類の取引を認めるかの問題である．すなわち，正米市場において，純然たる現物取引のみを認めるか，もしくは延取引をも許容するかの問題である．

当時の米穀取引の実態として，各地方において商人相互間または商人と生産者との間で，現物の引渡しを1カ月から6カ月後とする延取引が行われていた．だが，これらの長期契約はややもすれば，経済上必要な範囲を超え，差金の授受を目的とする投機的・賭博的取引に流れやすい．延取引に名を借りたこうした行為に対する取り締まりは，極めて困難である．したがって，現物取引の場である正米市場の取引は，原則として「直取引」に限定し，「延取引」はこれを全く認めないのか，もしくは特別の認可を条件に延取引を許容すべきか，または甲種の大市場のみに延取引を認め，乙種の小市場についてはこれを禁止するのがよいのかなどについて，種々検討する必要がある．いずれにしても，直取引とともに延取引を認める場合，その取引方法や期間などについて制限を加える必要がある．

　以上，3つの問題以外でも，正米市場の取引対象に雑穀，肥料などを加えるかどうか，現物の受渡し期日の繰り延べを無制限に許すかどうか，売買価格の公示をどうするか，などいくつかの検討課題があった．

② 正米市場と取引所との関係整理

　以上の検討課題のうち，もっともシビアな問題は，新たに法制度下におく正米市場と，取引所法によってすでに営業している既存取引所との関係をどのように整理するかにあった．

　その当時（大正中期），日本には37カ所の米穀取引所が存在していた．国土のわりには取引所の数が多く，その大部分は中小規模の取引所であったが，こうした実態は諸外国に例をみない．取引所の重要な機能のひとつに当該商品の公定相場の形成があるが，これらの群小の取引所では，独立の相場を決定しているものはほとんどなく，大多数の中小取引所では大取引所の相場を標準とし，この相場によって投機的取引を行っていた．また，取引所では定期取引（先物取引）とともに直取引および延取引などの実物取引が認められていた．だが，実際に実物取引を行うものはほとんど皆無で，取引の大部分は投機を目的とした定期取引であった．こうして，現物の公定相場を作成する機能は，当時の取引所にはほとんどなかったと言ってよい．

こうした実態にある取引所をそのまま維持することについては弊害が多い．そのため，政府は地方の中小の取引所を整理し，その数を全国を通して4～5ヵ所に制限することを考えていた．しかし，これを実行するには取引所の買収費用として概算2千万円の資金が必要とされ，現実には困難な状況にあった．

以上のような実情から，正米市場法案策定にあたっていちばん問題になったのは，現実の取引所と正米市場の機能をどう峻別するかにあった．

ひとつの考え方は，取引所から直および延取引の機能を奪い，ここでは定期取引のみを行わせ，新設される甲種正米市場において直および延取引と相場形成を行わせるというものであった．しかしながら，取引所は先物の取引市場であると同時に，実物市場の機能も持ち合わせていなければならない．そうでないと，取引所の重要な機能である掛け繋ぎ取引（ヘッジング）による保険機能が発揮できない．ヘッジングは，実物市場での売買と同時に先物市場で反対売買を行うことによって可能となるからである．

このように取引所と正米市場の機能の重複調整はたいへん難しい問題であったが，最終的に策定された正米市場法案では，甲種市場に「現物取引及び延取引」を認めることで決着し，既存の取引所については当面現状を維持することにした．

③ 正米市場法案の内容

以上のような検討を経て，最終的に成案化された正米市場法案について，項目ごとに整理して紹介すれば，以下のとおりである．

イ．市場の種類と設置主体

　a．正米市場を，主務大臣（農商務大臣）が定めた地区内で設立できる甲種市場と，これ以外の地区で設立できる乙種市場に分ける．甲種市場については農商務大臣，乙種市場については地方長官の許可が必要．

　b．道府県，市町村の地方自治体，公益法人，同業組合，産業組合，および農会でなければ正米市場を設置できない．ただし，産業組合および農会は

甲種市場を設立できない.
　c. 甲種市場を経営する公益法人は, その市場において売買する物品を保管する倉庫業を行うことができる.
　d. 甲種市場は, 1地区1カ所に限りこの設置を認める. その地区内では乙種市場の設立を認めない.
　e. 甲種市場については, 分市場の設立を認める.
　f. 甲種市場には付属の白米小売場を設置しなければならない.
　g. 正米市場においては米のほか雑穀および肥料の売買を行うことができる.
ロ. 取引方法
　a. 正米市場は, 営利を目的としてその事業を行ってはならない.
　b. 甲種市場の売方は, その地区内における米穀問屋および業務規程に定めたものとするが, 買方については制限をつけない. 乙種市場においては, 正当な理由がないかぎり, 売買者の制限をつけてはならない.
　c. 甲種市場における売買は現物取引および延取引とする. 乙種市場における売買は現物取引とする.
　d. 現物取引の受渡期限は, 売買契約成立の日から起算して, 甲種市場においては3日以内, 乙種市場においては5日以内, 延取引においては50日以内の約定日とする.
　e. 売買当事者双方の合意により売買を解約または受渡期日の繰り延べを行う時は, 市場の承認を受けなくてはならない.
　f. 正米市場においては, 転売, 買戻し, 標準品による売買, 単位売買, 限月売買など定期取引と類似の方法による売買をしてはならない.
　g. 延取引の当事者双方は, 市場に手付金を納入しなくてはならない.
　h. 正米市場における売方は, 自己の処分権のあるものでなければ現物の取引ができない.
　i. 甲種市場においては, 売買の最少数量を定めることができる.
　j. 正米市場において仲立人になろうとする者は, その市場の許可を受け

なくてはならない．仲立人は，白米小売場における売買しか行うことができず，そのほか自己の名をもって売買することはできない．

　k. 正米市場における手数料の最高限度は，政府が命令で定める．

　l. 仲立人の口銭の最高限度は，それぞれの市場が定める．

　m. 正米市場は，その市場における売買価格を公示し，さらに甲種市場は米の代表品についての現物取引の相場を評定のうえ公示しなくてはならない．

ハ．行政官庁の監督・処分権

　a. 甲種市場を経営する公益法人の役員の選任は，農商務省大臣の認可を受けなくてはならない．

　b. 行政官庁は，甲種市場が公示した相場が不穏当と認めた場合には，その公示の差し止めおよび変更を命ずることができる．

　c. 行政官庁は，正米市場および市場で売買をなす者が法令違反もしくは業務規程違反をなしたる時，あるいは公益を害し，または害する虞れがある時には，市場許可の取り消し，業務の停止，役員の解職などの処分を行うことができる．

　d. 行政官庁は，正米市場が投機市場に化したと認めた時には，その市場の取り消しまたは停止の処分をすることができる．

　e. 行政官庁は，正米市場に対して事業報告をさせるほか，書類帳簿の検査など監督上必要な命令または処分を行うことができる．

④　正米市場法案をめぐる確執

　大正中期に農商務省官僚によって作成された上記の正米市場法案は，全部で36条にも及び，戦前の米穀関連の法律では分量が多いものである．そこに同法案に対する政府の力の入れようを垣間見ることができる．その背景に，大正に入りにわかに緊迫してきた米価問題があることは，法案の骨子が，前述した米価調節調査会の答申（大正5年9月）のうちの「正米市場整備」の件にほとんど沿っていることからも推察できる．

　繰り返し言えば，正米市場の法制度化は，第1に「主務官庁の監督の下に

正米の公定相場を作成せしむること」(同答申)にあり,第2に政府の規制の下に,米穀流通の改善と明朗化をはかることにあった.逆に言うと,こうした法制度が必要なほど,当時の米穀流通は乱れ,投機商人の跳梁によって米穀取引所が一種の賭博市場化していたということであろう.

　正米市場法案作成にあたって,設置者を問屋組合や農会など非営利組織に限ったこと,正米市場における取引を現物取引に限り,定期取引類似の行為を禁止したことなどに,政府の米穀取引に対する一貫した姿勢をみてとれる.それは,第1に米価安定を通じての稲作生産者と消費者の保護,第2に正米市場を公定管理の下に置くことによる米穀流通の合理化と規制,の2点に求められる.後者は,生鮮食料品を対象とした大正12年の中央卸売市場法制定にもつながる,独占資本主義時代の社会政策視点による流通政策の端緒をなすものといってよかろう.

　ところで,正米市場法案がこうした「社会公正」のねらいを内包し,したがって投機的な市場取引の規制を目指している以上,法案の利害関係者の確執を招くことは必然である.具体的にそれは,「正米市場法」の制定をめぐる正米市場関係者と取引所関係者との確執にみることができる.

　上述の米価調節調査会による答申案作成の過程で,事務当局は全国の正米市場の調査を行うとともに,米穀取引関係者の意見を求めたようである.これに答える形で,大正5年7月東京廻米問屋組合の関係者8名の連名によって米価調節調査会長あての意見と要望が出されている([15] 216-219頁).

　問屋組合の正米市場法案に対する要望は次の5項目である([4] 90頁).
　一　正米市場は会員組織とし其の会員は当業者に限ること.
　二　正米市場は主要需要地及集散地に置くこと.
　三　新設正米市場は1地区内に1個所限りとすること.
　四　正米市場に於ては米及雑穀の売買取引を為すこと.
　五　正米市場に於ては直取引並に銘柄に依る延取引を行はしむること.

　当然ながら正米市場組合を構成する問屋は,「正米市場法」の制定を全面支持している.その上での上記の要望であるが,前述のように法案では一部

を除きそれを受け入れている．正米問屋が正米市場法案を支持する理由について，先の文書は詳細に述べているが，これを要約すれば次のごとくである（[15] 216-219頁）．

　第1に，米の生産と需要，および取引量の増大に対して，当時の米の取引機構が乱れ，米価変動の一因になっていることである．すなわち，「正米ノ取引状態ニ於テハ此趨勢ニ伴ハスシテ却テ退歩シ，且ツ乱雑ニ流レ分配機関ハ其ノ機能ヲ発揮スル能ハス，之カ為ニ需給関係ハ円滑ヲ欠キ，動モスレハ米価ニ動揺ヲ惹起」するような事態にあったのである．他方，運輸法の変化により米穀についても鉄道による小口輸送が増えてきたが，それに伴って産地では有力問屋が淘汰され，代わって移出業者として地方小仲買人が進出してきた．また，需要地では小さな業者による米取引が増え，その結果，「取引ハ区々ニ渉リ次第ニ秩序ハ紊レ商習慣ハ破壊セラレ徳義ハ廃タレ漸々世ノ信用ヲ失墜セントスル」事態になった．かくして「此流弊ヲ矯正シ取引関係ヲ確実ニシ資力アル商人ヲ集中シ資金ノ運用ヲ円滑ナラシメ相場ノ平準ヲ得セシメンニハ主要地ニ正米市場ヲ設立スル」ことが必要である．

　第2に，主要地に正米市場を設け，公開市場において正確な標準相場を形成することは，需要者・供給者双方にとって必要不可欠である．取引所の相場は代用米の価格であって，正米価格の標準とはならない．むしろ，深川正米市場の公表する日々の価格が，各地における正米価格の目標になっているのが実態である．

　第3に，輸出業者が内地で正米を買入れる場合，その量が多いために小口取引では対応できないし，価格の高騰をもたらす恐れがある．主要地に正米市場を設ければこうした問題を避けることができ，輸出貿易上の便益は少なくない．

　深川正米市場組合の関係者による以上の意見は，いずれももっともであり，それゆえに政府の受け入れるところとなった．だが，理由の第一に触れているが，貨車輸送による小口取引の増大の中で，深川正米市場の取扱量が漸次減少し，市場経営が民間主導では苦しくなってきたという現実もあった．こ

うしたことは，多かれ少なかれ他の正米市場と消費地問屋にもあてはまり，それだけに正米市場法案に対する問屋側の期待も大きかったのである．

だが，正米市場法が正米問屋組合の要望や農商務省案のような内容で策定されるならば，既存の米穀取引所は少なからぬ打撃を受ける．とくに，正米市場における延取引の許可は，定期取引を旨とする取引所においては，まさに死活問題であった．

正米市場法案をめぐって東京米穀商品取引所は，東京商業会議所の諮問に答える形で意見を述べている．そのポイントは，「全国枢要の地に正米市場を設置するの必要あることは論なき所なり然れども之が経営は苟も取引所の存する地に付ては取引所をして為さしむべきものなり」「若し取引所外の正米市場に延取引を許すときは，必ず事実に於て定期取引と抵触するに至る」「若し取引市場に二個以上の制度を認容し取引所法の外に，特に正米市場法を制定するが如きは，徒に取引所法との紛糾を招き法令の錯綜を来すのみならず，実行上弊害を百出するに至るべし」というものである（[4] 90-92頁）．

このように，取引所側では「正米市場法」の制定に全面的に反対であり，正米市場とそれを支える正米問屋との対決姿勢を明瞭にするのである．

こうした取引所側の頑な姿勢があるかぎり，政府が正米市場法を原案のまま成立させることは到底不可能であった．正米市場の法制度策定のためには，感情的対立までに発展した両者の確執を解消する，一定の時間が必要であったのである．

他方で，大正10年に懸案の米穀法が制定・施行され，とりあえずは政府が米価安定のための手段を手に入れることができたことも，「正米市場法」を急いで成立させる必要性を少なくしていった．こうして，現実の米穀取引においては取引所と正米市場の確執を残しつつも，正米市場法案自体はいったんお蔵入りになったのである．

(4) 正米市場規則の制定

① 東京における取引所と正米市場の合併

　正米市場に関する法制度の策定が再び浮上したのは，昭和に入ってからである．そのきっかけとなったのは，東京における取引所側と正米市場側の和解と協調体制の整備であった．具体的には，昭和2年10月に正米市場を経営する東京廻米問屋組合および神田川米穀市場組合と，株式会社東京米穀商品取引所との間に合併契約が成立したことである．契約は，両市場は用地の所有権（神田川は借地権）および所有する建物・施設を商品取引所に譲渡する代わりに，資本金増加に伴う新株式を無償で受け取るというものであった．また覚書で，2つの問屋組合が従来どおりその施設を使って営業できるとされた（[5] 24-31頁）．

　急転直下，両者の和解と合併が成立したことの背景には，取扱量低下に伴う東京の2つの正米市場の経営の窮状があったといえる．これを打開するため，両市場は，市場の建物と敷地を高値で処分することによって，経営的危機を脱却し，同時に従来どおりの営業権を確保したのであった．しかも，取引所側と正米市場側の確執の一因であった正米市場の延取引の許可についても，両者が合併し，同じ経営体になることによって妥協が成立したのである．

　こうして，米穀取引の二大機関の間に協調体制が成立したことにより，正米市場の法制度化を妨げるものはなくなった．こうして生まれたのが，昭和5年制定の正米市場規則であった．

② 正米市場規則の内容：正米市場法案との相違点

　わが国の歴史上初めてであり，かつこれまで唯一の正米市場の法制度である正米市場規則は，昭和5年4月17日に，農商務省から分離独立した商工省の省令の形で公布された．

正米市場規則

第一条　正米市場ヲ開設セントスル者ハ商工大臣ノ許可ヲ受クベシ

第二条　正米市場ニ於テハ米ノ外麦，大豆其ノ他ノ雑穀又ハ肥料ヲモ売買ス

ルコトヲ得

第三条　正米市場ハ営利ヲ目的トセザル法人又ハ米ノ売買若ハ其ノ仲立ヲ業トスル商人ノ組合ニ非ザレバ之ヲ開設スルコトヲ得ズ

第四条　正米市場ノ開設者ハ業務規程ヲ設ケ左ニ掲グル事項ヲ規定スベシ

1. 市場ノ名称及位置
2. 売買物件ニ関スル事項
3. 市場管理者ニ関スル事項
4. 市場ノ開閉ニ関スル事項
5. 売買又ハ仲立ヲ為ス者ニ関スル事項
6. 売買又ハ仲立ノ方法ニ関スル事項
7. 市場開設者ノ収受スル手数料其ノ他ノ料金ニ関スル事項
8. 売買又ハ仲立ヲ為ス者ノ収受スル手数料其ノ他ノ料金ニ関スル事項
9. 標準値段ノ決定方法ニ関スル事項
10. 売買ノ違約ニ関スル事項

業務規定ハ商工大臣ノ認可ヲ受クベシ

第五条　正米市場ノ開設者ハ市場管理者ヲ定メ之ヲ商工大臣ニ届出スベシ

第六条　正米市場ニ於ケル売買ノ受渡期限ハ売買成立ノ日ヨリ起算シ五日ヲ超ユルコトヲ得ズ

第七条　正米市場ニ於ケル売買ハ差金ノ授受ニ依リ其ノ決済ヲ為スコトヲ得ズ

第八条　正米市場ノ開設者ハ左ニ掲グル書類各二通ヲ作成シ遅滞ナク之ヲ商工大臣及地方長官ニ差出スベシ

1. 毎日標準値段表
2. 毎日売買高表
3. 毎期収支決算書及事業報告書

前項第一号及第二号ニ掲グル書類ハ毎月末日ニ之ヲ作成スベシ

第九条　商工大臣又ハ地方長官必要アリト認メタルトキハ正米市場ノ業務ノ状況ヲ報告セシメ又ハ官吏ヲシテ正米市場ノ開設者又ハ売買ノ仲立ヲ為ス者

ノ業務, 書類, 帳簿又ハ財産ヲ検査セシムルコトヲ得

第十条　商工大臣必要アリト認メタルトキハ業務規定ノ変更ヲ命ジ其ノ他監督上必要ナル処分ヲ為スコトヲ得

第十一条　商工大臣ハ正米市場ノ開設者, 市場管理者又ハ売買若ハ仲立ヲ為ス者ノ行為ガ法令若ハ商工大臣ノ処分ニ違反シ又ハ公益ヲ害スルノ虞アリト認メタルトキハ正米市場開設ノ許可ヲ取消シ又ハ市場管理者ノ改任又ハ市場ニ於ケル売買若ハ仲立ノ禁止若ハ停止ヲ命ズルコトヲ得

第十二条　正米市場ヲ廃止シタルトキハ其ノ事由ヲ具シ遅滞ナク之ヲ商工大臣ニ届出ズベシ

第十三条　本則ニ依リ商工大臣ニ差出スベキ書類ハ地方長官ヲ経由スベシ

第十四条　許可ヲ受ケズシテ正米市場ヲ開設シタル者ハ三箇年以下ノ懲役又ハ百円以下ノ罰金ニ処ス

附則　（省略）

　正米市場規則は, 大正中期の正米市場法案に比べて条文がわずか13条とほぼ3分の1に縮減されただけでなく, 内容的にも法案との間にいくつかの相違点が存在している.

　第1に, 市場の開設にあたっては主務大臣（商工大臣）の許可を受ける必要があるという点は同じだが, 法案にあった「甲種市場」「乙種市場」の区分はなくなった. したがって, 「甲種」「乙種」の設置主体区分および業務上, 取引方法における別々の規制もなくなった.

　第2に, 正米市場の開設者として認められるのは非営利法人または米の商人組合に限られ, 法案にあった産業組合, 農会は除外された.

　第3に, 取引方法については法案同様, 差金決済を禁止しているが, 受渡期限については売買成立後5日以内としか規定していないことである. 法案では「甲種市場においては3日以内, 乙種市場においては5日以内, 延取引においては50日以内の約定日」としていたが, 市場規則の「受渡期限5日以内」の規定は, 正米市場における延取引を事実上, 禁止することを意味し

ている.

　第4に, 正米市場法案に明記されていた買方, 売方の制限 (甲種市場の売方は開設地区内の米穀問屋および業務規程に定めたもの, 買方は制限なし. 乙種市場では買方・売方とも制限なし) がなくなったことである. だが, このことは売買者の自由化を意味しないことはすぐ後にみるとおりである.

　なお, 政府の監督・処分権については, 業務規程の認可, 標準値段・売買高・事業報告等の届け出, 法令違反の場合の市場管理者の解任, 開設許可の取り消しなど, 法案同様, 厳しい内容となっている.

　以上のように昭和5年の正米市場規則は, 大正中期の正米市場法案に存在していたいくつかの重要な規程を削除し, 全体として簡略化している. だが, このことは政府による正米市場の監督機能の後退を意味しない. 正米市場を公認することによって, 政府がもっとも恐れていたのは, 正米市場の投機市場化である. すなわち, 正米市場において先物取引類似の取引が行われないように, かなりの神経を使っていたようである. この点は, 昭和5年の「正米市場規則」公布に際し, 各地方長官にあてた次の商工省次官通牒の中にも窺うことができる.

　「本則ニ依リ許可セラルヘキ市場ハ主トシテ, 生産者ト商人間, 生産者ヨリ買出商人ト問屋間, 又ハ問屋ト白米小売商ノ如ク各業態ヲ異ニスル者ノ間ノ取引ニ付, 構成セラルル市場ニシテ市場ニ於ケル売方ハ常ニ売方, 買方ハ常ニ買方タルヲ原則トスルモノニ限リ, 問屋間ノ仲間取引ニ付, 構成セラルル市場ニシテ相場ノ騰落ニヨリ同一人カ売方タリ, 又買方タルカ如キ市場ハ取引所法令ノ適用ヲ受ケシメントスル方針ニ有之候条, 彼此混同不相様致度」

　ここから明らかなように,「売方ハ常ニ売方, 買方ハ常ニ買方」としており, 問屋間の仲間取引は禁止している. 同時に「同一人カ売方タリ, 又買方タルカ如キ市場ハ取引所法令ノ適用ヲ受ケシメントスル」と述べていることから明らかなように, 正米市場では差金授受を目的とした一切の投機取引をさせない方針で行政指導を行おうとしたのである.

表3 正米市場一覧（昭和14年現在）

正米市場名	所在地	売買物件	開設許可年月日	組合員数	開設者
旭川正米市場	旭川市宮下通11丁目	米，雑穀，肥料	昭5.10.18	36	旭川正米市場組合
青森正米市場	青森市大字安方町146番地	米，雑穀，肥料	昭6.12.14	165	青森製米市場組合
大曲正米市場	仙北郡大曲町大曲字土屋館145番地	米	昭5.11.19	8	大曲移出米商組合
茨城正米市場	水戸市大字上市滝五軒町1211番地	米，麦，雑穀	昭11.5.25	100	水戸上市米穀商業組合
水戸正米市場	水戸市大字下市本7丁目848番地	米，麦，雑穀	昭11.4.7	68	水戸下市米穀商業組合
深川正米市場	東京市深川区佐賀町1丁目30番地の1	米，雑穀	昭7.4.16	43	東京廻米問屋組合
神田川正米市場	東京市神田区佐久間河岸37号の2	米，雑穀	昭7.4.16	48	神田川正米市場組合
直江津正米市場	中頚城郡直江津町字新川端394番地	米，大豆，小豆	昭6.5.7	38	直江津正米市場組合
甲府正米市場	玄米部市場は甲府市伊勢町788番地　白米部市場は甲府市西青沼町125番地	米，麦，雑穀	昭7.10.11	143	甲府正米市場組合
津正米市場	津市新東町塔世823番地	米，雑穀	昭8.12.22	20	津市正米市場組合
大津正米市場	大津市坂本町30番地	米	昭10.8.10	23	大津正米市場組合
道頓堀正米市場	大阪市西区西道頓堀通1丁目9番地	米，雑穀	昭6.6.6	36	道頓堀正米市場組合
神戸米穀市場	神戸市兵庫区宮前町29番屋敷	米，雑穀，肥料	昭7.6.13	46	神戸米穀市場組合
鹿児島正米市場	鹿児島市築町52番地	米，雑穀	昭8.5.18	199	鹿児島米穀問屋同業組合

出所：荷見安『米穀取引所廃止の顛末』日本食糧会，昭和30年，より一部加工のうえ作成．

　これは「現物受渡期限の5日以内の制限」規定とともに，正米市場の中で従来行われていた延取引の禁止を意味する．他方，取引所法には手がつけられず，そこでは取引所に延取引の実施を認めている．そのため，延取引につ

いては正米市場ではなく，取引所においてのみ可能になったのである．

ここに，長年にわたる延取引をめぐる取引所と正米市場の軋轢は，前者に軍配を上げる形で法制度上の決着が図られたのである．

新しい制度の下で，正米市場が行っていた延取引は取引所に移管され，一部の取引所では新たに銘柄別清算取引を開始した．これは，取引所本来の格付け清算取引が標準米を建米として取引するのに対し，銘柄別清算取引は，産米の地域別格付けを行い，その地区代表銘柄を標準米にして清算取引を行い，地区内産米での格付け受渡しを行うものである．それは実需に近い代用受渡しを可能にするもので，すでに正米規則制定の1年前から大阪堂島米穀取引所および東京米穀商品取引所において始まっていたものである（[23] 65-66頁）．

③ 米穀統制の進展と正米市場の終焉

正米市場規則の施行により，東京，大阪，神戸に存在していた正米市場は，あらためて同規則によって認可を受けた．また，地方では北海道の旭川正米市場を第1号に，その後設立が相次ぎ，昭和11年までに全国で計14の市場が開設・営業するようになった（表3参照）．売買物件は米と雑穀がほとんどで，一部の市場では肥料も売買されていた．開設者はすべて米穀商人の組合である．

しかしながら，それぞれの正米市場の営業状態は，正米市場規則によって新しく設立された市場を含め，順風満帆というわけにはいかなかった．その背景には，移出商人と消費地問屋との間の直接取引の増加，産地における共同販売組織の発展など，すでに指摘したようないくつかの事情がある．だが，正米市場取引の停滞をもたらした最大の要因は，表4にみられるような正米市場規則の公布以降，段階的につよまってきた米穀統制の展開である．

まず昭和6年の満州事変を契機に日本は準戦時体制に入っていったが，昭和8年11月には米穀法に代わって，より政府の介入をつよめた米穀統制法が公布された．これは政府が米穀の最低価格，最高価格を公定し，市場価格がこれを超える場合には，政府の無制限な買入れ，売渡しを認めるものであ

表4 米穀統制諸法令一覧

名称	公布年月	公布の主旨	統制範囲	流通統制機関
米穀法	大10.4	米価調節	数量・市価の調節	―
米穀統制法	昭8.11	同上	最高最低米価にて無制限の買入売渡し	―
米穀自治管理法	昭11.4	米価引上策	最高米価の1割高になるまで生産地に自主貯蔵	産業組合系統機関,農業倉庫の拡充
米穀応急措置法	昭12.9	軍用米の調達と政府米の確保	米以外の穀物穀粉の買入売り渡す	―
米穀配給統制法	昭14.4	米穀配給の応急措置	市場統制と米価の公定	日本米穀会社の設置
臨時米穀配給統制規制	昭15.8	配給機構の統制整備	個人営業の禁止	生産者団体業者団体による統制機構
米穀管理規制	昭15.10	政府管理米の確保	生産者の米穀自由売渡を禁止	同上の持続
食糧管理法	昭17.2	平時戦時の総合食糧政策	米以外の主要食糧を統制	農業会系統機関,食糧営団・公団の設立

出所:鈴木直二『米―自由と統制の歴史』日本経済新聞社,昭和49年,91頁を一部削除.

った.

さらに昭和11年4月には新たに米穀自治管理法が公布されたが,同法は植民地米の移入増大によって低下した米価を,産業組合系統の倉庫の拡充と自主貯蔵によって引き上げることを目的にしている.

市場米価への政府の介入は,価格形成機関としての消費地正米市場の役割を低下させていった.また,産業組合倉庫の整備と生産者の共販の展開は,産地正米市場の必要性を少なくしていった.これに追討ちをかけたのが,昭和12年の日中戦争の開始と,引き続く産業統制の強化および国家総動員法の制定(昭和13年)であった.

本格的な戦時体制と統制経済への突入に伴い,政府の中に有馬頼寧農林大臣を会長とする米穀配給新機構調査委員会がつくられ,昭和13年12月に日本米穀株式会社案要綱が答申された.この要綱は民間の正米市場と米穀取引所を廃止し,それらを国策会社である日本米穀株式会社の下部組織に組み入

れることを内容としたものである．この答申を受け，さらに米穀取扱業者の許可制と，政府による米価公定権を加えた米穀配給統制法が昭和14年4月に公布された．

同法にもとづき昭和14年7月に，半額政府出資の日本米穀株式会社が設立された．引き続き同年10月に米穀配給統制法が施行され，同法第55条第1項の「取引所法は米穀に関しては之を適用せず」の規定によって，米穀を対象とした取引所が禁止された．また，同年10月6日の商工省令第62号により正米市場規則の廃止が公布され，民間の正米市場はすべて廃止された．

こうして全国の米穀取引所19カ所，正米市場14カ所が廃止された．そして，日本米穀株式会社主催の米穀市場が全国28カ所で開設され，そこで実米の取引を行う体制がつくられた．取引は，受渡し期限5日以内の実米取引，同じく15日以内の未着取引，同じく2カ月以内の延取引の3種類が認められた．

だが，日本米穀株式会社開催の市場は，昭和14年10月2日から6日間に27,000石の延取引を行ったのみで，以後，開店休業の状態になった．こうした事態に陥ったのは，同年8月に米穀配給統制法第4条の発動によって米価が公定（茨城3等米1石38円50銭標準）された一方で，昭和14年産の米が西日本，朝鮮の大旱魃によって不作になり，米価が公定価格を超えて高騰したためである．日本米穀株式会社が市場を開いても，産米の所有者である地主，商人は米を市場に上場せず，市場外で売りさばいた．市場外では公定価格を超えヤミ価格で取引できたからである．

こうして「国営市場」の試みは見事に失敗した．しかもその後，米不足はいっそう深まり，その対応として昭和15年8月に臨時米穀配給規則によって米穀の個人営業が禁止され，さらに同年10月には米穀管理規則によって米穀集荷の産業組合への一元化へと進んでいく．そして，こうした米穀統制の強化の延長線上に，昭和17年2月食糧管理法が公布され，供出と配給体制の整備がなされていくのである．警察力の行使によってヤミ取引も厳しく規制された．ここに，米の「市場」は名実ともに姿を消すのである．

参考文献

[1] 日本銀行調査局『東京深川正米市場ニ於ケル正米取引ニ関スル調査』大正 8 年 10 月
[2] 大阪府産業部商務課『米穀市場調査』大正 11 年
[3] 日本銀行調査局『東京深川正米市場ニ於ケル正米取引ニ関スル調査』大正 14 年 5 月
[4] 水川三郎稿「正米市場問題の經過及將來」,『帝国農会報』第 16 巻第 15 号, 大正 15 年
[5] 同「其後の正米市場問題」,『帝国農会報』第 17 巻第 11 号, 昭和 2 年
[6] 全国取引所同盟聯合会米穀部幹事會『米穀法に関する参考資料』昭和 3 年
[7] 日本銀行調査局『米の取引事情』昭和 7 年 10 月
[8] 竹澤篤二著『農産物商品化の基調』西ケ原刊行会, 昭和 7 年
[9] 四宮恭二著『米穀專賣制の研究』日本学術振興會, 昭和 11 年
[10] 内池廉吉著『米穀配給組織及び配給費』日本学術振興會, 昭和 10 年
[11] 荷見安著『米穀政策論』日本評論社, 昭和 12 年
[12] 竹澤篤二著『米穀販賣の理論と實際』同文舘, 昭和 13 年
[13] 大川一司・東畑精一共著『米穀の自治的販賣統制』日本学術振興會, 昭和 13 年
[14] 西田龍八著『東京に於ける米の配給 [取引態樣]』大日本米穀會, 昭和 13 年
[15] 河合良成閲, 鈴木直二編『米穀法制定の經緯資料』巖松堂書店, 昭和 13 年
[16] 太田嘉作著『明治・大正・昭和米價政策史』丸山舎書店, 昭和 13 年 (再刊, 図書刊行会, 昭和 52 年)
[17] 鈴木直二著『米穀配給統制の諸問題』巖松堂書店, 昭和 14 年
[18] 鈴木直二著『米穀配給の研究』松山房, 昭和 16 年
[19] 荷見安著『米穀取引所廃止の顚末』日本食糧協会, 昭和 30 年
[20] 鈴木直二著『米穀流通組織の研究』柏書房, 昭和 40 年
[21] 食糧庁調査課『自由取引時代における東京の正米市場に関する調査』昭和 44 年
[22] 持田恵三著『米穀市場の展開過程』東京大学出版会, 昭和 45 年
[23] 鈴木直二著『米—自由と統制の歴史』日本経済新聞社, 昭和 49 年
[24] 鈴木直二著『米穀流通経済の研究』成文堂, 昭和 50 年
[25] 田隈千太郎著『米と共成 (共成・米の五十年)』私家版, 昭和 58 年
[26] 川村琢監修『現代資本主義と市場』[改訂版] ミネルヴァ書房, 昭和 62 年, 第 7 章米流通と食糧管理制度 (三島徳三稿)
[27] 特集・戦前における米穀取引に関する座談会 (昭和 47 年 12 月開催),『月刊食糧』平成元年 12 月号
[28] 山種グループ記念出版会『日本市場史—米・商品・証券の歩み—』平成元年
[29] 川東靖弘『戦前日本の米価政策史研究』ミネルヴァ書房, 平成 2 年

[30]　大川信夫編著『北海道・食糧統制の五十年』北海道農産物協会,平成3年
[31]　大豆生田稔『近代日本の食糧政策』ミネルヴァ書房,平成5年

初出一覧

第1章
  I. 「〔解説〕人間川村琢―その人と学問」,『川村琢―その人と学問』川村琢先生古希記念事業会, 1979年
  II. 「解題 1 農産物市場論揺籃期の苦闘」, 美土路達雄選集刊行事業会編『農産物市場論』〔選集第2巻〕, 筑波書房, 1994年
  補遺 「美土路達雄先生を偲ぶ―投げかけられた課題の継承と克服を求めて―」, 市場史研究会『市場史研究』第12号, 1993年
  III. 「解題 農業市場論」, 湯沢誠選集刊行事業会編『北海道農業論II・農業市場論』〔選集第2巻〕, 筑波書房, 1997年
  IV. 「第6章「農産物商品化」論の形成と展望―「主産地形成＝共同販売」論の系譜を中心に―」, 川村琢・湯沢誠・美土路達雄編『農産物市場問題の展望』〔農産物市場論大系3〕, 農山漁村文化協会, 1977年

第2章
  I. 「(第4報告) 農業市場論の方法と課題」, 矢島武・桜井豊共編『農業経済学の現状と展望』明文書房, 1971年
  II. 「農業市場学講座の課題と展望」, 北海道大学農学部『農経論叢』第50集, 1994年
  III. 1.「「農産物市場研究会」小史―その組織的発展と若干の研究史的回顧―」, 農産物市場研究会編集『農産物市場研究』第20号, 筑波書房発売, 1985年
  2.「日本農業市場学会10年のあゆみ」, 日本農業市場学会編集『農業市場研究』第11巻第1号, 筑波書房発売, 2002年

第3章
  I. 「第1章 戦後市場形成の基本的性格」, 川村琢・湯沢誠編『現代農業と市場問題』北海道大学図書刊行会, 1976年
  II. 「(報告1) 日本資本主義の構造変化と規制「改革」・長期不況」, 日本流通学会編『流通』No.15〔日本流通学会年報2002年版〕, 芽ばえ社発売
  補遺 「小泉流「構造改革」の本質―痛みに耐えた結果はどうなるか―」,

『農業協同組合新聞』2001年10月10日付

第4章
- I. 「第10章 農産物需給調整の展開」,美土路達雄監修／御園喜博・宮村光重・宮崎宏・三島徳三編著『現代農産物市場論』あゆみ出版,1983年
- II. 「第11章 農産物価格政策の再編成と対抗論理」,同上書
- III. 「第5章 農政転換と農産物価格政策」,村田武・三島徳三編『農政転換と価格・所得政策』〔講座 今日の食料・農業市場II〕,筑波書房,2000年

第5章
- I. 「V-1 農産物自由化論議の系譜」,大内力編集代表／五味健吉編集担当『経済摩擦下の日本農業』〔日本農業年報第34集〕御茶の水書房,1986年
- II. 「第8章 農産物価格と価格政策 I」,中安定子・荏開津典生編『農業経済研究の動向と展望』富民協会,1996年
- III. 「第9章 I 米流通と食管問題」,阿部真也・但馬末雄・前田重朗・三国英実・片桐誠士編著『流通研究の現状と課題』ミネルヴァ書房,1995年

補論 三島徳三著『正米市場に関する歴史的研究』北海道農産物協会発行,1999年

著者紹介

三 島 徳 三（みしまとくぞう）

1943年東京で生まれる．1968年北海道大学大学院農学研究科修士課程修了．専攻は農業経済学．農学博士．現在，北海道大学大学院農学研究科・農学部教授．著書は，『農業経済学への招待』（共編著，日本経済評論社，1999年），『規制緩和と農業・食料市場』（日本経済評論社，2001年），『地産地消が豊かで健康的な食生活をつくる』（筑波書房ブックレット，2003年），『地産地消と循環的農業』（コモンズ，2005年）など．
E-mail: mishimatokuzoh@yahoo.co.jp

農業市場論の継承

2005年11月25日　第1刷発行

定価（本体4800円＋税）

著　者　三　島　徳　三
発行者　栗　原　哲　也
発行所　㈱日本経済評論社

〒101-0051　東京都千代田区神田神保町3-2
電話 03-3230-1661　FAX 03-3265-2993
http://www.nikkeihyo.co.jp
振替 00130-3-157198

装丁＊奥定泰之　　　文昇堂印刷・協栄製本

落丁本・乱丁本はお取替えいたします　　Printed in Japan
Ⓒ MISHIMA Tokuzo 2005
ISBN4-8188-1801-1

・本書の複製権・譲渡権・公衆送信権（送信可能化権を含む）は㈱日本経済評論社が保有します．
・〈JCLS〉〈㈱日本著作出版権管理システム委託出版物〉
本書の無断複写は著作権法上での例外を除き禁じられています．複写される場合は，そのつど事前に，㈱日本著作出版権管理システム（電話 03-3817-5670, FAX 03-3815-8199, e-mail: info@jcls.co.jp）の許諾を得てください．